西门子S7-200 PLC编程与系统设计精讲

韩相争　主编

化学工业出版社

·北京·

图书在版编目（CIP）数据

西门子S7-200PLC编程与系统设计精讲/韩相争主编．北京：化学工业出版社，2015.11

ISBN 978-7-122-25036-0

Ⅰ.①西… Ⅱ.①韩… Ⅲ.①plc技术 Ⅳ.①TM571.6

中国版本图书馆CIP数据核字（2015）第204482号

责任编辑：宋　辉　　　　装帧设计：王晓宇

责任校对：蒋　宇

出版发行：化学工业出版社（北京市东城区青年湖南街13号　邮政编码100011）

印　　刷：北京永鑫印刷有限责任公司

装　　订：三河市宇新装订厂

787mm×1092mm　1/16　印张$15\frac{3}{4}$　字数415千字　2015年11月北京第1版第1次印刷

购书咨询：010-64518888（传真：010-64519686）　售后服务：010-64518899

网　　址：http://www.cip.com.cn

凡购买本书，如有缺损质量问题，本社销售中心负责调换。

定　　价：49.00元

FOREWORD

前言

《图解西门子 S7-200PLC 编程快速入门》一书（2013 年出版），以其图文并茂和实用的特点受到读者好评。本次编写的《西门子 S7-200PLC 编程与系统设计精讲》可谓是前一本书的升级和深化。

本书以西门子 S7-200PLC 为讲授对象，以其硬件结构、工作原理、指令系统为基础，以开关量、模拟量编程设计方法为重点，以控制系统的设计为最终目的，内容上循序渐进，由浅入深全面展开。

本书在编写的过程中，具有以下特色：

1. 关注编程方法和控制系统设计，为读者解决编程无从下手和系统设计缺乏实践经验的难题；
2. 开关量和模拟量控制的编程方法阐述的系统详细，让读者容易模仿；
3. 内容编排干练，去粗取精，直击要点；
4. 图解更加深化，生动形象，易学易懂；
5. 理论实践相结合，增加了大量的应用实例，保证读者边学边用；
6. 以 S7-200PLC 手册为第一手资料，直接和工程接轨；
7. 系统设计一章完全是工程风格，让读者与工程无缝对接。

全书共分 6 章，其主要内容为 S7-200PLC 硬件系统的概述、基本指令、功能指令、开关量控制程序设计、模拟量控制程序设计和 PLC 控制系统的设计及附录。

本书实用性强，不仅为读者提供了一套有效的编程方法，还为工程技术人员提供了大量的实践经验，可作为广大电气工程技术人员自学和参考用书，也可作为高等工科院校、职业技术院校工业自动化、电气工程自动化、机电一体化等相关专业的 PLC 教材。

本书由韩相争任主编，辽宁城市建设职业技术学院建筑设备系杨静，沈阳市电子工业技工学校乔海参加编写；乔海编写了第 1 章前 4 节，杨静编写了第 2 章前 4 节，前言、附录及其余章节均由韩相争编写；沈阳飞驰科技有限公司电气工程师李志远、中国电力投资集团华北分公司电气工程师刘江帅审阅全部书稿，并提出了宝贵建议；李艳昭、杨萍、杜海洋、宁伟超校对，对于他们付出的辛劳和支持，在此一并表示衷心的感谢。

由于编者水平有限，书中难免有不足之处，敬请广大专家和读者批评指正。

编　者

CONTENTS

目录

CHAPTER 1

第1章 S7-200PLC硬件组成与编程基础

本章要点

- S7-200PLC 硬件系统的组成
- S7-200PLC 的外部结构与外部接线
- S7-200PLC 的数据类型、地址格式与编程元件
- S7-200PLC 寻址方式

1.1 S7-200PLC 硬件系统概述

S7-200PLC 是德国西门子公司生产的一种小型 PLC，它以结构紧凑、价格低廉、指令功能强大、扩展性良好和功能模块丰富等优点普遍受到用户的好评，并成为当代各种中小型控制工程的理想设备。它有不同型号的主机和功能各异的扩展模块供用户选择，主机与扩展模块能十分方便的组成不同规模的控制系统。

为了更好地理解和认识 S7-200PLC，本节将从硬件系统组成的角度进行介绍。

S7-200PLC 的硬件系统由 CPU 模块、数字量扩展模块、模拟量扩展模块、特殊功能模块、相关设备以及工业软件组成，如图 1-1 所示。

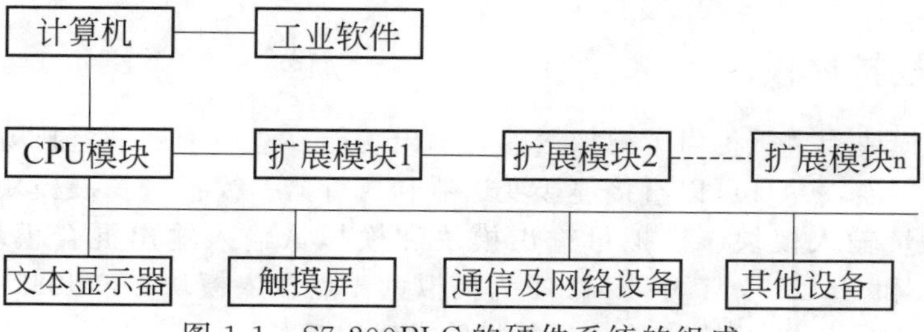

图 1-1 S7-200PLC 的硬件系统的组成

1.1.1 CPU 模块

CPU 模块又称基本模块和主机，它由 CPU 单元、存储器单元、输入输出接口单元以及

电源组成。CPU 模块（这里说的 CPU 模块指的是 S7-200PLC 基本模块的型号，不是中央微处理器 CPU 的型号）是一个完整的控制系统，它可以单独完成一定的控制任务，主要功能是采集输入信号，执行程序，发出输出信号和驱动外部负载。CPU 模块常见的基本型号有 4 种，分别为 CPU221、CPU222、CPU224、CPU226。

（1）CPU221

主机有 6 输入/4 输出，数字量 I/O 点数共计 10 点，无 I/O 扩展能力，程序和数据存储空间为 6KB，1 个 RS-485 通信接口，4 个独立的 30kHz 高速计数器，2 路独立的 20kHz 高速脉冲输出，具有 PPI、MPI 通信协议和自由通信功能，适用于小点数控制的微型控制器。

（2）CPU222

主机具有 8 输入/16 输出，数字量 I/O 点数共计 24 点，与 CPU221 相比可以进行一定的模拟量控制，增加了 2 个扩展模块，适用于小点数控制的微型控制器。

（3）CPU224

主机具有 14 输入/10 输出，数字量 I/O 点数共计 24 点，有扩展能力，可连接 7 个扩展模块，程序和数据存储空间为 13KB，6 个独立 30kHz 的高速计数器，具有 PID 控制器，I/O端子排可整体拆卸，具有较强控制能力，是使用最多的 S7-200 产品，其他特点与 CPU222 相同。

（4）CPU226

主机具有 24 输入/16 输出，数字量 I/O 点数共计 40 点，有扩展能力，可连接 7 个扩展模块，最大扩展至 248 路数字量 I/O 点或 35 路模拟量 I/O 点，具有 2 个 RS-485 通信接口，其余特点与 CPU224 相同，适用于复杂中小型控制系统。

需要指出的是，在 4 种常见模块基础上，又派生出 6 种相关产品，共计 10 种 CPU 模块，在这 10 种模块中有 DC 电源/DC 输入/DC 输出和 AC 电源/DC 输入/继电器输出 2 类，它们具有不同的电源电压和控制电压。型号中带有 XP 的代表具有 2 个通信接口、2 个 0～10V 模拟量输入和 1 个 0～10V 模拟量输出，其性能要比不带 XP 的优越。型号加有 CN 的表示“中国制造”。CPU226XM 只比 CPU226 增大了程序和数据存储空间。

1.1.2　数字量扩展模块

当 CPU 模块 I/O 点数不能满足控制系统的需要时，用户可根据实际的需要对 I/O 点数进行扩展。数字量扩展模块不能单独使用，需要通过自带的扁平电缆与 CPU 模块相连。数字量扩展模块通常有 3 类，分别为数字量输入模块，数字量输出模块和数字量输入输出混合模块。

1.1.3　模拟量扩展模块

模拟量扩展模块为主机提供了模拟量输入输出功能，适用于复杂控制场合。它通过自身扁平电缆与主机相连，并且可以直接连接变送器和执行器。模拟量扩展模块通常可以分为 3 类，分别为模拟量输入模块、模拟量输出模块和模拟量输入输出混合模块。典型模块有 EM231、EM232 和 EM235，其中 EM231 为模拟量 4 点输入模块，EM232 为模拟量 2 点输出模块，EM235 为 4 点输入/1 点输出模拟量输入输出模块。

具体情况我们将在第 5 章模拟量编程中详细阐述，这里不作过多说明。

1.1.4　特殊功能模块

当需要完成特殊功能控制任务时，需要用到特殊功能模块。常见的特殊功能模块有：通信模块、位置控制模块、热电阻和热电偶扩展模块等。

① 通信模块。S7-200PLC 主机集成 1～2 个 RS-485 通信接口，为了扩大其接口的数量和联网能力，各 PLC 还可以接入通信模块。常见的通信模块有 PROFIBUS-DP 从站模块 EM227，调制解调器模块 EM241、工业以太网模块和 AS-i 接口模块。

② 位置控制模块。又称定位模块，常见的如控制步进电机或伺服电机速度模块 EM253。为了输入运行和位置设置范围的需要，可外设编程软件。使用编程软件 STEP7-Micro/WIN 可生成位置控制模块的全部组态和移动包络信息，这些信息和程序块可一起下载到 S7-200PLC 中。位置控制模块所需的全部信息都储存在 S7-200PLC 中，当更换位置控制模块时，不需重新编程和组态。

③ 热电阻和热电偶扩展模块。热电阻和热电偶扩展模块是为 S7-200CPU222、CPU224、CPU224XP、CPU226 和 CPU226XM 设计的，是模拟量模块的特殊形式，可直接连接热电偶和热电阻测量温度，用户程序可以访问相应的模拟量通道，直接读取温度值。热电阻和热电偶扩展模块可以支持多种热电阻和热电偶，使用时经过简单的设置就可直接读出摄氏温度值和华氏温度值。常见的热电阻和热电偶扩展模块有 EM231 热电偶模块和 EM231 RTD 热电组模块。

1.1.5 相关设备

相关设备是为了充分和方便地利用系统硬件和软件资源而开发和使用的一些设备，主要有编程设备、人机操作界面等。

① 编程设备主要用来进行用户程序的编制、存储和管理等，并将用户程序送入 PLC 中，在调试过程中，进行监控和故障检测。常见的编程设备有手持式编程器和含 PLC 编程软件的计算机。

② 人机操作界面主要指专用操作员界面。常见的如操作员界面、触摸面板、文本显示器等，用户可以通过该设备轻松完成各种调整和控制任务。

1.1.6 工业软件

工业软件是为了更好管理和使用这些设备而开发的与之相配套的程序，主要有工程工具人机接口软件和运行软件。

1.2 S7-200PLC 外部结构及外部接线

1.2.1 S7-200PLC 的外部结构

CPU22X 系列 PLC 的外部结构如图 1-2 所示，其 CPU 单元、存储器单元、输入输出单元及电源集中封装在同一塑料机壳内，它是典型的整体式结构。当系统需要扩展时，可选用需要的扩展模块与基本模块（又称主机，CPU 模块）连接。

（1）输入端子

是外部输入信号与 PLC 连接的接线端子，在底部端盖下面。此外，外部端盖下面还有输入公共端子和 24V 直流电源端子，24V 直流电源为传感器和光电开关等提供能量。

（2）输出端子

输出端子是外部负载与 PLC 连接的接线端子，在顶部端盖下面。此外，顶部端盖下面还有输出公共端子和 PLC 工作电源接线端子。

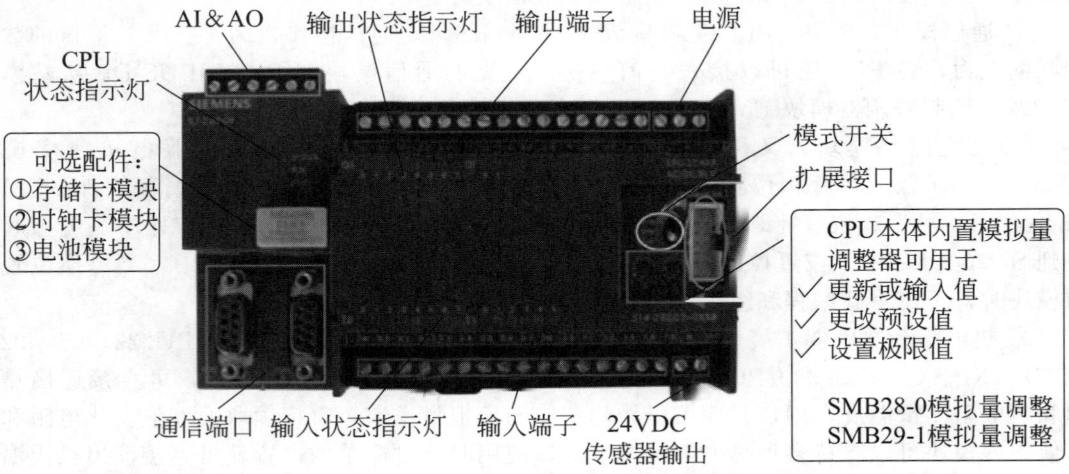

图 1-2　CPU22X 系列 PLC 的外部结构（CPU224XP）

（3）输入状态指示灯（LED）

输入状态指示灯用于显示是否有输入控制信号接入 PLC。当指示灯亮时，表示有控制信号接入 PLC；当指示灯不亮时，表示没有控制信号接入 PLC。

（4）输出状态指示灯（LED）

输出状态指示灯用于显示是否有输出信号驱动执行设备。当指示灯亮时，表示有输出信号驱动外部设备；当指示灯不亮时，表示没有输出信号驱动外部设备。

（5）CPU 状态指示灯

CPU 状态指示灯有 RUN、STOP、SF 三个，其中 RUN、STOP 指示灯用于显示当前工作方式。当 RUN 指示灯亮时，表示运行状态；当 STOP 指示灯亮时，表示停止状态；当 SF 指示灯亮时，表示系统故障，PLC 停止工作。

（6）可选卡插槽

该插槽可以插入 EEPROM 存储卡、电池和时钟卡等。

◆ EEPROM 存储卡：该卡用于复制用户程序。在 PLC 通电后插入此卡，通过操作可将 PLC 中的程序装载到存储卡中。当卡已经插在主机上，PLC 通电后不需任何操作，用户程序数据会自动复制在 PLC 中。利用这功能，可将多台实现同样控制功能的 CPU22X 系列进行程序写入。

需要说明的是，每次通电就写入一次，所以在 PLC 运行时不需插入此卡。

◆ 电池：用于长时间存储数据。

◆ 时钟卡：可以产生标准日期和时间信号。

（7）扩展接口

扩展接口在前盖下，它通过扁平电缆实现基本模块与扩展模块的连接。

（8）模式开关

模式开关在前盖下，可手动选择 PLC 的工作方式。

① CPU 工作方式：CPU 有 2 种工作方式。

◆ RUN（运行）方式：CPU 在 RUN 方式下，PLC 执行用户程序。

◆ STOP（停止）方式：CPU 在 STOP 方式下，PLC 不执行用户程序，此时可以通过编程装置向 PLC 装载或进行系统设置。在程序编辑、上下载等处理过程中，必须把 CPU 置于 STOP 方式。

② 改变工作方式的方法：改变工作方式有 3 种方法。

◆ 用模式开关改变工作方式：当模式开关置于 RUN 位置时，会启动用户程序的执行；当模式开关置于 STOP 位置时，会停止用户程序的执行。

模式开关在 RUN 位置时，电源通电后，CPU 自动进入 RUN（运行）模式；模式开关在 STOP 或 TEAM（暂态）位置时，电源通电后，CPU 自动进入 STOP（停止）模式。

◆ 用 STEP7-Micro/WIN 编程软件改变工作方式。

用编程软件控制 CPU 的工作方式必须满足两个条件：其一，编程器必须通过 PC/PPI 电缆与 PLC 连接；其二，模式开关必须置于 RUN 或 TEAM 模式。

在编程软件中单击工具条上的运行按钮▶或执行菜单命令 PLC→RUN，PLC 将进入运行状态；单击停止按钮■或执行菜单命令 PLC→STOP，PLC 将进入 STOP 状态。

◆ 在程序中改变操作模式：在程序中插入 STOP 指令，可以使 CPU 由 RUN 模式进入 STOP 模式。

（9）模拟电位器

模拟电位器位于前盖下，用来改变特殊寄存器（SMB28、SMB29）中的数值，以改变程序运行时的参数，如定时器、计数器的预置值，过程量的控制值。

（10）通信接口

通信接口支持 PPI、MPI 通信协议，有自由方式通信能力，通过通信电缆实现 PLC 与编程器之间、PLC 与计算机之间、PLC 与 PLC 之间、PLC 与其他设备之间的通信。

需要说明的是，扩展模块由输入接线端子、输出接线端子、状态指示灯和扩展接口等构成，情况基本与主机（基本模块）相同，这里不做过多说明。

1.2.2 外部接线图

在 PLC 编程中，外部接线图也是其中的重要组成部分之一。由于 CPU 模块、输出类型和外部电源供电方式的不同，PLC 外部接线图也不尽相同。鉴于 PLC 的外部接线图与输入输出点数等诸多因素有关，本书将给出 CPU221、CPU222、CPU224 和 CPU226 四个基本类型端子排布情况（注：派生产品与四种基本类型的情况一致），具体如表 1-1 所示。

表 1-1 S7-200PLC 的 I/O 点数及相关参数

CPU 模块型号	输入输出点数	电源供电方式	公共端	输入类型	输出类型
CPU221	6 输入 4 输出	24V DC 电源	输入端 I0.0～I0.3 共用 1M，I0.4～I0.5 共用 2M；输出端 Q0.0～Q0.3 公用 L+，M	24V DC 输入	24V DC 输出
		100～230V AC 电源	输入端 I0.0～I0.3 共用 1M，I0.4～I0.5 共用 2M；输出端 Q0.0～Q0.2 公用 1L，Q0.3 公用 2L	24V DC 输入	继电器输出

续表

CPU 模块型号	输入输出点数	电源供电方式	公共端	输入类型	输出类型
CPU222	8 输入 6 输出	24V DC 电源	输入端 I0.0～I0.3 共用 1M，I0.4～I0.7 共用 2M；输出端 Q0.0～Q0.5 公用 L＋，M	24V DC 输入	24V DC 输出
		100～230V AC 电源	输入端 I0.0～I0.3 共用 1M，I0.4～I0.7 共用 2M；输出端 Q0.0～Q0.2 公用 1L，Q0.3～Q0.5 公用 2L	24V DC 输入	继电器输出
CPU224	14 输入 10 输出	24V DC 电源	输入端 I0.0～I0.7 共用 1M，I1.0～I1.5 共用 2M；输出端 Q0.0～Q0.4 公用 1M，1L＋，Q0.5～Q1.1 公用 2M，2L＋	24V DC 输入	24V DC 输出
		100～230V AC 电源	输入端 I0.0～I0.7 共用 1M，I1.0～I1.5 共用 2M；输出端 Q0.0～Q0.3 公用 1L，Q0.4～Q0.6 公用 2L，Q0.7～Q1.1 公用 3L	24V DC 输入	继电器输出
CPU226	24 输入 16 输出	24V DC 电源	输入端 I0.0～I1.4 共用 1M，I1.5～I2.7 共用 2M；输出端 Q0.0～Q0.7 公用 1M，1L＋，Q1.0～Q1.7 公用 2M，2L＋	24V DC 输入	24V DC 输出
		100～230V AC 电源	输入端 I0.0～I1.4 共用 1M，I1.5～I2.7 共用 2M；输出端 Q0.0～Q0.3 公用 1L，Q0.4～Q1.0 公用 2L，Q1.1～Q1.7 公用 3L	24V DC 输入	继电器输出

需要说明的是，每个型号的 CPU 模块都有 DC 电源/DC 输入/DC 输出和 AC 电源/DC 输入/继电器输出 2 类，因此每个型号的 CPU 模块（主机）也对应 2 种外部接线图，本书以最常用型号 CPU224 模块的外部接线图为例进行讲解。其他型号外部接线图读者可参考附录，这里不予给出。

(1) CPU224 AC/DC/继电器型接线

CPU224 AC/DC/继电器型接线图如图 1-3 所示。在 1-3 图中 L1、N 端子接交流电源，电压允许范围为 85～264V。L＋、M 为 PLC 向外输出 24V/400mA 直流电源，L＋为电源正，M 为电源负，该电源可作为输入端电源使用，也可作为传感器供电电源。

◆ 输入端子：CPU224 模块共有 14 点输入，端子编号采用 8 进制。输入端子共分两组，I0.0～I0.7 为第一组，公共端为 1M；I1.0～I1.5 为第二组，公共端为 2M。

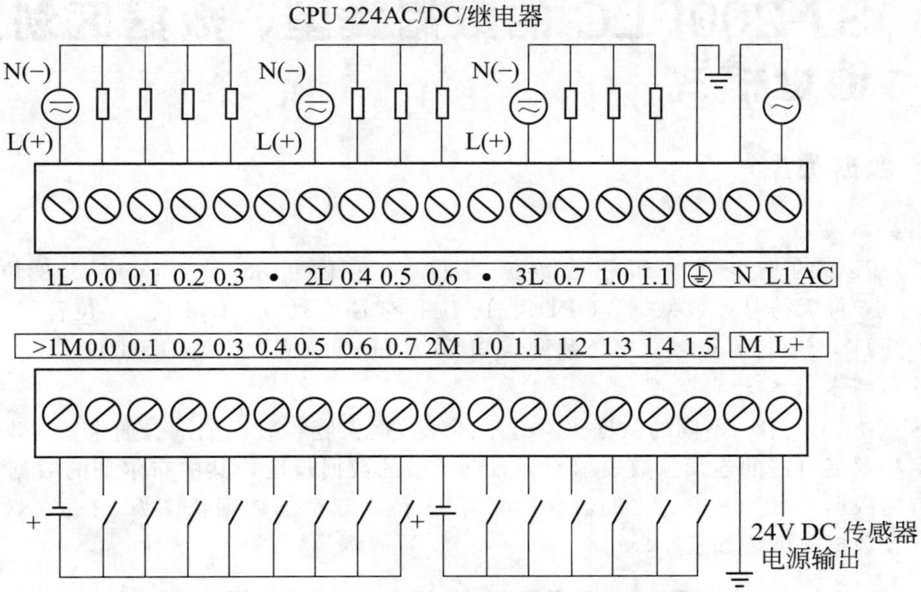

图 1-3　CPU224 AC 电源/DC 输入/DC 输出外部接线图

◆ 输出端子：CPU224 模块共有 10 点输出，端子编号也采用 8 进制。输出端子共分 3 组，Q0.0～Q0.3 为第一组，公共端为 1L；Q0.4～Q0.6 为第二组，公共端为 2L；Q0.7～Q1.1 为第三组，公共端为 3L；根据负载性质的不同，其输出回路电源支持交流和直流。

（2）CPU224 DC/DC/DC 型接线

CPU224 DC/DC/DC 型接线图，如图 1-4 所示。在 1-4 图中，电源为 DC24V，输入点接线与 CPU224 AC/DC/继电器型相同。不同点在于输出点的接线，根据负载的性质不同，其输出回路只支持直流电源。

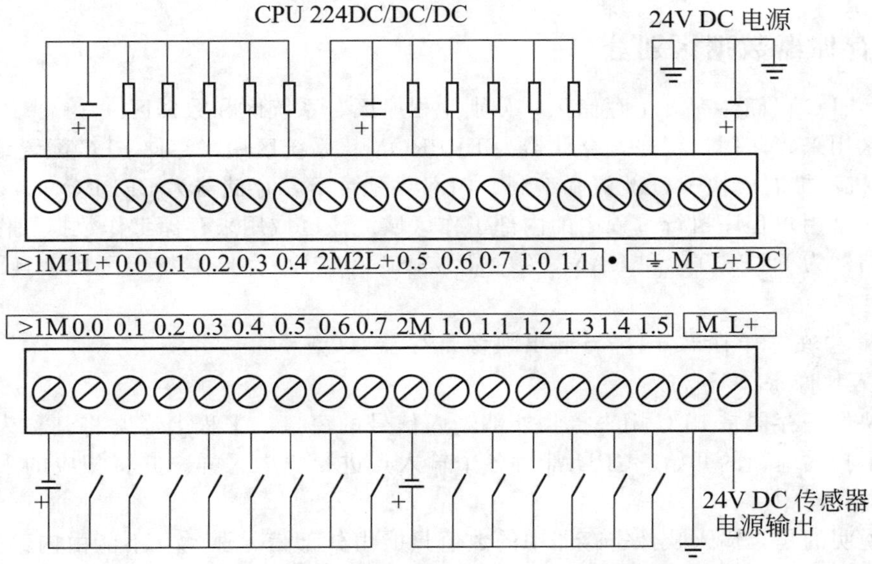

图 1-4　CPU224 DC 电源/DC 输入/DC 输出外部接线图

1.3 S7-200PLC 的数据类型、数据区划分与地址格式

1.3.1 数据类型

（1）数据类型

S7-200PLC 的指令系统所用的数据类型有：1 位布尔型（BOOL）、8 位字节型（BYTE）、16 位无符号整数型（WORD）、16 位有符号整数型（INT）、32 位符号双字整数型（DWORD）、32 位有符号双字整数型（DINT）和 32 位实数型（REAL）。

（2）数据长度与数据范围

在 S7-200PLC 中，不同的数据类型有不同的数据长度和数据范围。通常情况下，用位、字节、字和双字所占的连续位数表示不同数据类型的数据长度，其中布尔型的数据长度为 1 位，字节的数据长度为 8 位、字的数据长度为 16 位，双字的数据长度为 32 位。数据类型、数据长度和数据范围，如表 1-2 所示。

表 1-2　数据类型、数据长度和数据范围

数据类型 / 数据长度	无符号整数范围(十进制)	有符号整数范围(十进制)
布尔型(1 位)	取值 0、1	
字节 B(8 位)	0～255	－128～127
字 W(16 位)	0～65535	－32768～32767
双字 D(32 位)	0～4294967295	－2147483648～2147483647

1.3.2 存储器数据区划分

S7-200PLC 存储器有 3 个存储区，分别为程序区、系统区和数据区。

程序区用来存储用户程序，存储器为 EEPROM；系统区用来存储 PLC 配置结构的参数如 PLC 主机和扩展模块 I/O 配置和编制、PLC 站地址等，存储器为 EEPROM。

数据区是用户程序执行过程中的内部工作区域。该区域用来存储工作数据和作为寄存器使用，存储器为 EEPROM 和 RAM。数据区是 S7-200PLC 存储器特定区域，具体如图 1-5 所示。

（1）输入映像寄存器（I）与输出映像寄存器（Q）

◆ 输入映像寄存器（I）

输入映像寄存器是 PLC 用来接收外部输入信号的窗口，工程上经常将其称为输入继电器。在每个扫描周期的开始，CPU 都对各个输入点进行集中采样，并将相应的采样值写入输入映像寄存器中。

需要说明的是，输入映像寄存器中的数值只能由外部信号驱动，不能由内部指令改写；输入映像寄存器有无数个常开和常闭触点供编程时使用，且在编写程序时，只能出现输入继电器触点不能出现线圈。

输入映像寄存器可采用位、字节、字和双字来存取。地址范围如表 1-3 所示。

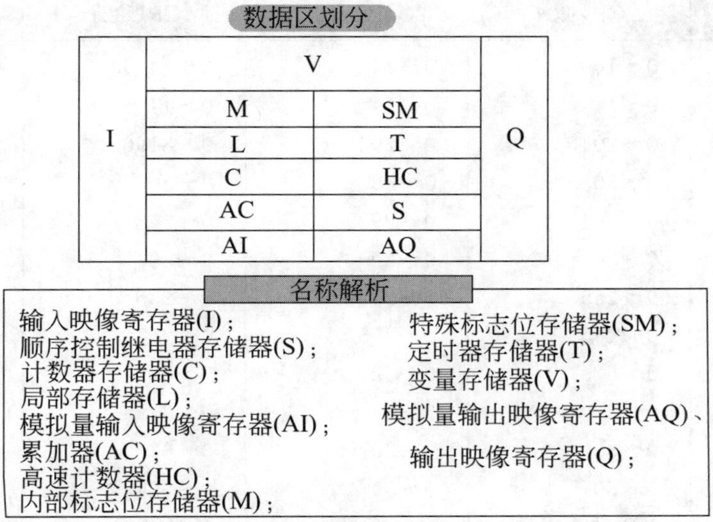

图 1-5 数据区划分示意图

表 1-3 S7-200PLC 操作数地址范围

存储方式	CPU221	CPU222	CPU224	CPU226
位存储I	0.0～15.7	0.0～15.7	0.0～15.7	0.0～15.7
Q	0.0～15.7	0.0～15.7	0.0～15.7	0.0～15.7
V	0.0～2047.7	0.0～2047.7	0.0～8191.7	0.0～10239.7
M	0.0～31.7	0.0～31.7	0.0～31.7	0.0～31.7
SM	0.0～165.7	0.0～299.7	0.0～549.7	0.0～549.7
S	0.0～31.7	0.0～31.7	0.0～31.7	0.0～31.7
T	0～255	0～255	0～255	0～255
C	0～255	0～255	0～255	0～255
L	0.0～63.7	0.0～63.7	0.0～63.7	0.0～63.7
字节存储IB	0～15	0～15	0～15	0～15
QB	0～15	0～15	0～15	0～15
VB	0～2047	0～2047	0～8191	0～10239
MB	0～31	0～31	0～31	0～31
SMB	0～165	0～299	0～549	0～549
SB	0～31	0～31	0～31	0～31
LB	0～63	0～63	0～63	0～63
AC	0～3	0～3	0～3	0～3
KB(常数)	KB(常数)	KB(常数)	KB(常数)	KB(常数)

续表

存储方式	CPU221	CPU222	CPU224	CPU226
字存储IW	0～14	0～14	0～14	0～14
QW	0～14	0～14	0～14	0～14
VW	0～2046	0～2046	0～8190	0～10238
MW	0～30	0～30	0～30	0～30
SMW	0～164	0～298	0～548	0～548
SW	0～30	0～30	0～30	0～30
T	0～255	0～255	0～255	0～255
C	0～255	0～255	0～255	0～255
LW	0～62	0～62	0～62	0～62
AC	0～3	0～3	0～3	0～3
AIW	0～30	0～30	0～62	0～62
AQW	0～30	0～30	0～62	0～62
KB(常数)	KB(常数)	KB(常数)	KB(常数)	KB(常数)
位存储ID	0～12	0～12	0～12	0～12
QD	0～12	0～12	0～12	0～12
VD	0～2044	0～2044	0～8188	0～10236
MD	0～28	0～28	0～28	0～28
SMD	0～162	0～296	0～546	0～546
SD	0～28	0～28	0～28	0～28
LD	0～60	0～60	0～60	0～60
AC	0～3	0～3	0～3	0～3
HC	0～5	0～5	0～5	0～5
KD(常数)	KD(常数)	KD(常数)	KD(常数)	KD(常数)

◆ 输出映像寄存器（Q）

输出映像寄存器是 PLC 向外部负载发出控制命令的窗口，工程上经常将其称为输出继电器。在每个扫描周期的结尾，CPU 都会根据输出映像寄存器的数值来驱动负载。

需要指出的是，输出继电器线圈的通断状态只能由内部指令驱动，即输出映像寄存器的数值只能由内部指令写入；输出映像寄存器有无数个常开和常闭触点供编程时使用，且在编写程序时，输出继电器触点、线圈都能出现，且线圈的通断状态表示程序最终的运算结果，这与下面要讲的辅助继电器有着明显的区别。

输出映像寄存器可采用位、字节、字和双字来存取。地址范围如表 1-3 所示。

(2) 内部标志位存储器（M）

内部标志位存储器在实际工程中常称作辅助继电器，作用相当于继电器控制电路中的中间继电器，它用于存放中间操作状态或存储其他相关数据，内部标志位存储器在 PLC 中无相应的输入输出端子对应，辅助继电器线圈的通断只能由内部指令驱动，且每个辅助继电器都有无数对常开常闭触点供编程使用。辅助继电器不能直接驱动负载，它只能通过本身的触点与输出继电器线圈相连，由输出继电器实现最终的输出，从而达到驱动负载的目的。

内部标志位存储器可采用位、字节、字和双字来存取。地址范围如表 1-3 所示。

(3) 特殊标志位存储器 (SM)

有些内部标志位存储器具有特殊功能或用来存储系统的状态变量和有关控制参数和信息，这样的内部标志位存储器被称为特殊标志位存储器。它用于 CPU 与用户之间的信息交换，其位地址有效范围为 SM0.0～SM179.7，共有 180 个字节，其中 SM0.0～SM29.7 这 30 个字节为只读型区域，用户只能使用其触点。

常用的特殊标志位存储器有如下几个，具体如图 1-6 所示。

常用的特殊标志位存储器时序图及举例如图 1-7 所示。

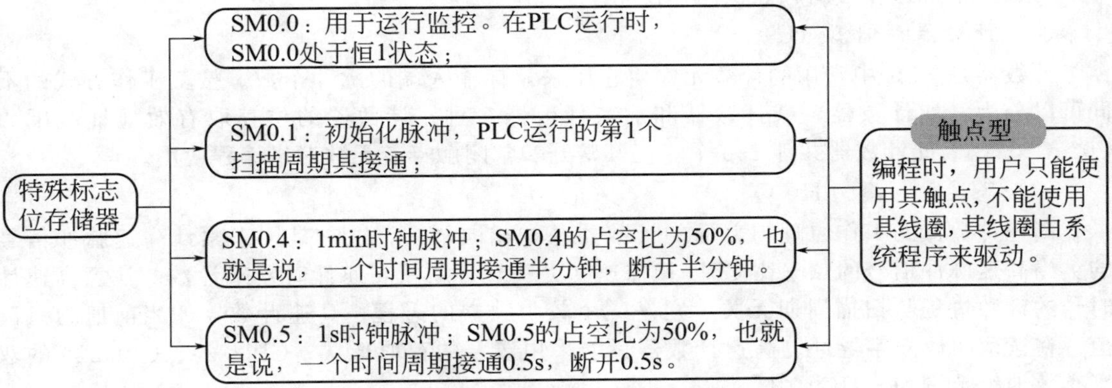

图 1-6 特殊标志位存储器

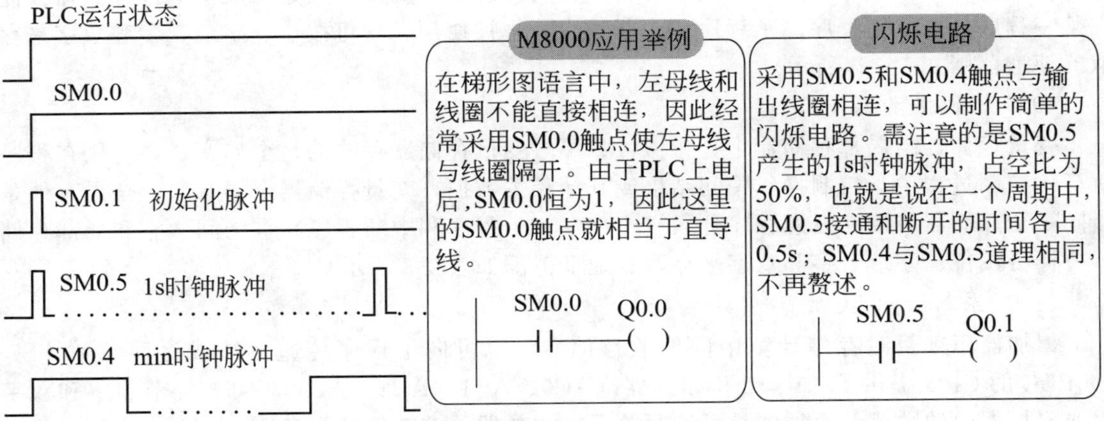

图 1-7 特殊标志位存储器时序图及举例

◆ SM1.0：零标志位，当运算结果=0 时，该位置 1。

◆ SM1.1：溢出标志位，当运算结果=1 时，该位置 1；SM1.0、SM1.1 在移位指令中有应用。

其他特殊标志位存储器的用途这里不做过多说明，若有需要可参考附录，或者查阅 PLC 的相关书籍、文献和手册。

(4) 顺序控制继电器存储器 (S)

顺序控制继电器用于顺序控制（也称步进控制），与辅助继电器一样也是顺序控制编程中的重要编程元件之一，它通常与顺序控制继电器指令（也称步进指令）联用以实现顺序控制编程。

顺序控制继电器存储器可采用位、字节、字和双字来存取，地址范围如表 1-3 所示。需要说明的是，顺序控制继电器存储器的顺序功能图与辅助继电器的顺序功能图基本一致。

（5）定时器存储器（T）

定时器相当于继电器控制电路中的时间继电器，它是 PLC 中的定时编程元件。按其工作方式的不同可以分为：通电延时型定时器、断电延时型定时器和保持型通电延时定时器 3 种。定时时间＝预置值×时基，其中预置值在编程时设定，时基有 1ms、10ms 和 100ms 三种。定时器的位存取有效地址范围为 T0～T255，因此定时器共计 256 个。在编程时定时器可以有无数个常开和常闭触点供用户使用。

（6）计数器存储器（C）

计数器是 PLC 中常用的计数元件，它用来累计输入端的脉冲个数。按其工作方式的不同可以分为：加计数器、减计数器和加减计数器 3 种。计数器的位存取有效地址范围为 C0～C255，因此计数器共计 256 个，但其常开和常闭触点有无数对供编程使用。

（7）高速计数器（HC）

高速计数器的工作原理与普通的计数器基本相同，只不过它是用来累计高速脉冲信号的。当高速脉冲信号的频率比 CPU 扫描速度更快时必须用高速计时器来计数。注意高速计时器的计数过程与扫描周期无关，它是一个较为独立的过程；高速计数器的当前值为只读值，在读取时以双字寻址。高速计数器只能采用双字的存取形式，CPU224、CPU226 的双字有效地址范围为：HC0～HC5。

（8）局部存储器（L）

局部存储器用来存放局部变量，并且只在局部有效，局部有效是指某个局部存储器只能在某一程序分区（主程序、子程序和中断程序）中被使用。它可按位、字节、字和双字来存取。地址范围如表 1-3 所示。

（9）变量存储器（V）

变量存储器与局部存储器十分相似，只不过变量存储器存放的是全局变量，它用在程序执行的控制过程中，控制操作中间结果或其他相关数据，变量存储器全局有效，全局有效是指同一个存储器可以在任意程序分区（主程序、子程序和中断程序）被访问。它和局部存储器一样可按位、字节、字和双字来存取。地址范围如表 1-3 所示。

（10）累加器（AC）

累加器用来暂时存储计算中间值的存储器，也可向子程序传递参数或返回参数。S7-200PLC 的 CPU 提供了 4 个 32 位累加器（AC0、AC1、AC2、AC3），可按字节、字和双字存取累加器中的数值。累加器是可读写单元。累加器的有效地址为 AC0～AC3。

（11）模拟量输入映像寄存器（AI）

模拟量输入模块将外部输入连续变化的模拟量信号通过 A/D（模数转换）转换为 1 个字长（16 位）的数字量信号，并存放在模拟量输入映像寄存器中，供 CPU 运算和处理。模拟量输入映像寄存器中的数值为只读值，且模拟量输入映像寄存器的地址必须使用偶数字节地址来表示，如 AIW2，AIW4 等。模拟量输入映像寄存器的地址编号范围因 CPU 模块型号的不同而不同，CPU224，CPU226 地址编号范围为：AIW0～AIW62。

（12）模拟量输出映像寄存器（AQ）

CPU 运算相关结果存放在模拟量输出映像寄存器中，将 1 个字长（16 位）的数字量信号通过 D/A（数模转换）转换为模拟量输出信号，用以驱动外部模拟量控制设备。和模拟量输入映像寄存器一样，模拟量输出映像寄存器中的数值也为只读值，且模拟量输出映像寄存器的地址也必须使用偶数字节地址来表示，如 AQW2，AQW4 等。CPU224，CPU226 地址编号范围为：AQW0～AQW62。

1.3.3 数据区存储器的地址格式

存储器由许多存储单元组成，每个存储单元都有唯一的地址，在寻址时可以依据存储器的地址来存储数据。数据区存储器的地址格式有如下几种。

(1) 位地址格式

位是最小存储单位，常用 0、1 两个数值来描述各元件的工作状态。当某位取值为 1 时，表示线圈闭合，对应触点发生动作，即常开触点闭合常闭触点断开；当某位取值为 0 时，表示线圈断开，对应触点不动作，即常开触点断开常闭触点闭合。

数据区存储器位地址格式可以表示为：区域标识符＋字节地址＋字节与位分隔符＋位号；例如：I1.5，如图 1-8 所示，其中第 0 位为最低位（LSB），第 7 位为最高位（MSB）。

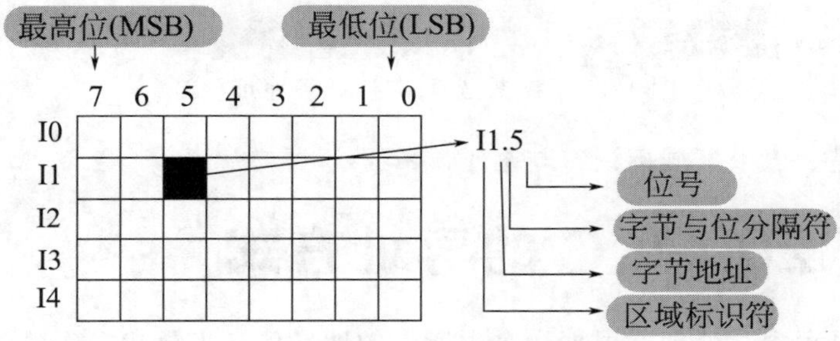

图 1-8 数据区存储器位地址格式

(2) 字节地址格式

相邻的 8 位二进制数组成一个字节。字节地址格式可以表示为：区域识别符＋字节长度符 B＋字节号；例如：QB0 表示由 Q0.0～Q0.7 这 8 位组成的字节，如图 1-9 所示。

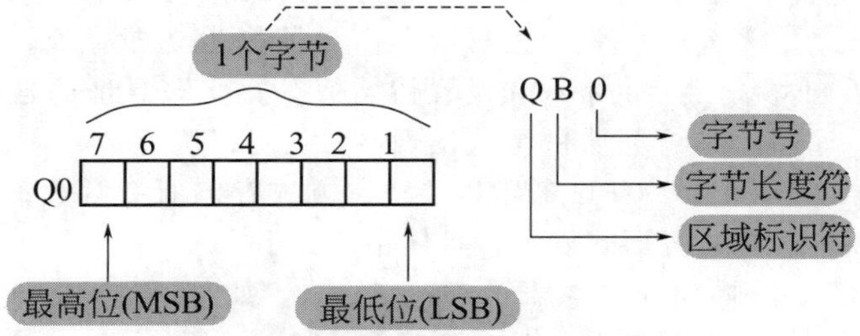

图 1-9 数据区存储器字节地址格式

(3) 字地址格式

两个相邻的字节组成一个字。字地址格式可以表示为：区域识别符＋字长度符 W＋起始字节号，且起始字节为高有效字节；例如：VW100 表示由 VB100 和 VB101 这 2 个字节组成的字，如图 1-10 所示。

(4) 双字地址格式

相邻的两个字组成一个双字。双字地址格式可以表示为：区域识别符＋双字长度符 D＋起始字节号，且起始字节为最高有效字节；例如：VD100 表示由 VB100～VB103 这 4 个字

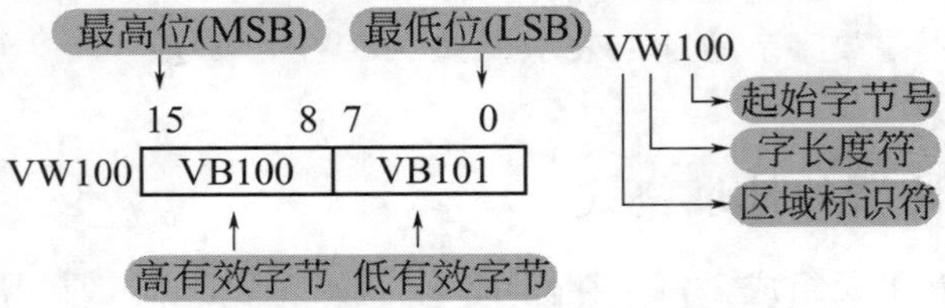

图 1-10 数据区存储器字地址格式

节组成的双字，如图 1-11 所示。

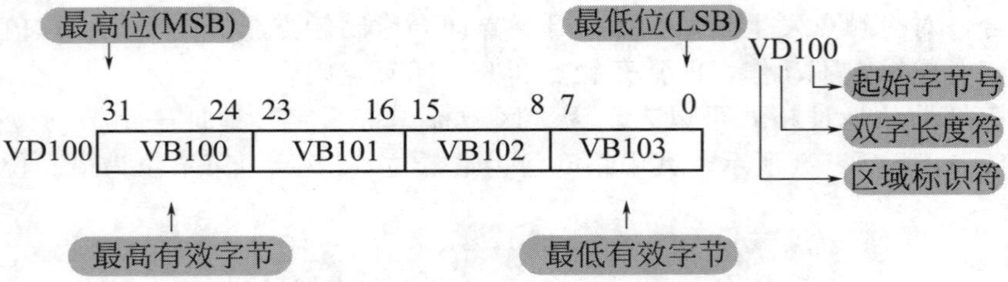

图 1-11 数据区存储器双字地址格式

需要说明的是，以上区域标识符与图 1-5 一致。

1.4 S7-200PLC 的寻址方式

在执行程序过程中，处理器根据指令中所给的地址信息来寻找操作数的存放地址的方式叫寻址方式。S7-200PLC 的寻址方式有立即寻址、直接寻址和间接寻址，如图 1-12 所示。

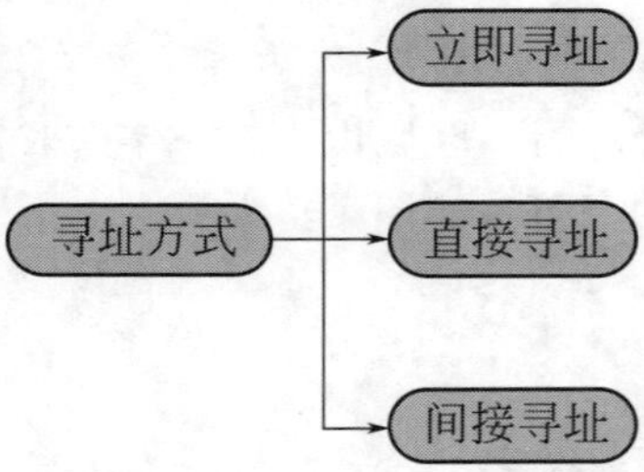

图 1-12 寻址方式

1.4.1 立即寻址

可以立即进行运算操作的数据叫立即数，对立即数直接进行读写的操作寻址称为立即寻址。立即寻址可用于提供常数和设置初始值等。立即寻址的数据在指令中常常以常数的形式出现，常数可以为字节、字、双字等数据类型。CPU 通常以二进制方式存储所有常数，指令中的常数也可按十进制、十六进制、ASCⅡ等形式表示，具体格式如下：

二进制格式：在二进制数前加 2＃表示二进制格式，如：2＃1010；

十进制格式：直接用十进制数表示即可，如：8866；

十六进制格式：在十六进制数前加 16＃表示十六进制格式，如：16＃2A6E；

ASCⅡ码格式：用单引号 ASCⅡ码文本表示，如：‘Hi’；

需要指出，“＃”为常数格式的说明符，若无“＃”则默认为十进制。

重点提示

此段文字很短，但点明数据的格式，请读者加以重视，尤其是在功能指令中，对此应用很多。

1.4.2 直接寻址

直接寻址是指在指令中直接使用存储器或寄存器地址编号，直接到指定的区域读取或写入数据。直接寻址有位、字节、字和双字等寻址格式，如：I1.5，QB0，VW100，VD100，具体图例与图 1-8～图 1-11 大致相同，这里不再赘述。

需要说明的是，位寻址的存储区域有：I、Q、M、SM、L、V、S；字节、字、双字寻址的存储区域有：I、Q、M、SM、L、V、S、AI、AQ。

1.4.3 间接寻址

间接寻址是指数据存放在存储器或寄存器中，在指令中只出现所需数据所在单元的内存地址，即指令给出的是存放操作数地址的存储单元的地址，我们把存储单元地址的地址称为地址指针。在 S7-200PLC 中只允许使用指针对 I、Q、M、L、V、S、T（仅当前值）、C（仅当前值）存储区域进行间接寻址，而不能对独立位（bit）或模拟量进行间接寻址。

(1) 建立指针

间接寻址前必须事先建立指针，指针为双字（即 32 位），存放的是另一个存储器的地址，指针只能为变量存储器（V）、局部存储器（L）或累加器（AC1、AC2、AC3）。建立指针时，要使用双字传送指令（MOVD）将数据所在单元的内存地址传送到指针中，双字传送指令（MOVD）的输入操作数前需加“&”号，表示送入的是某一存储器的地址而不是存储器中的内容，例“MOVD&VB200，AC1”指令，表示将 VB200 的地址送入累加器 AC1 中，其中累加器 AC1 就是指针。

(2) 利用指针存取数据

在利用指针存取数据时，指令中的操作数前需加“*”号，表示该操作数作为指针，如“MOVW * AC1，AC0”指令，表示把 AC1 中的内容送入 AC0 中，如图 1-13 所示。

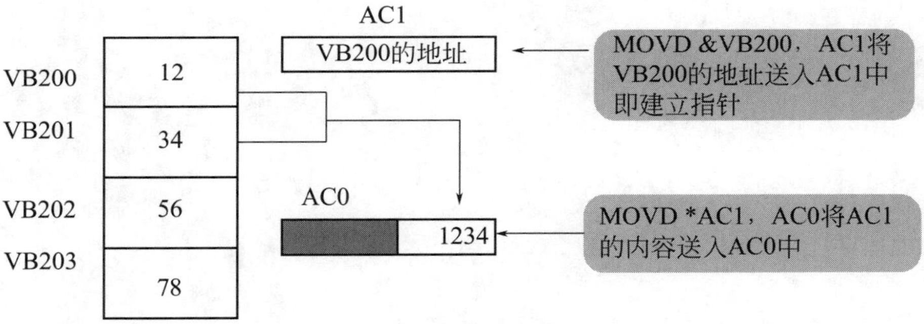

图 1-13 间接寻址图示

(3) 间接寻址举例

用累加器（AC1）作地址指针，将变量存储器 VB200，VB201 中的 2 个字节数据内容 1234 移入到标志位寄存器 MB0，MB1 中。

解析：如图 1-14 所示。

① 建立指针，用双字节移位指令 MOVD 将 VB200 的地址移入 AC1 中。

② 用字移位指令 MOVW 将 AC1 中的地址 VB200 所存储的内容（VB200 中的值为 12，VB201 中的值为 34）移入 MW0 中。

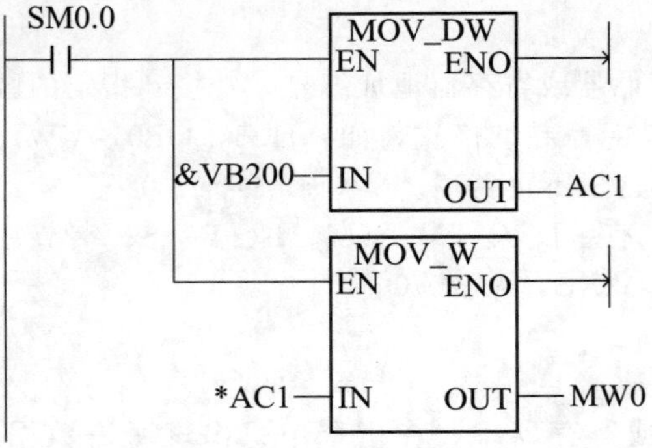

(a) 梯形图

```
LD      SM0.0
MOVD    &VB200，AC1
MOVW    *AC1，MW0
```

(b) 语句表

图 1-14　间接寻址举例

CHAPTER 2

第2章 S7-200PLC基本指令

本章要点

- PLC 的编程语言
- 位逻辑指令及应用举例
- 定时器指令及应用举例
- 计数器指令及应用举例
- 编程基本环节
- 基本指令应用举例

2.1 PLC 编程语言

利用 PLC 厂家的编程语言来编写用户程序是 PLC 在工业现场控制中最重要的环节之一，用户程序的设计主要面向的是企业电气技术人员，因此对于用户程序的编写语言来说，应采用面对控制过程和控制问题的“自然语言”，1994 年 5 月国际电工委员会（IEC）公布了 IEC61131-3《PLC 编程语言标准》，该标准具体阐述、说明了 PLC 的句法、语义和 5 种编程语言，具体情况如下：

① 梯形图语言（Ladder Diagram，LD）；

② 指令表（Instruction List，IL）；

③ 顺序功能图（Sequential Function Chart，SFC）；

④ 功能块图（Function Block Diagram，FBD）；

⑤ 结构文本（Structured Text，ST）。

在该标准中，梯形图（LD）和功能块图（FBD）为图形语言；指令表（IL）和结构文本（ST）为文字语言；顺序功能图（SFC）是一种结构块控制程序流程图。

2.1.1 梯形图

梯形图是 PLC 编程中使用最多的编程语言之一，它是在继电器控制电路的基础上演绎出来的，因此分析梯形图的方法和分析继电器控制电路的方法非常相似。对于熟悉继电器控制系统的电气技术人员来说，学习梯形图不用花费太多的时间。

（1）梯形图的基本编程要素

梯形图通常由触点、线圈和功能框 3 个基本编程要素构成。为了进一步了解梯形图，需要清楚以下几个基本概念。

① 能流：在梯形图中，为了分析各个元器件输入输出关系，而引入的一种假象的电流，我们称之为能流。通常认为能流是按从左到右的方向流动，能流不能倒流，这一流向与执行用户程序的逻辑运算关系一致，如图 2-1 所示。在图 2-1 中，在 I0.0 闭合的前提下，能流有两条路径：一条为触点 10.0、I0.1 和线圈 Q0.0 构成的电路，另一条为触点 Q0.0、I0.1 和 Q0.0 构成的电路。

② 母线：梯形图中两侧垂直的公共线，称之为母线。通常左母线不可省，右母线可省，能流可以看成由左母线流向右母线，如图 2-1 所示。

③ 触点：触点表示逻辑输入条件。触点闭合表示有“能流”流过，触点断开表示无“能流”流过。常用的有常开触点和常闭触点 2 种，如图 2-1 所示。

④ 线圈：线圈表示逻辑输出结果。若有“能流”流过线圈，线圈吸合，否则断开。

⑤ 功能框：代表某种特定的指令。“能流”通过功能框时，则执行功能框的功能，功能框代表的功能有多种如：定时、计数、数据运算等，如图 2-1 所示。

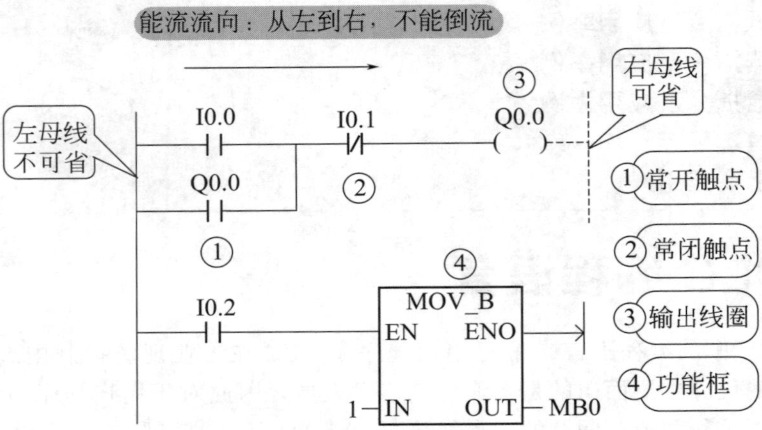

图 2-1　PLC 梯形图基础要素

（2）举例

三相异步电动机的启保停电路，如图 2-2 所示。

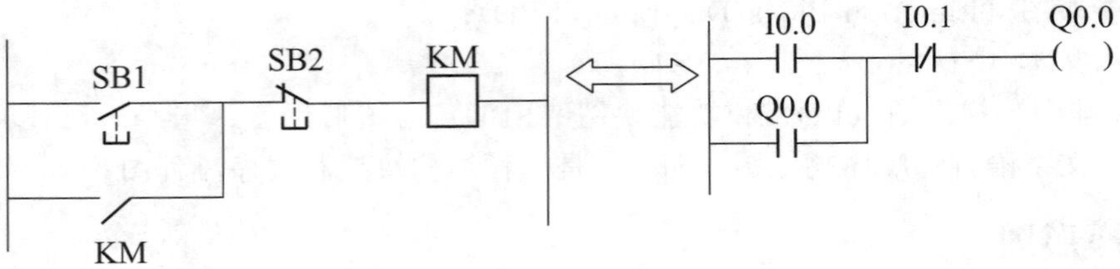

图 2-2　三相异步电动机的启保停电路

通过上图的分析不难发现，梯形图的电路和继电器的控制电路一一呼应，电路结构大致相同，控制功能相同，因此对于梯形图的理解完全可以仿照分析继电器控制电路的方法。对于二者元件的对应关系，如表 2-1 所示。

表 2-1　梯形图电路与继电器控制电路符号对照表

梯形图电路			继电器电路	
元件	符号	常用地址	元件	符号
常开触点	─┤├─	I、Q、M、T、C	按钮、接触器、时间继电器、中间继电器的常开触点	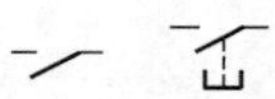
常闭触点	─┤/├─	I、Q、M、T、C	按钮、接触器、时间继电器、中间继电器的常闭触点	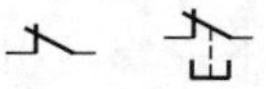
线圈	─( )	Q、M	接触器、中间继电器线圈	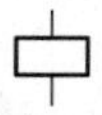

（3）梯形图的特点

① 梯形图与继电器原理图相呼应，形象直观，易学易懂。

② 梯形图可以有多个网络，每个网络只写一条语言，在一个网络中可以有一个或多个梯级，如图 2-3 所示。

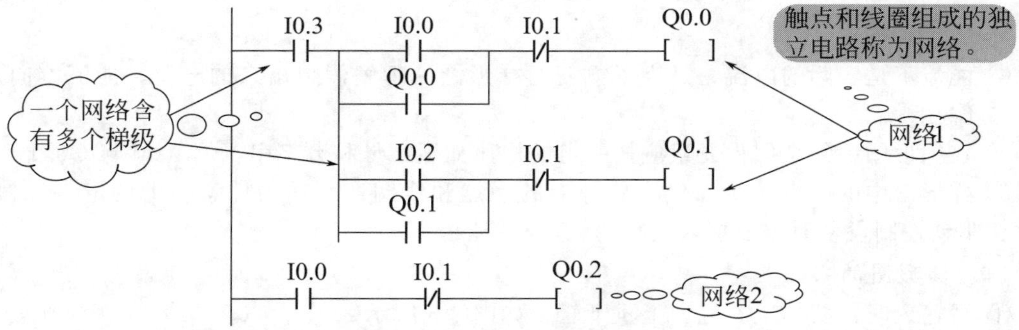

图 2-3　梯形图特点验证

③ 在每个网络中，梯形图都起于左母线，经触点，终止于软继电器线圈或右母线，如图 2-4 所示。

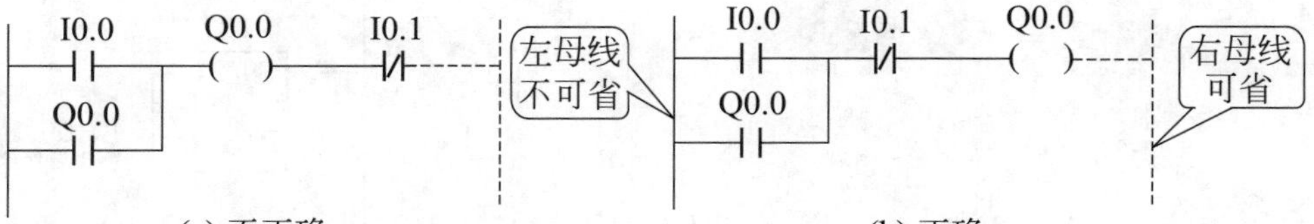

(a) 不正确　　(b) 正确

图 2-4　触点、线圈和母线排布情况

④ 线圈不能与左母线直接相连；如果线圈动作需要无条件执行时，可借助未用过元件的常闭触点或特殊标志位存储器 SM0.0 的常开触点，使左母线与线圈隔开，如图 2-5 所示。

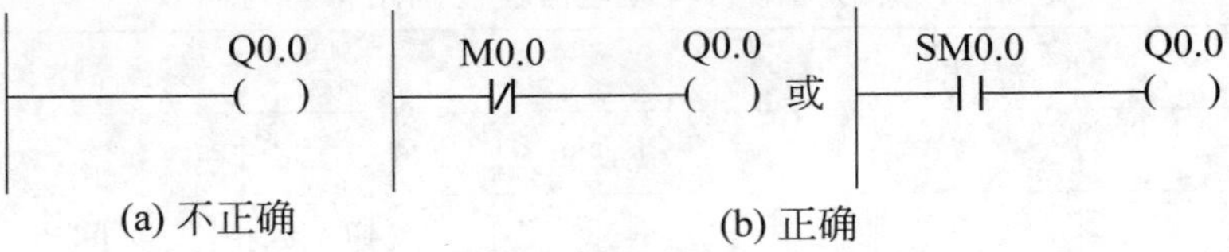

图 2-5 线圈与左母线直接相连的处理方案

⑤ 同一编号的输出线圈在同一程序中不能使用两次，否则会出现双线圈问题，双线圈输出很容易引起误动作，应尽量避免，如图 2-6 所示。

⑥ 不同编号的线圈可以并行输出，如图 2-7 所示。

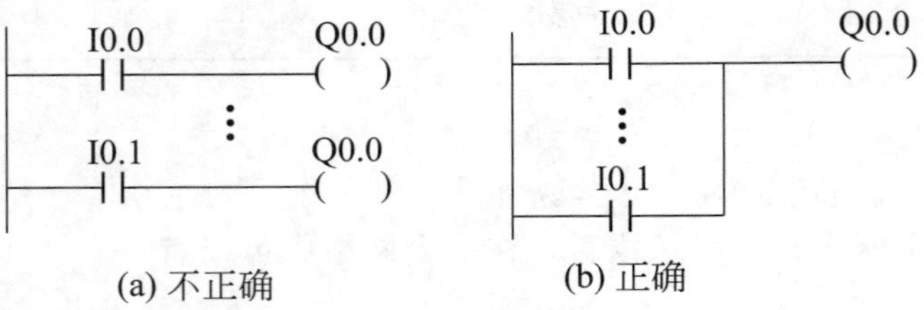

图 2-6 双线圈问题的处理方案

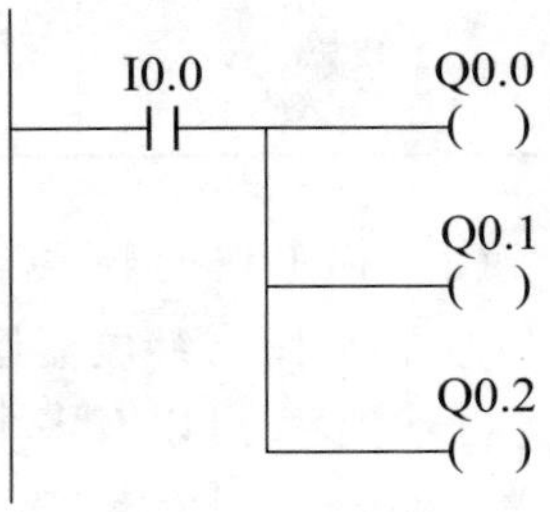

图 2-7 并联输出问题

⑦ 能流不是实际的电流，是为了方便对梯形图的理解假想出来的电流，能流方向从左向右，不能倒流。

⑧ 在梯形图中每个编程元素应按一定的规律加标字母和数字串，例 I0.0 与 Q0.1。

⑨ 梯形图中的触点、线圈仅为软件上的触点和线圈，不是硬件意义上的触点和线圈，因此在驱动控制设备时需要接入实际的触点和线圈。

（4）梯形图的书写规律

① 写输入时：要左重右轻，上重下轻，如图 2-8 所示。

② 写输出时：要上轻下重，如图 2-9 所示。

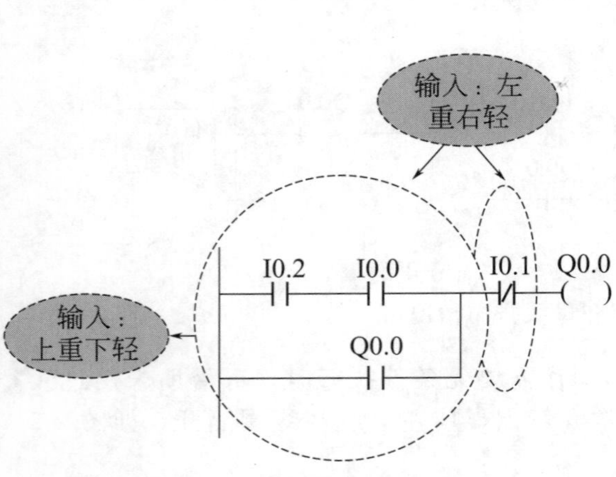

图 2-8 梯形图的书写规律

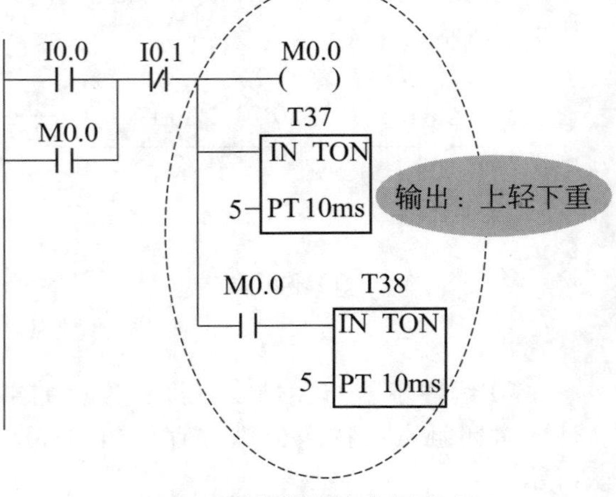

图 2-9 梯形图的书写规律

2.1.2 语句表

在 S7 系列的 PLC 中将指令表称之为语句表（Statement List，STL），语句表是一种类似于微机汇编语言的一种文本语言。

（1）语句表的构成

语句表由助记符（也称操作码）和操作数构成。其中助记符表示操作功能，操作数表示指定的存储器的地址，语句表的操作数通常按位存取，如图 2-10 所示。

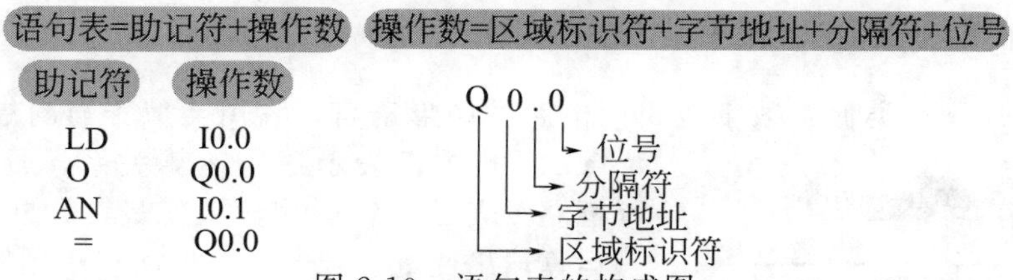

图 2-10 语句表的构成图

（2）语句表的特点

① 在语句表中，一个程序段由一条或多条语句构成，多条语句的情况如图 2-10 所示。

② 在语句表中，几块独立的电路对应的语句可以放在一个网络中。

③ 语句表和梯形图可以相互转化，如图 2-11 所示。

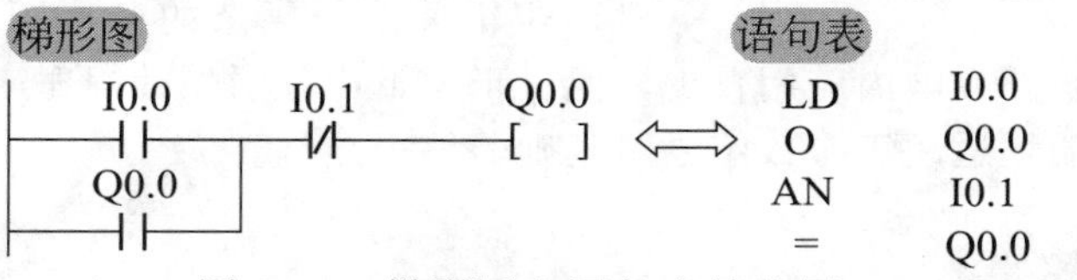

图 2-11 梯形图和语句表转化图

④ 语句表示用于经验丰富的编程员使用，它可以实现梯形图所不能实现的功能。

2.1.3 顺序功能图

顺序功能图是一种图形语言，在 5 种国际标准语言中，顺序功能图被确定为首位编程语言，尤其是在 S7-300/400PLC 中更有较大的应用，其中 S7 Graph 就是典型的顺序功能图语言。顺序功能图具有条理清晰、思路明确、直观易懂等优点，往往适用于开关量顺序控制程序的编写。

顺序功能图主要由步、有向连线、转换条件和动作等要素组成，如图 2-12 所示。在编写顺序程序时，往往根据输出量的状态将一个完整的控制过程划分为若干个阶段，每个阶段就称为步，步与步之间有转换条件，且步与步之间有不同的动作。当上一步被执行时，满足转换条件立即跳到下一步，同时上一步停止。在编写顺序控制程序时，往往先画出顺序功能图，然后再根据顺序功能图写出梯形图，经过这一过程后使程序的编写大大简化。

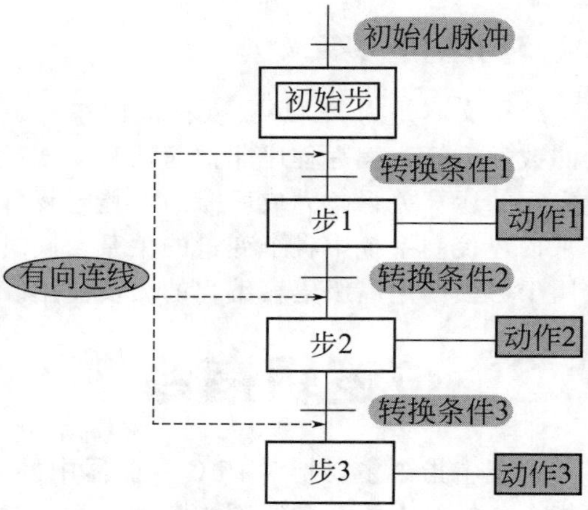

图 2-12 顺序功能图

重点提示

2.1.3 这段文字透露两点信息：

1. 顺序功能图的画法：根据输出量的状态将一个完整的控制过程划分为若干个步，步与步之间有转换条件，且步与步之间有不同的动作。

2. 程序编制方法：先画顺序功能图，再根据顺序功能图编写梯形图程序。

2.1.4 功能块图

功能块图是一种类似于数字逻辑门电路的图形语言，它用类似于与门（AND）、或门（OR）的方框表示逻辑运算关系。通常情况下，方框左侧表示逻辑运算输入变量，方框右侧表示逻辑运算输出变量，若输入输出端有小圆圈则表示“非”运算，方框与方框之间用导线相连，信号从左向右流动，如图 2-13 所示。

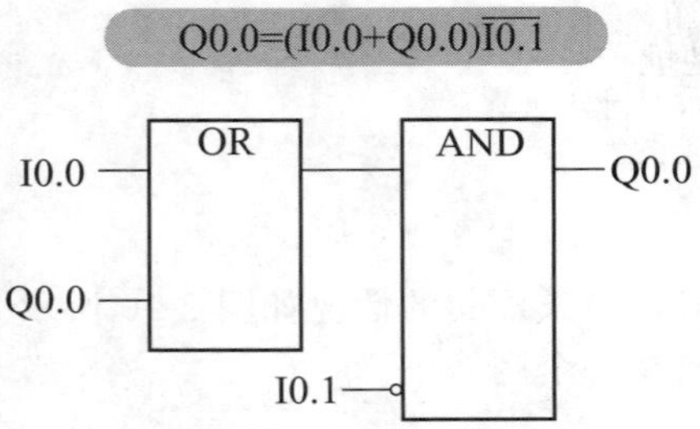

图 2-13　功能块图

在 S7-200 中，功能块图、梯形图和语句表可以相互转化，如图 2-14 所示。需要指出的是，并不是所有的梯形图、语句表和功能块图都能相互转化，对于逻辑关系较复杂的梯形图和语句表就不能转化为功能块图。功能块图在国内应用较少，但对于逻辑比较明显的程序来说，用功能块图就非常简单、方便。功能块适用于有数字电路基础的编程人员。

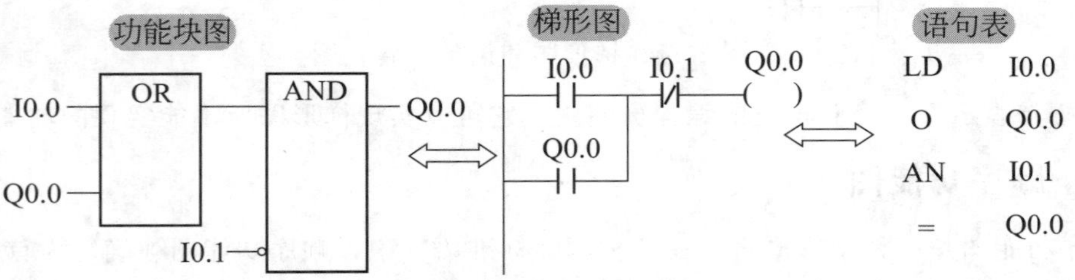

图 2-14　梯形图、语句表和功能块图之间的相互转换

2.1.5 结构文本

结构文本是为 IE61131-3 标准创建的一种专用高级编程语言，与梯形图相比它能实现复杂的数学运算，编写程序非常简洁和紧凑。通常用计算机的描述语句来描述系统中的各种变量之间的运算关系，完成所需的功能或操作。在大中型 PLC 中，常常采用结构文本设计语言来描述控制系统中各个变量的关系，同时也被集散控制系统的编程和组态所采用，该语句适用于习惯使用高级语言编程的人员使用。

2.2 位逻辑指令

位逻辑指令主要指对 PLC 存储器中的某一位进行操作的指令，它的操作数是位。位逻辑指令包括触点指令和线圈指令两大类，常见的触点指令有触点取用指令、触点串、并联指令、电路块串、并联指令等；常见的线圈指令有线圈输出指令、置位复位指令等。

位逻辑指令是依靠 1、0 两个数进行工作的，1 表示触点或线圈的通电状态，0 表示触点或线圈的断电状态。利用位逻辑指令可以实现位逻辑运算和控制，在继电器系统的控制中应用较多。

编者心语

1. 在位逻辑指令中，每个指令常见语言表达形式均有两种：一种是梯形图；一种是语句表。

2. 语句表的基本表达形式为：操作码 + 操作数，其中操作数以位地址格式形式出现。

2.2.1 触点的取用指令与线圈输出指令

（1）指令格式及功能说明

触点取用指令与线圈指令格式及功能说明，如表 2-2 所示。

表 2-2 触点取用指令与线圈指令格式及功能说明

指令名称	梯形图表达方式	指令表表达方式	功能	操作数
常开触点取用指令	〈位地址〉 ─┤├─	LD＜位地址＞	用于逻辑运算的开始，表示常开触点与左母线相连	I、Q、M、SM、T、C、V、S
常闭触点取用指令	〈位地址〉 ─┤/├─	LDN＜位地址＞	用于逻辑运算的开始，表示常闭触点与左母线相连	I、Q、M、SM、T、C、V、S
线圈输出指令	〈位地址〉 ─( )	=＜位地址＞	用于线圈的驱动	Q、M、SM、T、C、V、S

（2）应用举例

触点取用指令与线圈指令应用举例如图 2-15 所示。

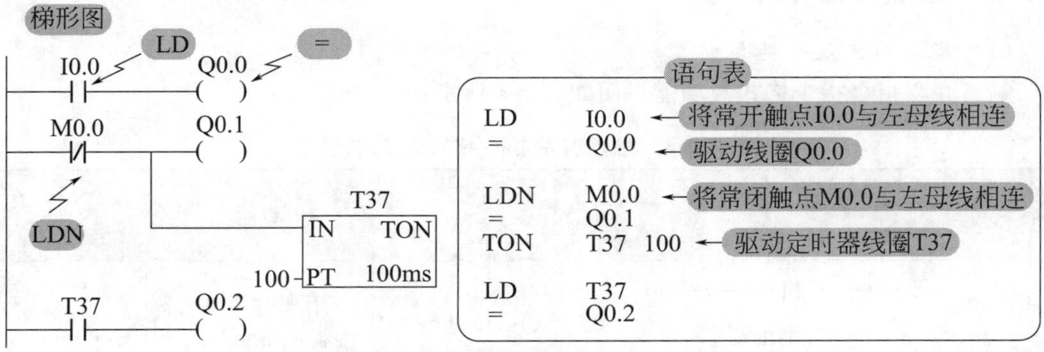

使用说明

1.每个逻辑运算开始都需要触点取用指令；每个电路块的开始也需要触点取用指令；
2.线圈输出指令可并联使用多次，但不能串联使用；
3.在线圈输出指令的梯形图表示形式中，同一编号线圈不能出现多次。

图 2-15 触点取用指令与线圈指令

2.2.2 触点串联指令（与指令）

（1）指令格式及功能说明

触点串联指令指令格式及功能说明如表 2-3 所示。

表 2-3　触点串联指令格式及功能说明

指令名称	梯形图表达方式	指令表表达方式	功能	操作元件
常开触点串联指令	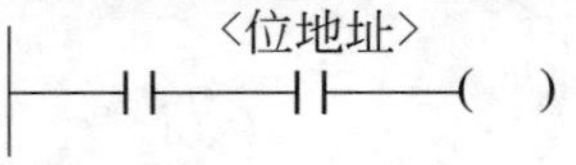	A<位地址>	用于单个常开触点的串联	I、Q、M、SM、T、C、V、S
常闭触点串联指令	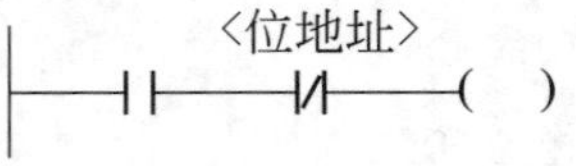	AN<位地址>	用于单个常闭触点的串联	I、Q、M、SM、T、C、V、S

（2）应用举例

触点串联指令应用举例如图 2-16 所示。

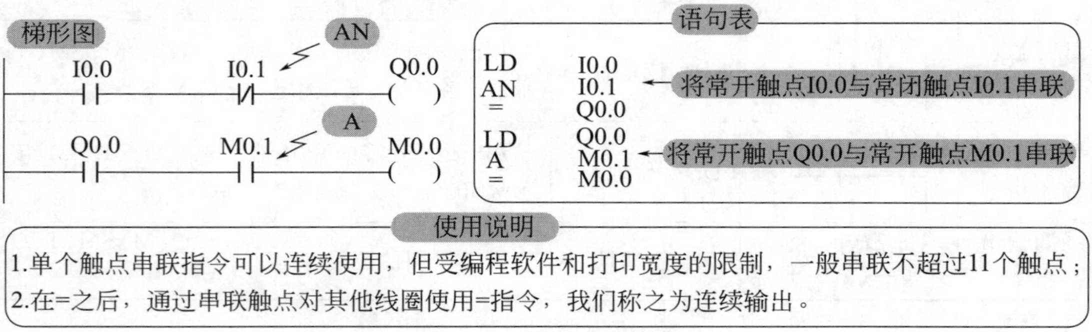

图 2-16　触点串联指令

2.2.3 触点并联指令

（1）指令格式及功能说明

触点并联指令指令格式及功能说明如表 2-4 所示。

表 2-4　触点并联指令格式及功能说明

指令名称	梯形图表达方式	指令表表达方式	功能	操作元件
常开触点并联指令	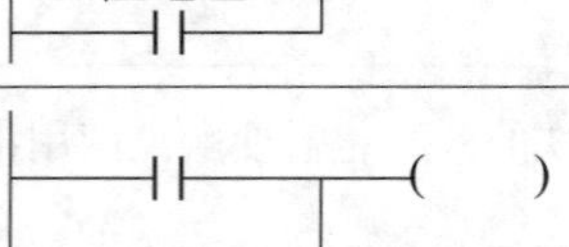	O<位地址>	用于单个常开触点的并联	I、Q、M、SM、T、C、V、S
常闭触点并联指令	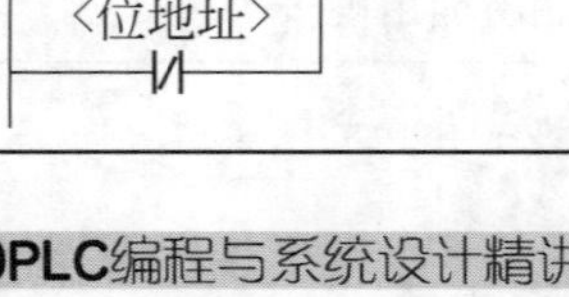	ON<位地址>	用于单个常闭触点的并联	I、Q、M、SM、T、C、V、S

（2）应用举例

触点并联指令应用举例如图 2-17 所示。

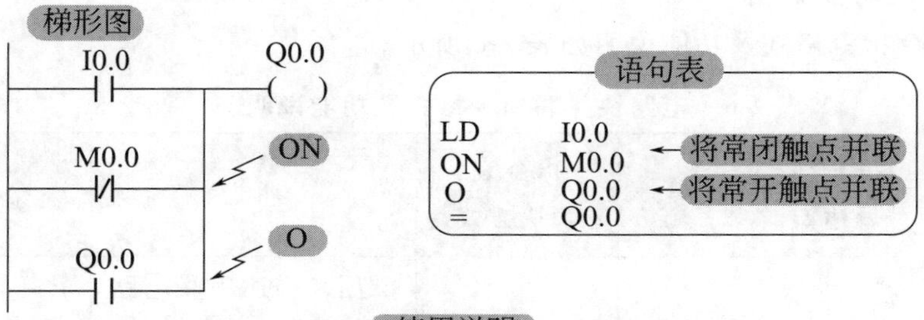

使用说明

1. 单个触点并联指令可以连续使用，但受编程软件和打印宽度的限制，一般并联不超过7个；
2. 若两个以上触点串联后与其他支路并联，则需用到后面要讲的OLD指令。

图 2-17　触点并联指令

2.2.4　电路块串联指令

（1）指令格式及功能说明

电路块串联指令指令格式及功能说明如表 2-5 所示。

表 2-5　电路块串联指令格式及功能说明

指令名称	梯形图表达方式	指令表表达方式	功能	操作元件
电路块串联指令	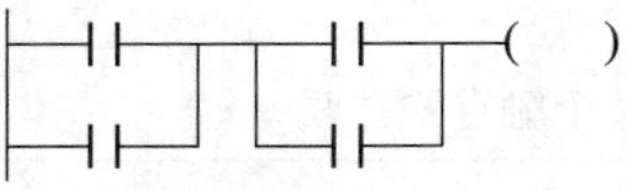	ALD	用来描述并联电路块的串联关系；注：两个以上触点并联形成的电路叫并联电路块	无

（2）应用举例

电路块串联指令应用举例如图 2-18 所示。

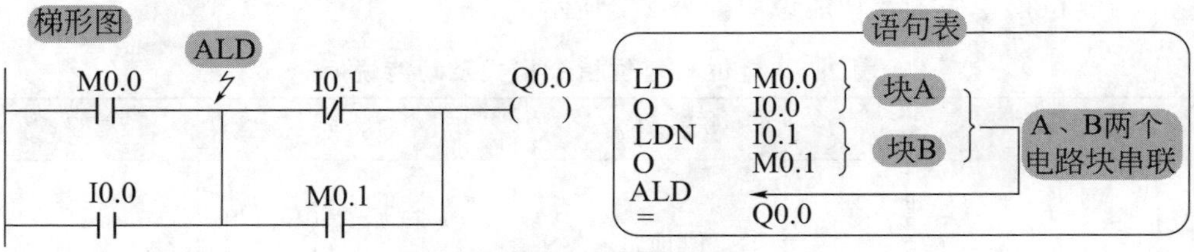

使用说明

1. 在每个并联电路块的开始都需用LD或LDN指令；
2. 可顺次使用ALD指令，进行多个电路块的串联；
3. ALD指令用于并联电路块的串联，而A/AN用于单个触点的串联。

图 2-18　电路块串联指令

2.2.5 电路块并联指令

(1) 指令格式及功能说明

电路块并联指令指令格式及功能说明如表 2-6 所示。

表 2-6 电路块并联指令格式及功能说明

指令名称	梯形图 表达方式	指令表 表达方式	功能	操作元件
电路块 并联指令	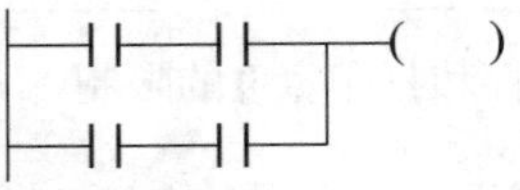	OLD	用来描述串联电路块的并联关系； 注：两个以上触点串联形成的电路叫串联电路块	无

(2) 应用举例

电路块并联指令应用举例如图 2-19 所示。

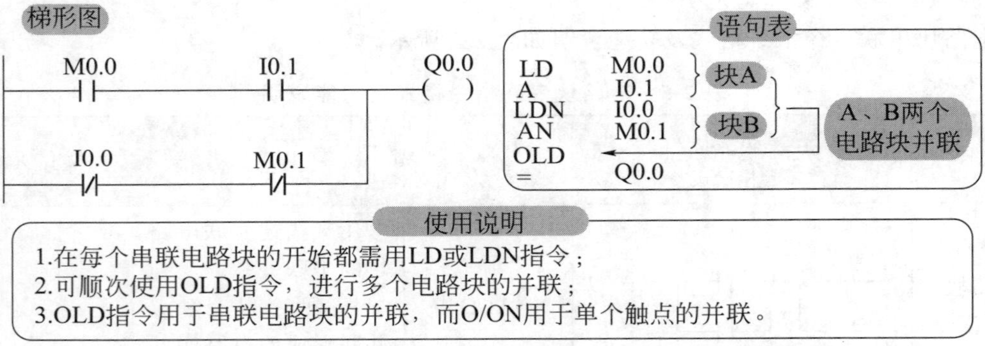

图 2-19 电路块并联指令

2.2.6 置位与复位指令

(1) 指令格式及功能说明

置位与复位指令格式及功能说明如表 2-7 所示。

表 2-7 置位与复位指令格式及功能说明

指令名称	梯形图	语句表	功能	操作数
置位指令 S(set)	〈位地址〉 —(S) N	S＜位地址＞,N	从起始位(bit)开始连续 N 位被置 1	S/R 指令操作数为：Q、M、SM、T、C、V、S、L
复位指令 R(Reset)	〈位地址〉 —(R) N	R＜位地址＞,N	从起始位(bit)开始连续 N 位被清 0	

(2) 应用举例

置位与复位指令应用举例如图 2-20 所示。

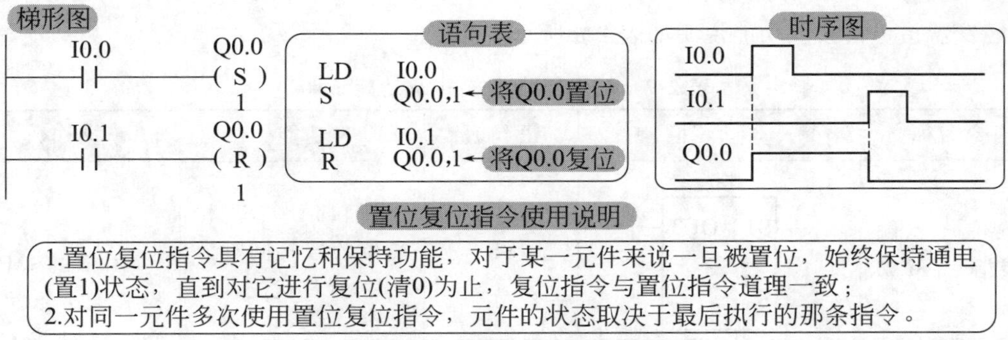

图 2-20　置位复位指令

2.2.7 脉冲生成指令

(1) 指令格式及功能说明

脉冲生成指令格式及功能说明如表 2-8 所示。

表 2-8　脉冲生成指令格式及功能说明

指令名称	梯形图	语句表	功能	操作数
上升沿脉冲发生指令	—|P|—	EU	产生宽度为一个扫描周期的上升沿脉冲	无
下降沿脉冲发生指令	—|N|—	ED	产生宽度为一个扫描周期的下降沿脉冲	无

(2) 应用举例

脉冲生成指令应用举例如图 2-21 所示。

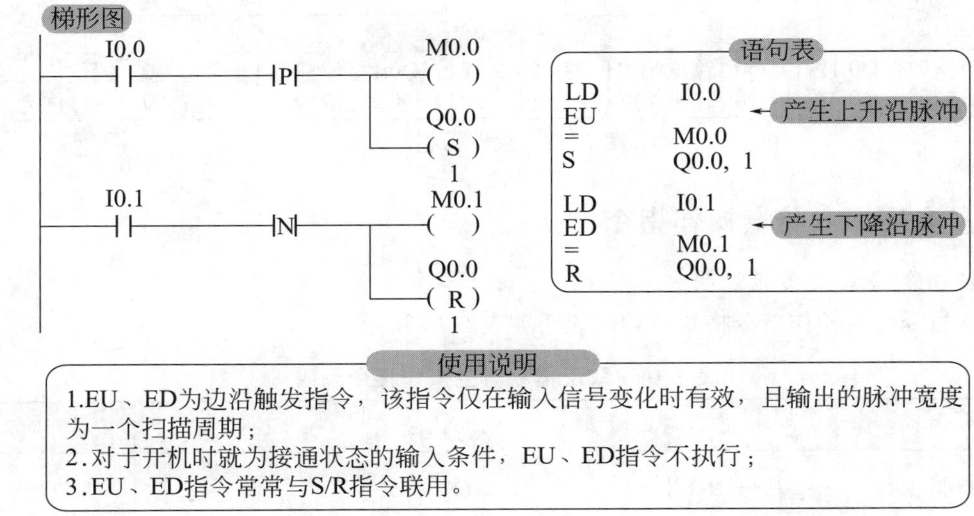

图 2-21　脉冲发生指令

2.2.8 触发器指令

（1）指令格式及功能说明

触发器指令格式及功能说明如表 2-9 所示。

表 2-9 触发器指令格式及功能说明

指令名称	梯形图	语句表	功能	操作数
置位优先触发器指令(SR)	bit S1 OUT SR R	SR	置位信号 S1 和复位信号 R 同时为 1 时，置位优先	S1、R1、S、R 的操作数：I、Q、V、M、SM、S、T、C； Bit 的操作数：I、Q、V、M、S
复位优先触发器指令(RS)	bit S OUT RS R1	RS	置位信号 S 和复位信号 R1 同时为 1 时，复位优先	

（2）应用举例

触发器指令应用举例如图 2-22 所示。

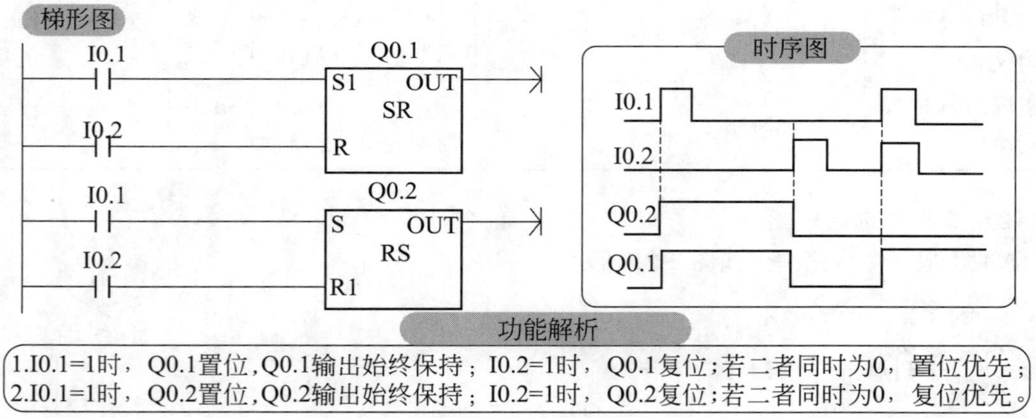

图 2-22 触发器指令

2.2.9 取反指令与空操作指令

（1）指令格式及功能说明

取反指令与空操作指令格式及功能说明如表 2-10 所示。

表 2-10 取反指令与空操作指令说明

指令名称	梯形图	语句表	功能	操作数
取反指令	─┤NOT├─	NOT	对逻辑结果取反操作	无

续表

指令名称	梯形图	语句表	功能	操作数
空操作指令	N —[NOP]	NOP N	空操作，其中N为空操作次数 N=0～255	无

（2）应用举例

取反指令与空操作指令应用举例如图 2-23 所示。

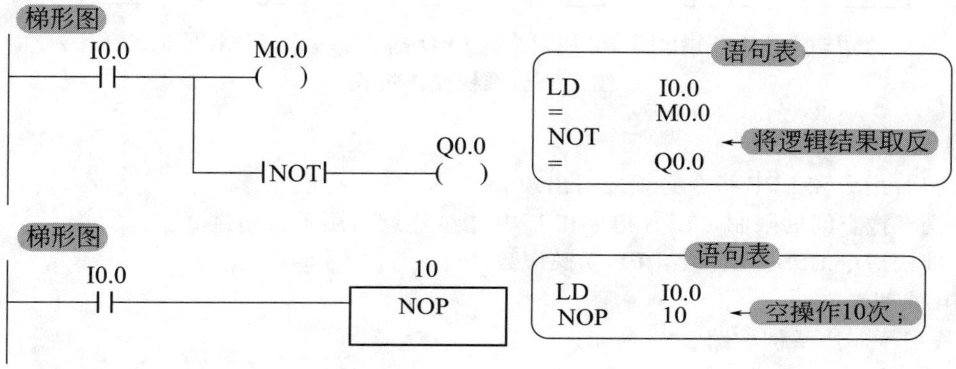

图 2-23　取反指令与空操作指令

2.2.10　逻辑堆栈指令

堆栈是一组能够存储和取出数据的暂存单元。在 S7-200PLC 中，堆栈有 9 层，顶层叫栈顶，底层叫栈底。堆栈的存取特点“后进先出”，每次进行入栈操作时，新值都放在栈顶，栈底值丢失；每次进行出栈操作时，栈顶值弹出，栈底值补进随机数。

逻辑堆栈指令主要用来完成对触点进行复杂连接，配合 ALD、OLD 指令使用，逻辑堆栈指令主要有逻辑入栈指令、逻辑读栈指令和逻辑出栈指令。具体如下。

（1）逻辑入栈（LPS）指令

逻辑入栈（LPS）指令又称分支指令或主控指令，执行逻辑入栈指令时，把栈顶值复制后压入堆栈，原堆栈中各层栈值依次下压一层，栈底值被压出丢失。逻辑入栈（LPS）指令的执行情况，如图 2-24(a) 所示。

（2）逻辑读栈（LRD）指令

执行逻辑读栈（LRD）指令时，把堆栈中第 2 层的值复制到栈顶，2～9 层数据不变，堆栈没有压入和弹出，但原来的栈顶值被新的复制值取代，逻辑读栈（LRD）指令的执行情况如图 2-24(b) 所示。

（3）逻辑出栈（LPP）指令

逻辑出栈（LPP）指令又称分支结束指令或主控复位指令，执行逻辑出栈（LPP）指令时，堆栈作弹出栈操作，将栈顶值弹出，原堆栈各级栈值依次上弹一级，原堆栈第 2 级的值成为栈顶值，原栈顶值从栈内丢失，如图 2-24(c) 所示。

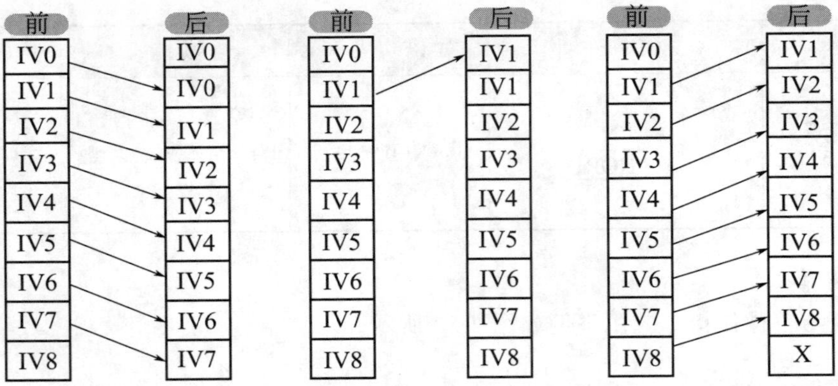

(a) 逻辑入栈(LPS)指令　(b) 逻辑读栈(LRD)指令　(c) 逻辑出栈(LPP)指令

图 2-24　堆栈操作过程

(4) 使用说明

① LPS 指令和 LPP 指令必须成对出现。

② 受堆栈空间的限制，LPS 指令和 LPP 指令连续使用不得超过 9 次。

③ 堆栈指令 LPS、LRD、LPP 无操作数。

(5) 应用举例

堆栈指令应用举例如图 2-25 所示。

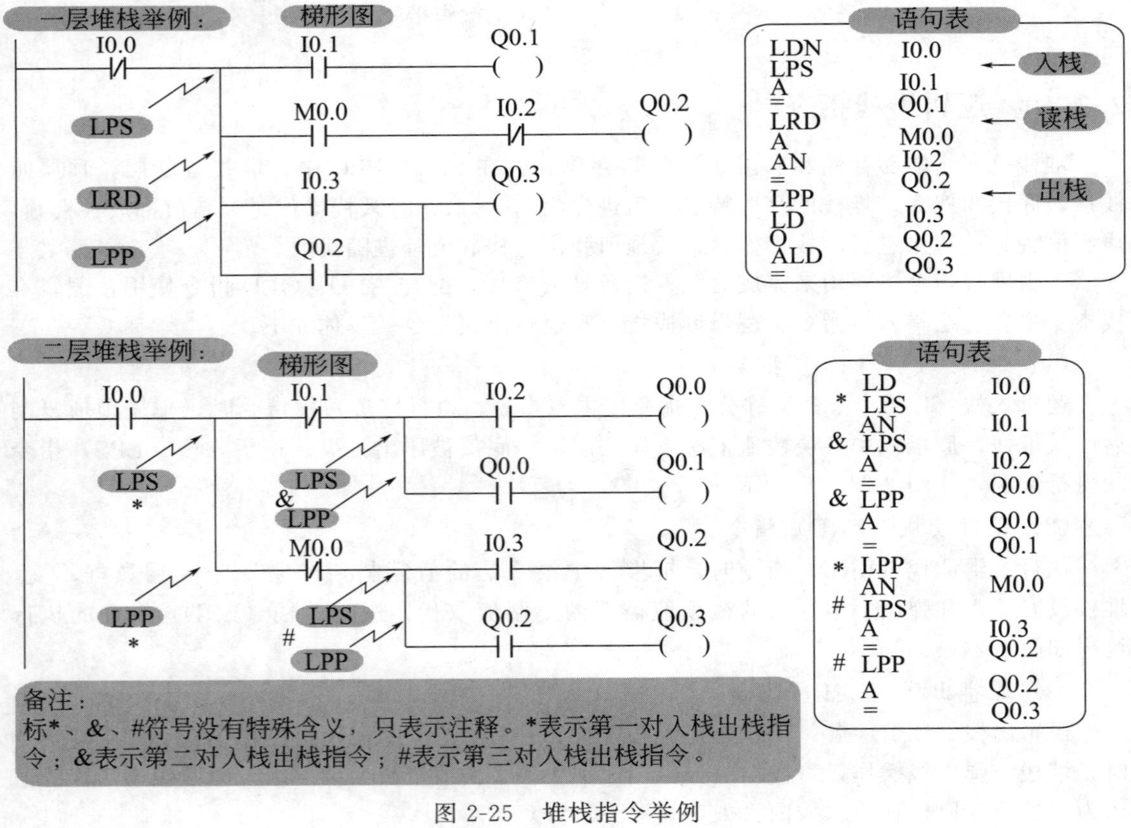

图 2-25　堆栈指令举例

2.3　定时器指令

2.3.1　定时器指令介绍

定时器是 PLC 中最常用的编程元件之一，其功能与继电器控制系统中的时间继电器相同，起到延时作用。与时间继电器不同的是定时器有无数对常开常闭触点供用户编程使用。其结构主要由一个 16 位当前值寄存器（用来存储当前值）、一个 16 位预置值寄存器（用来存储预置值）和 1 位状态位（反映其触点的状态）组成。

在 S7-200PLC 中，按工作方式的不同，可以将定时器分为 3 大类，它们分别为通电延时型定时器，断电延时型定时器和保持型通电延时定时器。定时器指令的指令格式如表 2-11 所示。

表 2-11　定时器的指令格式

名称	通电延时型定时器	断电延时型定时器	保持型通电延时定时器
定时器类型	TON	TOF	TONR
梯形图	Tn IN TON PT	Tn IN TOF PT	Tn IN TONR PT
语句表	TON　Tn,PT	TOF　Tn,PT	TONR　Tn,PT

（1）图说定时器指令

图说定时器指令如图 2-26 所示。

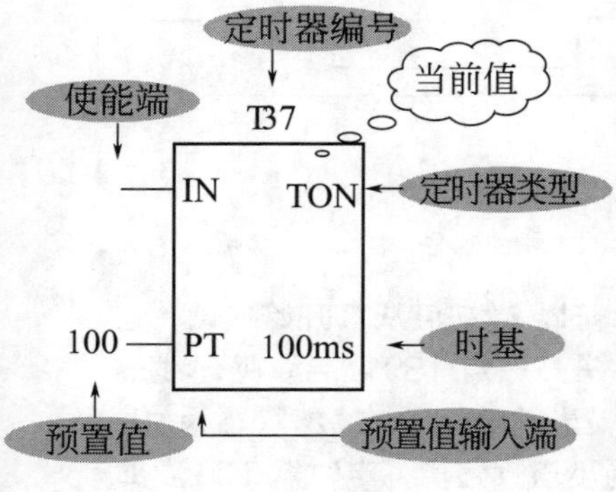

定时器相关概念

1.定时器编号：T0~T255。
2.使能端：使能端控制着定时器的能流，当使能端输入有效时，也就是说使能端有能流流过时，定时时间到，定时器输出状态为1(定时器输出状态为1可以近似理解为定时器线圈吸合)，当使能端输入无效时，也就是说使能端无能流流过时，定时器输出状态为0。
3.预置值输入端：在编程时，根据时间设定需要在预置值输入端输入相应的预置值，预置值为16位有符号整数,允许设定的最大值为32767，其操作数为VW、IW、QW、SW、SMW、LW、AIW、T、C、AC、常数等。
4.时基：相应的时基有3种，它们分别为1ms、10ms和100ms，不同的时基，对应的最大定时范围、编号和定时器刷新方式不同。
5.当前值：定时器当前所累计的时间称为当前值，当前值为16位有符号整数，最大计数值为32767。
6.定时时间计算公式

$T=PT \times S$

式中，T为定时时间；PT为预置值；S为时基。

图 2-26　图说定时器

（2）定时器类型、时基和编号

定时器类型、时基和编号如表 2-12 所示。

表 2-12 定时器类型、时基和编号

定时器类型	时基	最大定时范围	定时器编号
TONR	1ms	32.767s	T0 和 T64
	10ms	327.67s	T1～T4 和 T65～T68
	100ms	3276.7s	T5～T31 和 T69～T95
TON/TOF	1ms	32.767s	T32 和 T96
	10ms	327.67s	T33～T36 和 T97～T100
	100ms	3276.7s	T37～T63 和 T101～T255

2.3.2 定时器指令的工作原理

(1) 通电延时型定时器（TON）指令工作原理

① 工作原理：当使能端输入（IN）有效时，定时器开始计时，当前值从 0 开始递增，当当前值大于或等于预置值时，定时器输出状态为 1（定时器输出状态为 1 可以近似理解为定时器线圈吸合），相应的常开触点闭合常闭触点断开；到达预置值后，当前值继续增大，直到最大值 32767，在此期间定时器输出状态仍然为 1，直到使能端无效时，定时器才复位，当前值被清零，此时输出状态为 0。

② 应用举例：如图 2-27 所示。

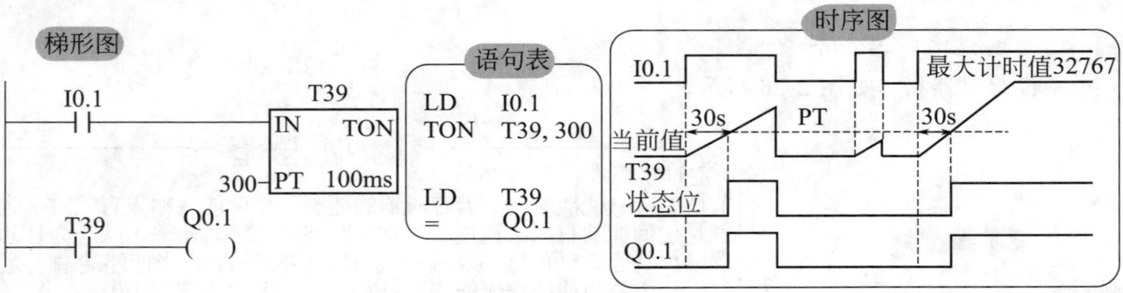

图 2-27 通电延时定时器应用举例

案例解析

当 I0.1 接通时，使能端（IN）输入有效，定时器 T39 开始计时，当前值从 0 开始递增，当当前值等于预置值 300 时，定时器输出状态为 1，定时器对应的常开触点 T39 闭合，驱动线圈 Q0.1 吸合；当 I0.1 断开时，使能端（IN）输出无效，T39 复位，当前值清 0，输出状态为 0，定时器常开触点 T39 断开，线圈 Q0.1 断开；若使能端接通时间小于预置值，定时器 T39 立即复位，线圈 Q0.1 也不会有输出：若使能端输出有效，计时到达预置值以后，当前值仍然增加，直到 32767，在此期间定时器 T39 输出状态仍为 1，线圈 Q0.1 仍处于吸合状态。

(2) 断电延时型定时器（TOF）指令工作原理

① 工作原理：当使能端输入（IN）有效时，定时器输出状态为 1，当前值复位；当使能端（IN）断开时，当前值从 0 开始递增，当当前值等于预置值时，定时器复位并停止计

时，当前值保持。

② 应用举例：如图 2-28 所示。

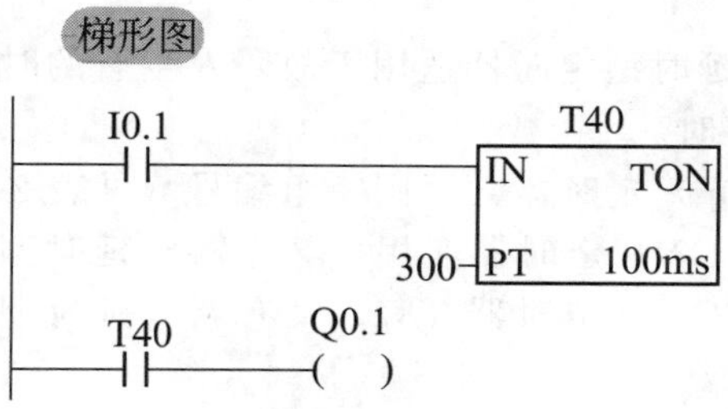

语句表

```
LD    I0.1
TON   T40, 300

LD    T40
=     Q0.1
```

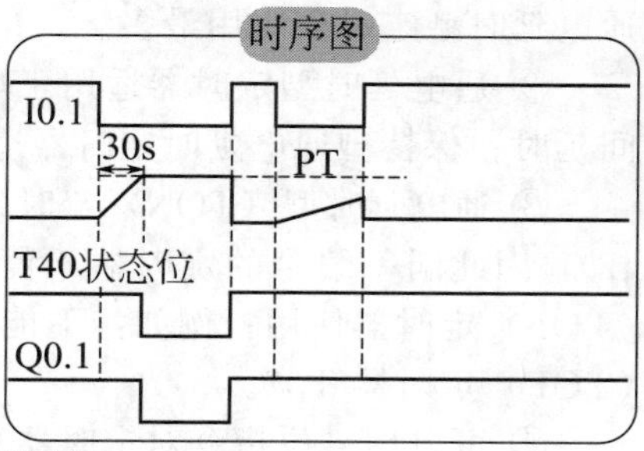

图 2-28　断电延时定时器应用举例

案例解析

当 I0.1 接通时，使能端（IN）输入有效，当前值为 0，定时器 T40 输出状态为 1，驱动线圈 Q0.1 有输出；当 I0.1 断开时，使能端输入无效，当前值从 0 开始递增，当当前值到达预置值时，定时器 T40 复位为 0，线圈 Q0.1 也无输出，但当前值保持；当 I0.1 再次接通，当前值仍为 0；若 I0.1 断开的时间小于预置值，定时器 T40 仍处于置 1 状态。

（3）保持型通电延时定时器（TONR）指令工作原理

① 工作原理：当使能端（IN）输入有效时，定时器开始计时，当前值从 0 开始递增，当当前值到达预置值时，定时器输出状态为 1；当使能端（IN）无效时，当前值处于保持状态，但当使能端再次有效时，当前值在原来保持值的基础上继续递增计时；保持型通电延时定时器采用线圈复位指令（R）进行复位操作，当复位线圈有效时，定时器当前值被清 0，定时器输出状态为 0。

② 应用举例：如图 2-29 所示。

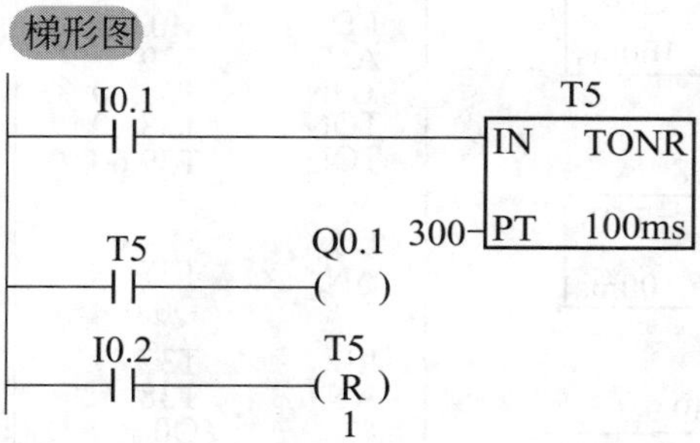

语句表

```
LD    I0.1
TONR  T5, 300

LD    T5
=     Q0.1

LD    I0.2
R     T5,1
```

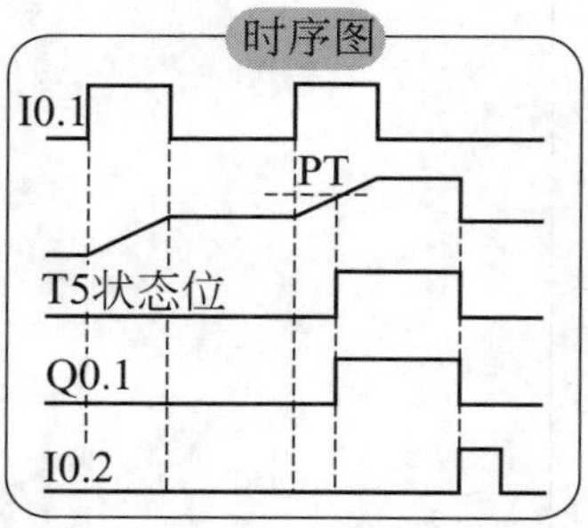

图 2-29　保持型通电延时定时器应用举例

案例解析

当 I0.1 接通时，使能端（IN）有效，定时器开始计时；当 I0.1 断开时，使能端无效，但当前值仍然保持并不复位，当使能端再次有效时，其当前值在原来的基础上开始递增，当前值大于等于预置值时，定时器 T5 状态位置 1，线圈 Q0.1 有输出，此后即使是使能端无效时，定时器 T5 状态位仍然为 1，直到 I0.2 闭合，线圈复位（T5）指令进行复位操作时，定时器 T5 状态位才被清 0，定时器 T5 常开触点断开，线圈 Q0.1 断电。

(4) 使用说明

① 通电延时型定时器，符合通常的编程习惯，与其他两种定时器相比，在实际编程中通电延时型定时器应用最多。

② 通电延时型定时器适用于单一间隔定时；断电延时型定时器适用于故障发生后的时间延时；保持型通电延时定时器适用于累计时间间隔定时。

③ 通电延时型（TON）定时器和断电延时型（TOF）定时器共用同一组编号（见表 2-12），因此同一编号的定时器不能既作通电延时型（TON）定时器使用，又作断电延时型（TOF）定时器使用；例如：不能既有通电延时型（TON）定时器 T37，又有断电延时型（TOF）定时器 T37。

④ 可以用复位指令对定时器进行复位，且保持型通电延时定时器只能用复位指令对其进行复位操作。

⑤ 不同时基的定时器它们当前值的刷新周期是不同的。

2.3.3 定时器指令应用举例

(1) 控制要求

有红绿黄三盏小灯，当按下启动按钮，三盏小灯每隔 2s 轮流点亮，并循环；当按下停止按钮时，三盏小灯都熄灭。

(2) 解决方案

解决方案如图 2-30 所示。

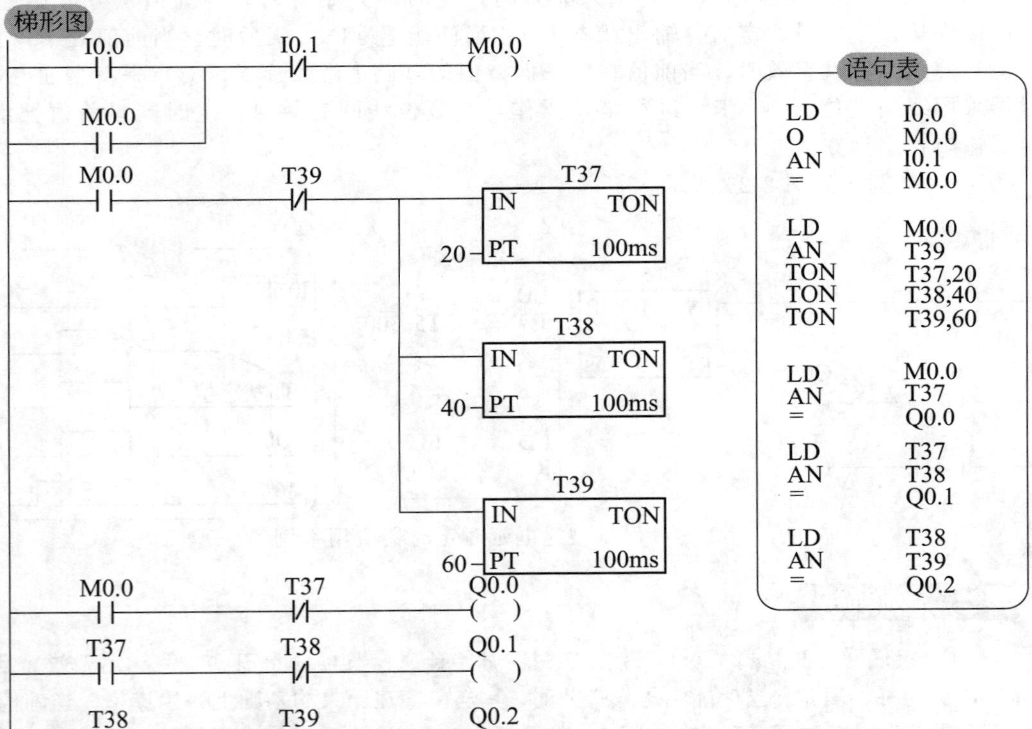

图 2-30 顺序控制电路

案例解析

当按下启动按钮，I0.0的常开触点闭合，辅助继电器M0.0线圈得电并自锁，其常开触点M0.0闭合，输出继电器线圈Q0.0得电，红灯亮；与此同时，定时器T37、T38和T39开始定时，当T37定时时间到，其常闭触点断开、常开触点闭合，Q0.0断电、Q0.1得电，对应的红灯灭、绿灯亮；当T38定时时间到，Q0.1断电、Q0.2得电，对应的绿灯灭黄灯亮；当T39定时时间到，其常闭触点断开，Q0.2失电且T37、T38和T39复位，接着定时器T37、T38和T39又开始新的一轮计时，红绿黄等依次点亮往复循环：当按下停止按钮时，M0.0失电，其常开触点断开，定时器T37、T38和T39断电，三盏灯全熄灭。

2.4 计数器指令

计数器是一种用来累计输入脉冲个数的编程元件，在实际应用中用来对产品进行计数或完成复杂逻辑控制任务。其结构主要由一个16位当前值寄存器、一个16位预置值寄存器和1位状态位组成。在S7-200PLC中按工作方式的不同，可将计数器分为3大类：加计数器、减计数器和加减计数器。

2.4.1 加计数器（CTU）

（1）图说加计数器

图说加计数器如图2-31所示。

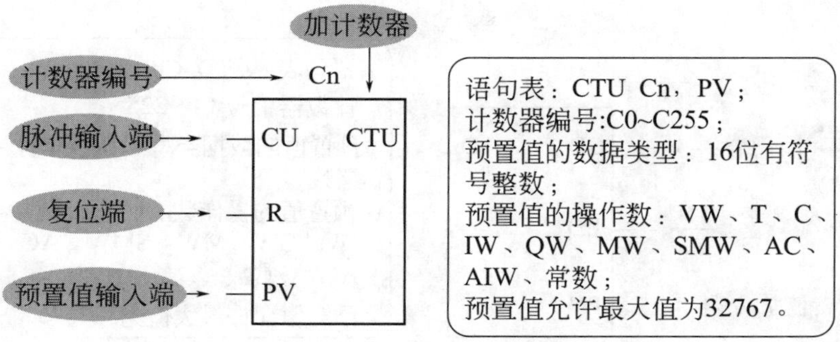

图2-31 加计数器

（2）工作原理

复位端（R）的状态为0时，脉冲输入有效，计数器可以计时，当脉冲输入端（CU）有上升沿脉冲输入时，计数器的当前值加1，当当前值大于或等于预置值（PV）时，计数器的状态位被置1，其常开触点闭合，常闭触点断开；若当前值到达预置值后，脉冲输入依然上升沿脉冲输入，计数器的当前值继续增加，直到最大值32767，在此期间计数器的状态位仍然处于置1状态；当复位端（R）状态为1时，计数器复位，当前值被清0，计数器的状态位置0。

（3）应用举例

应用举例，如图2-32所示。

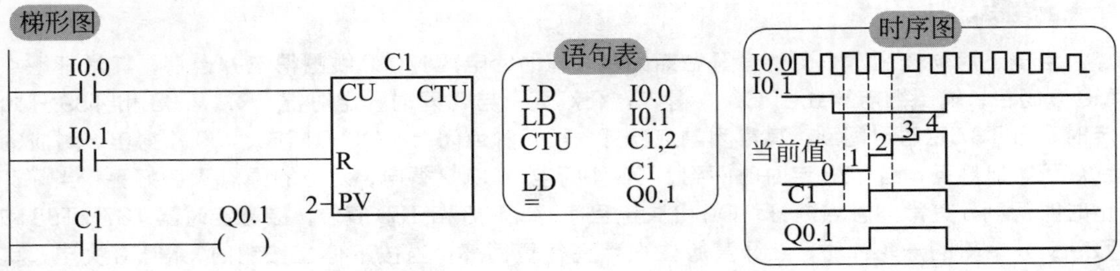

图 2-32 加计数器应用举例

案例解析

当 R 端常开触点 I0. 1 = 1 时，计数器脉冲输入无效；当 R 端常开触点 I0. 1 = 0 时，计数器脉冲输入有效，CU 端常开触点 I0. 0 每闭合一次，计数器 C1 的当前值加 1，当当前值到达预置值 2 时，计数器 C1 的状态位置 1，其常开触点闭合，线圈 Q0. 1 得电；当 R 端常开触点 I0. 1 = 1 时，计时器 C1 被复位，其当前值清 0，C1 状态位清 0。

2.4.2 减计数器（CTD）

（1）图说减计数器

图说减计数器如图 2-33 所示。

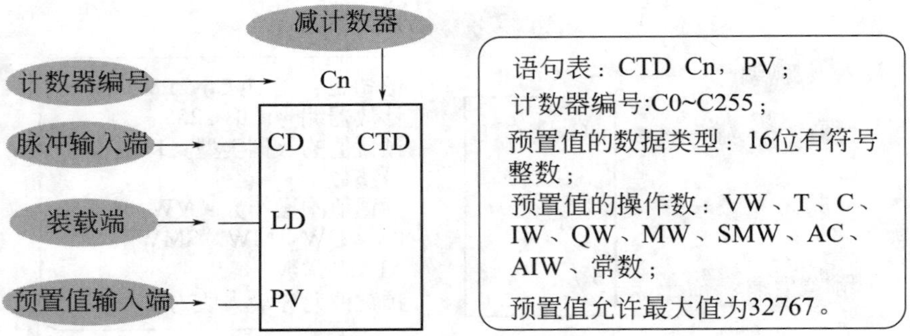

图 2-33 减计数器

（2）工作原理

当装载端 LD 的状态为 1 时，计数器被复位，计数器的状态位为 0，预置值被装载到当前值寄存器中；当装载端 LD 的状态为 0 时，脉冲输入端有效，计数器可以计数，当脉冲输入端（CD）有上升沿脉冲输入时，计数器的当前值从预置值开始递减计数，当当前值减至为 0 时，计数器停止计数，其状态位为 1。

（3）应用举例

应用举例：如图 2-34 所示。

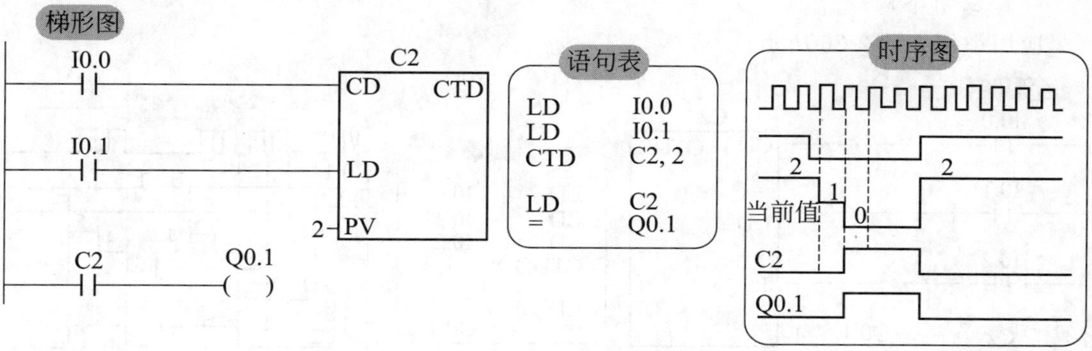

图 2-34 减计数器应用举例

> **案例解析**
>
> 当 LD 端常开触点 I0. 1 闭合时，减计数器 C2 被置 0，线圈 Q0. 1 失电，其预置值被装载到 C2 当前值寄存器中；当 LD 端常开触点 I0. 1 断开时，计数器脉冲输入有效，CD 端 I0. 0 常开触点每闭合一次，其当前值就减 1，当当前值减为 0 时，减计数器 C2 的状态位被置 1，其常开触点闭合，线圈 Q0. 1 得电。

2. 4. 3 加减计数器（CTUD）

（1）图说加减计数器

图说加减计数器如图 2-35 所示。

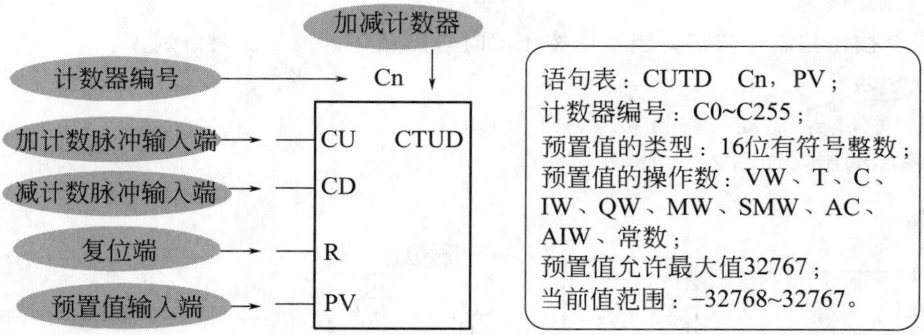

图 2-35 加减计数器

（2）工作原理

当复位端（R）状态为 0 时，计数脉冲输入有效，当加计数输入端（CU）有上升沿脉冲输入时，计数器的当前值加 1，当减计数输入端（CD）有上升沿脉冲输入时，计数器的当前值减 1，当计数器的当前值大于等于预置值时，计数器状态位被置 1，其常开触点闭合、常闭触点断开；当复位端（R）状态为 1，计数器被复位，当前值被清 0；加减计数器当前值范围：－32768～32767，若加减计数器当前值为最大值 32767，CU 端再输入一个上升沿脉冲，其当前值立刻跳变为最小值－32768；若加减计数器当前值为最小值－32768，CD 端再输入一个上升沿脉冲，其当前值立刻跳变为最大值 32767。

（3）应用举例

应用举例如图 2-36 所示。

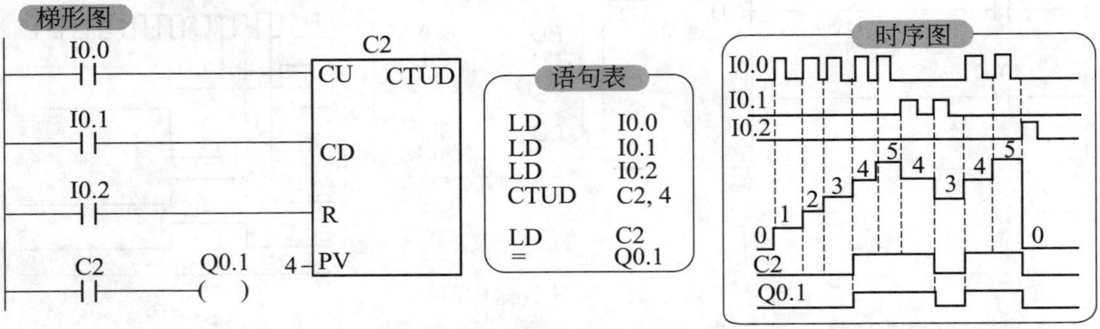

图 2-36 加减计数器应用举例

案例解析

当与复位端(R)连接的常开触点 I0.2 断开时，脉冲输入有效，此时与加计数脉冲输入端连接的 I0.0 每闭合一次，计数器 C2 的当前值就会加 1，与减计数脉冲输入端连接的 I0.1 每闭合一次，计数器 C2 的当前值就会减 1，当当前值大于等于预置值 4 时，C2 的状态位置 1，C2 常开触点闭合，线圈 Q0.1 接通；当与复位端(R)连接的常开触点 I0.2 闭合时，C2 的状态位置 0，其当前值清 0，线圈 Q0.1 断开。

2.4.4 计数器指令的应用举例

（1）控制要求

用一个按钮控制一盏灯，当按钮按 4 次时灯点亮，再按 2 次时灯熄灭。

（2）解决方案

① I/O 分配：启动按钮为 I0.1，灯为 Q0.1。

② 程序编制：如图 2-37 所示。

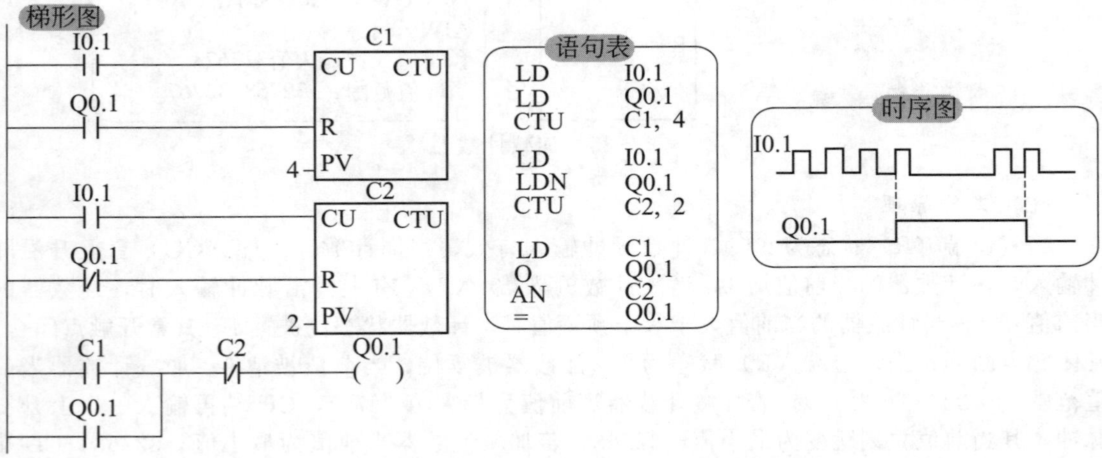

图 2-37 照明灯控制

程序解析

计数器 C1 的复位端为 0 可以计数，计数器 C2 的复位端为 1 不能计数；按钮按够(即 I0.1=1)4 次，C1 接通，Q0.1 得电并自锁，灯点亮，同时 C1 复位端接通，C2 复位端断开可计数。再按(即 I0.1=1)2 次，C2 接通，Q0.1 失电，灯熄灭。

2.5 基本编程环节

实际的 PLC 程序往往是某些典型电路的扩展与叠加，因此掌握一些典型电路对大型复杂程序编写非常有利。鉴于此，本节将给出一些典型的电路，即基本编程环节，供读者参考。

2.5.1 启保停电路与置位复位电路

(1) 启保停电路

启保停电路在梯形图中应用广泛，其最大的特点是利用自身的自锁（又称自保持）可以获得“记忆”功能。电路模式如图 2-38 所示。

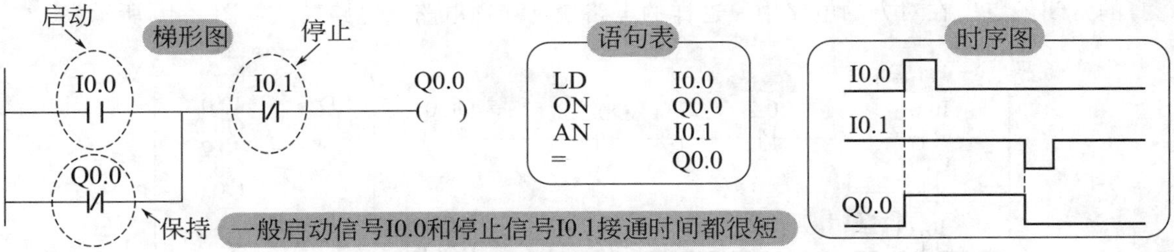

图 2-38 启保停电路

当按下启动按钮，常开触点 I0.0 接通，在未按停止按钮的情况下（即常闭触点 I0.1 为 ON)，线圈 Q0.0 得电，其常开触点闭合；松开启动按钮，常开触点 I0.0 断开，这时“能流”经常开触点 Q0.0 和常闭触点 I0.1 流至线圈 Q0.0，Q0.0 仍得电，这就是“自锁”和“自保持”功能。

当按下停止按钮，其常闭触点 I0.1 断开，线圈 Q0.0 失电，其常开触点断开；松开停止按钮，线圈 Q0.0 仍保持断电状态。

编者心语

1. 启保停电路“自保持”功能实现条件：将输出线圈的常开触点并于启动条件两端。
2. 实际应用中，启动信号和停止信号可能由多个触点串联组成，形式如下图，请读者活学活用；

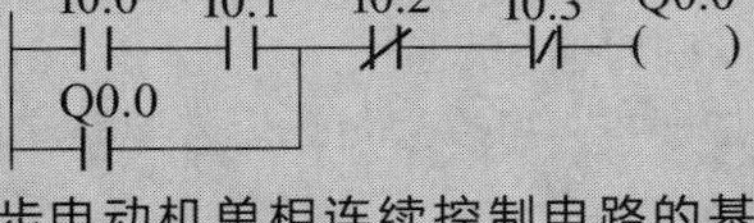

3. 启保停电路是在三相异步电动机单相连续控制电路的基础上演绎过来的，如果参照单相连续控制电路来理解启保停电路，是极其方便的。演绎过程如下（翻译法）：

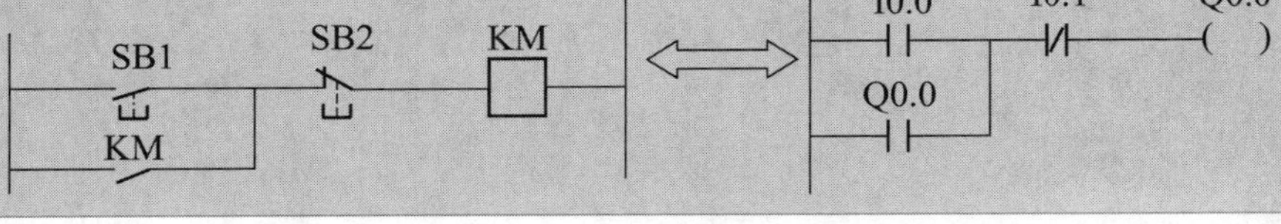

（2）置位复位电路

和启保停电路一样，置位复位电路也具有“记忆”功能。置位复位电路由置位、复位指令实现。电路模式如图 2-39 所示。

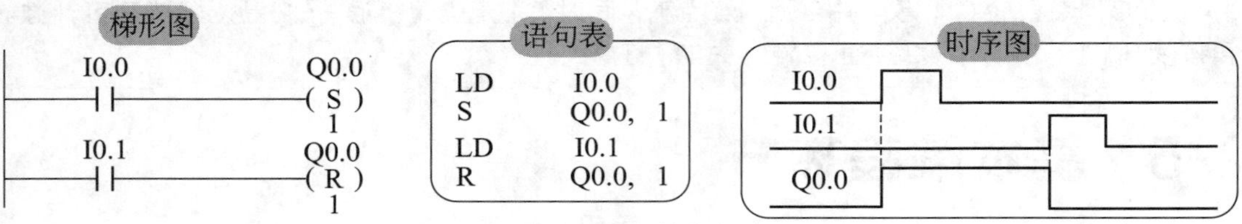

图 2-39　置位复位指令

按下启动按钮，常开触点 I0.0 闭合，置位指令被执行，线圈 Q0.0 得电，当 I0.0 断开后，线圈 Q0.0 继续保持得电状态；按下停止按钮，常开触点 I0.1 闭合，复位指令被执行，线圈 Q0.0 失电，当 I0.1 断开后，线圈 Q0.0 继续保持失电状态。

2.5.2　互锁电路

有些情况下，两个或多个继电器不能同时输出，为了避免它们同时输出，往往相互将自身的常闭触点串在对方的电路中，这样的电路就是互锁电路。电路模式如图 2-40 所示。

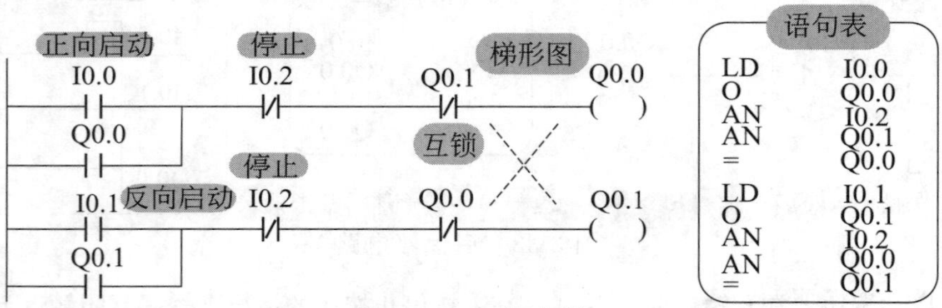

图 2-40　互锁电路

按下正向启动按钮，常开触点 I0.0 闭合，线圈 Q0.0 得电并自锁，其常闭触点 Q0.0 断开，这时即使 I0.1 接通，线圈 Q0.1 也不会动作。

按下反向启动按钮，常开触点 I0.1 闭合，线圈 Q0.1 得电并自锁，其常闭触点 Q0.1 断开，这时即使 I0.0 接通，线圈 Q0.0 也不会动作。

按下停止按钮，常闭触点 I0.2 断开，线圈 Q0.0、Q0.1 均失电。

编者心语

1. 互锁实现：相互将自身的常闭触点串联在对方的电路中。
2. 互锁目的：防止两路线圈同时输出。
3. 和启保停电路的理解方法一样，可以通过正反转电路来理解互锁电路，具体如下：

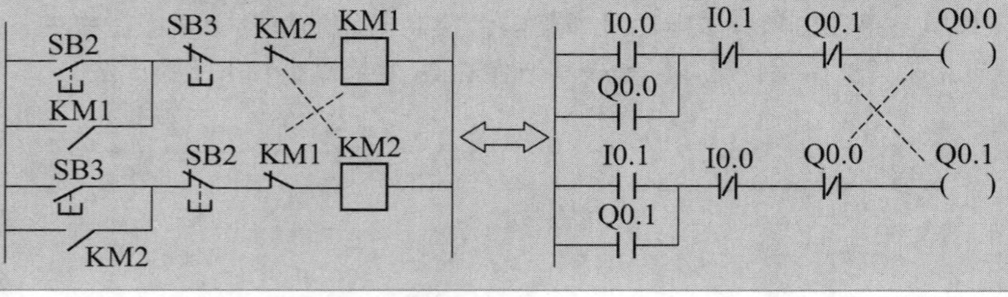

2.5.3 延时断开电路与延时接通/断开电路

(1) 延时断开电路

① 控制要求：当输入信号有效时，立即有输出信号；而当输入信号无效时，输出信号要延时一段时间后再停止。

② 解决方案：

◆ 解法一：如图 2-41 所示。

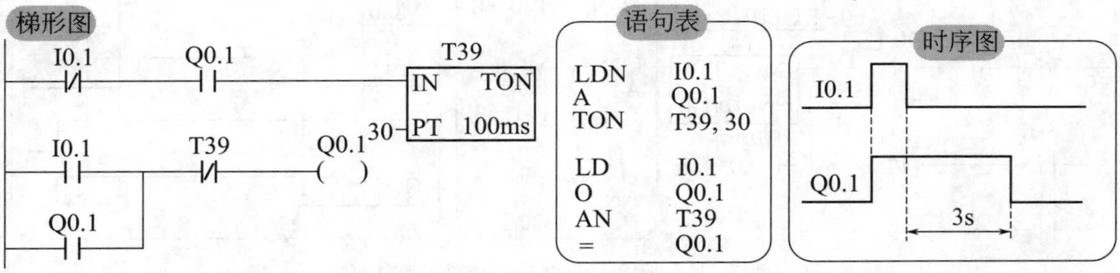

图 2-41 延时断开电路（一）

案例解析

当按下启动按钮，I0.1 接通，Q0.1 立即有输出并自锁，当按下启动按钮松开后，定时器 T39 开始定时，延时 3s 后，Q0.1 断开，且 T37 复位。

◆ 解法二：如图 2-42 所示。

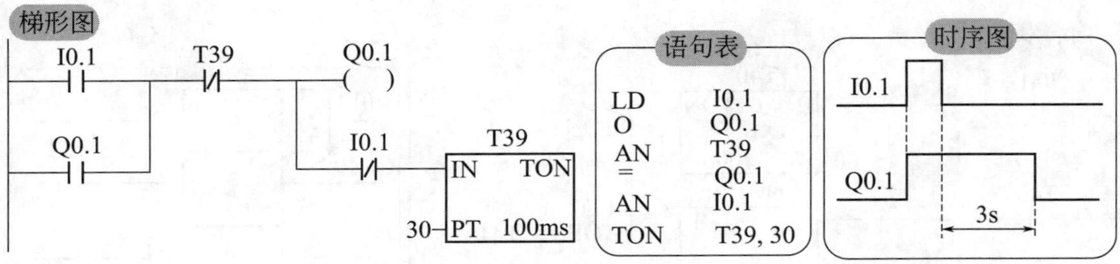

图 2-42 延时断开电路（二）

案例解析

当按下启动按钮，I0.1 接通，Q0.1 立即有输出并自锁，当按下启动按钮松开后，定时器 T39 开始定时，延时 3s 后，Q0.1 断开，且 T39 复位。

(2) 延时接通/断开电路

① 控制要求：当输入信号有效，延时一段时间后输出信号才接通；当输入信号无效，延时一段时间后输出信号才断开。

② 解决方案：

◆ 解法一：如图 2-43 所示。

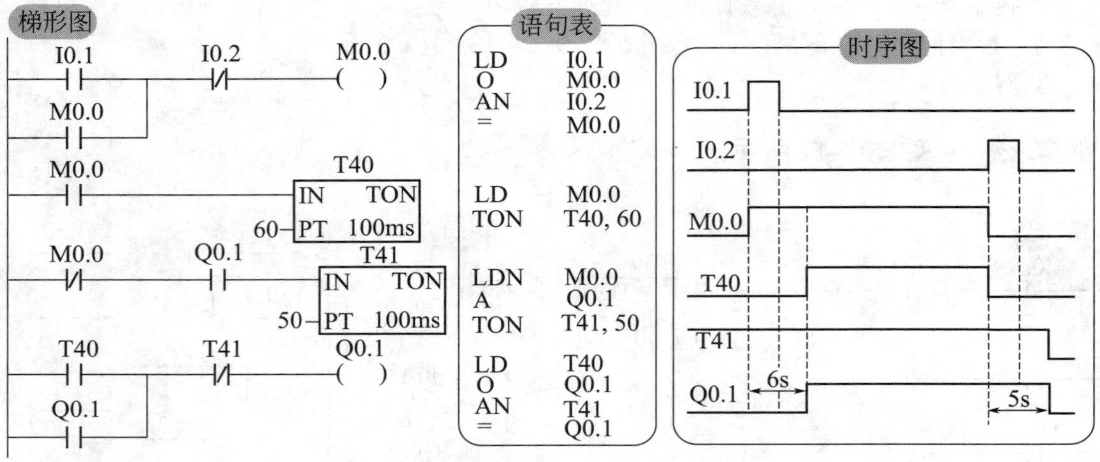

图 2-43　延时接通/断开电路解决方案（一）

案例解析

当按下启动按钮，I0.1 接通，线圈 M0.0 得电并自锁，其常开触点 M0.0 闭合，定时器 T40 开始定时，6s 后定时器常开触点 T40 闭合，线圈 Q0.1 接通；当按下停止按钮，I0.2 的常闭触点断开，M0.0 失电，T40 停止定时，与此同时 T41 开始定时，5s 后定时器常闭触点 T41 断开，致使线圈 Q0.1 断电，T41 也被复位。

◆ 解法二：如图 2-44 所示。

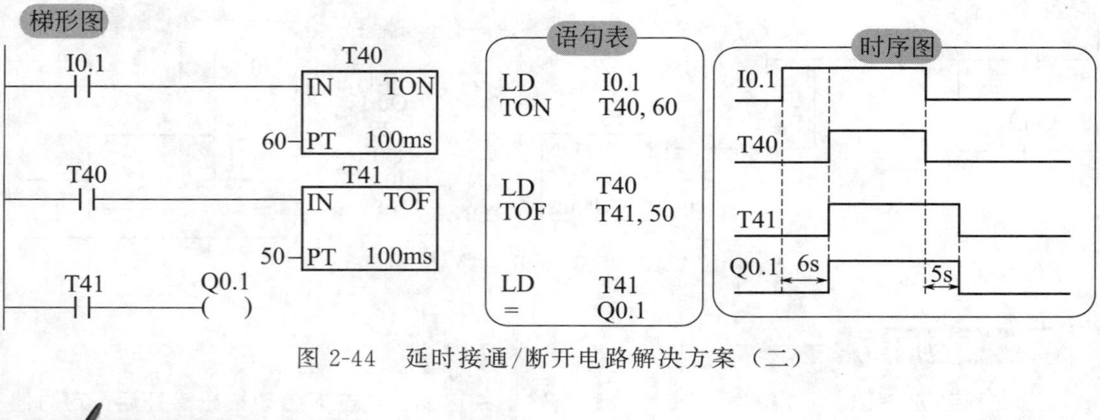

图 2-44　延时接通/断开电路解决方案（二）

案例解析

当 I0.1 接通后，定时器 T40 开始计时，6s 后 T40 常开触点闭合，断电延时定时器 T41 通电，其常开触点闭合，Q0.1 有输出；当 I0.1 断开后，断电延时定时器 T41 开始定时，5s 后，T41 定时时间到，其常开触点断开，线圈 Q0.1 的状态由接通到断开。

2.5.4 长延时电路

在 S7-200 系列 PLC 中，定时器最长延时时间为 3276.7s，如果需要更长的延时时间，则应该考虑多个定时器、计数器的联合使用，以扩展其延时时间。

(1) 应用定时器的长延时电路

该解决方案的基本思路是利用多个定时器的串联，来实现长延时控制。定时器串联使用时，其总的定时时间等于各定时器定时时间之和即 $T=T_1+T_2$，具体如图 2-45 所示。

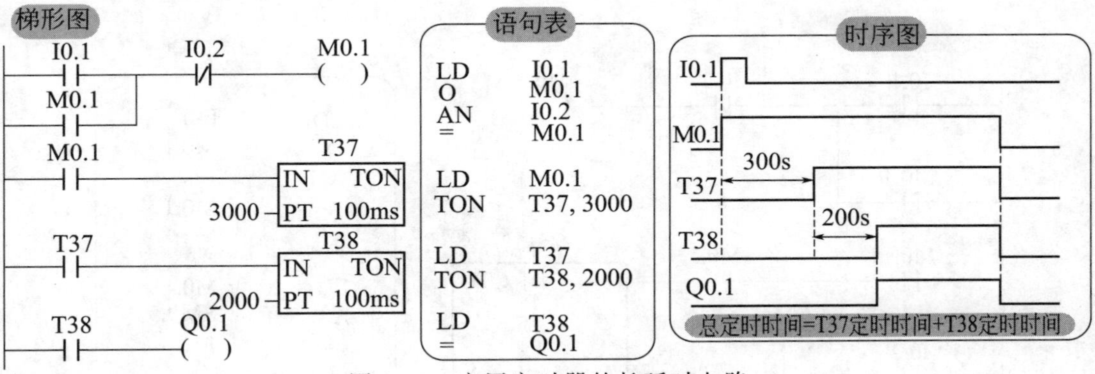

图 2-45 应用定时器的长延时电路

案例解析

按下启动按钮，I0.1 接通，线圈 M0.1 得电，其常开触点闭合，定时器 T37 开始定时，300s 后 T37 常开触点闭合，T38 开始定时，200s 后 T38 常开触点闭合，线圈 Q0.1 有输出。I0.1 从接通到 Q0.1 接通总共延时时间= 300s+ 200s= 500s;

(2) 应用计数器的长延时电路

只要提供一个时钟脉冲信号作为计数器的计数输入信号，计数器即可实现定时功能。其定时时间等于时钟脉冲信号周期乘以计数器的设定值即 $T=T_1K_c$，其中 T_1 为时钟脉冲周期，K_c 为计数器设定值。时钟脉冲可以由 PLC 内部特殊标志位存储器产生如 SM0.4（分脉冲）、SM0.5（秒脉冲），也可以由脉冲发生电路产生。

① 含有 1 个计数器的长延时电路，如图 2-46 所示。

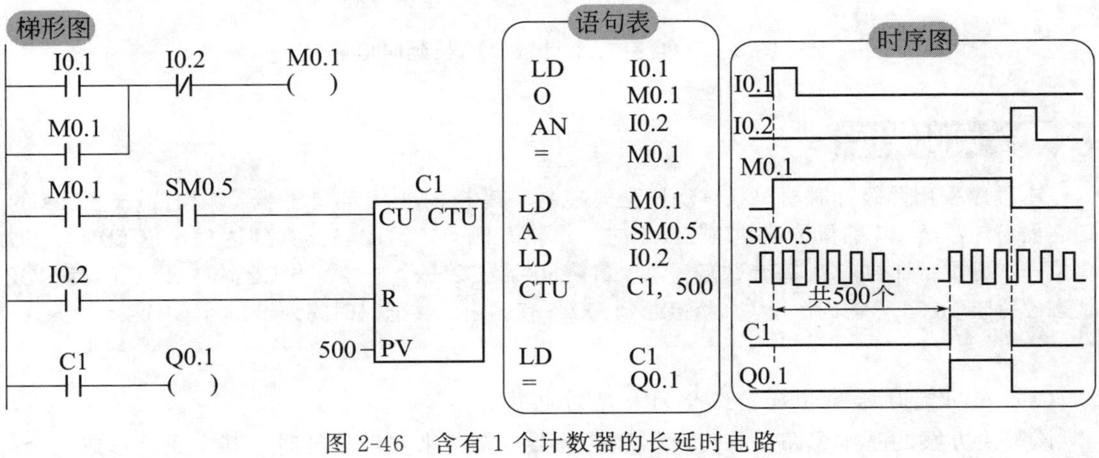

图 2-46 含有 1 个计数器的长延时电路

案例解析

本程序将 SM0. 5 产生周期为 1s 的脉冲信号加到 CU 端，按下启动按钮 I0. 1 闭合，线圈 M0. 1 得电并自锁，其常开触点闭合，当 C1 累计到 500 个脉冲后，C1 常开触点动作，线圈 Q0. 1 接通；I0. 1 从闭合到 Q0. 1 动作共计延时 500 × 1s= 500s；

② 含有多个计数器的长延时电路，如图 2-47 所示。

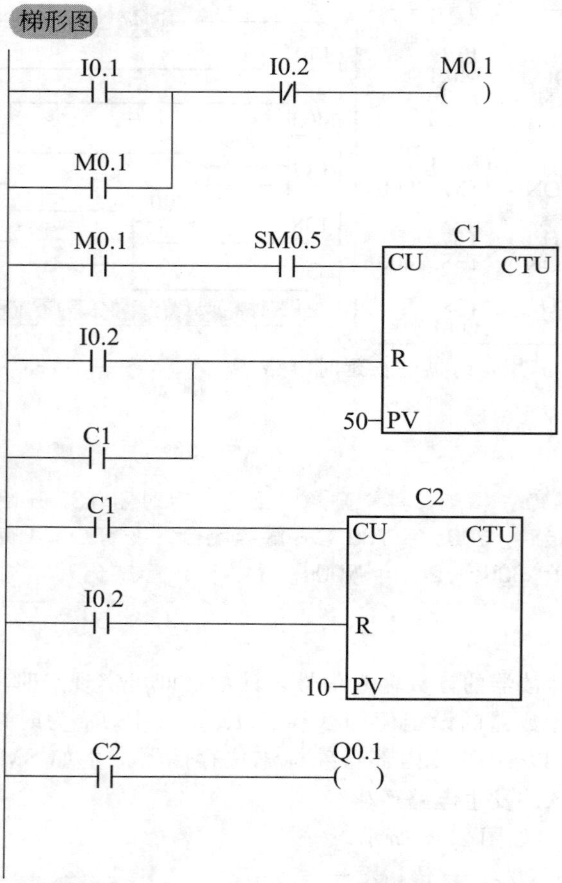

语句表

```
LD    I0.1
O     M0.1
AN    I0.2
=     M0.1

LD    M0.1
A     SM0.5
LD    I0.2
O     C1
CTU   C1, 50

LD    C1
LD    I0.2
CTU   C2, 10

LD    C2
=     Q0.1
```

图 2-47　含有多个计数器的长延时电路

案例解析

本程序采用两级计时器串联实现长延时控制，其中 SM0. 5 与计数器 C1 构成一个 50s 的定时器，计数器 C1 的复位端并联了 C1 的一个常开触点，因此当计数到达预置值 50 时，C1 复位一次再重新计数，C1 每计数到一次，C1 都会给 C2 一个脉冲，当 C2 脉冲计到 10 后，C2 状态位得电 Q0. 1 有输出。 从 I0. 1 接通到 Q0. 1 有输出总共延时时间为(50 × 1 × 10)s = 500s。

(3) 应用定时器和计数器组合的长延时电路

该解决方案的基本思路是将定时器和计数器连接，来实现长延时，其本质是形成一个等效倍乘定时器，具体如图 2-48 所示。

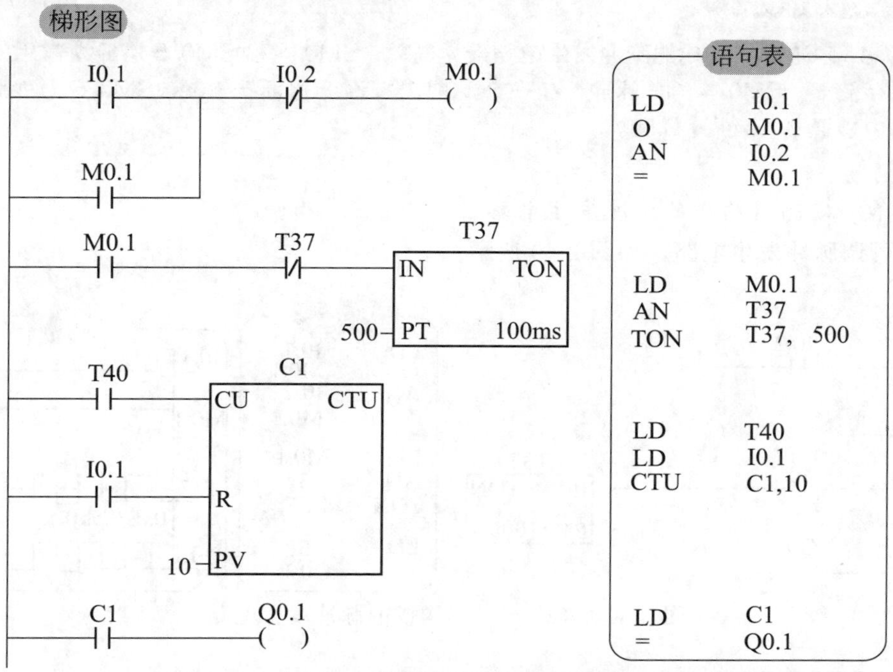

图 2-48 应用定时器和计数器组合的长延时电路

案例解析

网络 1 和网络 2 形成一个 50s 自复位定时器，该定时器每 50s 接通一次，都会给 C1 一个脉冲，当计数到达预置值 10 时，计数器常开触点闭合，Q0. 1 有输出。 从 I0. 1 接通到 Q0. 1 有输出总共延时时间为 50s × 10= 500s。

2.5.5 脉冲发生电路

脉冲发生电路是应用广泛的一种控制电路，它的构成形式很多，具体如下。

(1) 由 SM0.4 和 SM0.5 构成的脉冲发生电路

SM0.4 和 SM0.5 构成的脉冲发生电路最为简单，SM0.4 和 SM0.5 是最为常用的特殊内部标志位存储器，SM0.4 为分脉冲，在一个周期内接通 30s 断开 30s，SM0.5 为秒脉冲，在一个周期内接通 0.5s 断开 0.5s。具体如图 2-49 所示。

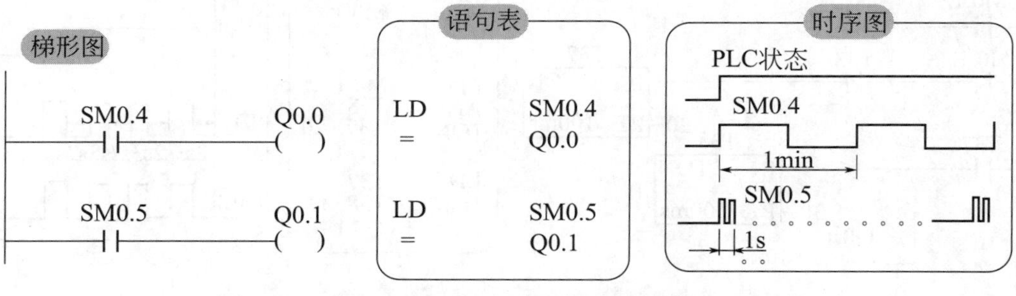

图 2-49 由 SM0.4 和 SM0.5 构成的脉冲发生电路

案例解析

SM0.4和SM0.5构成的脉冲发生电路最为简单，SM0.4和SM0.5是最为常用的特殊内部标志位存储器，SM0.4为分脉冲，在一个周期内接通30s断开30s，SM0.5为秒脉冲，在一个周期内接通0.5s断开0.5s。

(2) 单个定时器构成的脉冲发生电路

周期可调脉冲发生电路，如图2-50所示。

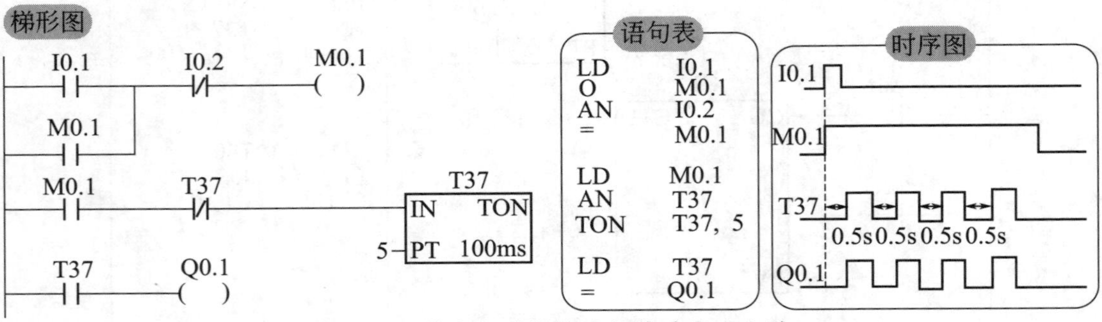

图 2-50 单个定时器构成的脉冲发生电路

案例解析

单个定时器构成的脉冲发生电路的脉冲周期可调，通过改变T37的预置值，从而改变脉冲的延时时间，进而改变脉冲的发生周期。当按下启动按钮时，I0.1闭合，线圈M0.1接通并自锁，M0.1的常开触点闭合，T37计时，0.5s后T37定时时间到其线圈得电，其常开触点闭合，Q0.1接通，当T37常开触点接通的同时，其常闭触点断开，T37线圈断电，从而Q0.1失电，接着T37在从0开始计时，如此周而复始会产生间隔为0.5s的脉冲，直到按下停止按钮，才停止脉冲发生。

(3) 多个定时器构成的脉冲发生电路

① 方案（一），如图2-51所示。

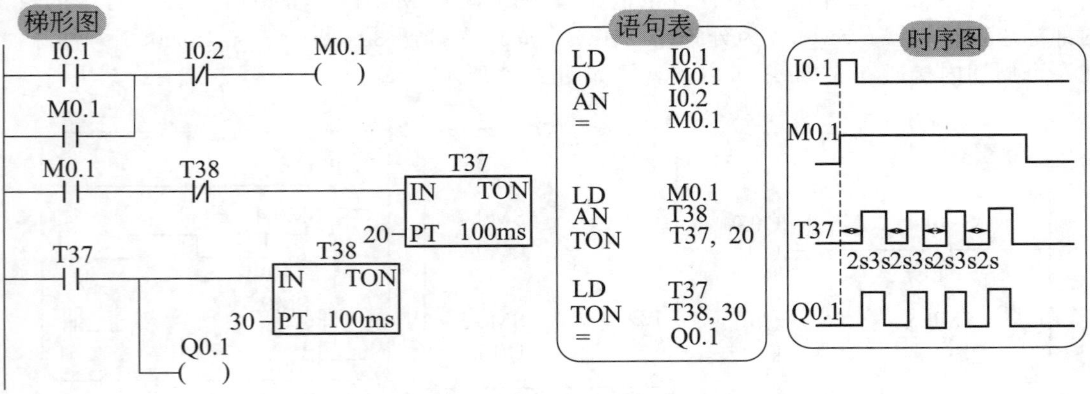

图 2-51 多个定时器构成的脉冲发生电路

案例解析

当按下启动按钮时，I0.1 闭合，线圈 M0.1 接通并自锁，M0.1 的常开触点闭合，T37 计时，2s 后 T37 定时时间到其线圈得电，其常开触点闭合，Q0.1 接通，与此同时 T38 定时，3 秒后定时时间到，T38 线圈得电，其常闭触点断开，T37 断电其常开触点断开，Q0.1 和 T38 线圈断电，T38 的常闭触点复位，T37 又开始定时，如此反复，会发出一个个脉冲。

② 方案（二），如图 2-52 所示。

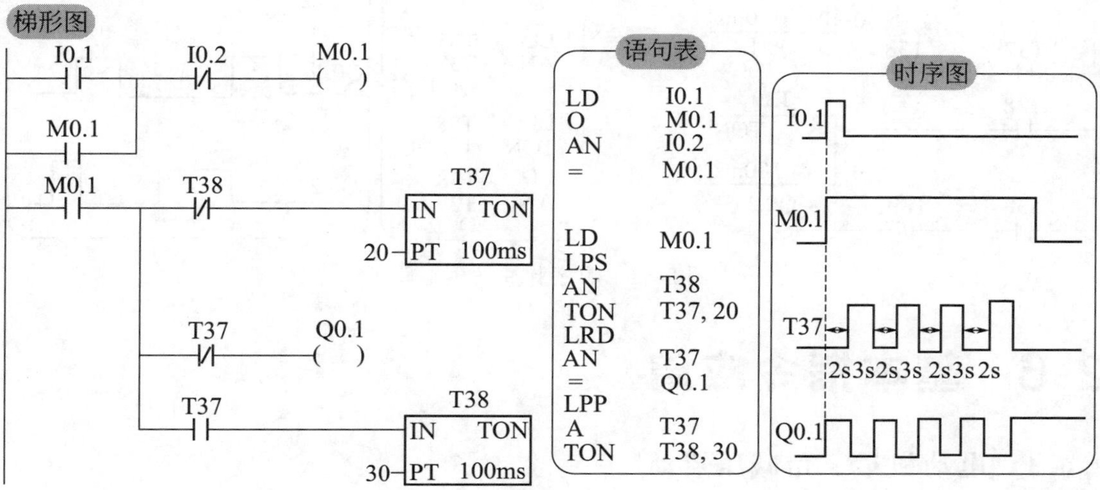

图 2-52　多个定时器构成的脉冲发生电路

案例解析

方案（二）的实现与方案（一）几乎一致，只不过方案（二）的 Q0.1 先得电且得电 2s 断 3s，方案（一）的 Q0.1 后得电且得电 3s 断 2s 而已。

（4）顺序脉冲发生电路

如图 2-53 所示为 3 个定时器顺序脉冲发生电路。

案例解析

当按下启动按钮，常开触点 I0.1 接通，辅助继电器 M0.1 得电并自锁，且其常开触点闭合，T37 开始定时同时 Q0.0 接通，T37 定时 2s 时间到，T37 的常闭触点断开，Q0.0 断电；T37 常开触点闭合，T38 开始定时同时 Q0.1 接通，T38 定时 3s 时间到，Q0.1 断电；T38 常开触点闭合，T39 开始定时同时 Q0.2 接通，T39 定时 4s 时间到，Q0.2 断电；若 M0.1 线圈仍接通，该电路会重新开始产生顺序脉冲，直到按下停止按钮常闭触点 I0.2 断开；当按下停止按钮，常闭触点 I0.2 断开，线圈 M0.1 失电，定时器全部断电复位，线圈 Q0.0、Q0.1 和 Q0.2 全部断电。

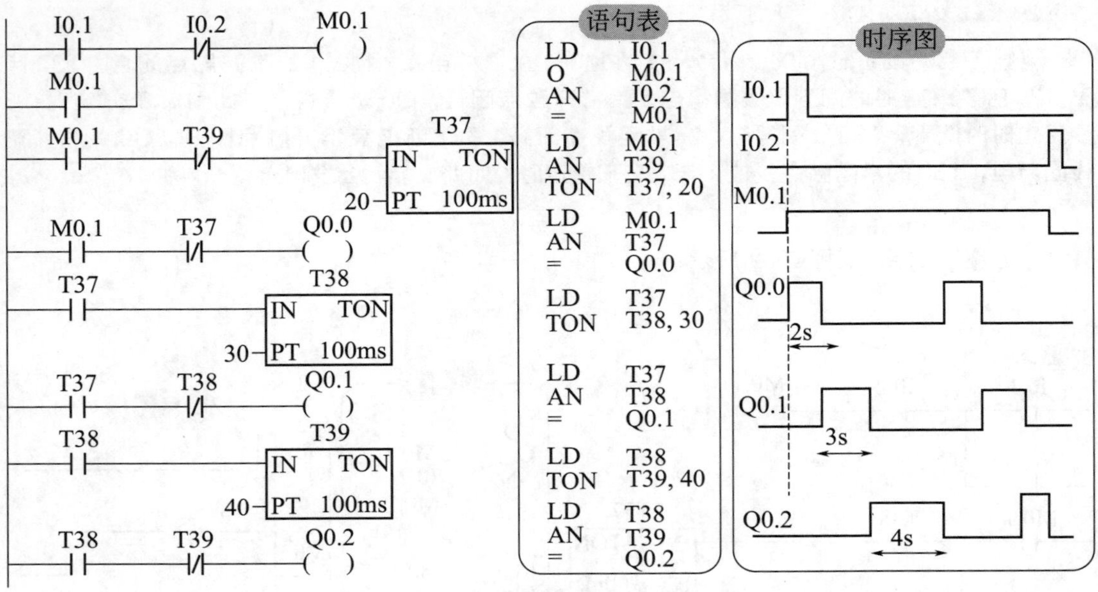

图 2-53　顺序脉冲发生电路

2.6　基本指令应用

2.6.1　电动机星三角减压启动

（1）控制要求

按钮启动按钮 SB2，接触器 KM1、KM3 接通，电动机星接进行减压启动；过一段时间后，时间继电器动作，接触器 KM3 断开 KM2 接通，电动机进入角接状态；按下停止按钮 SB1，电动机停止运行，如图 2-54 所示。

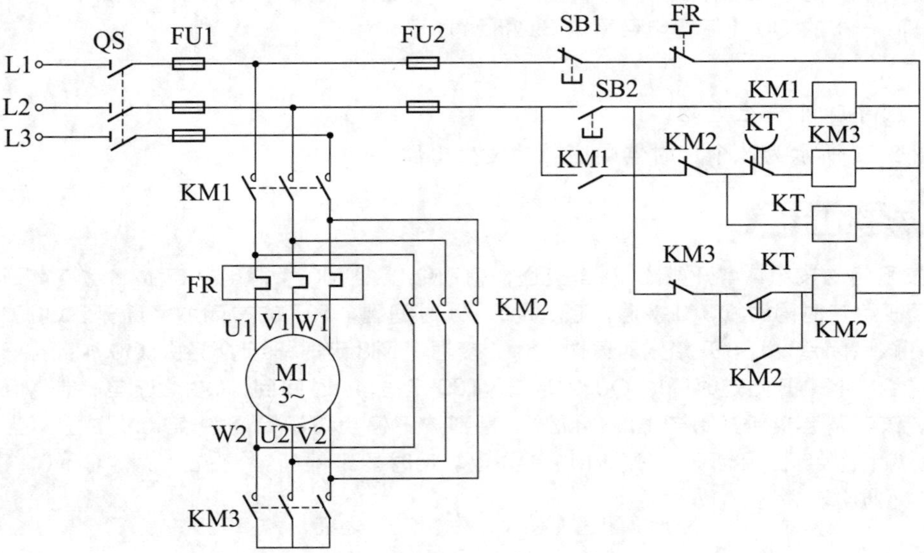

图 2-54　电动机星三角减压启动

(2) 设计步骤

① 第一步：根据控制要求，对输入/输出进行 I/O 分配；如表 2-13 所示。

表 2-13　电动机星三角减压起动 I/O 分配

输入量		输出量	
启动按钮 SB2	I0.1	接触器 KM1	Q0.0
停止按钮 SB1	I0.0	角接 KM2	Q0.1
		星接 KM3	Q0.2

② 第二步：绘制外部接线图。外部接线图如图 2-55 所示。

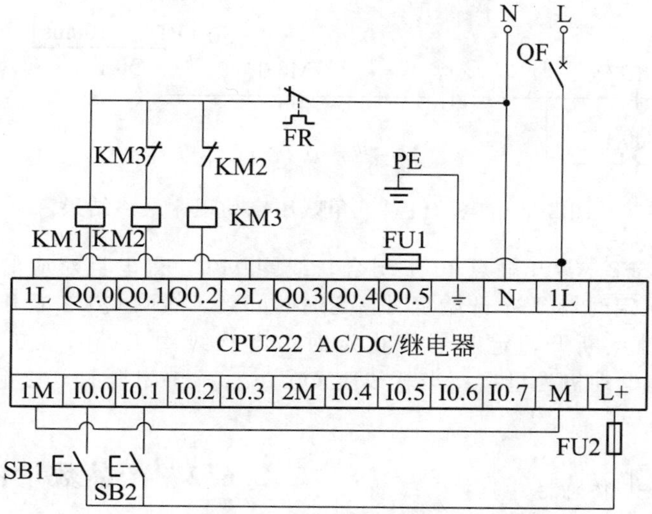

图 2-55　电动机星三角减压启动外部接线图

③ 第三步：设计梯形图程序。梯形图电路是在继电器电路的基础上演绎过来的，因此根据继电器电路设计梯形图电路是一条捷径。将继电器控制电路的元件用梯形图编程元件逐一替换，草图如图 2-56 所示。由于草图程序可读性不高，因此将其简化和修改，整理结果如图 2-57 所示。

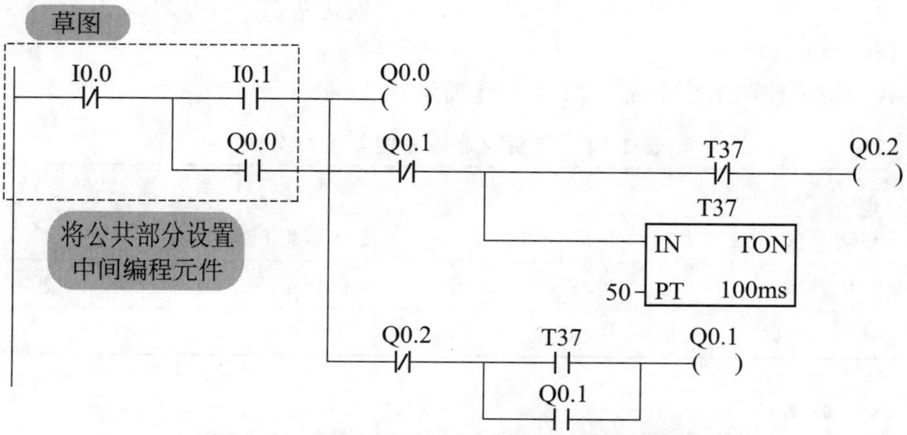

图 2-56　电动机星三角减压启动程序草图

④ 第四步：案例解析。

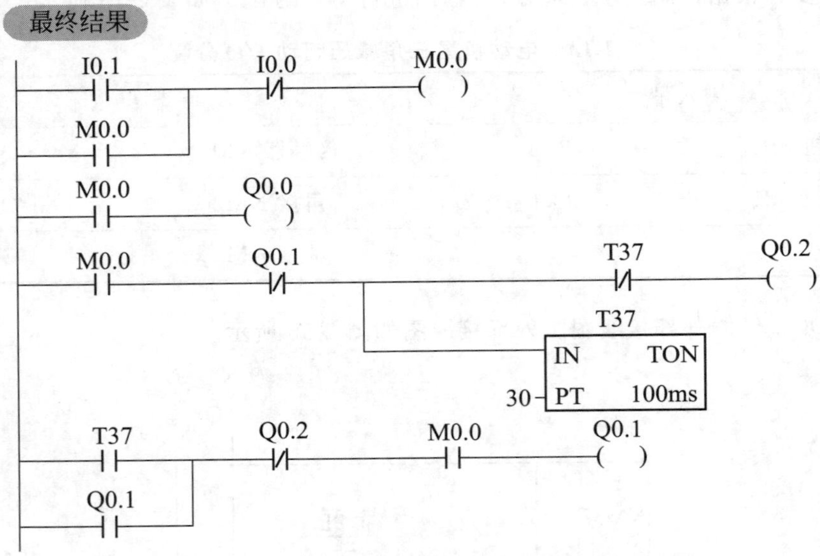

图 2-57　电动机星三角减压启动程序最终结果

按下启动按钮 SB2，常开触点 I0.1 闭合，线圈 M0.0 得电且对应的常开触点闭合，因此线圈 Q0.2 得电且定时器 T37 开始定时，定时时间到，线圈 Q0.2 断开 Q0.1 得电并自锁，Q0.1 对应的常闭触点断开，定时器停止定时；当软线圈 Q0.0，Q0.2 闭合时，接触器 KM1、KM3 接通，电动机为星接；当软线圈 Q0.0，Q0.1 闭合时，接触器 KM1、KM2 接通，电动机为角接。

2.6.2 产品数量检测控制

(1) 控制要求

产品数量检测控制，如图 2-58 所示。传送带传输工件，用传感器检测通过的产品的数量，每凑够 12 个产品机械手动作 1 次，机械手动作后延时 3s，将机械手电磁铁切断。

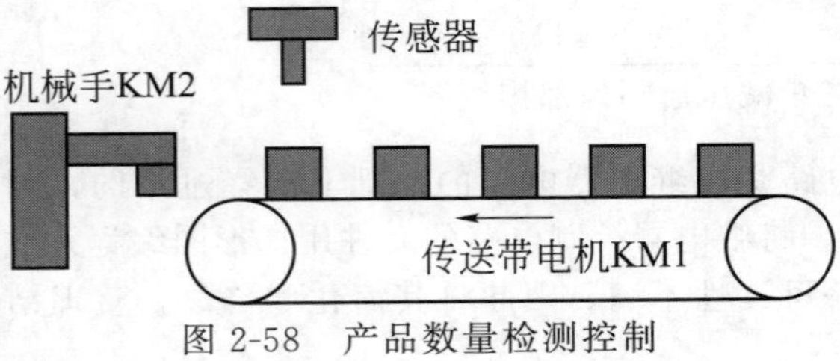

图 2-58　产品数量检测控制

(2) I/O 分配

产品数量检测控制 I/O 分配，如表 2-14 所示。

表 2-14　产品数量检测控制 I/O 分配

输入量		输出量	
传送带起动开关	I0.1	传送带电机	Q0.1
传送带停止开关	I0.2	机械手	Q0.2
传感器	I0.3		

(3) 程序编制与解析

产品数量检测控制程序，如图 2-59 所示。按下启动按钮 I0.1 得电，线圈 Q0.1 得电并自锁，KM1 吸合，传送带电机运转；随着传送带的运动，传感器每检测到一个产品都会给 C2 脉冲，当脉冲数为 12 时，C2 状态为置 1，其常开触点闭合，Q0.2 得电，机械手将货物抓走，与此同时 T38 定时，3 秒后 Q0.2 断开，机械手断电复位。

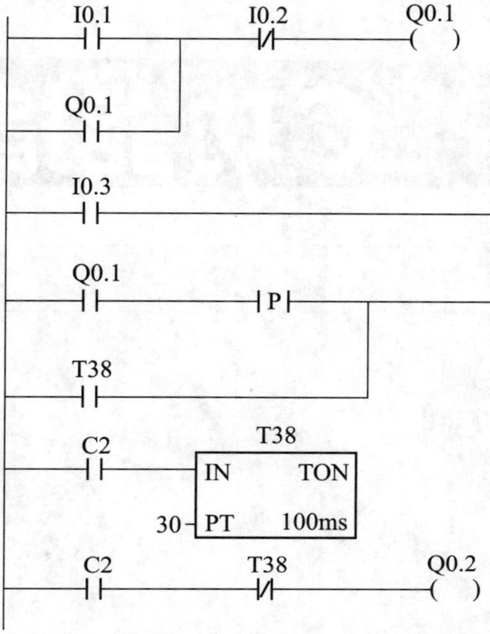

图 2-59　产品数量检测控制程序

第3章 S7-200PLC功能指令

本章要点

- 功能指令简述
- 程序控制类指令及应用
- 比较指令与数据传送指令及应用
- 移位与循环指令及应用
- 数据转换指令及应用
- 数学运算类指令及应用
- 逻辑运算类指令及应用
- 中断指令及应用
- 高速计数器指令及应用

3.1 功能指令简述

3.1.1 功能指令用途及分类

基本指令基于继电器、定时器和计数器类的软元件，主要用于逻辑处理。功能指令主要用于数据传送、运算、变换、程序控制及通信等。功能指令有程序控制类指令、比较指令、数据传送类指令等，本章将予以介绍。

3.1.2 功能指令的表达形式及使用要素

与基本逻辑指令一样，功能指令常用的语言表达形式也有2种，即梯形图表达形式和语句表表达形式。功能指令的内涵主要是指令完成的功能，其梯形图多以功能框的形式出现，往往1条功能指令能够实现以往一大段程序才能实现的控制任务。下面以数据传送指令为例，就功能指令的表达形式及使用要素给予例说，具体如图3-1所示。

（1）功能框及指令标题

功能指令的梯形图表达形式多采用功能框来表示。功能框顶部标有该指令标题，标题一般分为两部分，前一部分为助记符，多为英文缩写；后一部分为参与运算的数据类型，如"B"表示字节，"W"表示字，"DW"表示双字，"I"表示整数，"DI"表示双整数，"R"表示实数等。

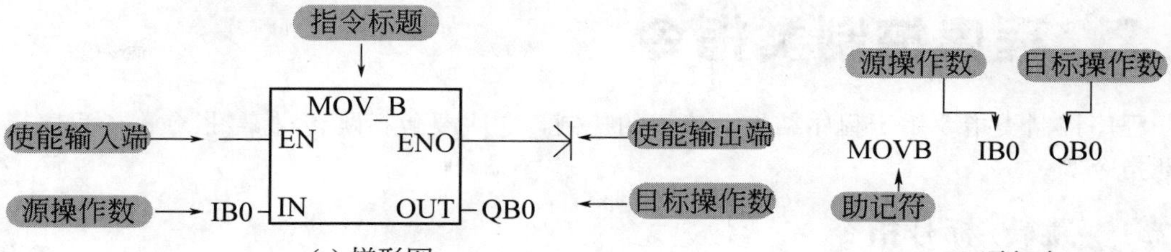

图 3-1　数据传送指令

（2）语句表表达形式

语句表表达式一般也有两部分：一部分为助记符，一般情况与功能框中指令标题一致，也可能不一致；另一部分为参与运算的数据地址或数据，也有无数据的功能指令语句。

（3）操作数

操作数是功能指令涉及或产生的数据，一般分为源操作数和目标操作数两种。源操作数：当指令执行后不改变其内容，一般位于功能框的左侧，用“IN”表示；目标操作数：当指令执行后将改变其内容，一般位于功能框的右侧，用“OUT”表示；有时源操作数和目标操作数可以使用同一存储单元。操作数的类型长度必须和指令相匹配。S7-200PLC 的数据存储单元有 I、Q、M、SM、V、S 等多种类型，其长度有字节、字、双字等多种表达形式。

（4）指令执行条件

功能框中用“EN”表示指令执行条件。在梯形图中，与“EN”连接的编程触点或触点组合，从能量的角度讲，当触点满足能流到达功能框的条件时，该指令功能就得执行，如图 3-2所示。

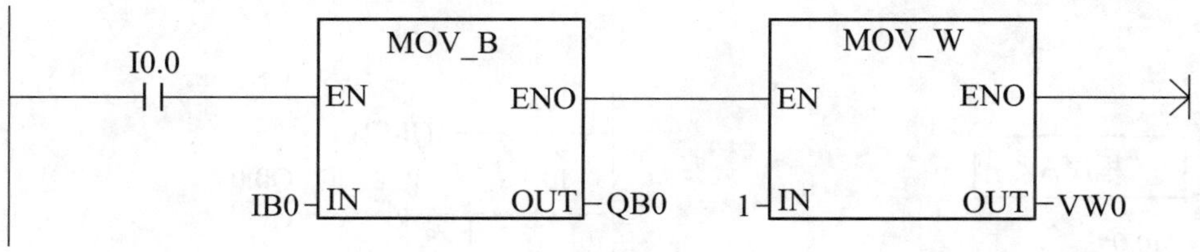

图 3-2　EN 与 ENO

（5）ENO 状态

某些功能指令右侧设有 ENO 使能输出，如果使能输入 EN 有能流并且指令被正常执行，ENO 输出将会使能流传递给下一个元素，如果指令输出出错，则 ENO 输出为 0，如图 3-2所示。

（6）指令执行结果对特殊标志位的影响

为了方便用户更好地了解机内运行的情况，并为控制及故障自诊断提供方便，PLC 中设立了许多特殊标志位，如负值位、溢出位等。

（7）指令适用机型

功能指令并不是所有机型都适用，不同的 CPU 型号可适用功能指令范围不尽相同，读者可以查阅有关手册进行了解。

3.2 程序控制类指令

程序控制类指令用于程序结构及流程的控制，它主要包括跳转/标号指令、子程序指令、循环指令等。

3.2.1 跳转/标号指令

(1) 指令格式

跳转/标号指令是用来跳过部分程序使其不执行，必须用在同一程序块内部实现跳转。跳转/标号指令有两条，分别为跳转指令（JMP）和标号指令（LBL），具体如图 3-3 所示。

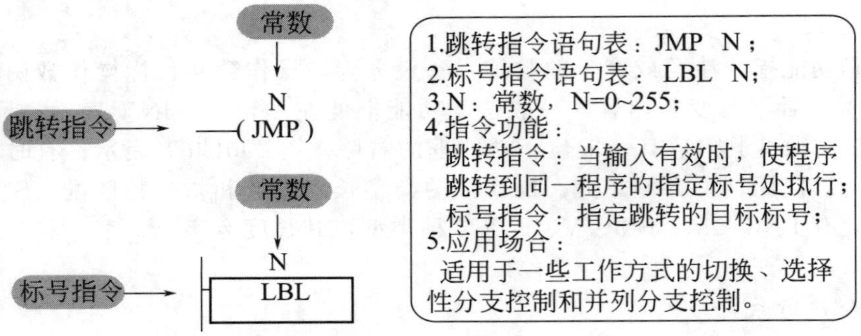

图 3-3 跳转/标号指令格式

(2) 工作原理及应用举例

跳转/标号指令工作原理及应用举例，如图 3-4 所示。

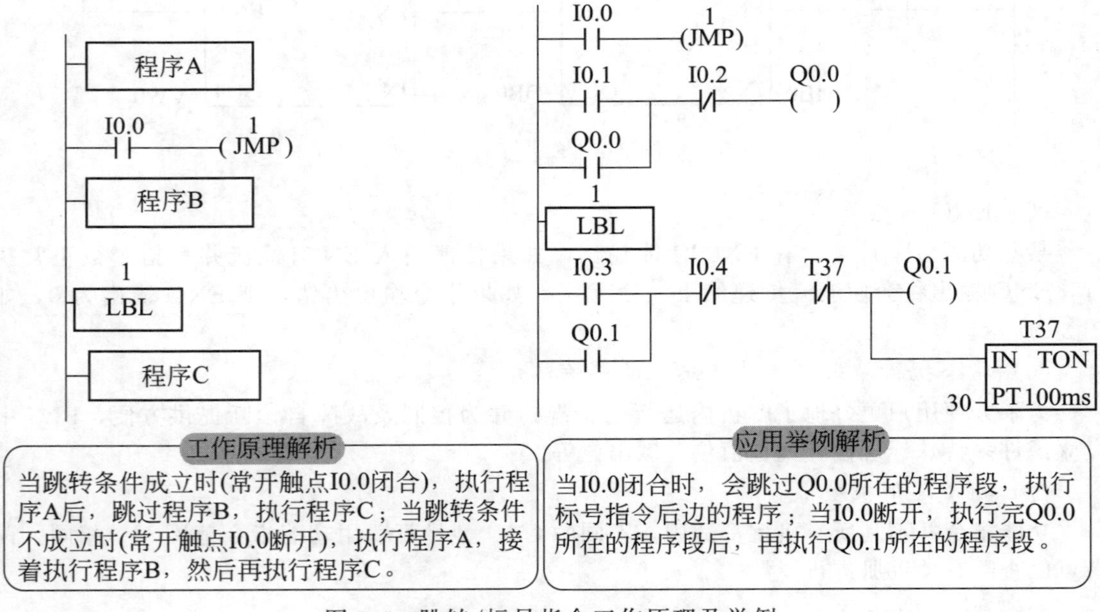

图 3-4 跳转/标号指令工作原理及举例

(3) 使用说明

① 跳转/标号指令必须匹配使用，而且只能使用在同一程序块中，如主程序、同一子程序或同一中断程序。不能在不同的程序块中互相跳转。

② 执行跳转后，被跳过程序段中的各元器件的状态如下。

◆ Q、M、S、C 等元器件的位保持跳转前的状态。

◆ 计数器 C 停止计数，当前值存储器保持跳转前的计数值。

◆ 对于定时器来说，因刷新方式不同而工作状态不同。在跳转期间，分辨率为 1ms 和 10ms 的定时器会一直保持跳转前的工作状态，原来工作的继续工作，到预置值后，其位的状态也会改变，输出触点动作，其当前值存储器一直累计到最大值 32767 才停止；对于分辨率为 100ms 的定时器来说，跳转期间停止工作，但不会复位，存储器里的值为跳转时的值，跳转结束后，若输入条件允许，可继续计时，但已失去了准确值的意义。所以在跳转段里的定时器要慎用。

◆ 由于跳转指令具有选择程序段的功能，在同一程序中且位于因跳转而不会被同时执行程序段中的同一线圈，不被视为双线圈。

◆ 跳转指令和标号指令必须成对出现，且可以有多条跳转指令使用同一标号，但不允许一个跳转指令对应两个标号的情况，即在同一程序中不允许存在两个相同的标号。

3.2.2 子程序指令

S7-200PLC 的控制程序由主程序、子程序和中断程序组成。

(1) S7-200PLC 程序结构

① 主程序　主程序（OB1）是程序的主体。每个项目都必须并且只能有一个主程序，在主程序中可以调用子程序和中断程序。

② 子程序　子程序是指具有特定功能并且多次使用的程序段。子程序仅在被其他程序调用时执行，同一子程序可在不同的地方多次被调用，使用子程序可以简化程序代码和减少扫描时间。

③ 中断程序　中断程序用来及时处理与用户程序无关的操作或者不能事先预测何时发生的中断事件。中断程序是用户编制的，它不由用户程序来调用，而是在中断事件发生时由操作系统来调用。

图 3-5 是主程序、子程序和中断程序在编程软件 STEP 7-Micro/WIN 4.0 中的状态，总是主程序在先，接下来是子程序和中断程序。

(2) 子程序的编写与调用

① 子程序的作用与优点　子程序常用于需要多次反复执行相同任务的地方，只需要写一次子程序，当别的程序需要时可以调用它，而无需重新编写该程序了。

子程序的调用是有条件的，未调用它时不会执行子程序中的指令，因此使用子程序可以减少程序扫描时间；子程序使程序结构简单清晰，易于调试、检查错误和维修，因此在编写复杂程序时，建议将全部功能划分为几个符合控制工艺的子程序块。

② 子程序的创建

可以采用下列方法之一创建子程序。

a. 从“编辑”菜单中，选择“插入→子程序”。

b. 从“指令树”中，右击“程序块”图标，并从弹出的菜单中选择“插入→子程序”。

c. 从“程序编辑器”窗口中，单击右键，并从弹出的菜单中选择“插入→子程序”。

附带指出，子程序名称的修改，可以右击指令树中的子程序图标，在弹出的菜单中选择

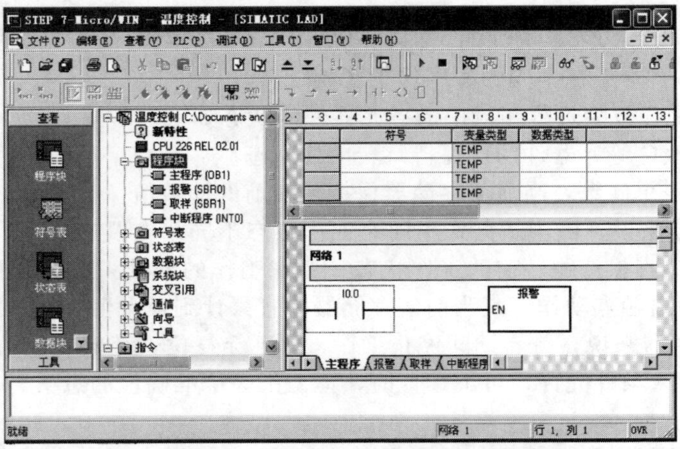

图 3-5　软件中的主程序、子程序和中断程序

“重命名”选项，输入你想要的名称。

(3) 指令格式

子程序指令有子程序调用指令和子程序返回两条指令，指令格式如图 3-6 所示。需要指出的是，程序返回指令由编程软件自动生成，无需用户编写，这点编程时需要注意。

(4) 子程序调用

子程序调用由在主程序内使用的调用指令完成。当子程序调用允许时，调用指令将程序控制转移给子程序（SBR _ n），程序扫描将转移到子程序入口处执行。当执行子程序时，子程序将执行全部指令直到满足条件才返回，或者执行到子程序末尾而返回。子程序会返回到原主程序出口的下一条指令执行，继续往下扫描程序，如图 3-7 所示。

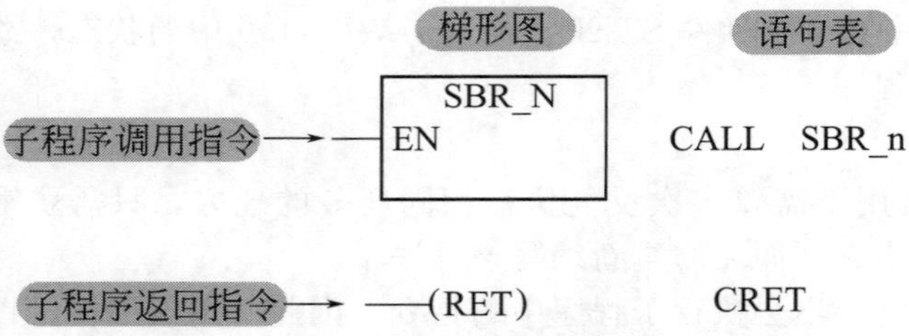

图 3-6　子程序指令的指令格式

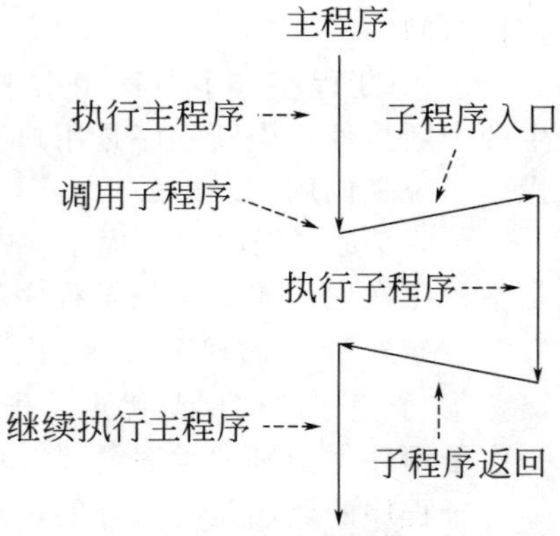

图 3-7　子程序调用示意图

(5) 子程序指令应用举例

例： 两台电动机选择控制

① 控制要求　按下系统启动按钮，为两台电动机选择控制做准备。当选择开关常开点接通，按下电动机 M1 启动按钮，电动机 M1 工作；当选择开关常闭点接通，按下电动机 M2 启动按钮，电动机 M2 工作；按下停止按钮，无论是电动机 M1 还是 M2 都停止工作；用子程序指令实现以上控制功能。

② 程序设计

两台电动机选择控制 I/O 分配如表 3-1 所示。

表 3-1　两台电动机选择控制 I/O 分配表

输入量		输出量	
系统启动按钮	I0.0	电动机 M1	Q0.0
系统停止按钮	I0.1	电动机 M2	Q0.1
选择开关	I0.2		
电动机 M1 启动	I0.3		
电动机 M2 启动	I0.4		

③ 绘制梯形图　两台电动机选择控制梯形图程序如图 3-8 所示。

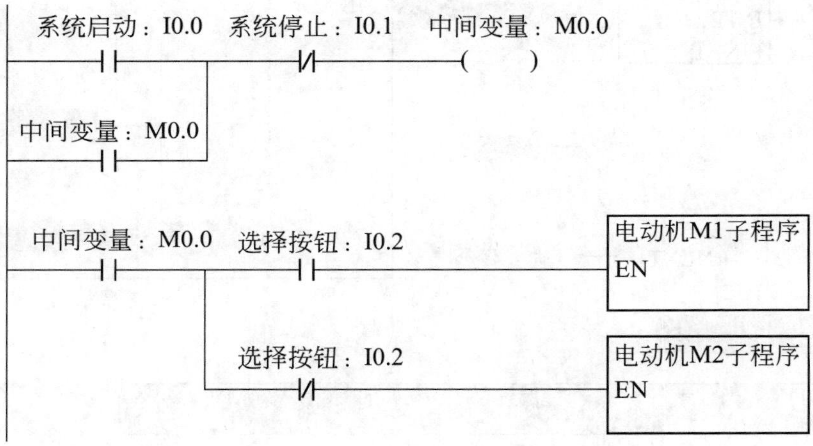

(a) 主程序

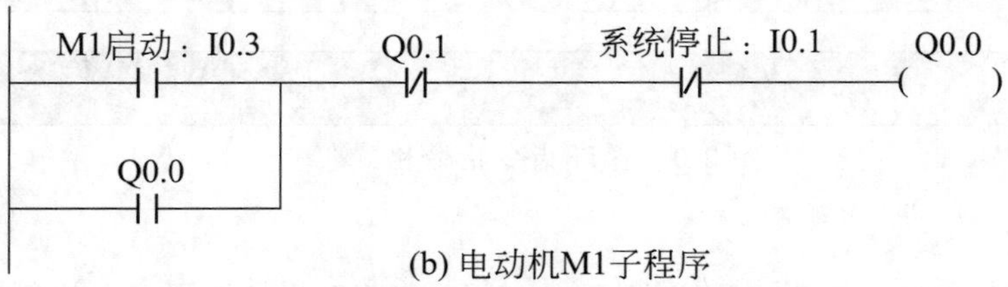

(b) 电动机M1子程序

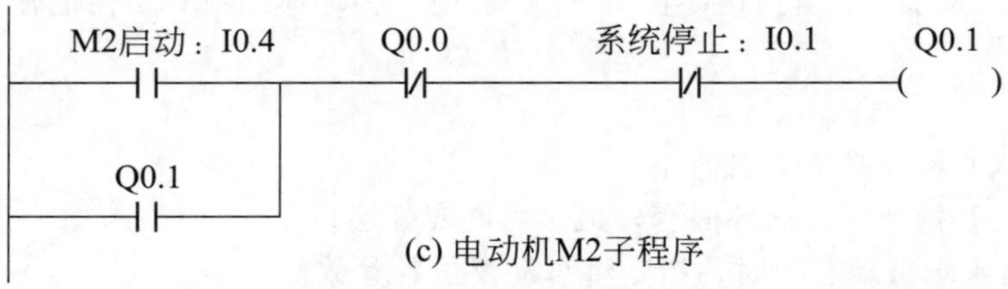

(c) 电动机M2子程序

图 3-8　两台电动机选择控制程序

3.2.3 循环指令

（1）指令格式

程序循环结构用于描述一段程序的重复循环执行，应用循环指令是实现程序循环的方法之一。循环指令有两条，循环开始指令（FOR）和循环结束指令（NEXT），具体如下：

循环开始指令（FOR）：用来标记循环体的开始；

循环结束指令（NEXT）：用于标记循环体的结束，无操作数；

循环开始指令（FOR）与循环结束指令（NEXT）之间的程序段叫循环体；

循环指令的指令格式如图 3-9 所示。

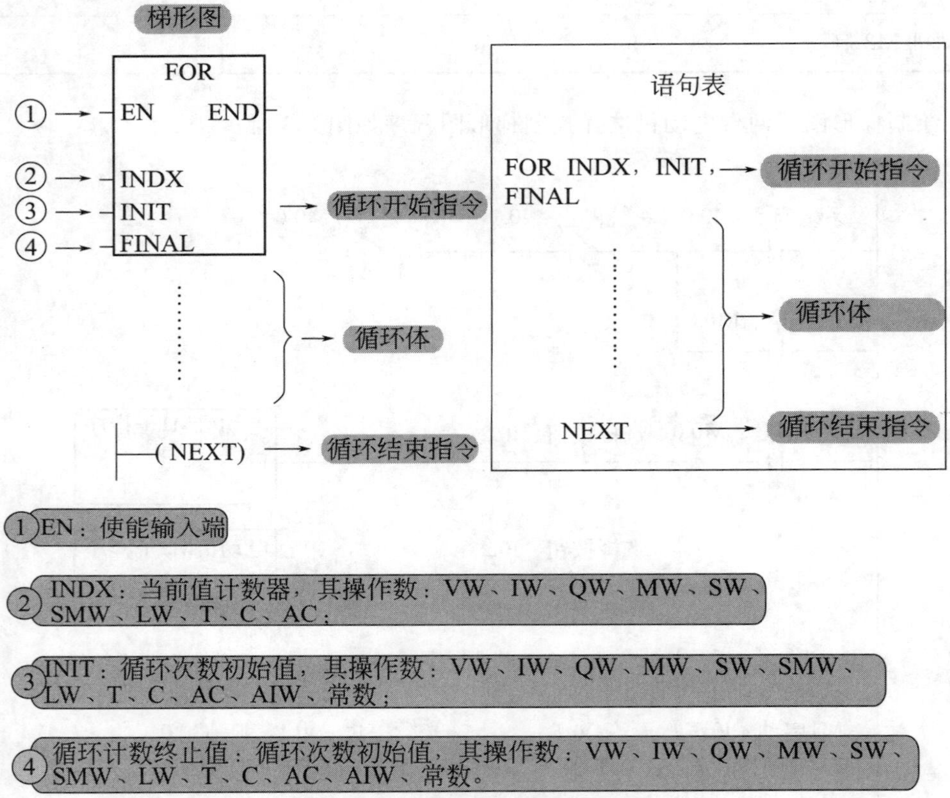

图 3-9 循环指令指令格式

（2）工作原理

当输入使能端有效时，循环体开始执行，执行到 NEXT 指令返回。每执行一次循环体，当前值计数器 INDX 都加 1，当到达终止值 FINAL 时，循环体结束；当使能输入端无效时，循环体不执行。

（3）使用说明

① FOR、NEXT 指令必须成对使用。

② FOR、NEXT 指令可以循环嵌套，最多可嵌套 8 层。

③ 每次使能输入端重新有效时，指令将自动复位各参数。

④ 当初始值大于终止值时，循环体不执行。

(4) 循环指令应用举例

例：循环指令的嵌套。每执行 1 次外循环，内循环都要循环 3 次。

根据控制要求，设计梯形图程序，如图 3-10 所示。

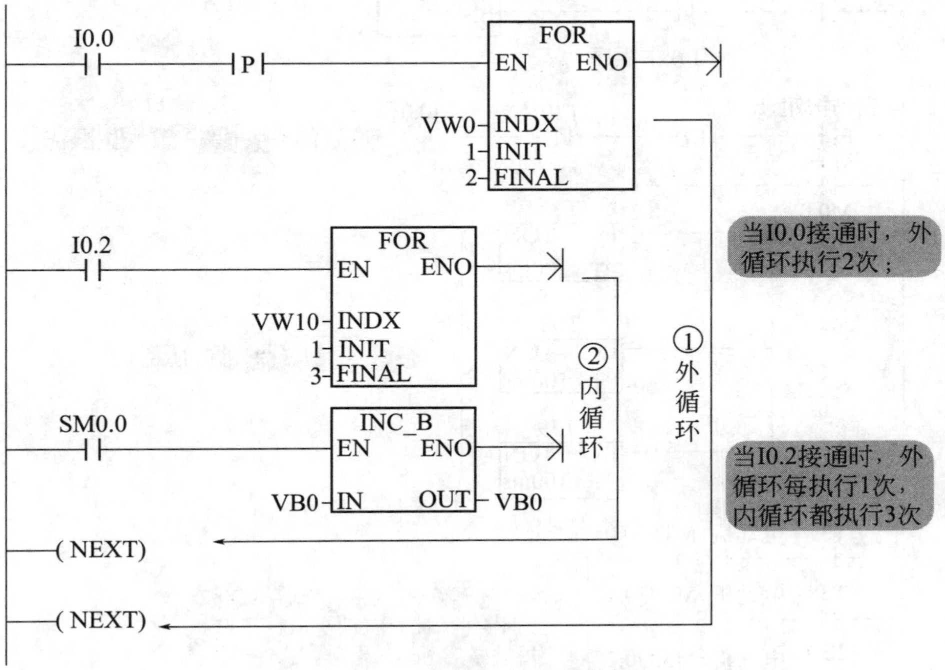

图 3-10 循环指令应用举例

3.2.4 综合举例——三台电动机顺序控制

(1) 控制要求

按下启动按钮 SB1，电动机 M1、M2、M3 间隔 3s 顺序启动；按下停止按钮 SB2，电动机 M1、M2、M3 间隔 3s 顺序停止。

(2) 程序设计

① 3 台电动机顺序控制 I/O 分配如表 3-2 所示。

表 3-2 3 台电动机顺序控制 I/O 分配表

输入量		输出量	
启动按钮 SB1	I0.0	接触器 KM1	Q0.0
停止按钮 SB2	I0.1	接触器 KM2	Q0.1
		接触器 KM3	Q0.2

② 梯形图程序

◆ 解法一：用子程序指令编程

图 3-11 为用子程序指令设计三台电动机顺序控制梯形图；该程序分为主程序、电动机顺序启动和顺序停止的子程序。

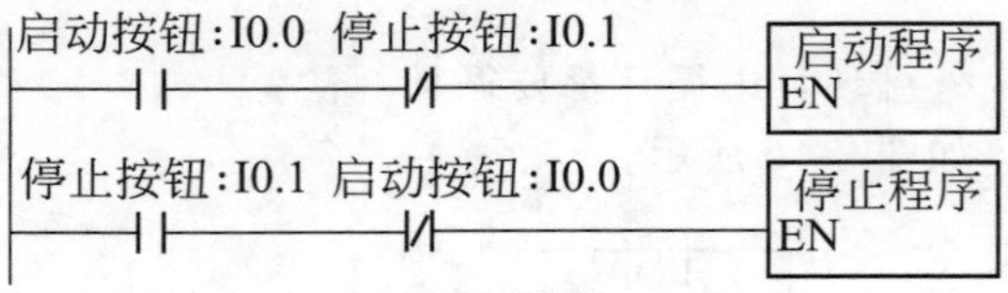

(a) 主程序

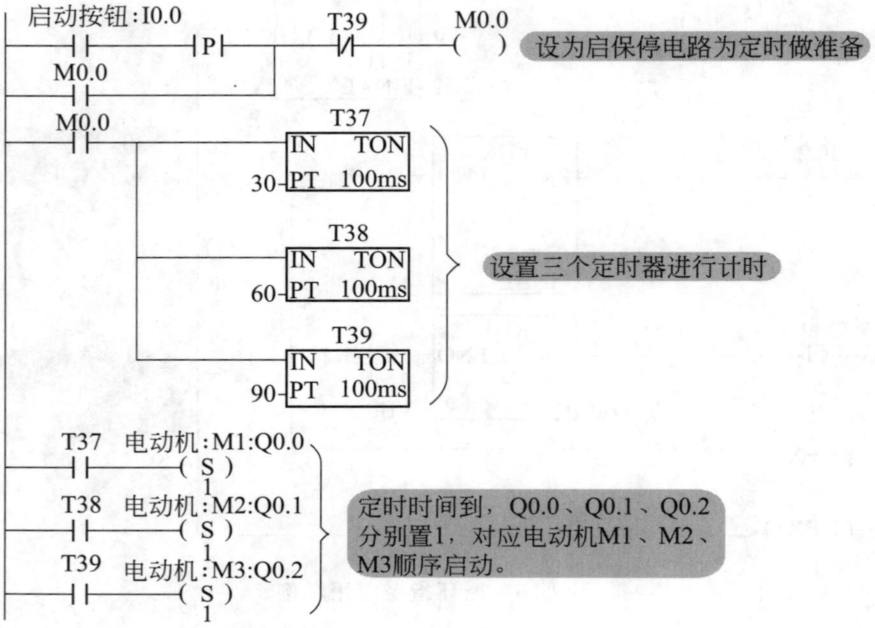

(b) 起动子程序

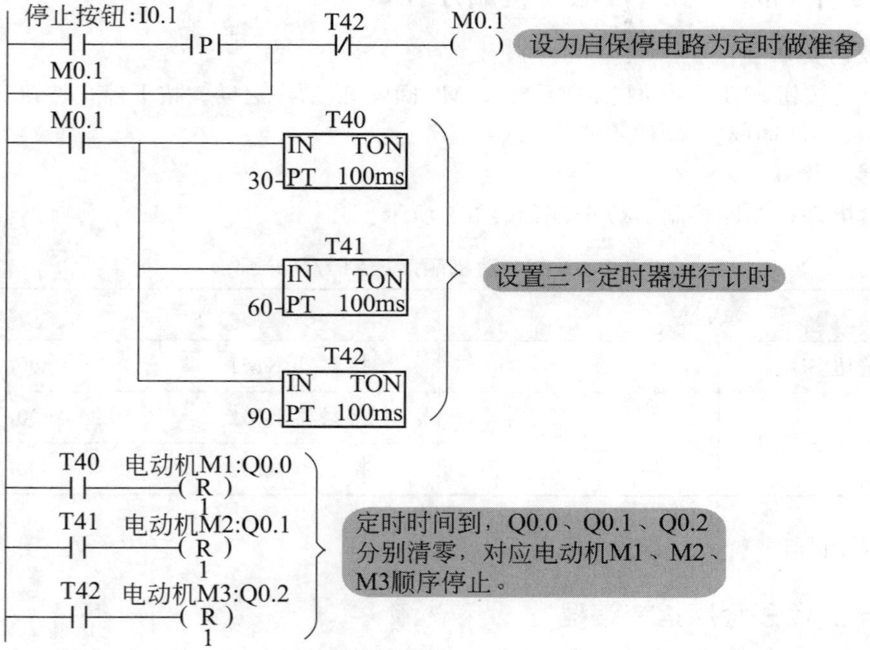

(c) 停止子程序

图 3-11　用子程序指令设计三台电动机顺序控制

◆ 解法二：用跳转/标号指令编程

图 3-12 为用跳转/标号三台电动机顺序控制梯形图。

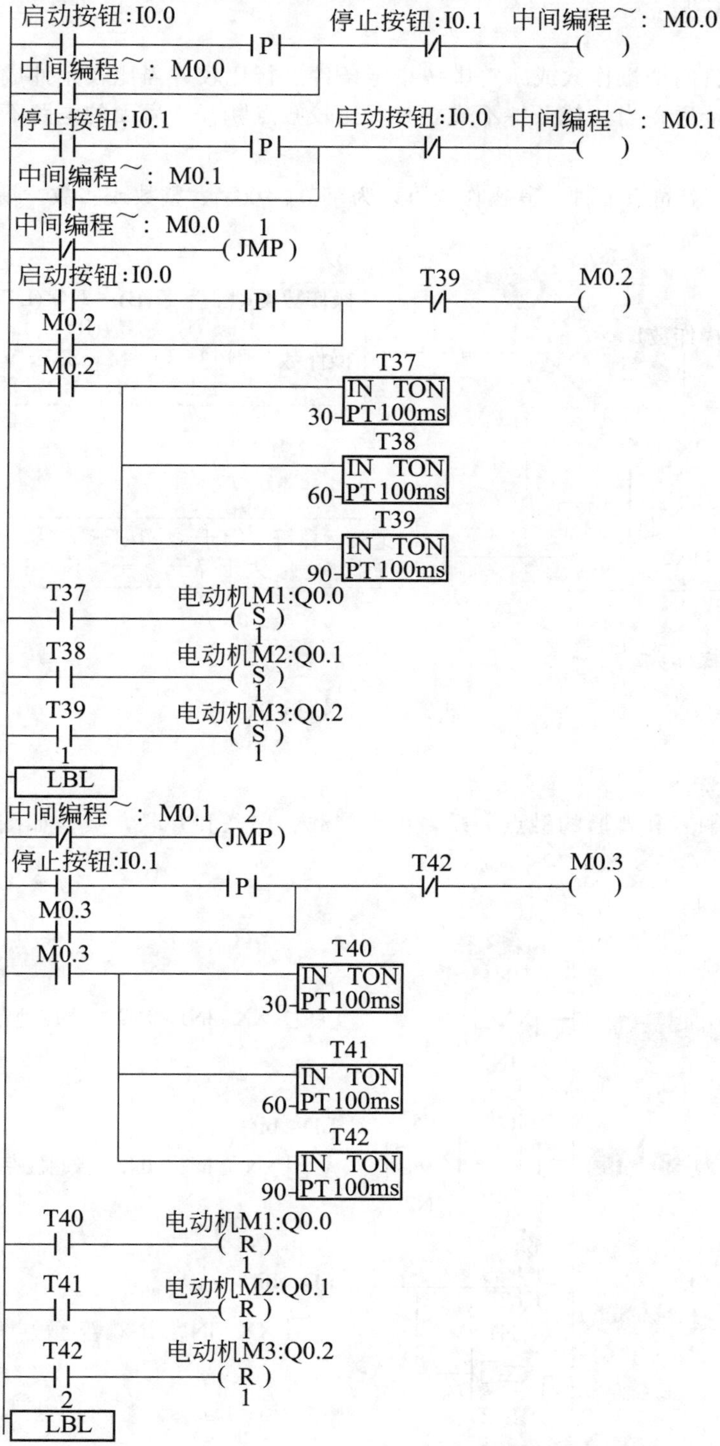

图 3-12 用跳转指令设计三台电动机顺序控制

3.3 比较指令与数据传送指令

3.3.1 比较指令

比较指令是将两个操作数或字符串按指定条件进行比较，当比较条件成立时，其触点闭合，后面的电路接通；当比较条件不成立时，比较触点断开，后面的电路不接通。

（1）指令格式

比较指令的运算符有 6 种，其操作数可以为字节、双字、整数或实数，指令格式如图 3-13 所示。

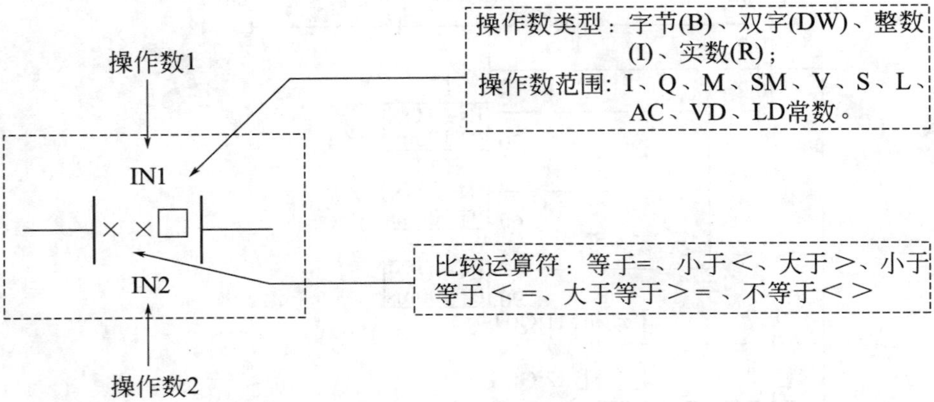

图 3-13　比较指令

（2）指令用法

比较指令的触点和普通的触点一样，可以装载、串联和并联，具体如图 3-14 所示。

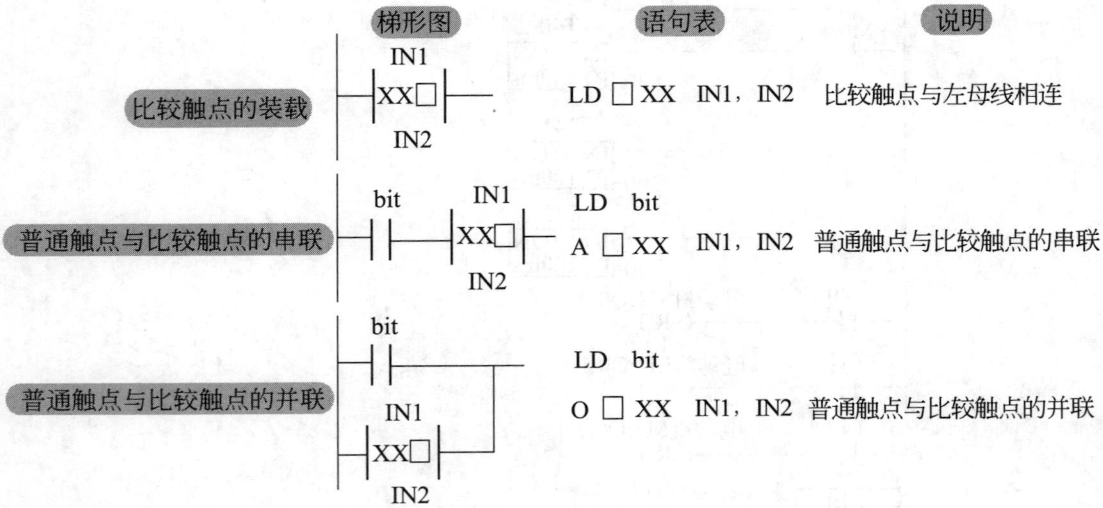

图 3-14　比较触点的用法

（3）举例：用比较指令编写小灯循环程序

① 控制要求　按下启动按钮，3 只小灯每隔 1s 循环点亮；按下停止按钮，3 只小灯全部熄灭。

② 程序设计

a. 小灯循环控制 I/O 分配如表 3-3 所示。

表 3-3　小灯循环程序的 I/O 分配

输入量		输出量	
启动按钮	I0.0	红灯	Q0.0
停止按钮	I0.1	绿灯	Q0.1
		黄灯	Q0.2

b. 小灯循环控制梯形图程序如图 3-15 所示。

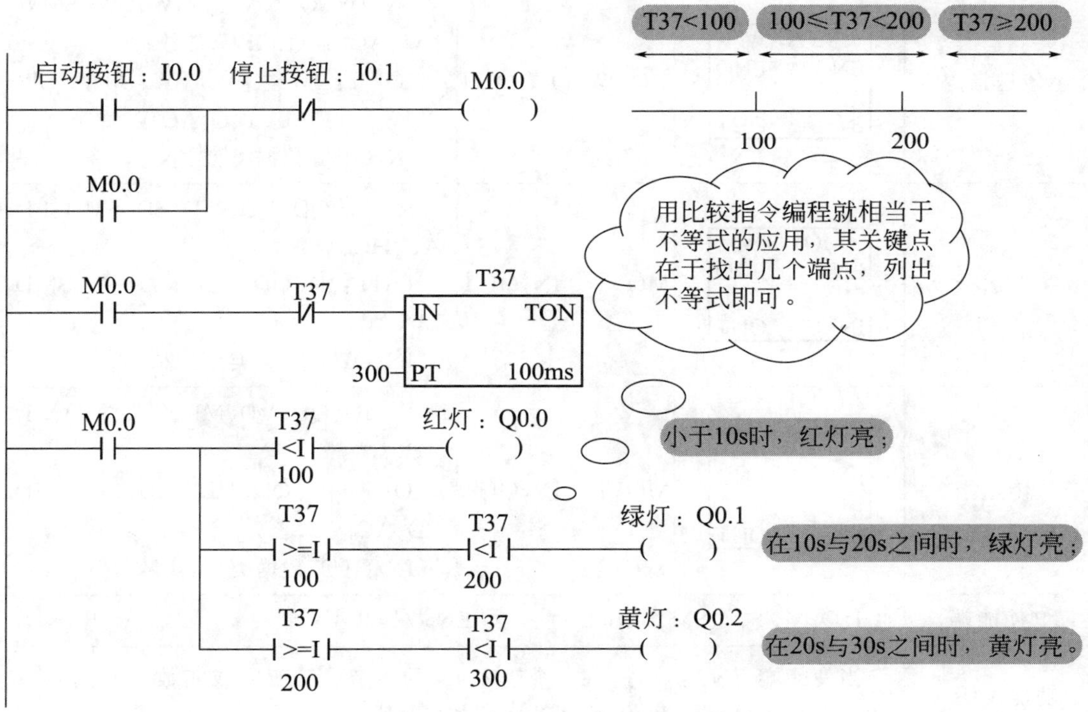

图 3-15　比较触点应用举例

3.3.2　数据传送指令

数据传送指令用来完成各存储单元之间一个或多个数据的传送，传送过程中数值保持不变。根据每次传送数据的多少，可将其分为单一传送指令和数据块传送指令，无论是单一传送指令还是数据块传送指令，都有字节、字、双字和实数等几种数据类型；为了满足立即传送的要求，设有字节立即传送指令，为了方便实现在同一字内高低字节的交换，还设有字节交换指令。

数据传送指令适用于存储单元的清零、程序的初始化等场合。

（1）单一传送指令

① 指令格式　单一传送指令用来传送一个数据，其数据类型可以为字节、字、双字和实数。在传送过程中数据内容保持不变，其指令格式如表 3-4 所示。

表 3-4　单一传送指令 MOV 的指令格式

指令名称	编程语言		操作数类型及操作范围
	梯形图	语句表	
字节传送指令	MOV_B EN ENO IN OUT	MOVB　IN,OUT	IN：IB、QB、VB、MB、SB、SMB、LB、AC、常数； OUT：IB、QB、VB、MB、SB、SMB、LB、AC； IN/OUT 数据类型：字节
字传送指令	MOV_W EN ENO IN OUT	MOVW　IN,OUT	IN：IW、QW、VW、MW、SW、SMW、LW、AC、T、C、AIW、常数； OUT：IW、QW、VW、MW、SW、SMW、LW、AC、T、C、AQW； IN/OUT 数据类型：字
双字传送指令	MOV_DW EN ENO IN OUT	MOVD　IN,OUT	IN：ID、QD、VD、MD、SD、SMD、LD、AC、HC、常数； OUT：ID、QD、VD、MD、SD、SMD、LD、AC； IN/OUT 数据类型：双字
实数传送指令	MOV_R EN ENO IN OUT	MOVR　IN,OUT	IN：ID、QD、VD、MD、SD、SMD、LD、AC、常数； OUT：ID、QD、VD、MD、SD、SMD、LD、AC； IN/OUT 数据类型：实数
EN（使能端）	I、Q、M、T、C、SM、V、S、L		EN 数据类型：位
功能说明	当使能端 EN 有效时，将一个输入 IN 的字节、字、双字或实数传送到 OUT 的指定存储单元输出，传送过程数据内容保持不变		

② 应用举例

a. 将常数 3 传送 QB0，观察 PLC 小灯的点亮情况。

b. 将常数 3 传送 QW0，观察 PLC 小灯的点亮情况。

c. 程序设计：相关程序如图 3-16 所示。

（2）数据块传送指令

① 指令格式　数据块传送指令用来一次性传送多个数据，块传送包括字节的块传送、字的块传送和双字的块传送，指令格式如表 3-5 所示。

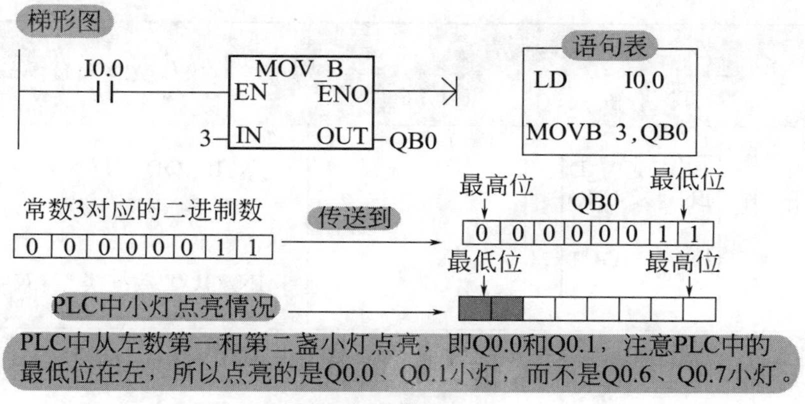

(a) MOV_B应用举例

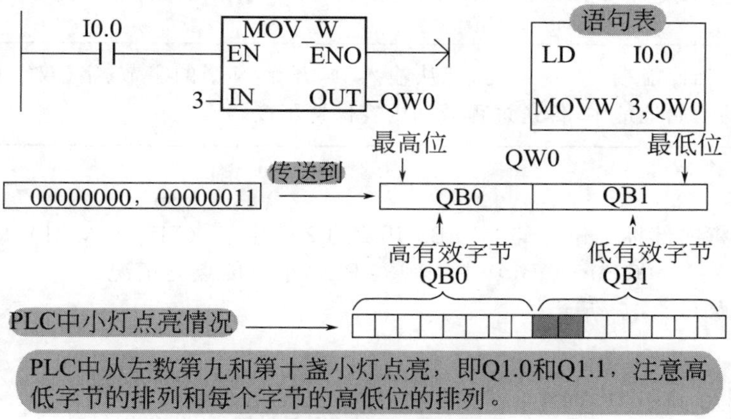

(b) MOV_W应用举例

图 3-16 单一传送指令应用举例

表 3-5 数据块传送指令 BLKMOV 的指令格式

指令名称	编程语言		操作数类型及操作范围
	梯形图	语句表	
字节的块传送指令	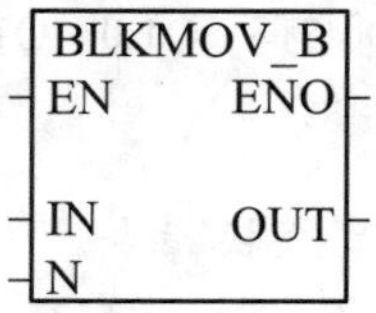	BMB IN,OUT,N	IN：IB、QB、VB、MB、SB、SMB、LB； OUT：IB、QB、VB、MB、SB、SMB、LB； IN/OUT 数据类型：字节
字的块传送指令		BMW IN,OUT,N	IN：IW、QW、VW、MW、SW、SMW、LW、T、C、AIW； OUT：IW、QW、VW、MW、SW、SMW、LW、T、C、AQW； IN/OUT 数据类型：字

续表

指令名称	编程语言		操作数类型及操作范围
	梯形图	语句表	
双字的块传送指令	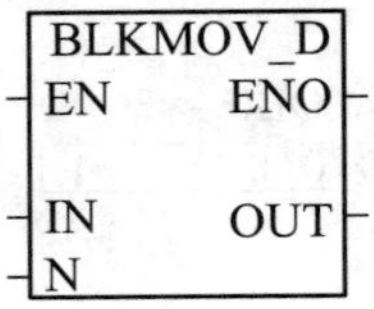	BMD IN,OUT,N	IN:ID、QD、VD、MD、SD、SMD、LD; OUT: ID、QD、VD、MD、SD、SMD、LD; IN/OUT 数据类型:双字
EN(使能端)	I、Q、M、T、C、SM、V、S、L　　数据类型:位		
N (源数据数目)	IB、QB、VB、MB、SB、SMB、LB、AC、常数;数据类型:字节;数据范围:1～255		
功能说明	当使能端 EN 有效时,把从输入 IN 开始 N 个的字节、字、双字传送到 OUT 的起始地址中,传送过程数据内容保持不变		

② 应用举例

a. 控制要求:将内部标志位存储器 MB0 开始的 2 个字节 (MB0～MB1) 中的数据,移至 QB0 开始的 2 个字节 (QB0～QB1) 中,观察 PLC 小灯的点亮情况。

b. 程序设计:如图 3-17 所示。

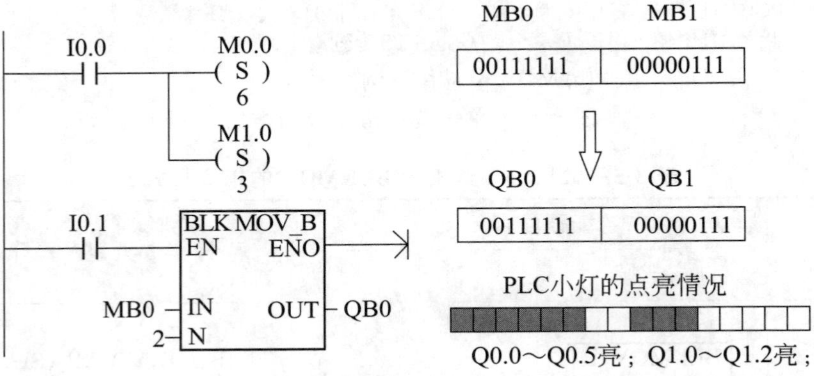

图 3-17　数据块传送指令应用举例

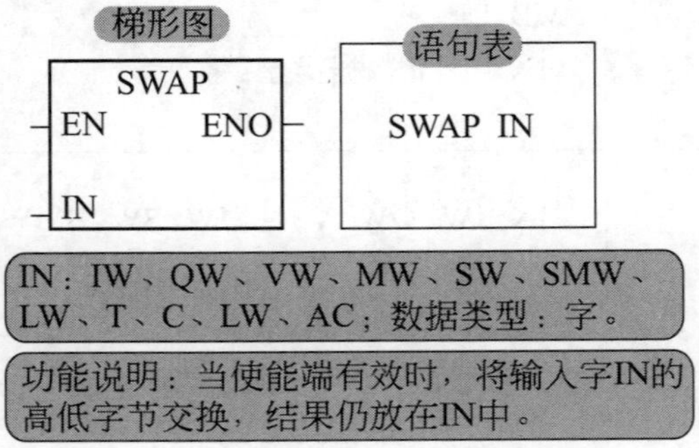

图 3-18　字节交换指令的指令格式

(3) 字节交换指令

① 指令格式　字节交换指令用来交换输入字 IN 的最高字节和最低字节,具体指令格式如图 3-18 所示。

② 应用举例

a. 控制要求:将字 QW0 中高低字节的内容交换,观察 PLC 小灯的点亮情况。

b. 程序设计:如图 3-19 所示。

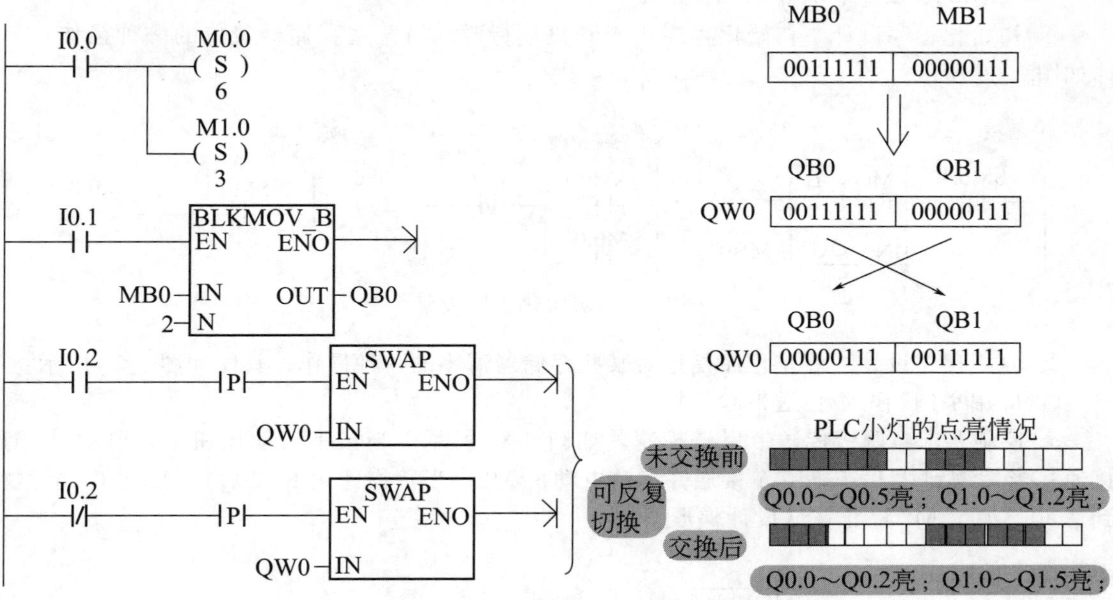

图 3-19　字节交换指令应用举例

(4) 字节立即传送指令

字节立即传送指令和位逻辑指令中的立即指令一样，用于输入输出的立即处理，它包括字节立即读指令和字节立即写指令，具体指令格式如表 3-6 所示。

表 3-6　字节立即传送指令的指令格式

指令名称	编程语言		操作数类型及操作范围
	梯形图	语句表	
字节立即读指令	MOV_BIR EN　ENO IN　OUT	BIR　IN,OUT	IN:IB; OUT:IB、QB、VB、MB、SB、SMB、LB、AC; IN/OUT 数据类型:字节
字节立即写指令	MOV_BIW EN　ENO IN　OUT	BIW　IN,OUT	IN:IB、QB、VB、MB、SB、SMB、LB、AC、常数; OUT:QB; IN/OUT 数据类型:字节;

字节立即读指令，当使能端有效时，读取实际输入端 IN 给出的 1 个字节的数值，并将结果写入 OUT 所指定的存储单元，但输入映像寄存器未更新。

字节立即写指令，当使能端有效时，从输入端 IN 所指定的存储单元中读取 1 个字节的数据，并写入到 OUT 所指定的存储单元，刷新输出映像寄存器，并将计算结果立即输出到负载。

（5）数据传送指令综合举例

① 初始化程序设计　初始化程序用于开机运行时，对某些存储器置位的一种操作，具体如图 3-20 所示。

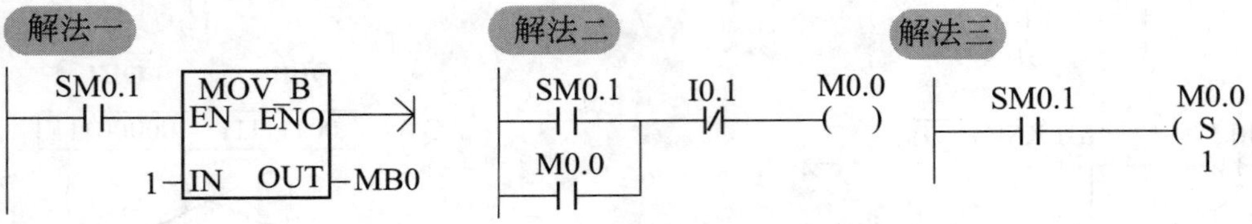

图 3-20　初始化程序设计

② 停止程序设计　停止程序是指对某些存储器清零的一种操作，具体如图 3-21 所示。

③ 应用举例：两级传送带起停控制。

a. 控制要求：两级传送带启停控制，如图 3-22 所示。当按下启动按钮后，电动机 M1 接通；当货物到达 I0.1，I0.1 接通并启动电动机 M2；当货物到达 I0.2 后，M1 停止；货物到达 I0.3 后，M2 停止；试设计梯形图。

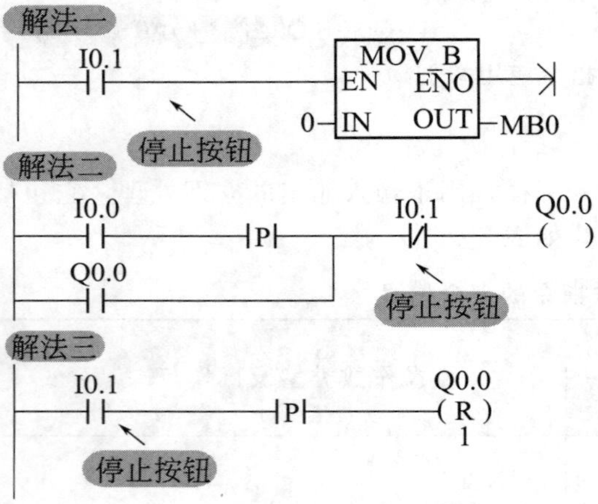

图 3-21　停止程序的设计

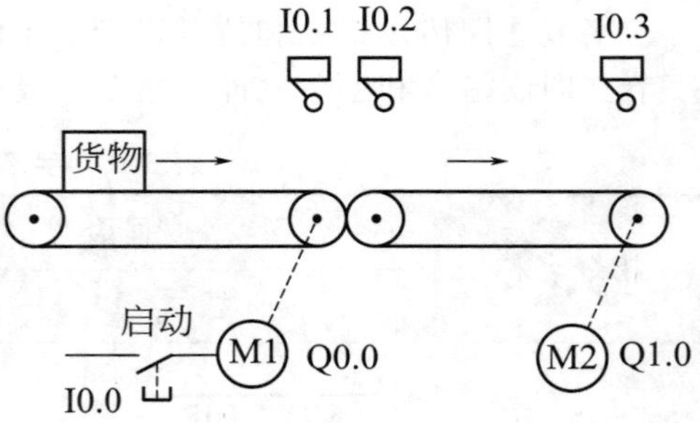

图 3-22　两级传送带起停控制

b. 程序设计：如图 3-23 所示。

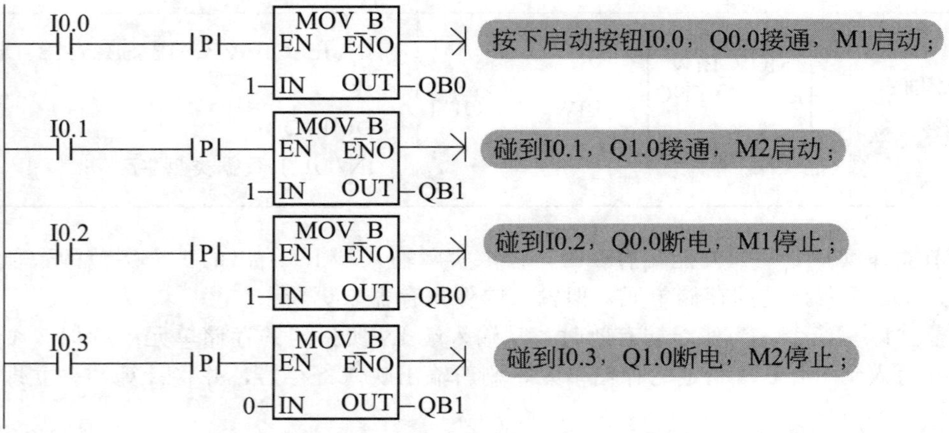

图 3-23　两级传送带启停控制的梯形图

④ 应用举例：小车运行方向控制。

a. 控制要求：小车运行示意图如图 3-24 所示。当小车所停止位置限位开关 SQ 的编号大于呼叫位置按钮 SB 的编号时，小车向左运行到呼叫位置时停止；当小车所停止位置限位开关 SQ 的编号小于呼叫位置按钮 SB 的编号时，小车向右运行到呼叫位置时停止；当小车所停止位置限位开关 SQ 的编号等于呼叫位置按钮 SB 的编号时，小车不动作。

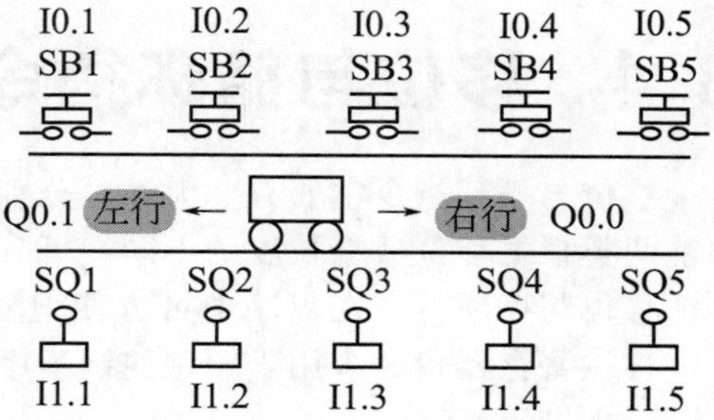

图 3-24　小车运行方向控制示意图

b. 程序设计：如图 3-25 所示。

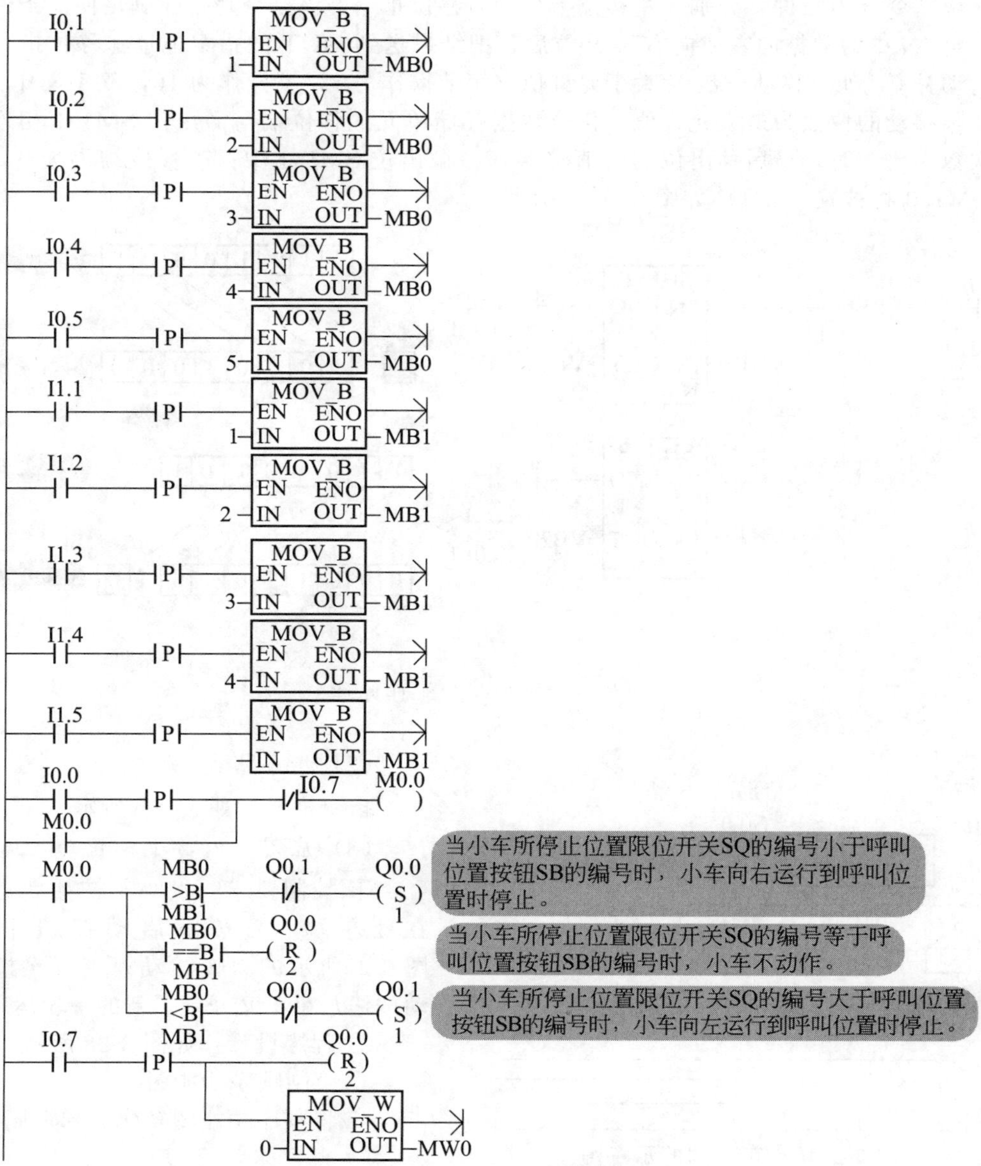

图 3-25　小车运行方向控制程序

3.4 移位与循环指令

移位与循环指令主要有 3 大类，分别为移位指令、循环移位指令和移位寄存器指令。其中前两类根据移位数据长度的不同，可分为字节型、字型和双字型三种。

移位与循环指令在程序中可方便地实现某些运算，也可以用于取出数据中的有效位数字。移位寄存器指令多用于顺序控制程序的编制。

3.4.1 移位指令

(1) 工作原理

移位指令分为两种，分别为左移位指令和右移位指令。该指令是指在满足使能条件的情况下，将 IN 中的数据向左或向右移 N 位后，把结果送到 OUT 的指定地址。移位指令对移出位自动补 0，如果移动位数 N 大于允许值（字节操作为 8，字操作为 16，双字操作为 32）时，实际移动的位数为最大允许值。移位数据存储单元的移位端与溢出位 SM1.1 相连，若移位次数大于 0 时，最后移出位的数值将保存在溢出位 SM1.1 中；若移位结果为 0，零标志位 SM1.0 将被置 1，具体如图 3-26 所示。

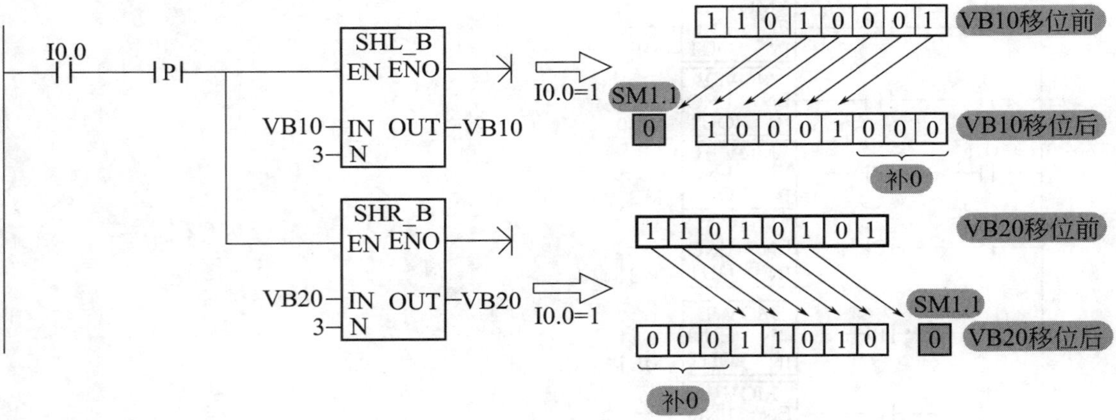

图 3-26 移位指令工作原理

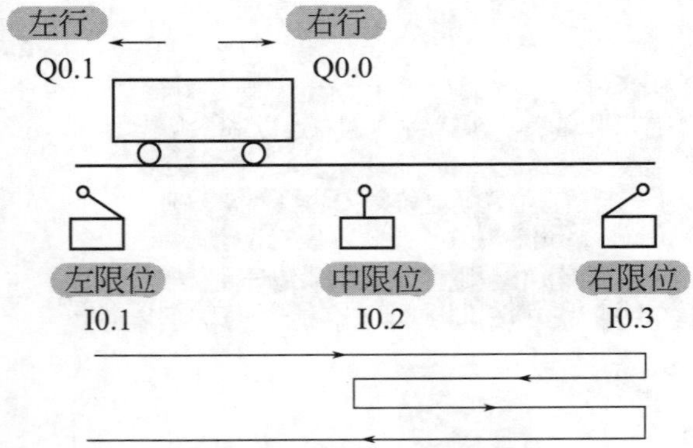

图 3-27 小车运动的示意图

(2) 指令格式

指令格式，如表 3-7 所示。

(3) 应用举例：小车自动往返控制

① 控制要求：设小车初始状态停止在最左端，当按下启动按钮小车按图 3-27所示的轨迹运动；当再次按下启动按钮，小车又开始了新的一轮运动。

② 程序设计：如图 3-28 所示。

a. 绘制顺序功能图。

b. 将顺序功能图转化为梯形图。

表 3-7　移位指令的指令格式

指令名称	编程语言		操作数类型及操作范围
	梯形图	语句表	
字节左移位指令	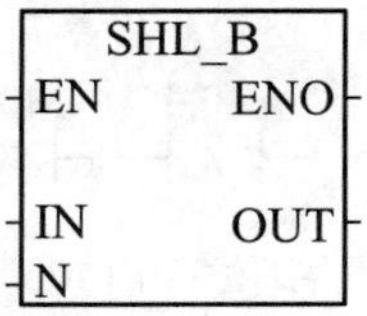	SLB　OUT,N	IN：IB、QB、VB、MB、SB、SMB、LB、AC、常数； OUT：IB、QB、VB、MB、SB、SMB、LB、AC； IN/OUT 数据类型：字节
字节右移位指令	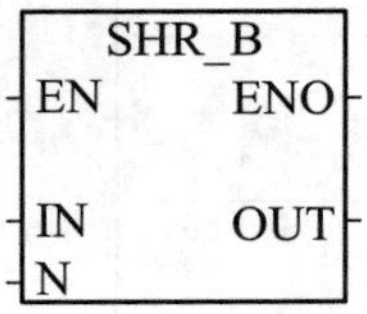	SRB　OUT,N	
字左移位指令	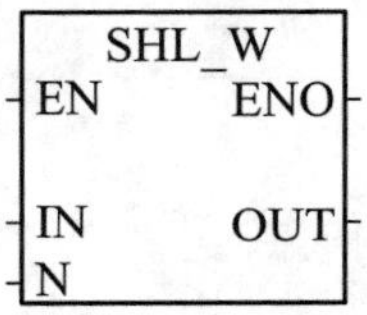	SLW　OUT,N	IN：IW、QW、VW、MW、SW、SMW、LW、AC、T、C、AIW、常数； OUT：IW、QW、VW、MW、SW、SMW、LW、AC、T、C、AQW； IN/OUT 数据类型：字
字右移位指令	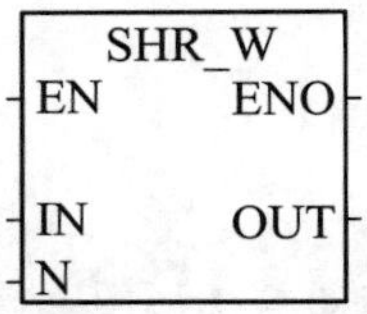	SRW　OUT,N	
双字左移位指令	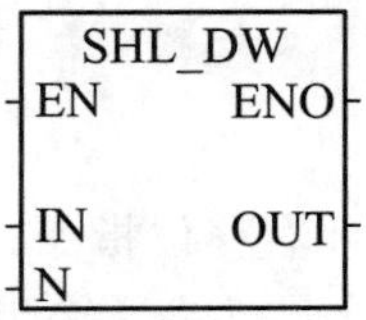	SLD　OUT,N	IN：ID、QD、VD、MD、SD、SMD、LD、AC、HC、常数； OUT：ID、QD、VD、MD、SD、SMD、LD、AC； IN/OUT 数据类型：双字
双字右移位指令	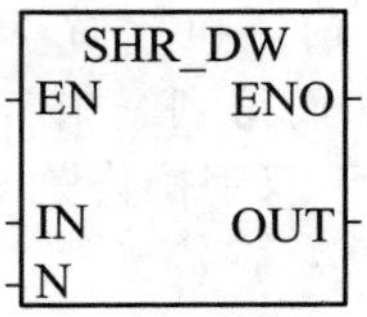	SRD　OUT,N	
EN	I、Q、M、T、C、SM、V、S、L；　EN 数据类型：位		
N	IB、QB、VB、MB、SB、SMB、LB、AC、常数；　N 数据类型：字节		

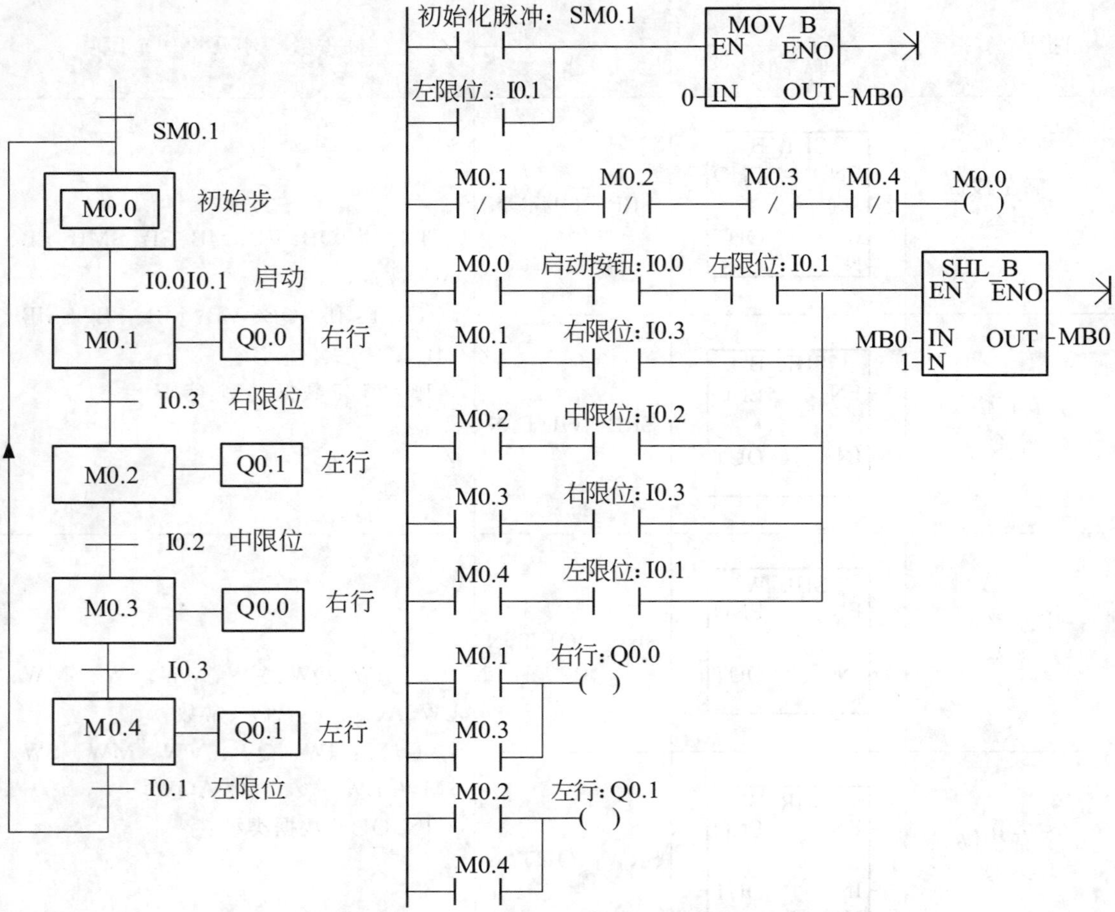

图 3-28 小车自动往返控制顺序功能图与梯形图

3.4.2 循环移位指令

(1) 工作原理

循环移位指令分为两种，分别为循环左移位指令和循环右移位指令。该指令是指在满足使能条件的情况下，将 IN 中的数据向左或向右移 N 位后，把结果输出到 OUT 得指定地址。循环移位是一个环形，即被移出来的位将返回另一端空出的位置。若移动的位数 N 大于允许值（字节操作为 8，字操作为 16，双字操作为 32）时，执行循环移位之前先对 N 进行取模操作，例如字节移位，将 N 除以 8 以后取余数，从而得到一个有效的移位次数。取模的结果对于字节操作是 0～7，对于字操作是 0～15，对于双字操作是 0～31，若取模操作为 0，则不能进行循环移位操作。

若执行循环移位操作，移位的最后一位的数值存放在溢出位 SM1.1 中；若实际移位次数为 0，零标志位 SM1.0 被置 1；字节操作是无符号的，对于有符号的双字移位时，符号位也被移位，具体如图 3-29 所示。

(2) 指令格式

指令格式如表 3-8 所示。

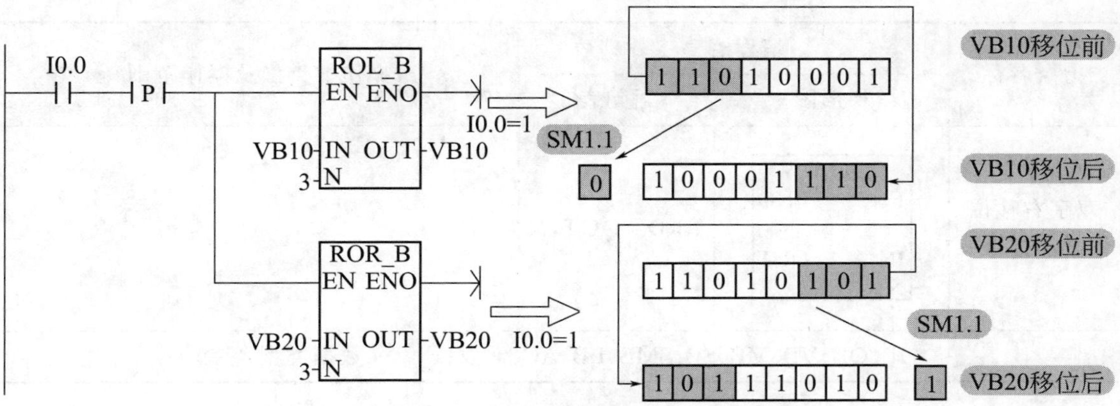

图 3-29　移位循环指令工作原理

表 3-8　移位循环指令的指令格式

指令名称	编程语言		操作数类型及操作范围
	梯形图	语句表	
字节左移位循环指令	ROL_B EN ENO IN OUT N	RLB　OUT,N	IN：IB、QB、VB、MB、SB、SMB、LB、AC、常数； OUT：IB、QB、VB、MB、SB、SMB、LB、AC； IN/OUT 数据类型：字节
字节右移位循环指令	ROR_B EN ENO IN OUT N	RRB　OUT,N	
字左移位循环指令	ROL_W EN ENO IN OUT N	RLW　OUT,N	IN：IW、QW、VW、MW、SW、SMW、LW、AC、T、C、AIW、常数； OUT：IW、QW、VW、MW、SW、SMW、LW、AC、T、C、AQW； IN/OUT 数据类型：字
字右移位循环指令	ROR_W EN ENO IN OUT N	RRW　OUT,N	
双字左移位循环指令	ROL_DW EN ENO IN OUT N	RLD　OUT,N	IN：ID、QD、VD、MD、SD、SMD、LD、AC、HC、常数； OUT：ID、QD、VD、MD、SD、SMD、LD、AC； IN/OUT 数据类型：双字

续表

指令名称	编程语言		操作数类型及操作范围
	梯形图	语句表	
双字右移位循环指令	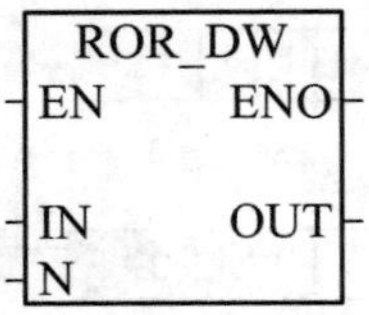	RRD OUT,N	
N	IB、QB、VB、MB、SB、SMB、LB、AC、常数； N 数据类型：字节		

(3) 应用举例：彩灯移位循环控制

① 控制要求：按下启动按钮 I0.0 且选择开关处于 1 位置（I0.2 常闭处于闭合状态），小灯左移循环；搬动选择开关处于 2 位置（I0.2 常开处于闭合状态），小灯右移循环，试设计程序。

② 程序设计：如图 3-30 所示。

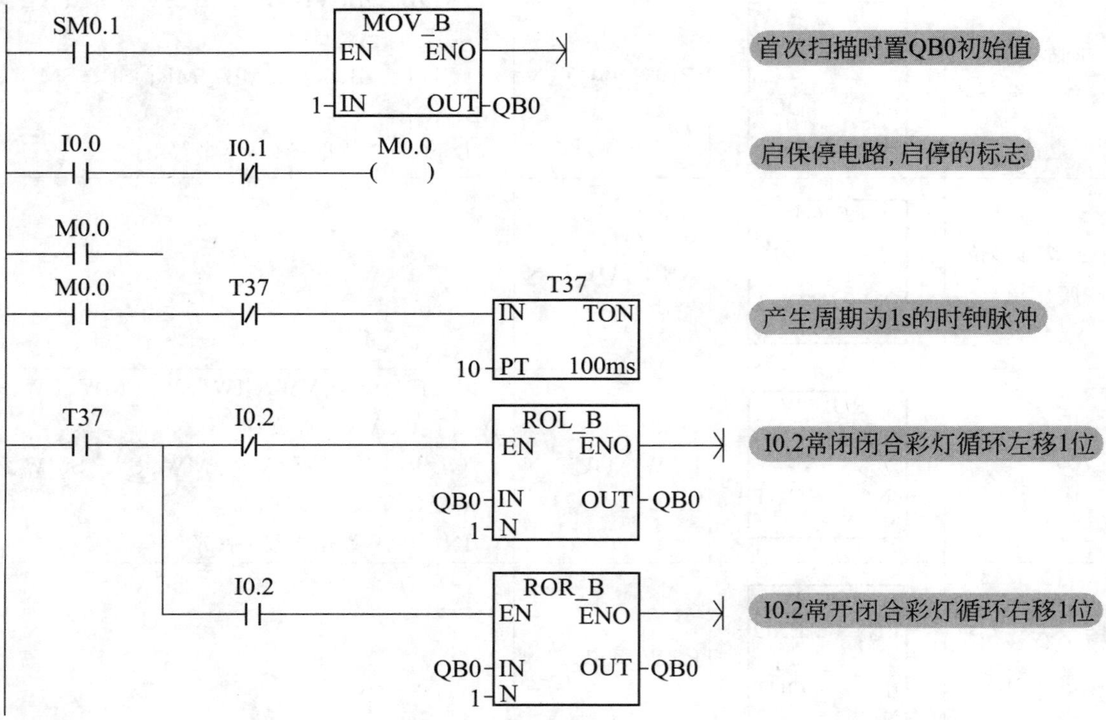

图 3-30 彩灯移位循环控制程序

3.4.3 移位寄存器指令

移位寄存器指令是移位长度和移位方向可调的移位指令。在顺序控制、物流及数据流控制等场合应用广泛。

(1) 移位寄存器指令指令格式

移位寄存器指令指令格式如图 3-31 所示。

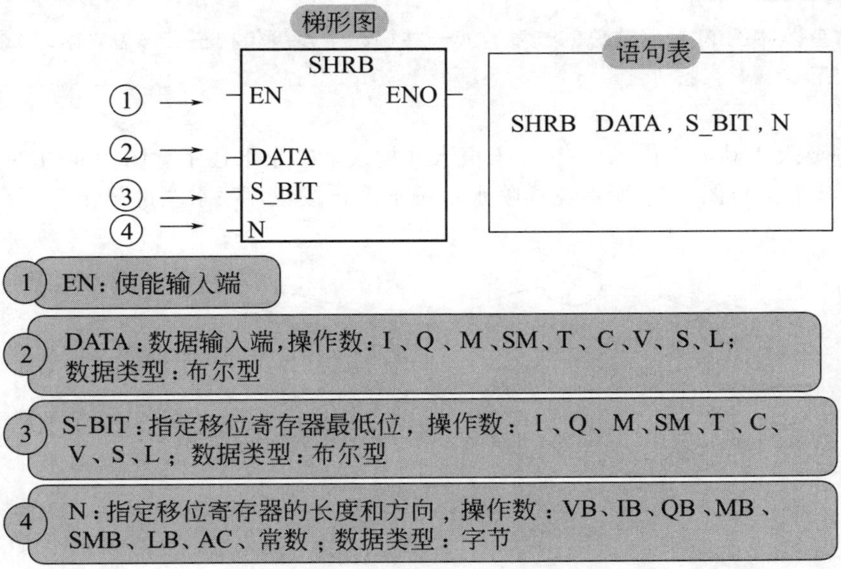

图 3-31　移位寄存器指令指令格式

(2) 工作过程

当使能输入端 EN 有效时，位数据 DATA 实现装入移位寄存器的最低位 S _ BIT，此后每当有 1 个脉冲输入使能端时，移位寄存器都会移动 1 位。需要说明移位长度和方向与 N 有关，移位长度范围：1～64；移位方向取决于 N 的符号，当 $N>0$ 时，移位方向向左，输入数据 DATA 移入移位寄存器的最低位 S _ BIT，并移出移位寄存器的最高位；当 $N<0$ 时，移位方向向右，输入数据移入移位寄存器的最高位，并移出最低位 S _ BIT，移出的数据被放置在溢出位 SM1. 1 中，具体如图 3-32 所示。

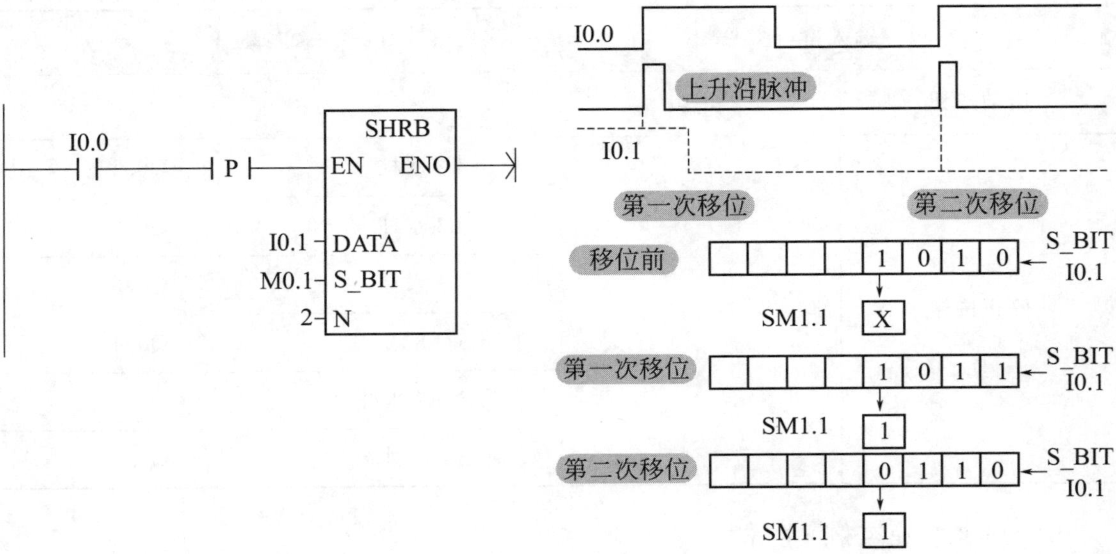

图 3-32　移位寄存器指令工作过程

（3）应用举例：喷泉控制

重点提示

移位寄存器中的 N 是移位总的长度，即一共移动了多少位；左右移位（循环）指令中的 N 是每次移位的长度。

① 控制要求：某喷泉由 L1～L10 十根水柱构成，喷泉水柱示意图，如图 3-33 所示。按下启动按钮，喷泉按图 3-33 所示花样喷水；按下停止按钮，喷水全部停止。

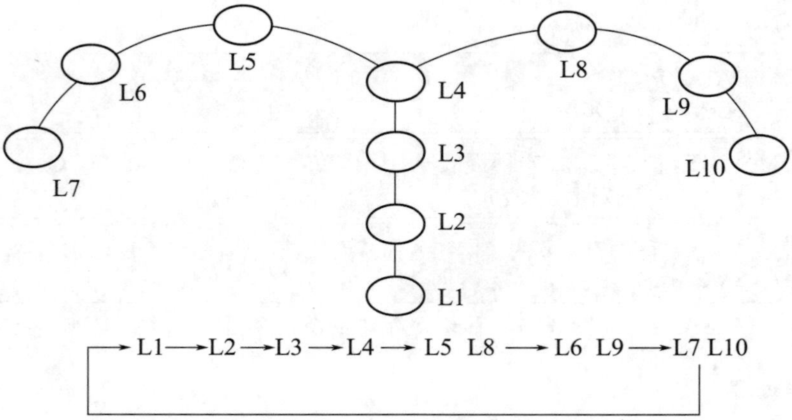

图 3-33　喷泉水柱布局及喷水花样

② 程序设计：

a. I/O 分配：喷泉控制 I/O 分配如表 3-9 所示。

表 3-9　喷泉控制 I/O 分配表

输入量		输出量	
启动按钮	I0.0	L1 水柱	Q0.0
停止按钮	I0.1	L2 水柱	Q0.1
		L3 水柱	Q0.2
		L4 水柱	Q0.3
		L5/L8 水柱	Q0.4
		L6/L9 水柱	Q0.5
		L7/L10 水柱	Q0.6

b. 梯形图：如图 3-34 所示。

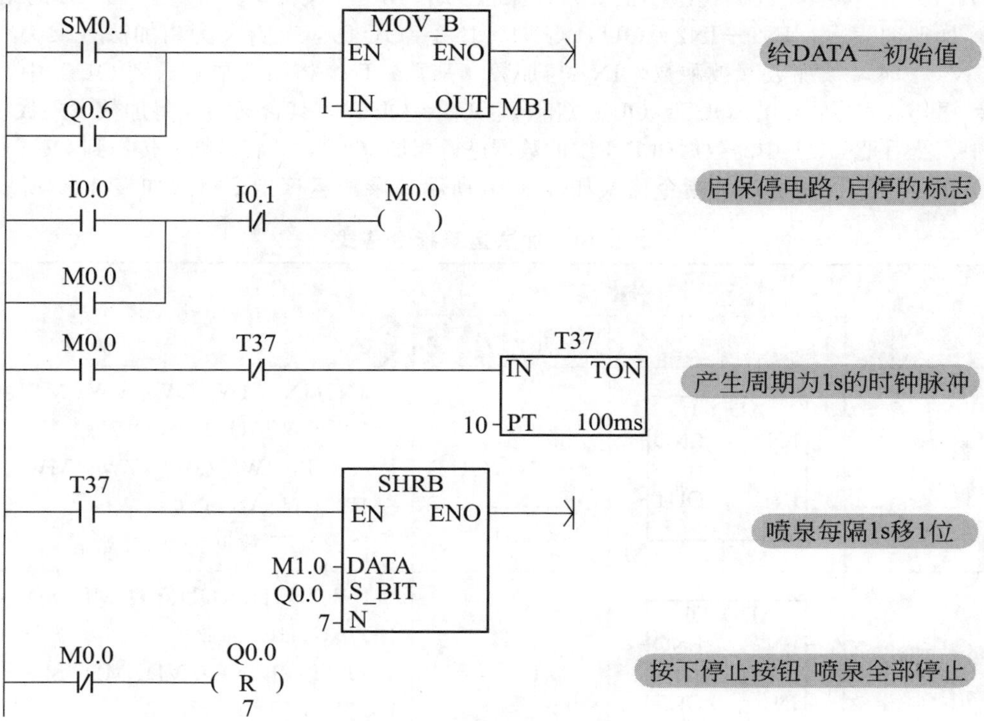

图 3-34 喷泉控制程序

重点提示

1. 将输入数据 DATA 置 1，可以采用启保停电路置 1，也可采用传送指令。
2. 构造脉冲发生器，用脉冲控制移位寄存器的移位。
3. 通过输出的第一位确定 S_BIT，有时还可能需要中间编程元件。
4. 通过输出个数确定移位长度。

3.5 数学运算类指令

PLC 普遍具有较强的运算功能，其中数学运算指令是实现运算的主体，它包括四则运算指令、数学功能指令和递增、递减指令。其中四则运算指令包括整数四则运算指令、双整数四则运算指令、实数四则运算指令；数学功能指令包括三角函数指令、对数函数指令和平方根指令等。S7-200PLC 对于数学运算指令来说，在使用时需注意存储单元的分配，在梯形图中，源操作数 IN1、IN2 和目标操作数 OUT 可以使用不一样的存储单元，这样编写程序比较清晰且容易理解。在使用语句表时，其中的一个源操作数需要和目标操作数 OUT 的存储单元一致，因此给理解和阅读带来不便，在使用数学运算指令时，建议读者使用梯形图。

3.5.1 四则运算指令

（1） 加法/乘法运算

整数、双整数、实数的加法/乘法运算是将源操作数运算后产生的结果，存储在目标操作数 OUT 中，操作数数据类型不变。常规乘法两个 16 位整数相乘，产生一个 32 的结果。

◆ 梯形图表示：IN1＋IN2＝OUT（IN1×IN2＝OUT），其含义为当加法（乘法）允许信号 EN＝1 时，被加数（被乘数）IN1 与加数（乘数）IN2 相加（乘）送到 OUT 中。

◆ 语句表表示：IN1＋OUT＝OUT（IN1×OUT＝OUT），其含义为先将加数（乘数）送到 OUT 中，然后把 OUT 中的数据和 IN1 中的数据进行相加（乘），并将其结果传送到 OUT 中。

① 指令格式　加法运算指令格式如表 3-10 所示，乘法运算指令格式如表 3-11 所示。

表 3-10　加法运算指令格式

指令名称	编程语言		操作数类型及操作范围
	梯形图	语句表	
整数加法指令	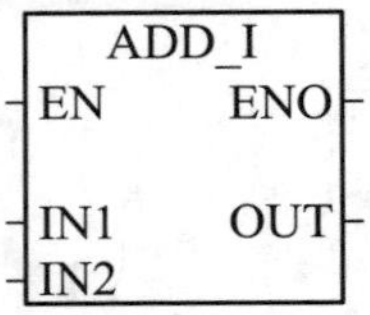	＋I IN1,OUT	IN1/IN2：IW、QW、VW、MW、SW、SMW、LW、AC、T、C、AIW、常数； OUT：IW、QW、VW、MW、SW、SMW、LW、AC、T、C； IN/OUT 数据类型：整数；
双整数加法指令	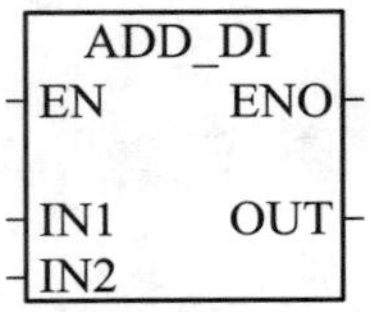	＋D IN1,OUT	IN1/IN2：ID、QD、VD、MD、SD、SMD、LD、AC、HC、常数； OUT：ID、QD、VD、MD、SD、SMD、LD、AC； IN/OUT 数据类型：双整数；
实数加法指令	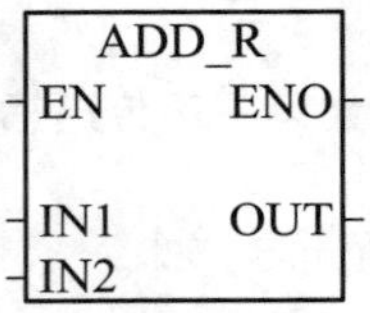	＋R IN1,OUT	IN1/IN2：ID、QD、VD、MD、SD、SMD、LD、AC、常数； OUT：ID、QD、VD、MD、SD、SMD、LD、AC； IN/OUT 数据类型：实数；

表 3-11　乘法运算指令格式

指令名称	编程语言		操作数类型及操作范围
	梯形图	语句表	
整数乘法指令		* I IN1,OUT	IN1/IN2：IW、QW、VW、MW、SW、SMW、LW、AC、T、C、AIW、常数； OUT：IW、QW、VW、MW、SW、SMW、LW、AC、T、C； IN/OUT 数据类型：整数；
双整数乘法指令		* D IN1,OUT	IN1/IN2：ID、QD、VD、MD、SD、SMD、LD、AC、HC、常数； OUT：ID、QD、VD、MD、SD、SMD、LD、AC； IN/OUT 数据类型：双整数；

续表

指令名称	编程语言		操作数类型及操作范围
	梯形图	语句表	
实数乘法指令	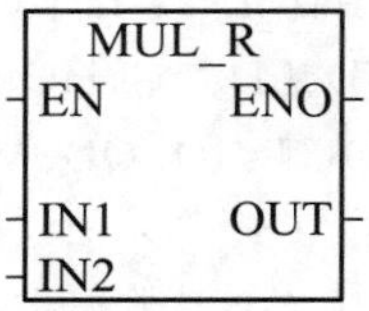	* R IN1,OUT	IN1/IN2:ID、QD、VD、MD、SD、SMD、LD、AC、常数; OUT:ID、QD、VD、MD、SD、SMD、LD、AC; IN/OUT 数据类型:实数;

② 应用举例

按下启动按钮，小灯 Q0.0 会点亮吗？程序如图 3-35 所示。

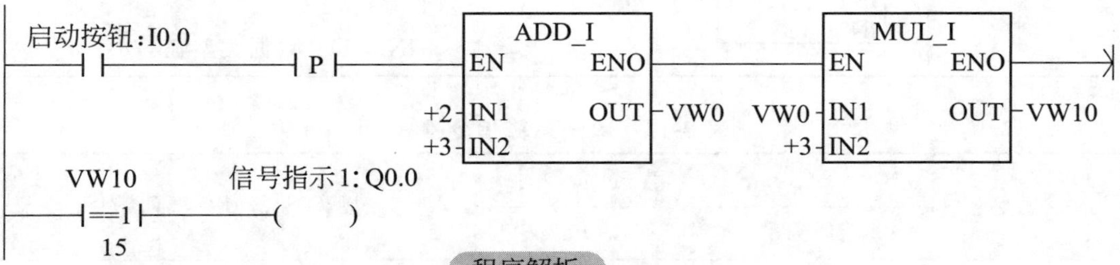

程序解析

按下启动按钮I0.0，2和3相加得到的结果再与3相乘，得到的结果存入VW0中，此时运算结果为15，比较指令条件成立，故Q0.0点亮。

图 3-35 加法/乘法指令应用举例

(2) 减法/除法运算

整数、双整数、实数的减法/除法运算是将源操作数运算后产生的结果，存储在目标操作数 OUT 中，整数、双整数除法不保留小数。而常规除法两个 16 位整数相除，产生一个 32 的结果，其中高 16 位存储余数，低 16 位存储商。

◆ 梯形图表示：IN1－IN2＝OUT（IN1/IN2＝OUT），其含义为当减法（除法）允许信号 EN＝1 时，被减数（被除数）IN1 与减数（除数）IN2 相减（除）送到 OUT 中。

◆ 语句表表示：IN1－OUT＝OUT（IN1/OUT＝OUT），其含义为先将减数（除数）送到 OUT 中，然后把 OUT 中的数据和 IN1 中的数据进行相减（除），并将其结果传送到 OUT 中。

① 指令格式　减法运算指令格式如表 3-12 所示，除法运算指令格式，如表 3-13 所示。

表 3-12　减法运算指令格式

指令名称	编程语言		操作数类型及操作范围
	梯形图	语句表	
整数减法指令	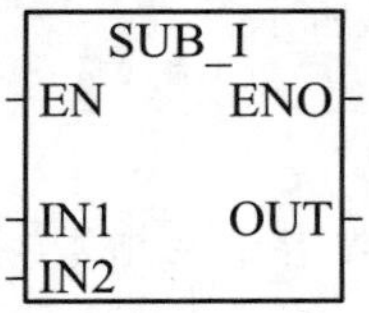	－I IN1,OUT	IN1/IN2:IW、QW、VW、MW、SW、SMW、LW、AC、T、C、AIW、常数; OUT:IW、QW、VW、MW、SW、SMW、LW、AC、T、C; IN/OUT 数据类型:整数

指令名称	编程语言		操作数类型及操作范围
	梯形图	语句表	
双整数减法指令	SUB_DI EN ENO IN1 OUT IN2	－D IN1，OUT	IN1/IN2：ID、QD、VD、MD、SD、SMD、LD、AC、HC、常数 OUT：ID、QD、VD、MD、SD、SMD、LD、AC； IN/OUT 数据类型：双整数
实数减法指令	SUB_R EN ENO IN1 OUT IN2	－R IN1，OUT	IN1/IN2：ID、QD、VD、MD、SD、SMD、LD、AC、常数 OUT：ID、QD、VD、MD、SD、SMD、LD、AC； IN/OUT 数据类型：实数

表 3-13　除法运算指令格式

指令名称	编程语言		操作数类型及操作范围
	梯形图	语句表	
整数除法指令	DIV_I EN ENO IN1 OUT IN2	/I IN1，OUT	IN1/IN2：IW、QW、VW、MW、SW、SMW、LW、AC、T、C、AIW、常数 OUT：IW、QW、VW、MW、SW、SMW、LW、AC、T、C IN/OUT 数据类型：整数
双整数除法指令	DIV_DI EN ENO IN1 OUT IN2	/D IN1，OUT	IN1/IN2：ID、QD、VD、MD、SD、SMD、LD、AC、HC、常数 OUT：ID、QD、VD、MD、SD、SMD、LD、AC； IN/OUT 数据类型：双整数
实数除法指令	DIV_R EN ENO IN1 OUT IN2	/R IN1，OUT	IN1/IN2：ID、QD、VD、MD、SD、SMD、LD、AC、常数 OUT：ID、QD、VD、MD、SD、SMD、LD、AC； IN/OUT 数据类型：实数

② 应用举例

按下启动按钮，小灯 Q0.0 会点亮吗？程序如图 3-36 所示。

3.5.2　数学功能指令

S7-200PLC 的数学函数指令有平方根指令、自然对数指令、指数指令、正弦指令、余弦指令和正切指令。平方根指令是将一个双字长（32 位）的实数 IN 开平方，得到 32 位的

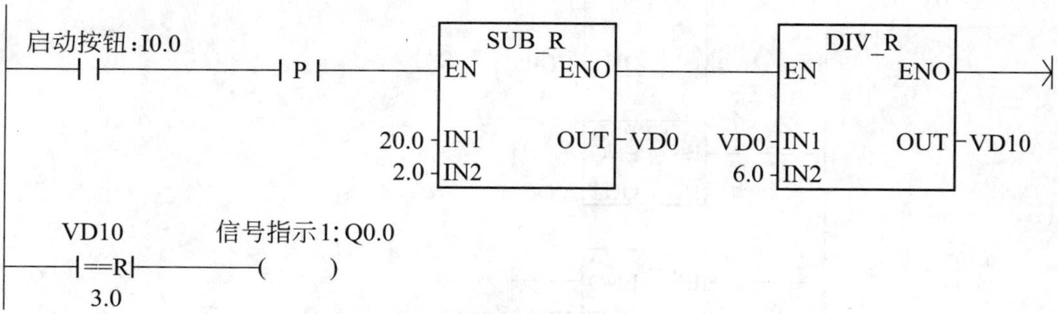

程序解析

按下启动按钮I0.0，20.0和2.0相减得到的结果再与6.0相乘，得到的结果存入VD10中，此时运算结果为3.0，比较指令条件成立，故Q0.0点亮。

图 3-36　减法/除法指令应用举例

实数结果送到 OUT；自然对数指令是将一个双字长（32 位）的实数 IN 取自然对数，得到 32 位的实数结果送到 OUT；指数指令是将一个双字长（32 位）的实数 IN 取以 e 为底的指数，得到 32 位的实数结果送到 OUT；正弦、余弦和正切指令是将一个弧度值 IN 分别求正弦、余弦和正切，得到 32 位的实数结果送到 OUT。以上运算输入输出数据都为实数，结果大于 32 位二进制数表示的范围时产生溢出。

（1）指令格式

数学功能指令指令格式如表 3-14 所示。

表 3-14　数学功能指令指令格式

指令名称		平方根指令	自然对数指令	指数指令	正弦指令	余弦指令	正切指令
编程语言	梯形图	SQRT（EN ENO / IN OUT）	EXP（EN ENO / IN OUT）	LN（EN ENO / IN OUT）	SIN（EN ENO / IN OUT）	COS（EN ENO / IN OUT）	TAN（EN ENO / IN OUT）
	语句表	SQRT IN,OUT	EXP IN,OUT	LN IN,OUT	SIN IN,OUT	COS IN,OUT	TN IN,OUT
操作数类型及操作范围		IN:ID、QD、VD、MD、SD、SMD、LD、AC、常数； OUT:ID、QD、VD、MD、SD、SMD、LD、AC； IN/OUT 数据类型:实数					

（2）应用举例

按下启动按钮，观察哪些灯亮，哪些灯不亮，为什么？程序如图 3-37 所示。

3.5.3　递增、递减指令

（1）指令简介

字节、字、双字的递增/递减指令是源操作数加 1 或减 1，并将结果存放到 OUT 中，其

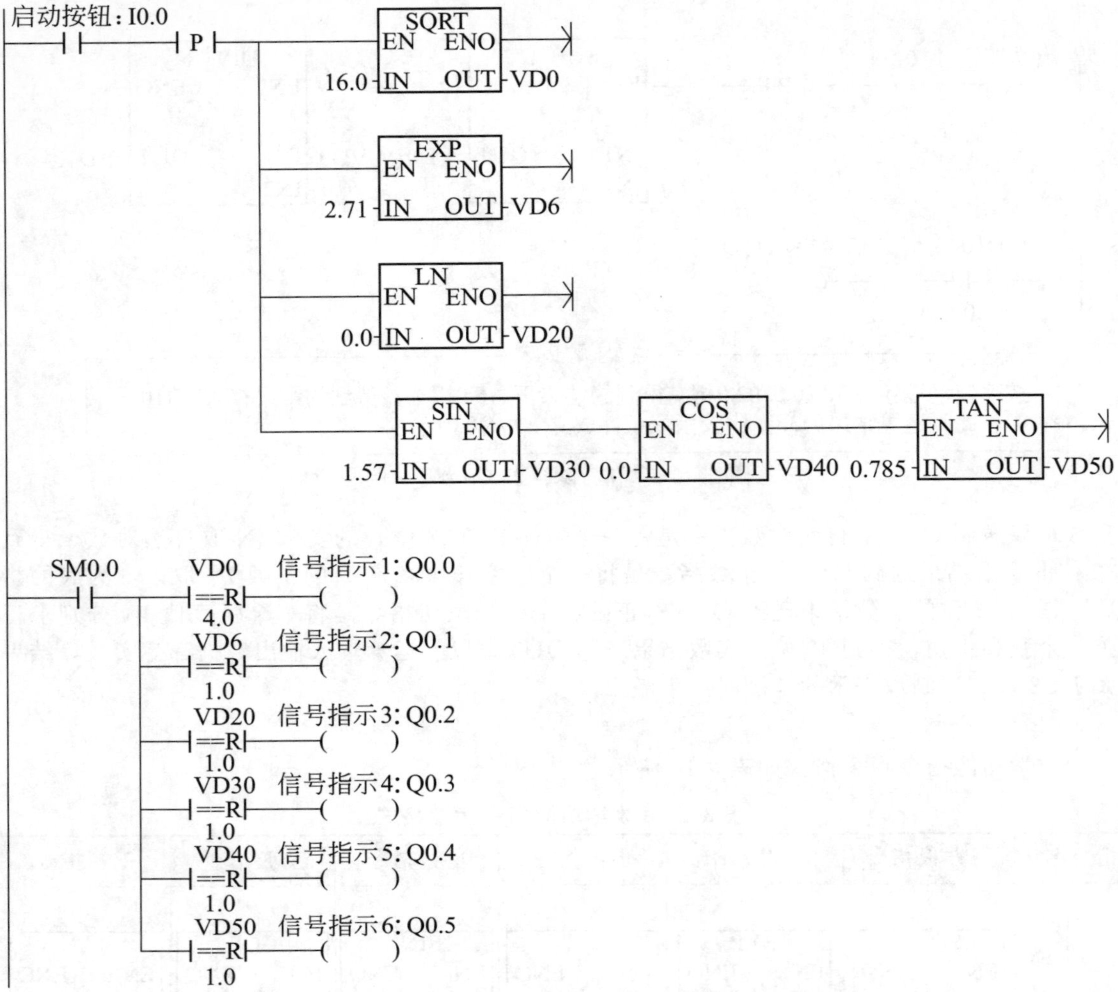

图 3-37 三角函数指令应用举例

中字节增减是无符号的，字和双字增减是有符号的数。

◆ 梯形图表示：IN＋1＝OUT，IN－1＝OUT；

◆ 语句表表示：OUT＋1＝OUT，OUT－1＝OUT。

值得说明的是，IN 和 OUT 使用相同的存储单元。递增、递减指令指令格式如表 3-15 所示。

表 3-15 递增、递减指令指令格式

指令名称		字节递增指令	字节递减指令	字递增指令	字递减指令	双字递增指令	双字递减指令
编程语言	梯形图	INC_B EN ENO IN OUT	DEC_B EN ENO IN OUT	INC_W EN ENO IN OUT	DEC_W EN ENO IN OUT	INC_DW EN ENO IN OUT	DEC_DW EN ENO IN OUT
	语句表	INCB OUT	DECB OUT	INCW OUT	DECW OUT	INCD OUT	DECD OUT

续表

指令名称	字节递增指令	字节递减指令	字递增指令	字递减指令	双字递增指令	双字递减指令
操作数范围	IN：IB、QB、VB、MB、SB、SMB、LB、AC、常数；OUT：IB、QB、VB、MB、SB、SMB、LB、AC；		IN：IW、QW、VW、MW、SW、SMW、LW、AC、T、C、AIW、常数；OUT：IW、QW、VW、MW、SW、SMW、LW、AC、T、C；		IN1/IN2：ID、QD、VD、MD、SD、SMD、LD、AC、HC、常数；OUT：ID、QD、VD、MD、SD、SMD、LD、AC；	

（2）应用举例

按下启动按钮，观察 Q0.0 灯是否会点亮？程序如图 3-38 所示。

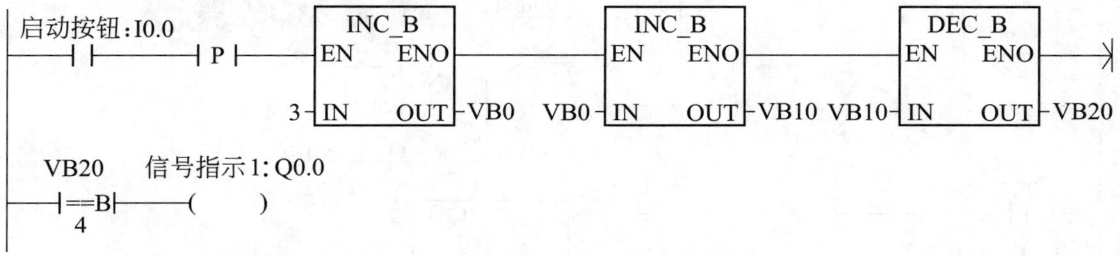

图 3-38　递增/递减指令应用举例

3.5.4　综合应用举例

例 1：试用编程计算（9＋1）×10－19，再开方的值。

具体程序如图 3-39 所示。程序编制并不难，按照数学（9＋1）×10－19，一步步地用数学运算指令表达出来即可。这里考虑到 SQRT 指令输入输出操作数均为实数，故加、减和乘指令也都选择了实数型。如果结果等于 9，Q0.0 灯会亮。

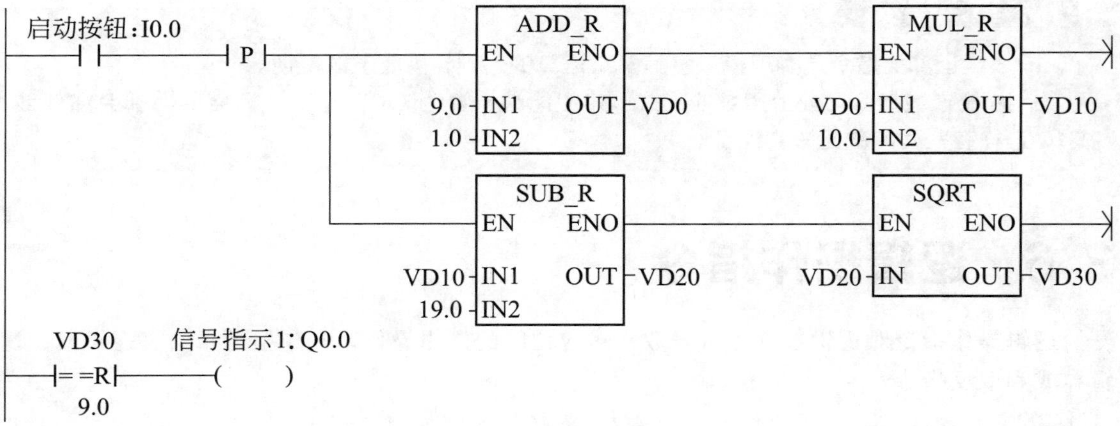

图 3-39　例 1 程序

例 2：控制 1 台 3 相异步电动机，要求电动机按正转 30s→停止 30s→反转 30s→停止 30s 的顺序并自动循环运行，直到按下停止按钮，电动机方停止。

具体程序如图 3-40 所示。需要注意的是，递增指令前面习惯上加一个脉冲 P，否则每个扫描周期都会加 1。

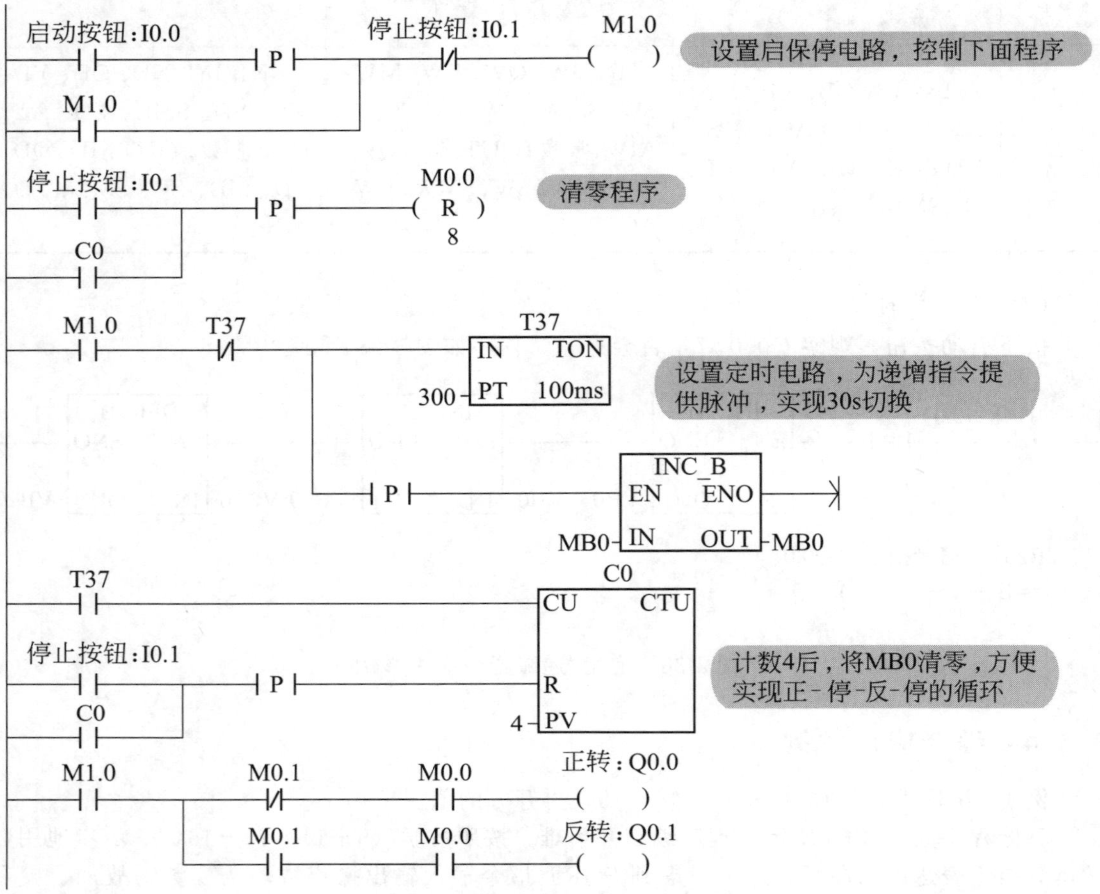

图 3-40　例 2 程序

重点提示

1. 数学运算类指令是实现模拟量等复杂运算的基础，需要予以重视。

2. 递增/递减指令习惯上用脉冲形式，如使能端一直为 ON，则每个扫描周期都会加 1 或减 1，这样有些程序就无法实现了。

3.6 逻辑操作指令

逻辑操作指令对逻辑数（无符号数）对应位间的逻辑操作，它包括逻辑与、逻辑或、逻辑异或和取反指令。

3.6.1 逻辑与指令

在梯形图中，当逻辑与条件满足时，IN1 和 IN2 按位与，其结果传送到 OUT 中；在语句表中，IN1 和 OUT 按位与，结果传送到 OUT 中，IN2 和 OUT 使用同一存储单元。

（1）指令格式

指令格式如表 3-16 所示。

表 3-16　逻辑与指令

指令名称	编程语言		操作数类型及操作范围
	梯形图	语句表	
字节与指令	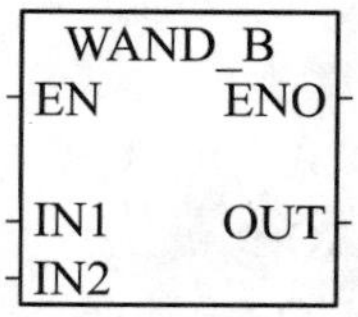	ANDB IN1,OUT	IN：IB、QB、VB、MB、SB、SMB、LB、AC、常数； OUT：IB、QB、VB、MB、SB、SMB、LB、AC； IN/OUT 数据类型：字节；
字与指令	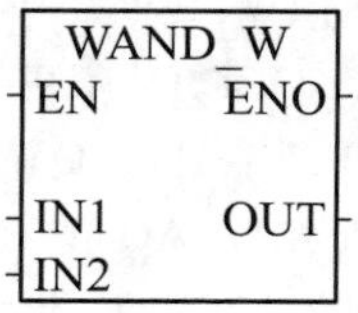	ANDW IN1,OUT	IN：IW、QW、VW、MW、SW、SMW、LW、AC、T、C、AIW、常数； OUT：IW、QW、VW、MW、SW、SMW、LW、AC、T、C、AQW； IN/OUT 数据类型：字
双字与指令	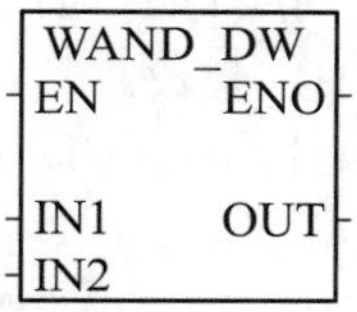	ANDD IN,OUT	IN：ID、QD、VD、MD、SD、SMD、LD、AC、HC、常数； OUT：ID、QD、VD、MD、SD、SMD、LD、AC； IN/OUT 数据类型：双字

（2）应用举例

按下启动按钮，观察灯 Q0.0 是否会点亮，为什么？程序如图 3-41 所示。

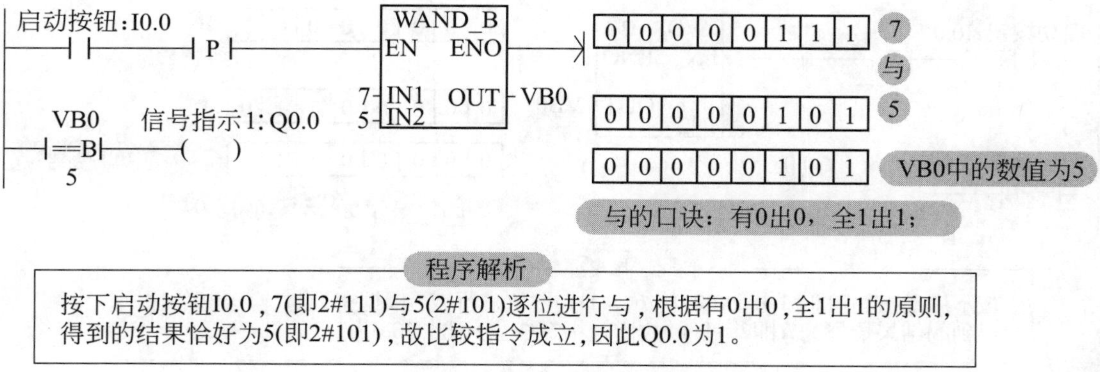

图 3-41　与指令应用举例

3.6.2　逻辑或指令

在梯形图中，当逻辑或条件满足时，IN1 和 IN2 按位或，其结果传送到 OUT 中；在语句表中，IN1 和 OUT 按位或，结果传送到 OUT 中，IN2 和 OUT 使用同一存储单元。

(1) 指令格式

指令格式如表 3-17 所示。

表 3-17 逻辑或指令

指令名称	编程语言		操作数类型及操作范围
	梯形图	语句表	
字节或指令	WOR_B EN ENO IN1 OUT IN2	ORB IN1,OUT	IN：IB、QB、VB、MB、SB、SMB、LB、AC、常数； OUT：IB、QB、VB、MB、SB、SMB、LB、AC； IN/OUT 数据类型：字节；
字或指令	WOR_W EN ENO IN1 OUT IN2	ORW IN1,OUT	IN：IW、QW、VW、MW、SW、SMW、LW、AC、T、C、AIW、常数； OUT：IW、QW、VW、MW、SW、SMW、LW、AC、T、C、AQW； IN/OUT 数据类型：字
双字或指令	WOR_DW EN ENO IN1 OUT IN2	ORD IN,OUT	IN：ID、QD、VD、MD、SD、SMD、LD、AC、HC、常数； OUT：ID、QD、VD、MD、SD、SMD、LD、AC； IN/OUT 数据类型：双字

(2) 应用举例

按下启动按钮，观察灯 Q0.0 是否会点亮，为什么？程序如图 3-42 所示。

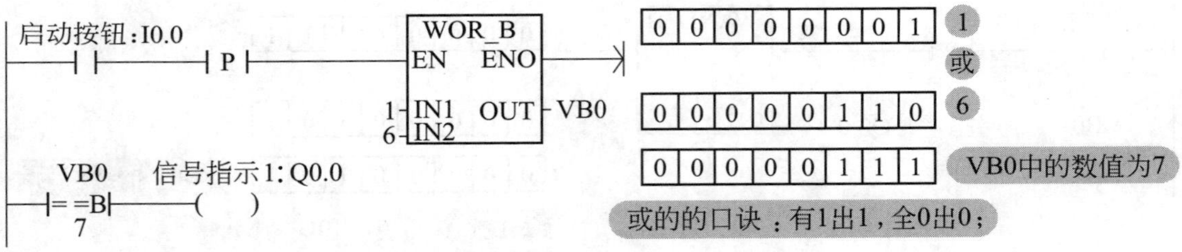

程序解析

按下启动按钮I0.0，1(即2#001)与6(2#110)逐位进行或，根据有1出1，全0出0的原则，得到的结果恰好为7(即2#111)，故比较指令成立，因此Q0.0为1。

图 3-42 或指令应用举例

3.6.3 逻辑异或指令

在梯形图中，当逻辑与条件满足时，IN1 和 IN2 按位异或，其结果传送到 OUT 中；在语句表中，IN1 和 OUT 按位异或，结果传送到 OUT 中，IN2 和 OUT 使用同一存储单元。

(1) 指令格式

指令格式如表 3-18 所示。

表 3-18　逻辑异或指令

指令名称	编程语言		操作数类型及操作范围
	梯形图	语句表	
字节异或指令	WXOR_B EN ENO IN1 OUT IN2	XORB IN1,OUT	IN:IB、QB、VB、MB、SB、SMB、LB、AC、常数; OUT:IB、QB、VB、MB、SB、SMB、LB、AC; IN/OUT 数据类型:字节;
字异或指令	WXOR_W EN ENO IN1 OUT IN2	XORW IN1,OUT	IN:IW、QW、VW、MW、SW、SMW、LW、AC、T、C、AIW、常数; OUT:IW、QW、VW、MW、SW、SMW、LW、AC、T、C、AQW; IN/OUT 数据类型:字
双字异或指令	WXOR_DW EN ENO IN1 OUT IN2	XORD IN,OUI	IN:ID、QD、VD、MD、SD、SMD、LD、AC、HC、常数; OUT:ID、QD、VD、MD、SD、SMD、LD、AC; IN/OUT 数据类型:双字

(2) 应用举例

按下启动按钮，观察灯 Q0.0 是会否点亮，为什么？程序如图 3-43 所示。

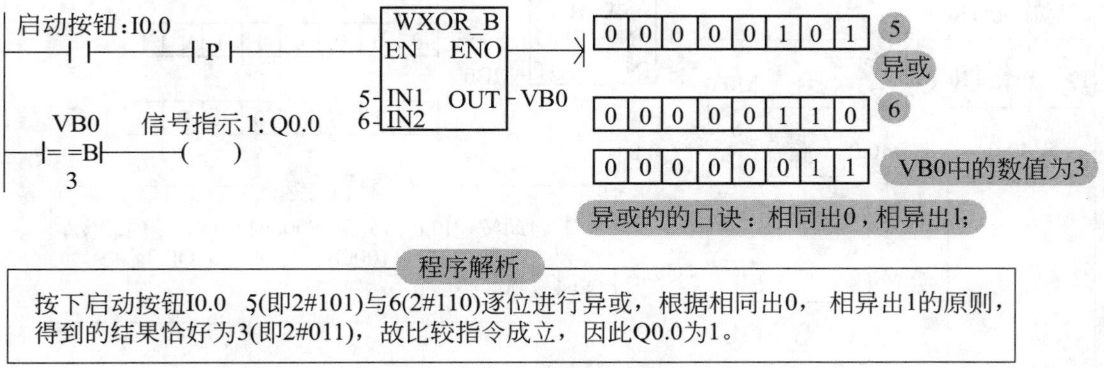

图 3-43　异或指令应用举例

重点提示

按照运算口诀以下口诀，掌握相应的指令是不难的。

逻辑与：有 0 为 0，全 1 出 1；

逻辑或：有 1 为 1，全 0 出 0；

逻辑异或：相同为 0，相异出 1；

3.6.4　取反指令

在梯形图中，当逻辑条件满足时，IN按位取反，其结果传送到OUT中；在语句表中，OUT按位取反，结果传送到OUT中，IN和OUT使用同一存储单元。

（1）指令格式

指令格式如表3-19所示。

表3-19　取反指令

指令名称	编程语言		操作数类型及操作范围
	梯形图	语句表	
字节取反指令	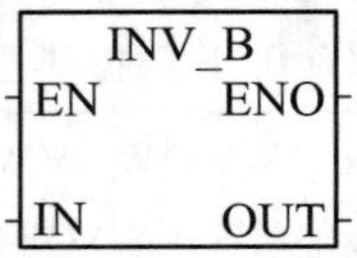	INVB OUT	IN：IB、QB、VB、MB、SB、SMB、LB、AC、常数； OUT：IB、QB、VB、MB、SB、SMB、LB、AC； IN/OUT数据类型：字节；
字取反指令	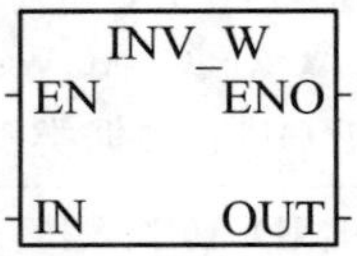	INVW OUT	IN：IW、QW、VW、MW、SW、SMW、LW、AC、T、C、AIW、常数； OUT：IW、QW、VW、MW、SW、SMW、LW、AC、T、C、AQW； IN/OUT数据类型：字
双字取反指令	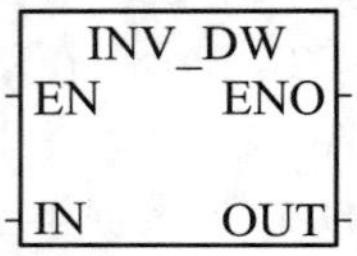	INVD OUT	IN：ID、QD、VD、MD、SD、SMD、LD、AC、HC、常数； OUT：ID、QD、VD、MD、SD、SMD、LD、AC； IN/OUT数据类型：双字

（2）应用举例

按下启动按钮，观察灯哪些点亮，哪些灯不亮，为什么？程序如图3-44所示。

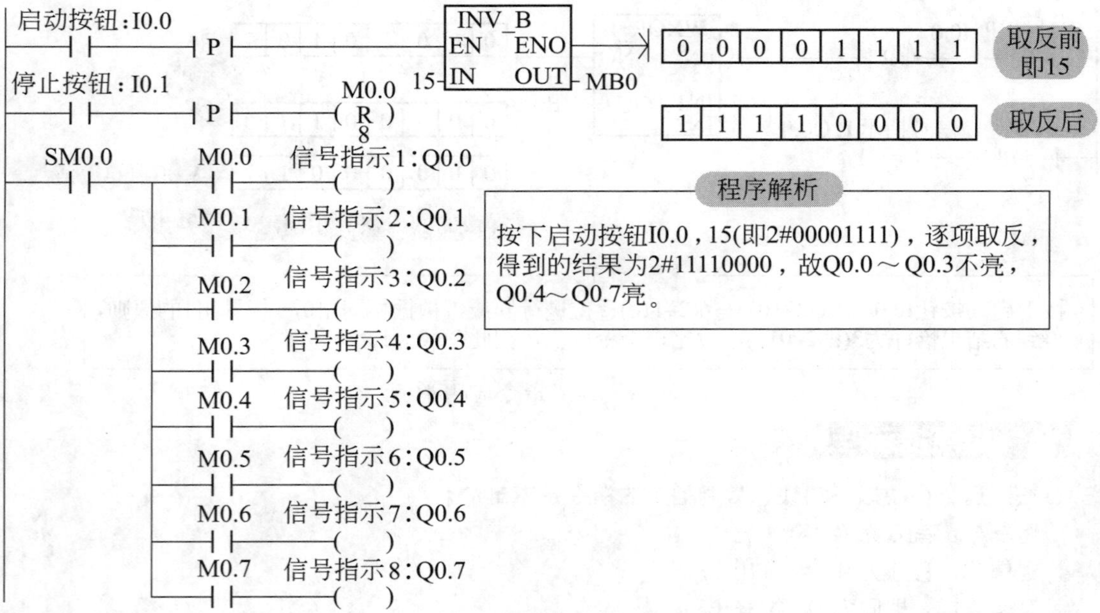

图3-44　取反指令应用举例

3.6.5 综合应用举例——抢答器控制

（1）控制要求

某节目有两位评委和若干选手，评委需对每位选手做出评价，看是过关还是淘汰。

当主持人按下给出评价按钮，两位评委均按 1 键，表示选手过关；否则将选手被淘汰；过关绿灯亮，淘汰红灯亮。试设计程序。

（2）程序设计

① 抢答器控制 I/O 分配如表 3-20 所示。

表 3-20 抢答器控制 I/O 分配

输入量		输出量	
A 评委 1 键	I0.0	过关绿灯	Q0.0
A 评委 0 键	I0.1	淘汰红灯	Q0.1
B 评委 1 键	I0.2		
B 评委 0 键	I0.3		
主持人键	I0.4		
主持人清零按钮	I0.5		

② 程序设计如图 3-45 所示。

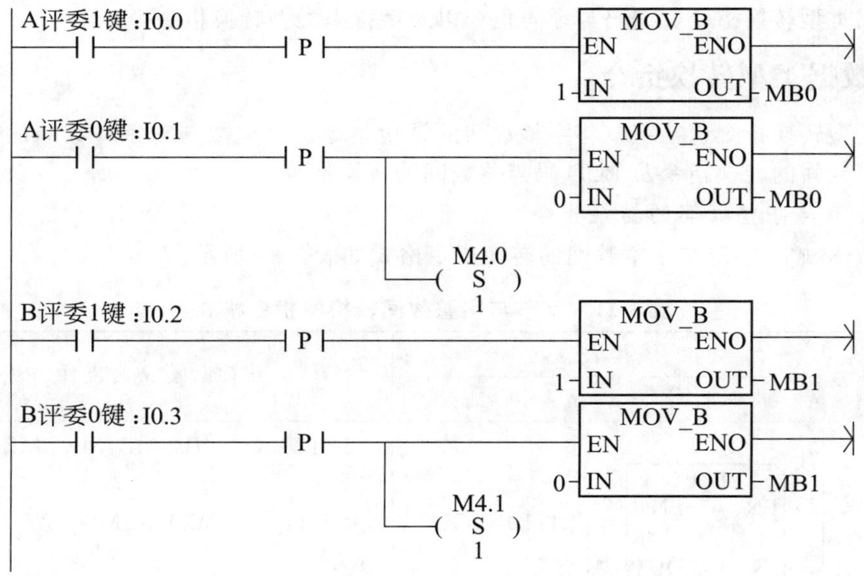

图 3-45

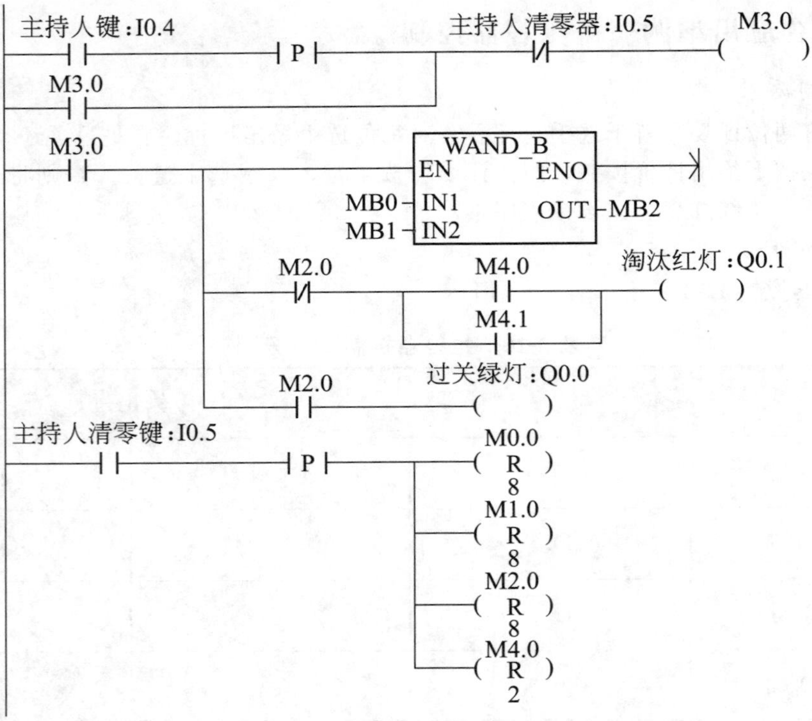

图 3-45　抢答器控制程序

3.7　数据转换指令

编程时，当实际的数据类型与需要的数据类型不符时，就需要对数据类型进行转换。数据转换指令就是完成这类任务的指令。

数据转换指令将操作数类型转换后，把输出结果存入到指定的目标地址中。数据转换指令包括数据类型转换指令、编码与译码指令以及字符串类型转换指令等。

3.7.1　数据类型转换指令

数据类型转换指令包括字节与字整数间的转换指令、字整数与双字整数间的转换指令、双整数与实数间的转换指令及 BCD 码与整数间的转换指令。

（1）字节与字整数间的转换指令

① 指令格式　字节与字整数间的转换指令格式如表 3-21 所示。

表 3-21　字节与字整数间转换的指令格式

指令名称	编程语言		操作数类型及操作范围
	梯形图	语句表	
字节转换成字整数指令	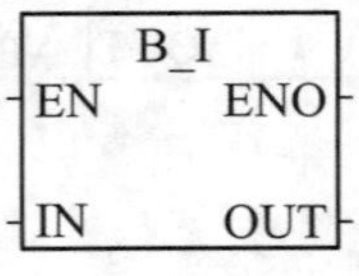	BTI IN,OUT	IN:IB、QB、VB、MB、SB、SMB、LB、AC、常数； OUT:IW、QW、VW、MW、SW、SMW、LW、AC、T、C； IN 数据类型:字节;OUT 数据类型:整数;

续表

指令名称	编程语言		操作数类型及操作范围
	梯形图	语句表	
字整数转换成字节指令	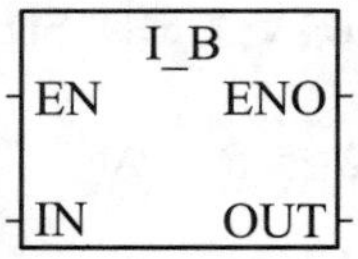	ITB IN,OUT	IN:IW、QW、VW、MW、SW、SMW、LW、AC、T、C、常数； OUT:IB、QB、VB、MB、SB、SMB、LB、AC； IN 数据类型:整数;OUT 数据类型:字节；
功能说明	1. 字节转换成字整数指令将字节数值(IN)转换成整数值,将结果存入目标地址(OUT)中； 2. 字整数转换字节指令将字整数(IN)转换成字节,将结果存入目标地址(OUT)中		

② 应用举例　按下启动按钮，小灯 Q0.0 和 Q0.1 会不会点亮？程序如图 3-46 所示。

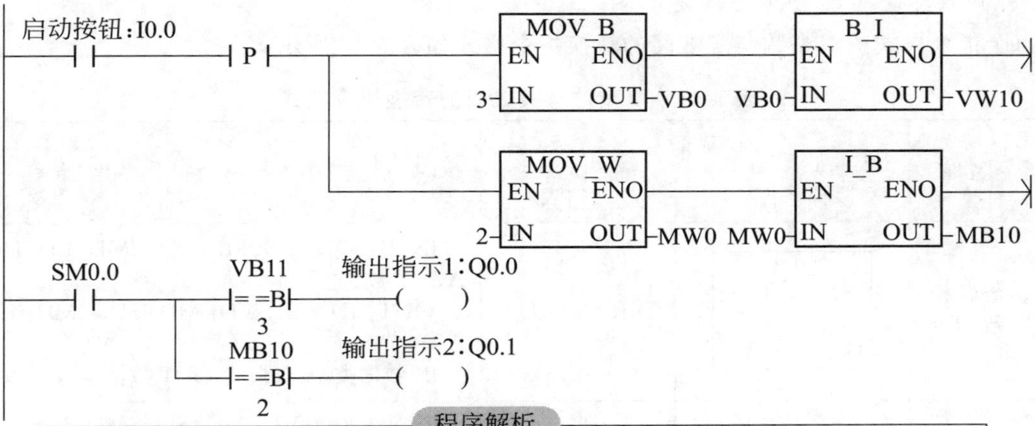

程序解析

按下启动按钮I0.0，字节传送指令MOV_B将3传入VB0中，通过字节转换成整数指令B_I，VB0中的3会存储到VW10中的低字节VB11中，通过比较指令VB11中的数恰好为3，因此Q0.0亮；Q0.1点亮过程与Q0.0点亮过程相似，故不赘述。

图 3-46　字节与字整数间转换指令举例

(2) 字整数与双字整数间的转换指令

字整数与双字整数间的转换指令格式如表 3-22 所示。

表 3-22　字整数与双字整数间的转换指令格式

指令名称	编程语言		操作数类型及操作范围
	梯形图	语句表	
字整数转换成双字整数指令	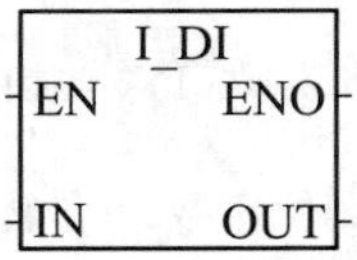	ITD IN,OUT	IN:IW、QW、VW、MW、SW、SMW、LW、AC、T、C、AIW、常数； OUT:ID、QD、VD、MD、SD、SMD、LD、AC； IN 数据类型:整数;OUT 数据类型:双整数；

续表

指令名称	编程语言		操作数类型及操作范围
	梯形图	语句表	
双字整数转换成字整数指令	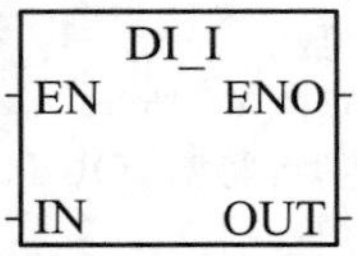	DTI IN,OUT	IN:ID、QD、VD、MD、SD、SMD、LD、AC、HC、常数; OUT:IW、QW、VW、MW、SW、SMW、LW、AC、T、C; IN数据类型:双整数;OUT数据类型:整数;
功能说明	1. 字整数转换成双字整数指令将整数值(IN)转换成双整数值,将结果存入目标地址(OUT)中; 2. 双字整数转换成字整数指令将双整数值转换成整数值,将结果存入目标地址(OUT)中		

(3) 双整数与实数间的转换指令

① 指令格式 双整数与实数间的转换指令格式如表3-23所示。

表3-23 双整数与实数间的转换指令格式

指令名称	编程语言		操作数类型及操作范围
	梯形图	语句表	
双整数转换成实数指令	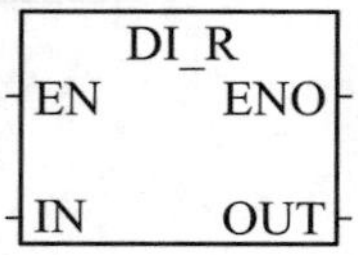	DIR IN,OUT	IN:ID、QD、VD、MD、SD、SMD、LD、HC、AC、常数; OUT:ID、QD、VD、MD、SD、SMD、LD、AC; IN数据类型:双整数;OUT数据类型:实数
四舍五入取整指令	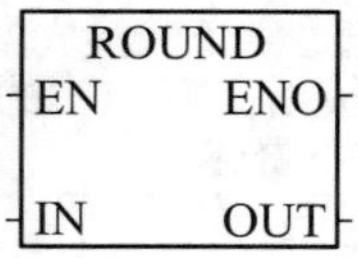	ROUND IN,OUT	IN:ID、QD、VD、MD、SD、SMD、LD、AC、常数; OUT:ID、QD、VD、MD、SD、SMD、LD、AC; IN数据类型:实数;OUT数据类型:双整数
截位取整指令	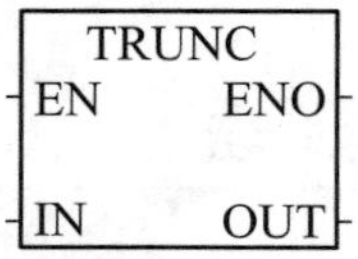	TRUNC IN,OUT	IN:ID、QD、VD、MD、SD、SMD、LD、HC、AC、常数; OUT:ID、QD、VD、MD、SD、SMD、LD、AC; IN数据类型:实数;OUT数据类型:双整数
功能说明	1. DIR指令将32位带符号整数(IN)转换成32位实数,并将结果存入目标地址中(OUT); 2. ROUND指令按小数部分四舍五入的原则,将实数(IN)转换成双整数值,将结果存入目标地址中(OUT); 3. TRUNC指令按小数部分直接舍去原则,将32位实数(IN)转换成32位双整数值,将结果存入目标地址中(OUT)		

② 应用举例　按下启动按钮，小灯 Q0.0 和 Q0.1 会不会点亮？程序如图 3-47 所示。

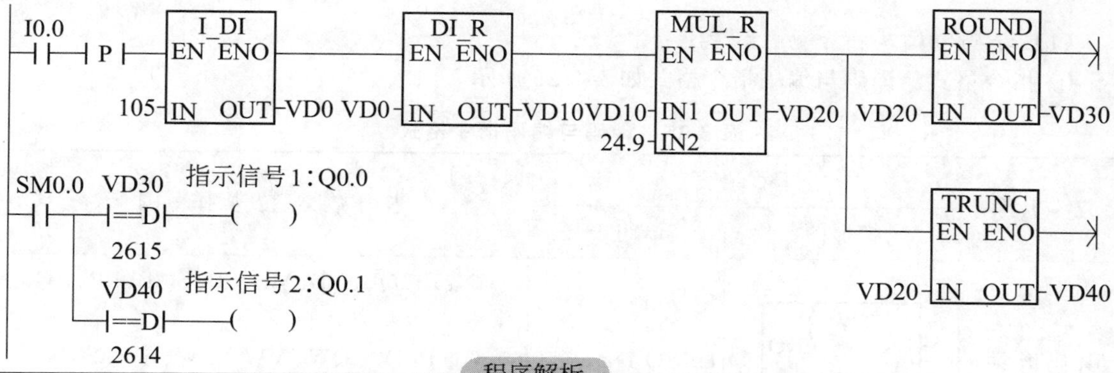

程序解析

按下启动按钮I0.0，I_DI指令将105转换为双整数传入VD0中，通过DI_R指令将双整数转换为实数送入VD10中，VD10中的I05.0×24.9存入VD20中，ROUND指令将VD20中的数四舍五入，存入VD30中，VD30中的数为2615；TRUNC指令将VD20中的数舍去小数部分，存入VD40中，VD40中的数为2614因此Q0.0和Q0.1都亮。

图 3-47　双整数与实数间的转换指令举例

重点提示

以上转换指令是实现模拟量等复杂计算的基础，读者们需予以重视；

(4) BCD 码与整数的转换指令

BCD 码与整数的转换指令格式如表 3-24 所示。

表 3-24　BCD 码与整数的转换指令格式

指令名称	编程语言		操作数类型及操作范围
	梯形图	语句表	
BCD 码转换整数指令	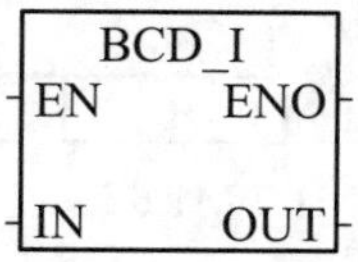	BCDI,OUT	IN：IW、QW、VW、MW、SW、SMW、LW、AC、T、C、AIW、常数 OUT：IW、QW、VW、MW、SW、SMW、LW、AC、T、C IN/OUT 数据类型：字
整数转换 BCD 码指令	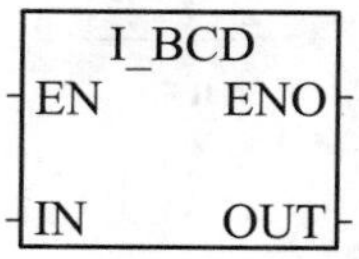	IBCD,OUT	IN：IW、QW、VW、MW、SW、SMW、LW、AC、T、C、AIW、常数 OUT：IW、QW、VW、MW、SW、SMW、LW、AC、T、C IN/OUT 数据类型：字
功能说明	1. BCD 码转换整数指令将 2 进制编码的十进制数 IN 转换成整数，并将结果存入目标地址中(OUT)；IN 的有效范围是 BCD 码 0～9999； 2. 整数转换成 BCD 码指令将输入整数 IN 转换成二进制编码的十进制数，将结果存入目标地址中(OUT)；IN 的有效范围是 BCD 码 0～9999		

3.7.2 译码与编码指令

(1) 译码与编码指令

① 指令格式　译码与编码指令格式如表 3-25 所示。

表 3-25　译码与编码指令格式

指令名称	编程语言		操作数类型及操作范围
	梯形图	语句表	
译码指令	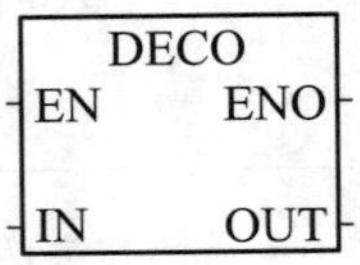 	DECO IN,OUT	IN：IB、QB、VB、MB、SB、SMB、LB、AC、常数 OUT：IW、QW、VW、MW、SW、SMW、LW、AC、T、C、AQW IN 数据类型：字节；OUT 数据类型：字
编码指令	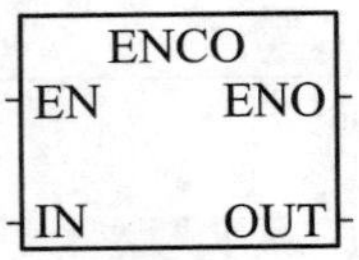 	ENCO IN,OUT	IN：IW、QW、VW、MW、SW、SMW、LW、AC、T、C、AIW OUT：IB、QB、VB、MB、SB、SMB、LB、AC、常数 IN 数据类型：字；OUT 数据类型：字节
功能说明	1. 译码指令根据输入字节 IN 的低 4 位表示的输出字的位号，将输出字的相对应位置 1； 2. 编码指令将输入字 IN 最低有效位的位号写入输出字节的低 4 位中		

② 应用举例　按下启动按钮，小灯 Q0.0 和 Q0.1 会不会点亮？程序如图 3-48 所示。

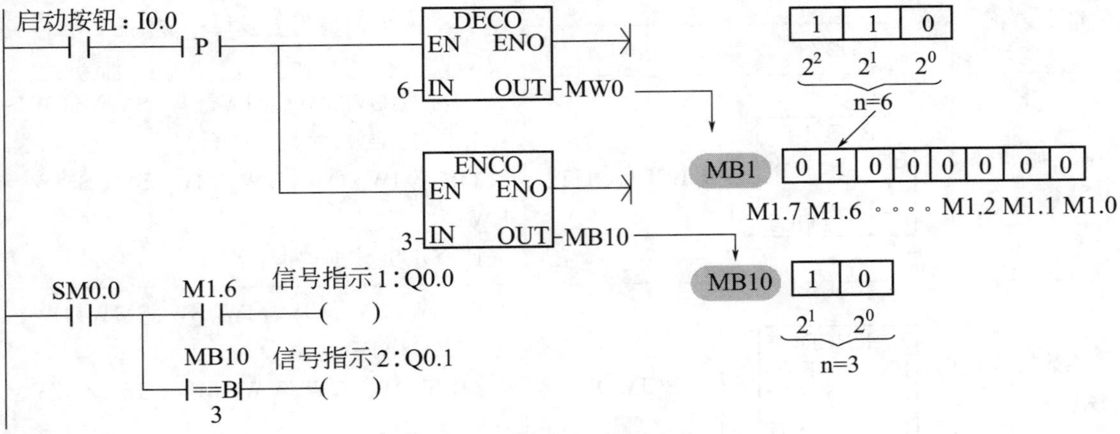

图 3-48　译码与编码指令举例

(2) 段译码指令

段译码指令将输入字节中 16＃0～F 转换成点亮七段数码管各段代码，并送到输出（OUT）。

① 指令格式　如图 3-49 所示。

② 应用举例　编写显示数字 3 的七段显示码程序，程序设计如图 3-50 所示。

梯形图　　语句表

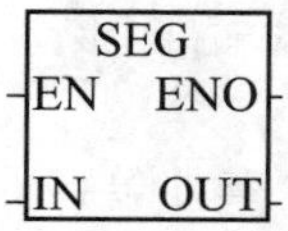

SEG IN，OUT

IN操作数：VB、IB、QB、MB、SB、SMB、LB、AC、常数；

OUT操作数：VB、IB、QB、MB、SMB、LB、AC；

IN/OUT的数据类型：字节

段译码指令转换表

IN	段显示	OUT a b c d e f g	IN	段显示	OUT a b c d e f g
0	0	1 1 1 1 1 1 0	8	8	1 1 1 1 1 1 1
1	1	0 1 1 0 0 0 0	9	9	1 1 1 0 0 1 1
2	2	1 1 0 1 1 0 1	A	A	1 1 1 0 1 1 1
3	3	1 1 1 1 0 0 1	B	b	0 0 1 1 1 1 1
4	4	0 1 1 0 0 1 1	C	C	1 0 0 1 1 1 0
5	5	1 0 1 1 0 1 1	D	d	0 1 1 1 1 0 1
6	6	1 0 1 1 1 1 1	E	E	1 0 0 1 1 1 1
7	7	1 1 1 0 0 0 0	F	F	1 0 0 0 1 1 1

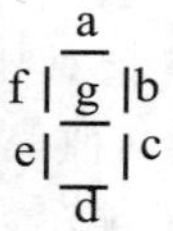

图 3-49　段译码指令的指令格式

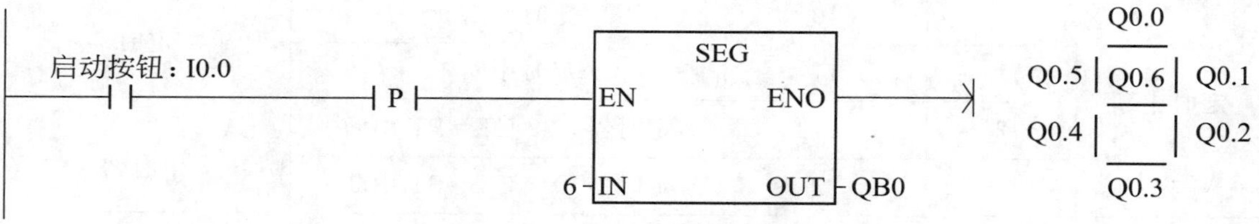

图 3-50　段译码指令举例

程序解析

按下启动按钮 I0.0，SEG 指令 6 传给 QB0，除 Q0.1 外，Q0.0，Q0.2～Q0.6 均点亮。

3.8 中断指令

中断是指当 PLC 正执行程序时，如果有中断输入，它会停止执行当前正在执行的程序，转而去执行中断程序，当执行完毕后，又返回原先被终止的程序并继续运行。中断功能用于实时控制、通信控制和高速处理等场合。

3.8.1 中断事件

（1）中断事件

发生中断请求的事件，称为中断事件。每个中断事件都有自己固定的编号，叫中断事件号。中断事件可分为 3 大类：时基中断、输入/输出中断、通信中断。

① 时基中断　时基中断包括两类，分别为定时中断和定时器 T32/T96 中断。

a. 定时中断：定时中断支持周期性活动，周期时间为 1～255ms，时基为 1ms。使用定时中断 0 或 1，必须在 SMB34 或 SMB35 中写入周期时间。将中断程序连在定时中断事件上，如定时中断允许，则开始定时，每到达定时时间，都会执行中断程序。此项能可用于 PID 控制和模拟量定时采样。

b. 定时器 T32/T96 中断：这类中断只能用时基为 1ms 的定时器 T32 和 T96 构成。中断启动时后，当当前值等于预设值时，在执行 1ms 定时器更新过程中，执行连接中断程序。

② 输入输出中断：它包括输入上升/下降沿中断、高速计数器中断和高速脉冲输出中断。

a. 输入上升/下降沿中断用于捕捉立即处理的事件。

b. 高速计数器中断是指对高速计数器运行时产生的事件实时响应，这些事件包括计数方向改变产生的中断，当前值等于预设值产生的中断等。

c、脉冲输出中断是指预定数目完成所产生的中断。

③ 通信中断：在自由口通信模式下，用户可通过编程来设置波特率和通信协议等。

(2) 中断优先级、中断事件编号及意义

中断优先级、中断事件编号及其意义如表 3-26 所示。其中优先级是指中断同时执行时，有先后顺序。

表 3-26 中断优先级、编号及意义

优先级分组	优先级	中断事件号	备注	中断事件类别
定时中断	0	10	定时中断 0	定时
	1	11	定时中断 1	
	2	21	定时器 T32 CT=PT 中断	定时器
	3	22	定时器 T96 CT=PT 中断	
通信中断	0	8	通信口 0:接收字符	通信口 0
	0	9	通信口 0:发送完成	
	0	23	通信口 0:接收信息完成	
	1	24	通信口 1:接收字符	通信口 1
	1	25	通信口 1:发送完成	
	1	26	通信口 1:接收信息完成	
输入/输出中断	0	19	PT0 0 脉冲串输出完成中断	脉冲输出
	1	20	PT0 1 脉冲串输出完成中断	
	2	0	I0.0 上升沿中断	外部输入
	3	2	I0.1 上升沿中断	
	4	4	I0.2 上升沿中断	
	5	6	I0.3 上升沿中断	
	6	1	I0.0 下降沿中断	
	7	3	I0.1 下降沿中断	
	8	5	I0.2 下降沿中断	

续表

优先级分组	优先级	中断事件号	备注	中断事件类别
输入/输出中断	9	7	I0.3 下降沿中断	外部输入
	10	12	HSC0 当前值=预设值中断	高速计数器
	11	27	HSC0 计数方向改变中断	
	12	28	HSC0 外部复位中断	
	13	13	HSC1 当前值=预设值中断	
	14	14	HSC1 计数方向改变中断	
	15	15	HSC1 外部复位中断	
	16	16	HSC2 当前值=预设值中断	
	17	17	HSC2 计数方向改变中断	
	18	18	HSC2 外部复位中断	
	19	32	HSC3 当前值=预设值中断	
	20	29	HSC4 当前值=预设值中断	
	21	30	HSC4 计数方向改变中断	
	22	31	HSC4 外部复位中断	
	23	33	HSC5 当前值=预设值中断	

3.8.2 中断指令及中断程序

(1) 中断指令 中断指令有 4 条，分别为开中断指令、关中断指令、中断连接指令和分离中断指令。指令格式如表 3-27 所示。

表 3-27 中断指令格式

指令名称	编程语言		操作数类型及操作范围
	梯形图	语句表	
开中断指令	—(ENI)	ENI	无
关中断指令	—(DISI)	DISI	无
中断连接指令	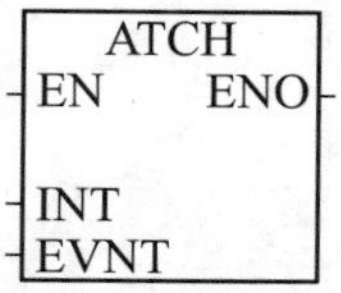	ATCH INT,EVNT	INT:常数 0～127; EVNT:常数,CPU224:0～23 和 27～33;CPU226/CPU224XP:0～33; INT/EVNT:字节型
分离中断指令	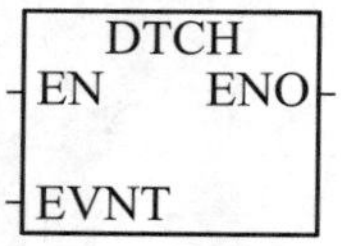	DTCH EVNT	EVNT:常数,CPU224:0～23 和 27～33;CPU226/CPU224XP:0～33; EVNT:字节型

续表

指令名称	编程语言		操作数类型及操作范围
	梯形图	语句表	
功能说明	1. 开中断指令:全局性允许所有中断事件; 2. 关中断指令:全局禁止所有中断; 3. 中断连接指令:将中断事件(EVNT)与中断程序码(INT)相连接,并启动中断事件; 4. 分离中断指令:取消中断事件(EVNT)与所有程序之间的连接,并禁止该中断事件		

(2) 中断程序

① 简介　中断程序是为了处理中断事件，而由用户事先编制好的程序。它不由用户程序调用，由操作系统调用，因此它与用户程序执行的时序无关。

用户程序将中断程序和中断事件连接在一起，当中断条件满足，则执行中断程序。

② 建立中断的方法：插入中断程序的方法如图 3-51 所示。

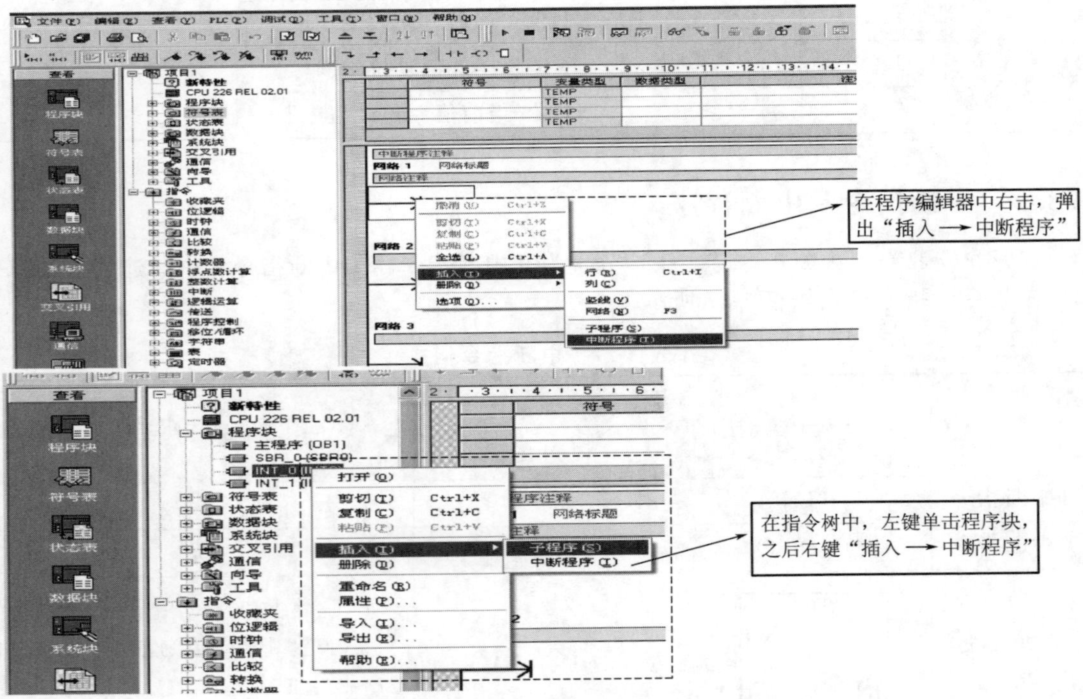

图 3-51　插入中断程序的方法

3.8.3　中断指令应用举例

例：模拟量定时采样。

(1) 控制要求

要求每 3s 采样 1 次。

（2）程序设计

每 3ms 采样 1 次，用到了定时中断；首先设置采样周期，接着用中断连接指令连接中断程序和中断事件，最后编写中断程序。具体程序如图 3-52 所示。

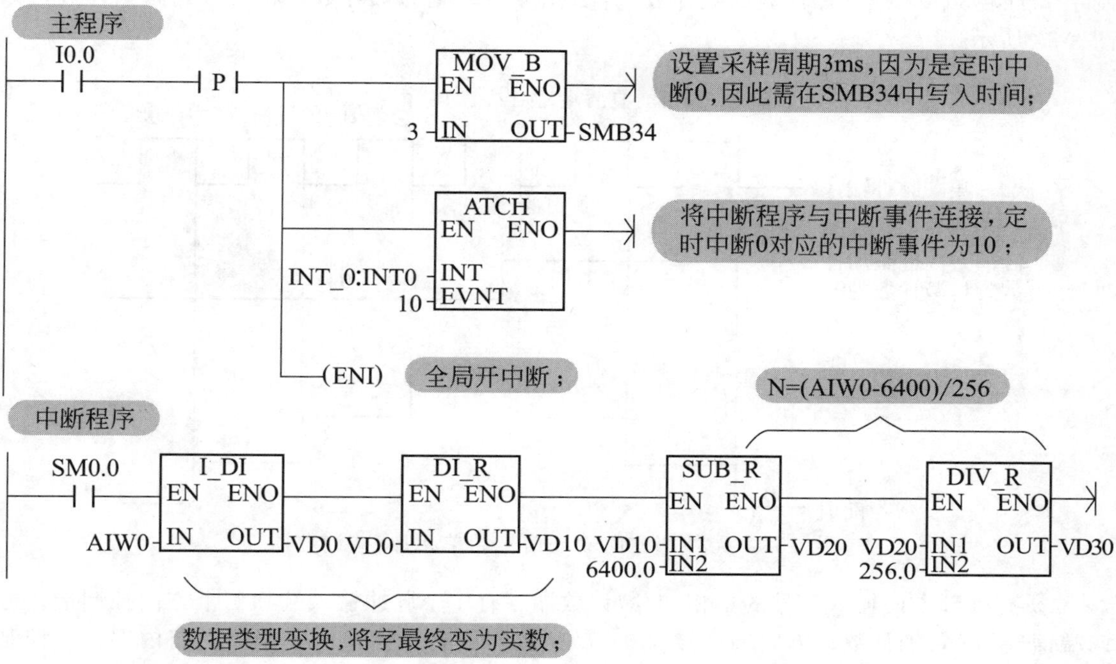

图 3-52　中断程序应用举例

重点提示

中断程序有一点子程序的意味，但中断程序由操作系统调用，不是由用户程序调用，关键是不受用户程序的执行时序影响；子程序是由用户程序调用，这是二者的区别。

3.9　高速计数器指令

普通的计数器计数速度受扫描周期的影响，遇到比其 CPU 频率高的输入脉冲，它就显得无能为力了。为此 S7-200PLC 设计了高速计数功能，其计数自动进行，不受扫描周期的影响。高速计数器指令可实现高速运动的精确定位。

3.9.1　高速计数器输入端子及工作模式

（1）高速计数器的输入端子及其含义

高速计数器的端子有 4 种，即启动端、复位端、时钟脉冲端和方向控制端。每种端子都有它特定的含义，复位端负责清零，当复位端有效时，将清除计数器的当前值并保持这种清除状态，直到复位端关闭；启动端有效时，将允许计数器计数，当关闭启动输入时，计数器当前值保持不变，时钟脉冲不起作用；方向端控制加减，方向端为 1 时，为加计数，为 0

时，为减计数；时钟脉冲端负责接收输入脉冲。

（2）高速计数器的工作模式

① 无外部方向输入信号的单相加/减计数器　只有1个脉冲输入端，用高速计数器的控制字节的第3位来控制加计数或减计数。若该位为1，则为加计数，相反，则为减计数。如图3-53所示。

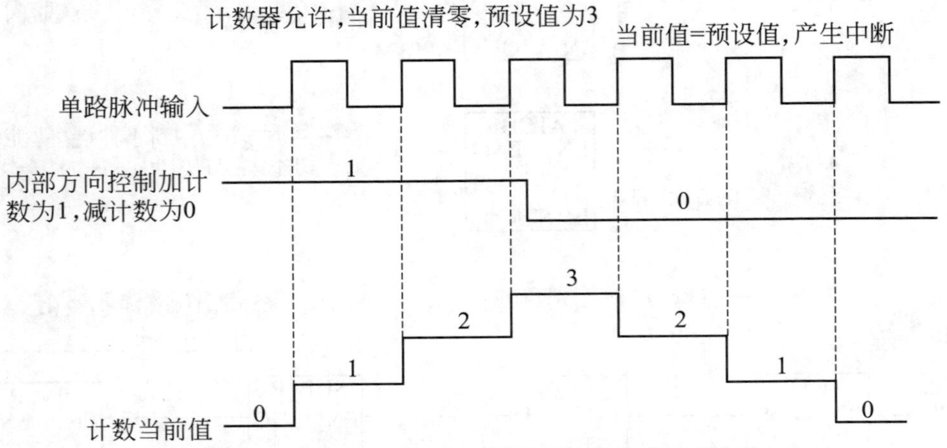

图3-53　无外部方向输入信号的单相加/减计数器

② 有外部方向输入信号的单相加/减计数器　有1个脉冲输入端和1个方向控制端，方向端信号为1，加计数；方向端信号为0，减计数；与图3-53相似，只不过将内部方向控制换成外部方向控制。

③ 两路脉冲输入的单相加减计数器　有2个脉冲输入端，1个为加计数；1个为减计数；计数值是两者的代数和。如图3-54所示。

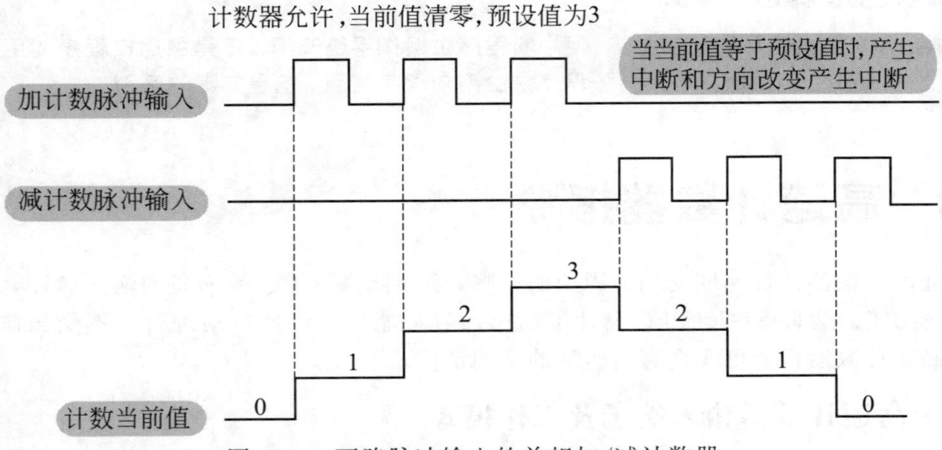

图3-54　两路脉冲输入的单相加/减计数器

④ 两路脉冲输入的双相正交计数器　有2个脉冲输入端，输入2路脉冲A、B两相相位相差90°，即两相正交；若A相超前B相90°，则为加计数；若A相滞后B相90°，则为减计数；在这种计数方式下，可选择1X模式和4X模式，所谓的1X模式即单倍频率，1个时钟脉冲计1个数；4X模式4倍频率，1个时钟脉冲计4个数；1X模式如图3-55所示，4X

模式与其类似，只不过产生 1 个脉冲，计数器当前值变化 4 而已，故不赘述。

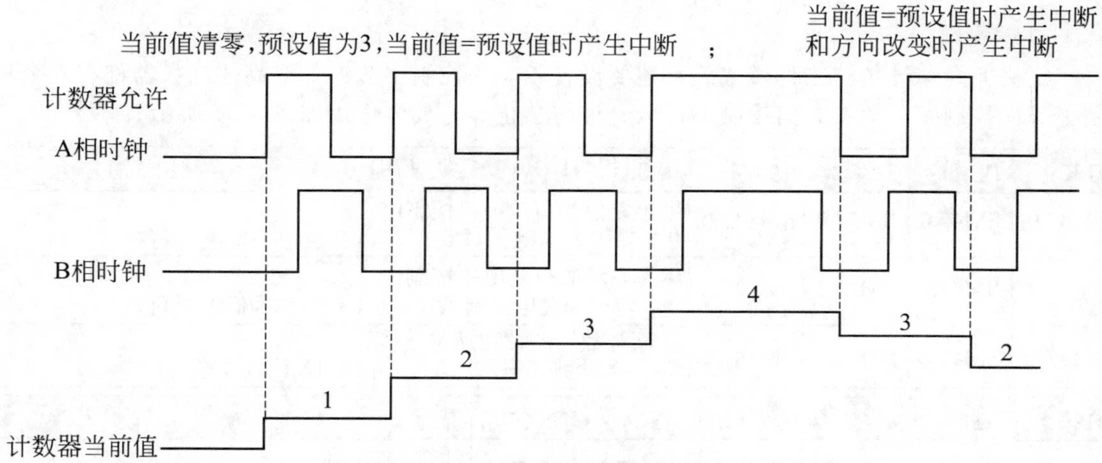

图 3-55　两路脉冲输入的双相正交计数器（1X 模式）

（3）高速计数器输入端子与工作模式的关系　高速计数器输入端子与工作模式的关系如图 3-56 所示。

模式	描述	输入			
	HSC0	I0.0	I0.1	I0.2	
	HSC1	I0.6	I0.7	I1.0	I1.1
	HSC2	I1.2	I1.3	I1.4	I1.5
	HSC3	I0.1			
	HSC4	I0.3	I0.4	I0.5	
	HSC5	I0.4			
0	带有内部方向控制的单相计数器	时钟			
1		时钟		复位	
2		时钟		复位	启动
3	带有外部方向控制的单相计数器	时钟	方向		
4		时钟	方向	复位	
5		时钟	方向	复位	启动
6	带有增减计数时钟的两相计数器	增时钟	减时钟		
7		增时钟	减时钟	复位	
8		增时钟	减时钟	复位	启动
9	A/B相正交计数器	时钟A	时钟B		
10		时钟A	时钟B	复位	
11		时钟A	时钟B	复位	启动
12	只有HSC0和HSC3支持模式12 HSC0计数Q0.0输出的脉冲数。 HSC3计数Q0.1输出的脉冲数。				

图 3-56　高速计数器输入端子与工作模式的关系

3.9.2 高速计数器控制字节与状态字节

（1）控制字节

定义完高速计数器工作模式后，还要设置相应的控制字节；每个高速计数器都有 1 个控制字节，控制字节负责方向控制，计数允许与禁止等，具体作用如图 3-57 所示。

HSC0	HSC1	HSC2	HSC4	描述(仅当HDEF执行时使用)
SM37.0	SM47.0	SM57.0	SM147.0	用于复位的有效电平控制位： 0 = 复位为高电平有效； 1 = 复位为低电平有效
---	SM47.1	SM57.1	---	用于启动的有效电平控制位： 0 = 启动为高电平有效； 1 = 启动为低电平有效
SM37.2	SM47.2	SM57.2	SM147.2	正交计数器的计数速率选择： 0 = 4X计数速率； 1 = 1X计数速率

HSC0	HSC1	HSC2	HSC3	HSC4	HSC5	描述
SM37.3	SM47.3	SM57.3	SM137.3	SM147.3	SM157.3	计数方向控制位： 0 = 减计数； 1 = 增计数
SM37.4	SM47.4	SM57.4	SM137.4	SM147.4	SM157.4	将计数方向写入HSC： 0 = 无更新； 1 = 更新方向
SM37.5	SM47.5	SM57.5	SM137.5	SM147.5	SM157.5	将新预设值写入HSC： 0 = 无更新； 1 = 更新预设值
SM37.6	SM47.6	SM57.6	SM137.6	SM147.6	SM157.6	将新的当前值写入HSC： 0 = 无更新； 1 = 更新当前值
SM37.7	SM47.7	SM57.7	SM137.7	SM147.7	SM157.7	启用HSC： 0 = 禁止HSC； 1 = 启用HSC

图 3-57 控制字节及含义

（2）状态字节

每个高速计数器都有 1 个状态字节，通常 0 到 4 控制位不用，其余位或表示当前计数方向，或表示当前值与预置值的关系，具体作用如图 3-58 所示。

HSC0	HSC1	HSC2	HSC3	HSC4	HSC5	描述
SM36.0	SM46.0	SM56.0	SM136.0	SM46.0	SM156.0	不用
SM36.1	SM46.1	SM56.1	SM136.1	SM46.1	SM156.1	不用
SM36.2	SM46.2	SM36.2	SM136.2	SM46.2	SM156.2	不用
SM36.3	SM46.3	SM56.3	SM136.3	SM46.3	SM156.3	不用
SM36.4	SM46.4	SM56.4	SM136.4	SM46.4	SM156.4	不用
SM36.5	SM46.5	SM56.5	SM136.5	SM146.5	SM156.5	当前计数方向状态位： 0=减计数 1=增计数
SM36.6	SM46.6	SM56.6	SM136.6	SM146.6	SM156.6	当前值等于预设值状态位： 0=不等; 1=相等
SM36.7	SM46.7	SM56.7	SM136.7	SM146.7	SM156.7	当前值大于预设值状态位： 0=小于等于; 1=大于

图 3-58 状态字节及含义

3.9.3 高速计数器指令

高速计数器指令

高速计数器指令有两条，分别为高速计数器定义指令和高速计数器指令，其指令格式如表 3-28 所示。

表 3-28 高速计数器指令指令格式

指令名称	编程语言		操作数类型及操作范围
	梯形图	语句表	
高速计数器定义指令	HDEF EN ENO HSC MODE	HDEF HSC,MODE	HSC:高速计数器的编号,为常数 0～5,数据类型:字节；MODE 工作模式,为常数 0～11,数据类型:字节
高速计数器指令	HSC EN ENO N	HSC N	N:高速计数器编号,常数 0～5,数据类型:字
功能说明	1. 高速计数器定义指令:该指令指定了高速计数器的 HSCx 工作模式,工作模式选择:选择输入脉冲、计数方向、复位和启动功能；2. 高速计数器指令:根据高速计数器控制位的状态,按照高速计数器定义指令指定的工作模式,控制高速计数器		

3.9.4 例说高速计数器指令编程的一般步骤

高速计数器指令编程的一般步骤，读者可自己根据需要给图中的指令赋值；如图 3-59 所示。

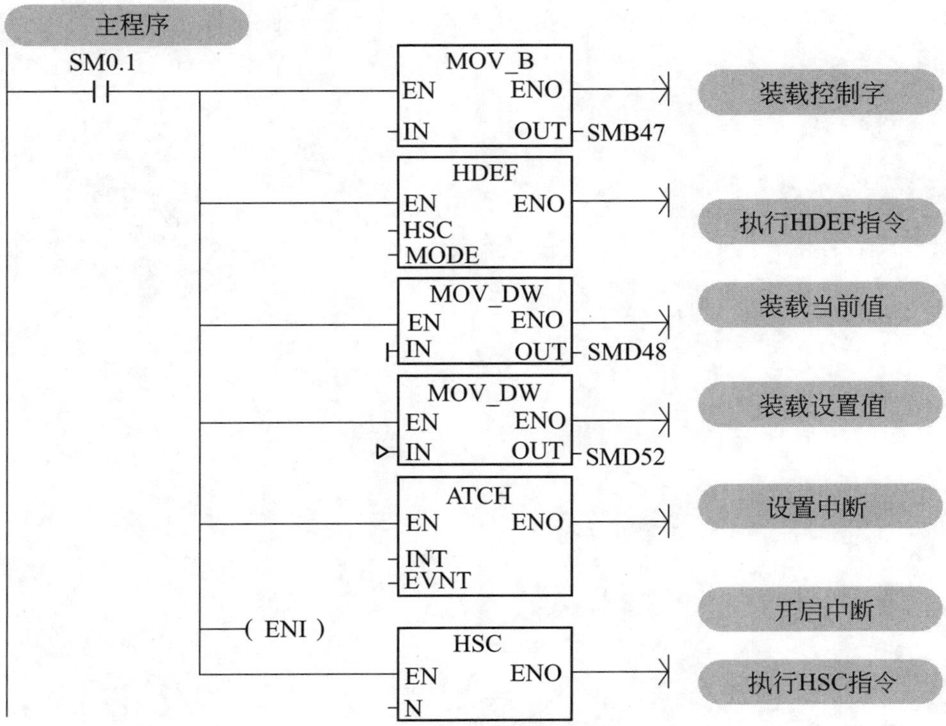

图 3-59

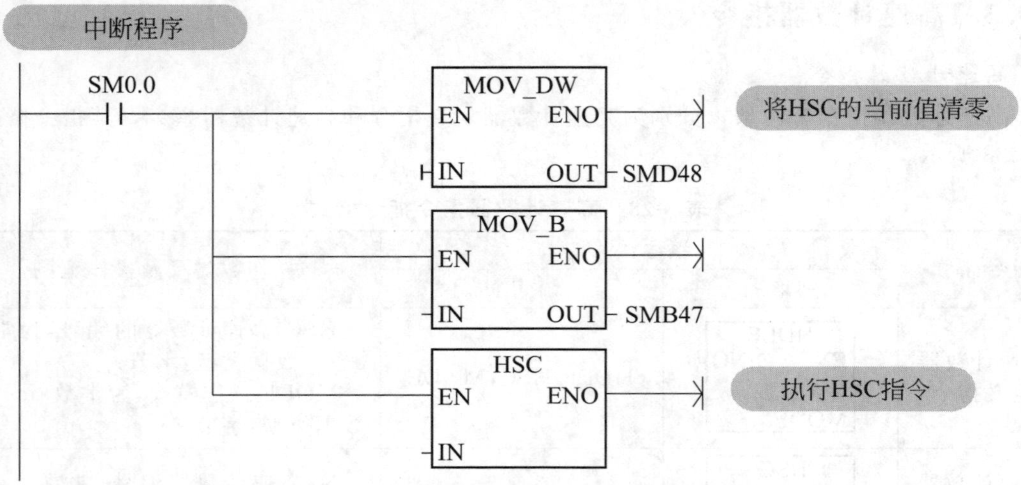

图 3-59 高速计数器指令编程的一般步骤

CHAPTER 4

第4章 S7-200PLC开关量程序设计

本章要点

- 经验设计法
- 翻译设计法
- 启保停电路编程法
- 置位复位指令编程法
- 顺序控制继电器指令编程法
- 移位寄存器指令法
- 交通信号灯程序设计

一个完整的 PLC 应用系统，由硬件和软件两部分构成，其中软件程序质量的好坏，直接影响着整个控制系统性能。因此，本书第 4 章、第 5 章重点讲解开关量控制程序设计和模拟量控制程序设计。第 4 章开关量控制程序设计包括 3 种方法，分别是经验设计法、翻译设计法和顺序控制设计法。

4.1 经验设计法

4.1.1 经验设计法简述

经验设计法顾名思义是一种根据设计者的经验进行设计的方法。该方法需要在一些经典控制程序的基础上，根据被控对象的具体要求，不断地修改和完善梯形图。有时需多次反复调试和修改梯形图，增加一些辅助触点和中间编程元件，最后才能得到一个较为满意的结果。

该方法没有普遍的规律可循，具有很大的试探性和随意性，最后的结果不唯一，设计所用的时间、设计的质量与设计者的经验有很大关系。该方法适用于简单控制方案（如手动程序）的设计。

4.1.2 设计步骤

① 准确了解系统的控制要求，合理确定输入输出端子。

② 根据输入输出关系，表达出程序的关键点。关键点的表达往往通过一些典型的环节，如启保停电路、互锁电路、延时电路等，这些基本编程环节以前已经介绍过，这里不再重复。但需要强调的是，这些典型电路是掌握经验设计法的基础，需熟记。

③ 在完成关键点的基础上，针对系统的最终输出进行梯形图程序的编制，即初步绘出草图。

④ 检查完善梯形图程序。在草图的基础上，按梯形图的编制原则检查梯形图，补充遗漏功能，更改错误、合理优化，从而达到最佳的控制要求。

4.1.3 应用举例

例 1：送料小车的自动控制

(1) 控制要求

送料小车的自动控制系统，如图 4-1 所示。送料小车首先在轨道的最左端，左限位开关 SQ1 压合，小车装料，25s 后小车装料结束并右行；当小车碰到右限位开关 SQ2 后，小车停止右行并停下来卸料，20s 后卸料完毕并左行；当再次碰到左限位开关 SQ1 小车停止左行，并停下来装料。小车总是按“装料→右行→卸料→左行”模式循环工作，直到按下停止按钮，才停止整个工作过程。

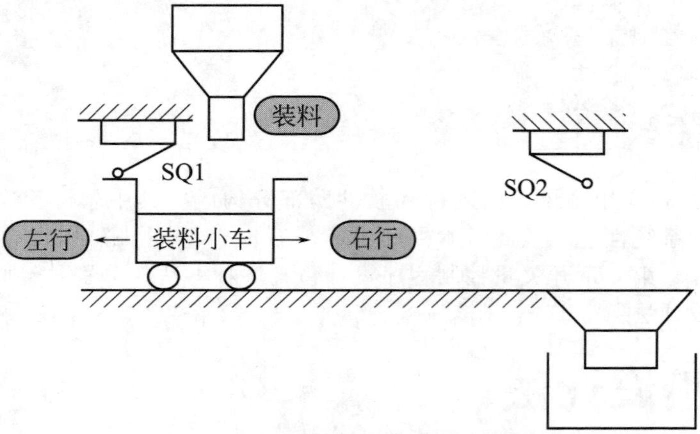

图 4-1 送料小车的自动控制系统

(2) 设计过程

① 明确控制要求后，确定 I/O 端子，如表 4-1 所示。

表 4-1 送料小车的自动控制 I/O 分配

输入量		输出量	
左行启动按钮	I0.0	左行	Q0.0
右行启动按钮	I0.1	右行	Q0.1
停止按钮	I0.2	装料	Q0.2
左限位	I0.3	卸料	Q0.3
右限位	I0.4		

② 关键点确定。由小车运动过程可知，小车左行、右行由电动机的正反转实现，在此基础上增加了装料、卸料环节，所以该控制属于简单控制，因此用启保停电路就可解决。

③ 编制并完善梯形图如图 4-2 所示。

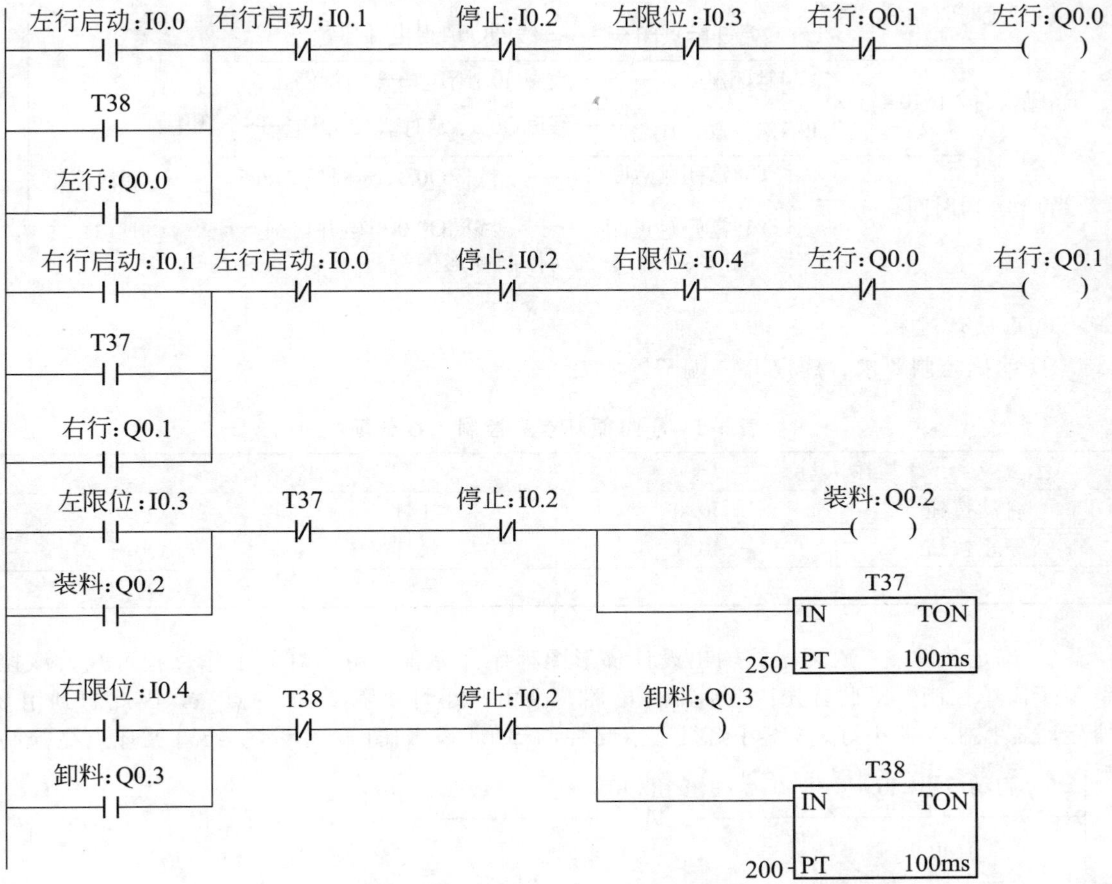

图 4-2　送料小车的自动控制系统程序

a. 梯形图设计思路：

◆ 绘出具有双重互锁的正反转控制梯形图；

◆ 为实现小车自动启动，将控制装卸料定时器的常开分别与右行、左行启动按钮常开触点并联；

◆ 为实现小车自动停止，分别在左行、右行电路中串入左、右限位的常闭触点；

◆ 为实现自动装、卸料，在小车左行、右行结束时，用左、右限常开作为装、卸料的启动信号。

b. 小车自动控制梯形图解析，如图 4-3 所示。

例 2：三只小灯循环点亮控制

（1）控制要求

按下启动按钮 SB1，三只小灯以“红→绿→黄”的模式每隔 2s 循环点亮；按下停止按钮，三只小灯全部熄灭。

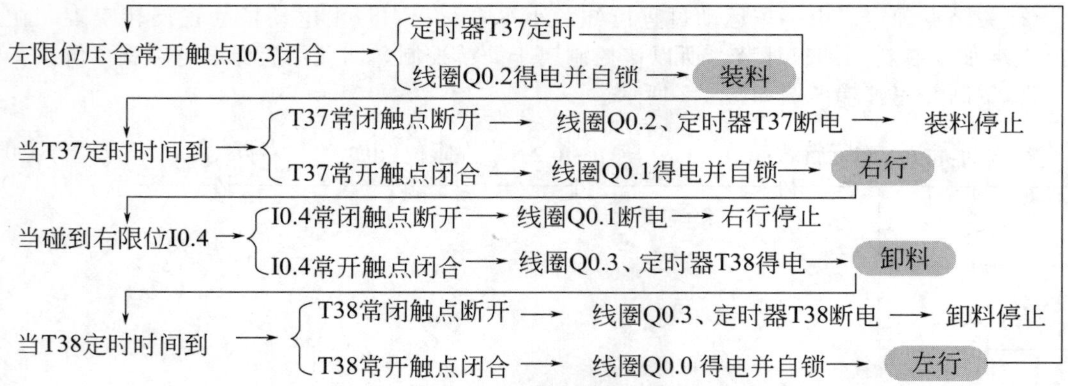

图 4-3　小车自动控制梯形图解析

（2）设计过程

① 明确控制要求，确定 I/O 端子，如表 4-2 所示。

表 4-2　小灯循环点亮控制 I/O 分配

输入量		输出量	
启动按钮	I0.0	红灯	Q0.0
停止按钮	I0.1	绿灯	Q0.1
		黄灯	Q0.2

② 确定关键点，针对最终输出设计梯形图程序并完善；由小灯的工作过程可知，该控制属于简单控制，因此首先构造启保停电路；又由于小灯每隔 2s 循环点亮，因此想到用 3 个定时器控制 3 盏小灯。3 盏小灯循环点亮控制梯形图，如图 4-4 所示。小灯循环点亮控制

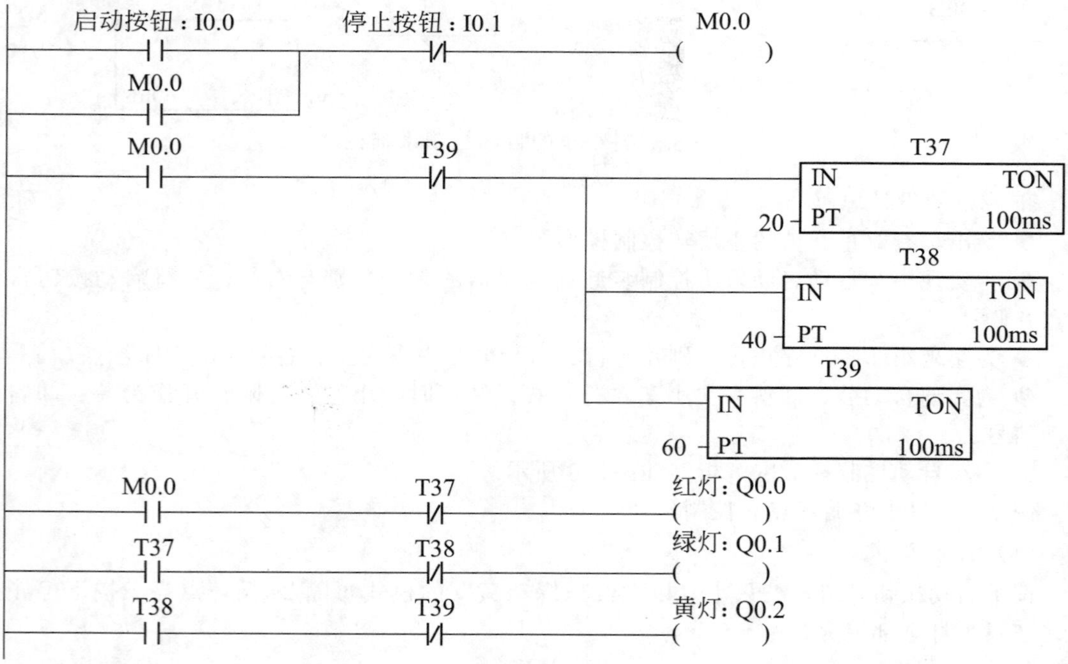

图 4-4　小灯循环程序

程序解析，如图 4-5 所示。

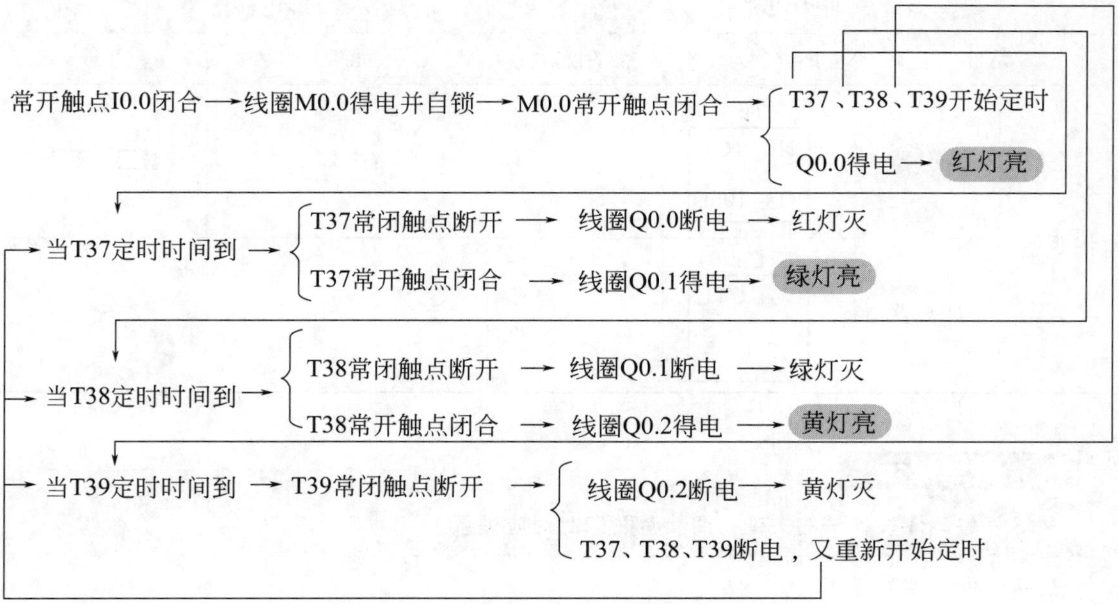

图 4-5　小灯循环点亮控制程序解析

4.2　翻译设计法

4.2.1　翻译设计法简述

PLC 使用与继电器电路极为相似的语言，如果将继电器控制改为 PLC 控制，根据继电器电路图设计梯形图是一条捷径。因为原有的继电器控制系统经长期的使用和考验，已有一套自己的完整方案。鉴于继电器电路图与梯形图有很多相似之处，因此可以将经过验证的继电器电路直接转换为梯形图，这种方法被称为翻译设计法。

继电器控制电路符号与梯形图电路符号对应情况，如表 4-3 所示。

表 4-3　继电器电路符号与梯形图电路符号对应表

梯形图电路			继电器电路	
元件	符号	常用地址	元件	符号
常开触点	─┤├─	I、Q、M、T、C	按钮、接触器、时间继电器、中间继电器的常开触点	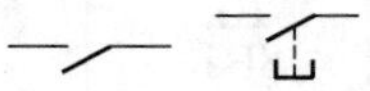
常闭触点	─┤/├─	I、Q、M、T、C	按钮、接触器、时间继电器、中间继电器的常闭触点	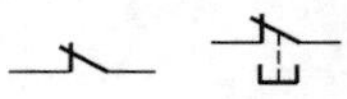
线圈	─[　]─	Q、M	接触器、中间继电器线圈	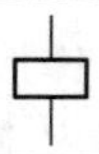

续表

梯形图电路				继电器电路	
元件		符号	常用地址	元件	符号
功能框	定时器	Tn IN TON PT 10ms	T	时间继电器	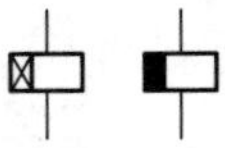
	计数器	Cn CU CTU R PV	C	无	无

重点提示

4-3 表是翻译设计法的关键，请读者熟记此对应关系。

4.2.2 设计步骤

① 了解原系统的工艺要求，熟悉继电器电路图。

② 确定 PLC 的输入信号和输出负载，以及与它们对应的梯形图中的输入位和输出位的地址，画出 PLC 外部接线图。

③ 将继电器电路图中的时间继电器、中间继电器用 PLC 的辅助继电器、定时器代替，并赋予它们相应的地址。以上两步建立了继电器电路元件与梯形图编程元件的对应关系，继电器电路符号与梯形图电路符号的对应关系如表 4-3 所示。

④ 根据上述关系，画出全部梯形图，并予以简化和修改。

4.2.3 使用翻译法的几点注意

（1）应遵守梯形图的语法规则

在继电器电路中触点可以在线圈的左边，也可以在线圈的右边，但在梯形图中，线圈必须在最右边，如图 4-6 所示。

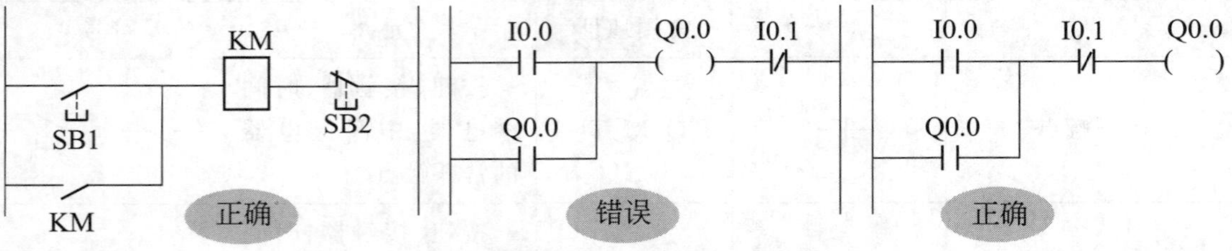

图 4-6 继电器电路与梯形图书写语法对照

（2）设置中间单元

在梯形图中，若多个线圈受某一触点串、并联电路控制，为了简化电路，可设置辅助继电器作为中间编程元件，如图 4-7 所示。

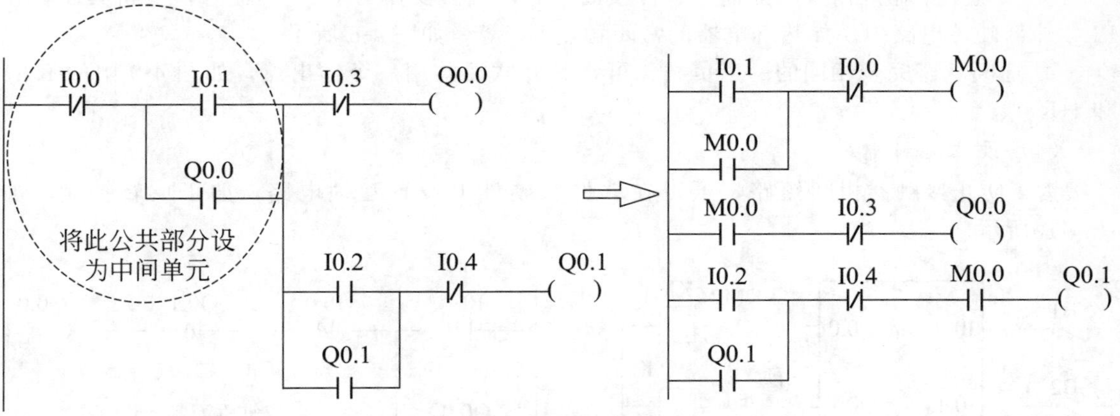

图 4-7　设置中间单元

（3）尽量减少 I/O 点数

PLC 的价格与 I/O 点数有关，减少 I/O 点数可以降低成本，减少 I/O 点数具体措施如下。

① 几个常闭串联或常开并联的触点可合并后与 PLC 相连，只占一个输入点，如图 4-8 所示。

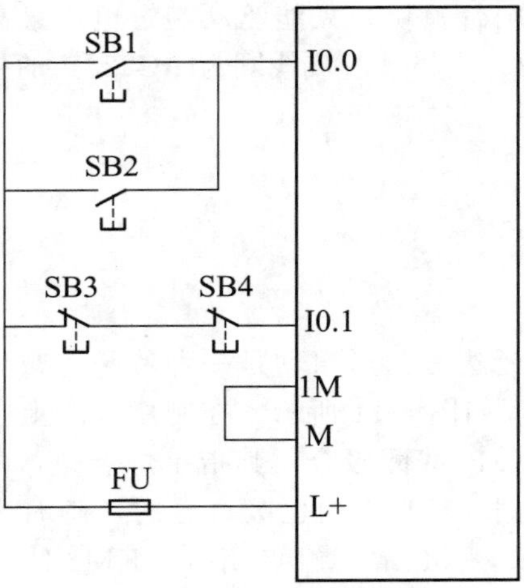

图 4-8　输入元件合并

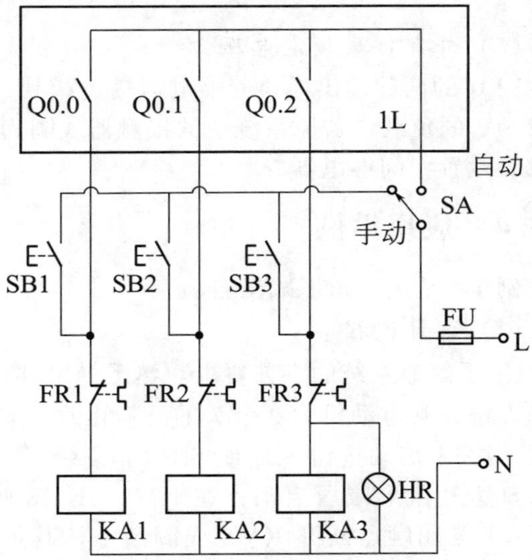

图 4-9　输入元件处理及并行输出

重点提示

图 4-9 给出了自动手动的一种处理方案，值得读者学习，在工程中经常可见到这种方案。值得说明的是，此方案只适用继电器输出型的 PLC，晶体管输出型的 PLC 采取这种手动自动方案可能会造成短路。

② 利用单按钮启停电路，使启停控制只通过一个按钮来实现，既可节省 PLC 的 I/O 点数，又可减少按钮和接线。

③ 系统某些输入信号功能简单、涉及面窄，没有必要作为 PLC 的输入，可将其设置在 PLC 外部硬件电路中，如热继电器的常闭触点 FR 等，如图 4-9 所示。

④ 通断状态完全相同的两个负载，可将其并联后共用一个输出点，如图 4-9 中的 KA3 和 HR。

(4) 设立连锁电路

为了防止接触器相间短路，可以在软件和硬件上设置互锁电路，如正反转控制，如图 4-10所示。

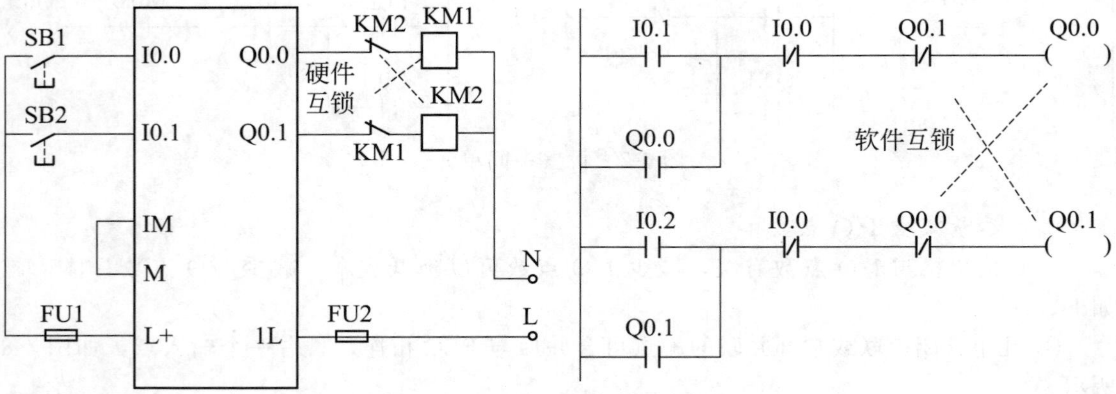

图 4-10　硬件与软件互锁

(5) 外部负载额定电压

PLC 的两种输出模块（继电器输出模块、双向晶闸管模块）只能驱动额定电压最高为 AC220V 的负载，若原系统中的接触器线圈为 AC380V，应将其改成线圈为 AC220V 的接触器或者设置中间继电器。

4.2.4　应用举例

例 1：延边三角形减压启动。

(1) 设计过程

① 了解原系统的工艺要求，熟悉继电器电路图；延边三角形启动是一种特殊的减压启动的方法，其电动机为 9 个头的感应电动机，控制原理如图 4-11 所示。在图中，合上空开 QF，当按下启动按钮 SB3 或 SB4 时，接触器 KM1、KM3 线圈吸合，其指示灯点亮，电动机为延边三角形减压启动；在 KM1、KM3 吸合的同时，KT 线圈也吸合延时，延时时间到，KT 常闭触点断开 KM3 线圈断电，其指示灯熄灭，KT 常开触点闭合，KM2 线圈得电，其指示灯点亮，电动机角接运行。

② 确定 I/O 点数，并画出外部接线图，I/O 分配如表 4-4 所示，外部接线图如图 4-12 所示。

表 4-4　延边三角形启动的 I/O 分配

输入量		输出量	
启动按钮 SB3、SB4	I0.2	接触器 KM1	Q0.0
停止按钮 SB1、SB2	I0.1	接触器 KM2	Q0.1
热继电器 FR	I0.0	接触器 KM3	Q0.2

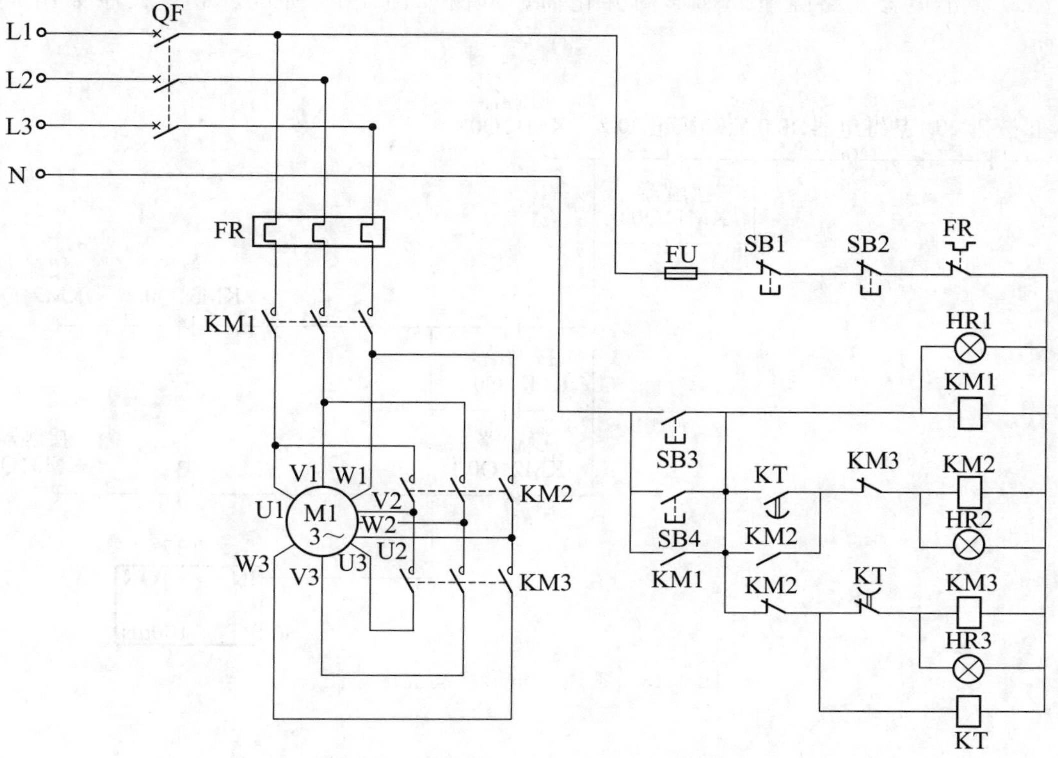

图 4-11 延边三角形控制

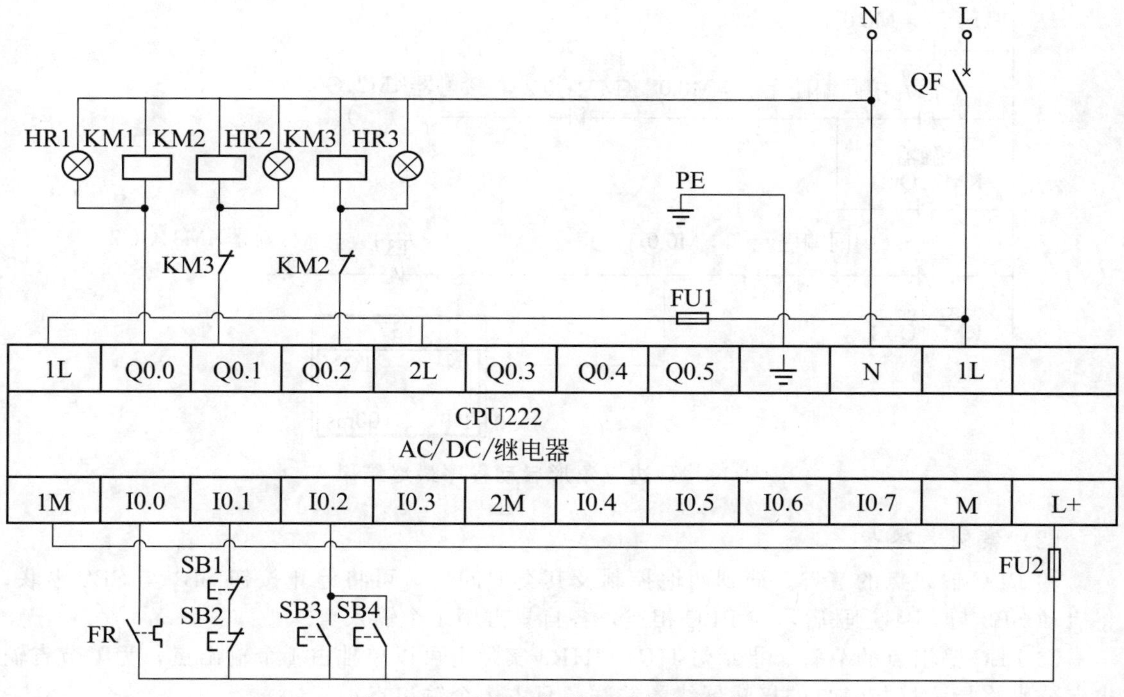

图 4-12 延边三角形启动外部接线图

③ 将继电器电路翻译成梯形图并化简，草图如图 4-13 所示，最终程序如图 4-14 所示。

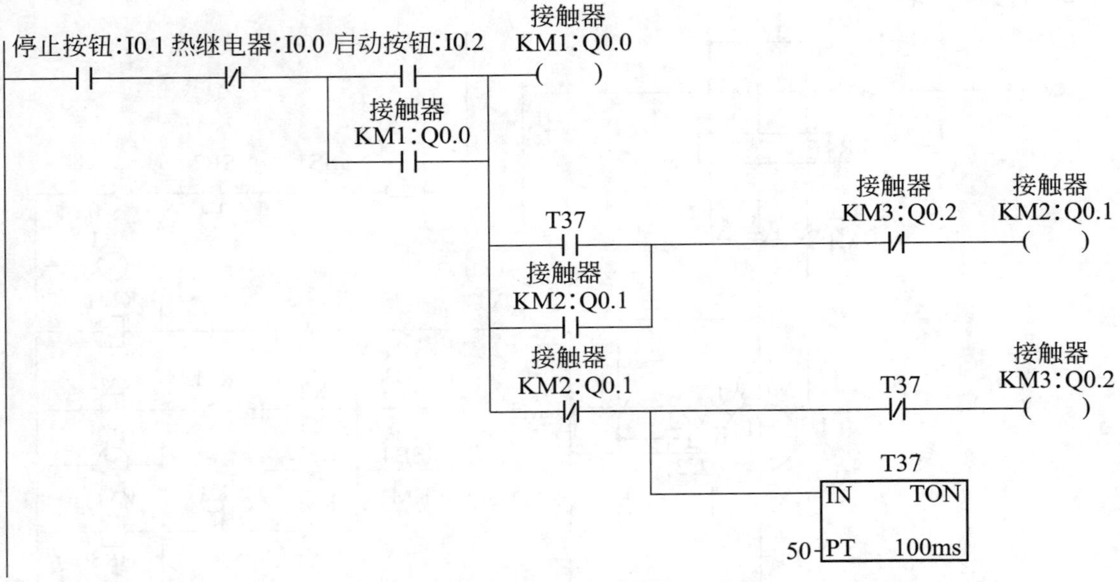

图 4-13　延边三角形启动程序草图

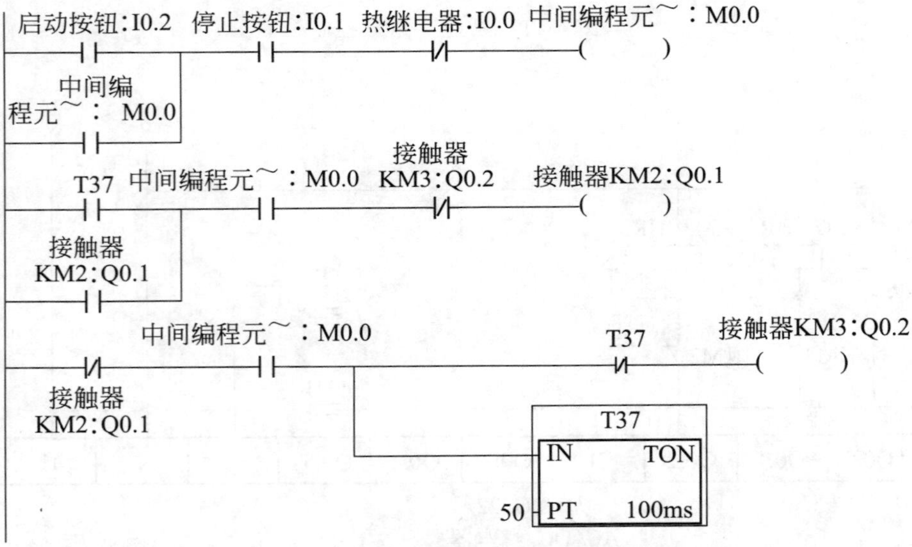

图 4-14　延边三角形启动程序最终结果

(2) 案例考察点

① PLC 输入点的节省。遇到两地控制及其类似问题，可将停止按钮 SB1 与 SB2 串联，将启动 SB3 与 SB4 并联后，与 PLC 相连，各自只占用 1 个输入点。

② PLC 输出点的节省。指示灯 HR1～HR3 实际上可以单独占 1 个输出点，为了节省输出点分别将指示灯与各自的接触器线圈并联，只占 1 个输出点。

③ 输入信号常闭点的处理；前面介绍的梯形图的设计方法，假设的前提是输入信号由

常开触点提供，但在实际中，有些信号只能由常闭触点提供，如热继电器常闭点 FR。在继电器电路中，常闭 FR 与接触器线圈串联，FR 受热断开，接触器线圈失电。若将图 4-12 中接在 PLC 输入端 I0.0 处 FR 的常开触点改为常闭触点，FR 未受热时，它为是闭合状态，梯形图中 I0.0 常开点应闭合。显然在图 4-13 应该是常开触点 I0.0 与线圈 Q0.0 串联，而不是常闭触点 I0.0 与线圈 Q0.0 串联。这样一来，继电器电路图中的 FR 触点与梯形图中的 FR 触点类型恰好相反，给电路分析带来不便。

为了使梯形图与继电器电路中的触点类型一致，在编程时建议尽量使用常开触点作为输入信号。如果某信号为常闭触点输入时，可按全部为常开触点来设计梯形图，这样可将继电器电路图直接翻译为梯形图，然后将梯形图中外接常闭触点的输入位常开变常闭，常闭变常开。如本例所示，外部接线图中 FR 改为常开，那么梯形图中与之对应的 I0.0 为常闭，这样继电器电路图恰好能直接翻译为梯形图。

将继电器控制改为 PLC 控制，主电路不变，将继电器控制电路改由 PLC 控制即可。

例 2：锯床控制

① 了解原系统的工艺要求，熟悉继电器电路图。锯床基本运动过程：下降→切割→上升，如此往复。锯床原理图如图 4-15 所示。在图中，合上空开 QF、QF1 和 QF2，按下下降启动按钮 SB4 时，中间继电器 KA1 得电并自锁，其常开触点闭合，接触器 KM2 闭合，液压电动机启动，电磁阀 YV2 和 YV3 得电，锯床切割机构下降；接着按下切割启动按钮 SB2，KM1 线圈吸合，锯轮电动机 M1 启动，冷却泵电动机 M2 启动，机床进行切割工件；当工件切割完毕，SQ1 被压合，其常闭触点断开，KM1、KA1、YV2、YV3 均失电，SQ1 常开触点闭合，KA2 得电并自锁，电磁阀 YV1 得电，切割机构上升，当碰到上限位 SQ4 时，KA2、YV1 和 KM2 均失电，上升停止。当按下相应停止按钮，其相应动作停止。

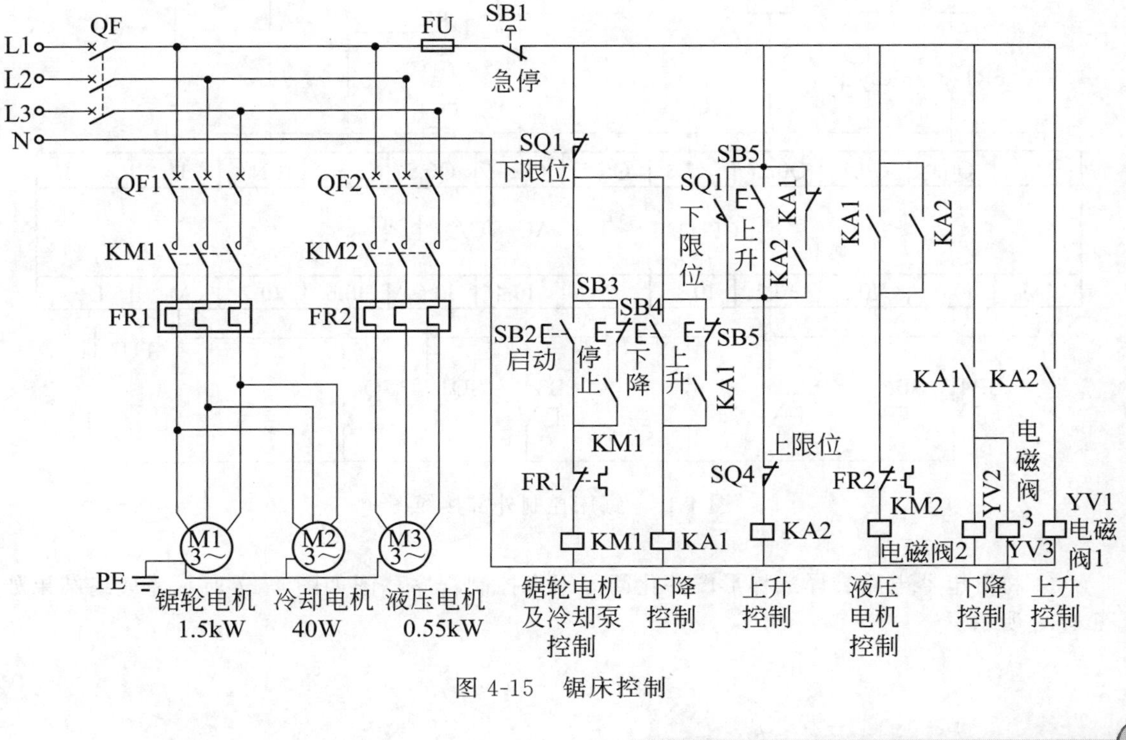

图 4-15 锯床控制

② 确定 I/O 点数并画出外部接线图。I/O 分配如表 4-5 所示，外部接线图如图 4-16 所示。

表 4-5 锯床控制 I/O 分配

输入量		输出量	
下降启动按钮 SB4	I0.0	接触器 KM1	Q0.0
上升启动按钮 SB5	I0.1	接触器 KM2	Q0.1
切割启动按钮 SB2	I0.2	电磁阀 YV1	Q0.2
急停	I0.3	电磁阀 YV2	Q0.3
切割停止按钮 SB3	I0.4	电磁阀 YV3	Q0.4
下限位 SQ1	I0.5		
上限位 SQ4	I0.6		

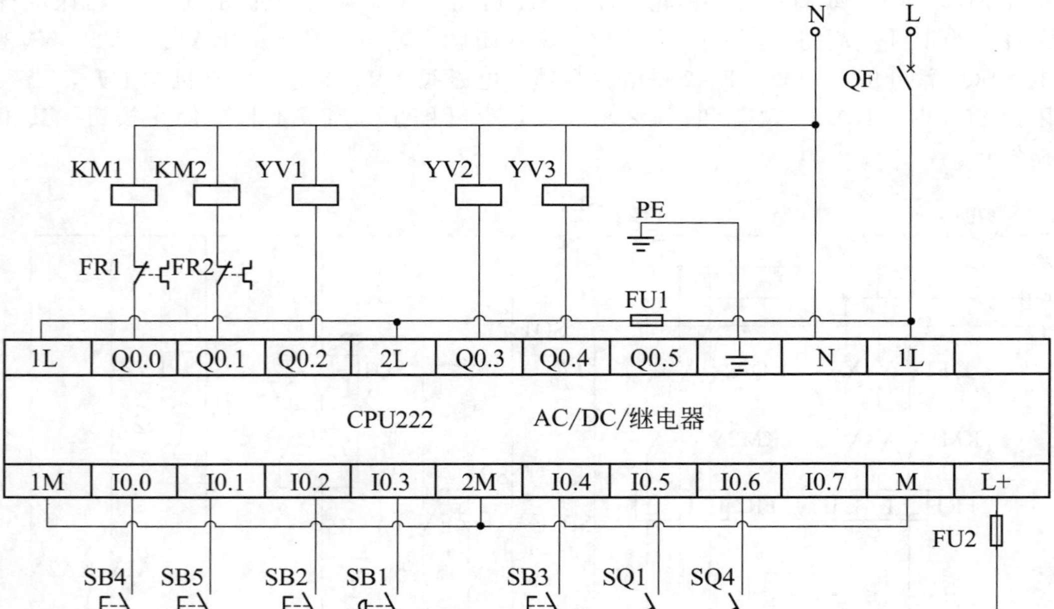

图 4-16 锯床控制外部接线图

③ 将继电器电路翻译成梯形图并化简。锯床控制程序草图如图 4-17 所示，最终结果如图 4-18 所示。

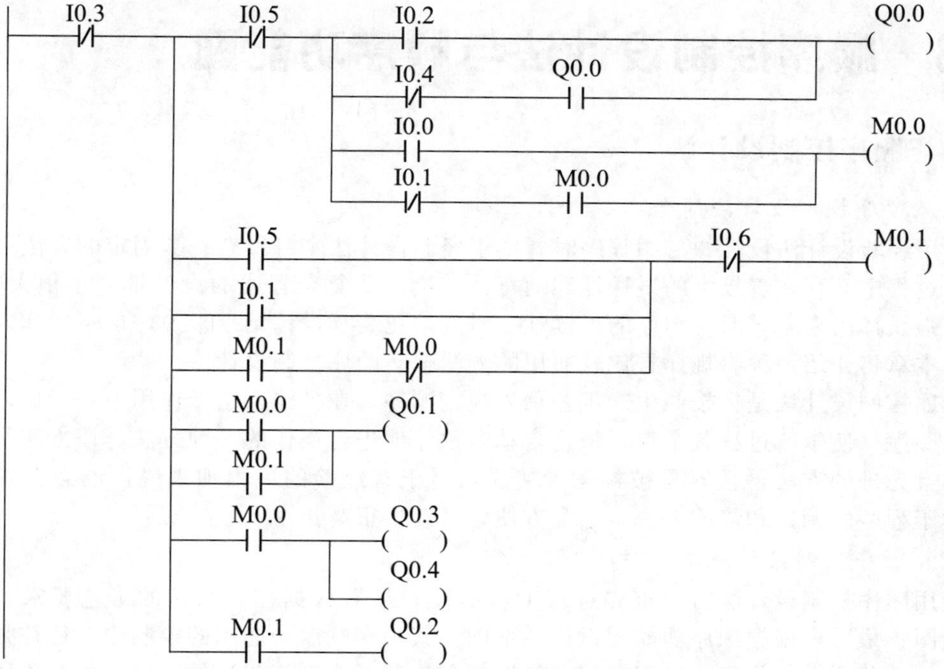

图 4-17　锯床控制程序草图

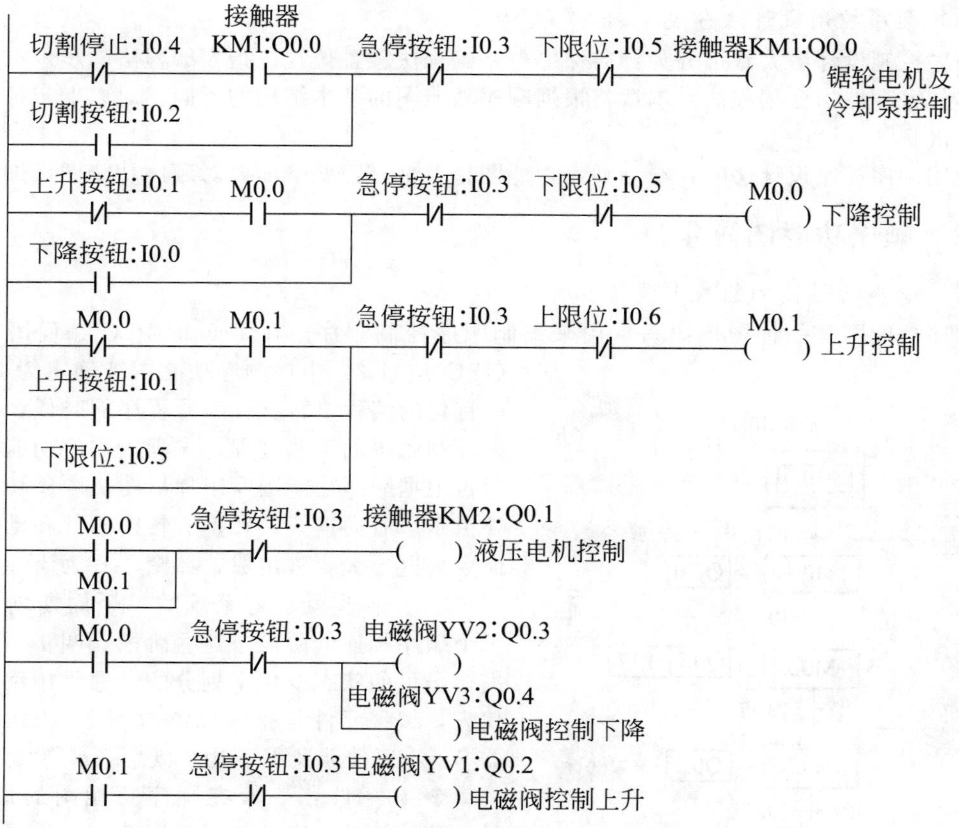

图 4-18　锯床控制程序最终结果

4.3 顺序控制设计法与顺序功能图

4.3.1 顺序控制设计法

（1）顺序控制设计法简介

采用经验设计法设计梯形图程序时，由于经验设计法本身没有一套固定的方法可循，且在设计过程中又存在着较大的试探性和随意性，给一些复杂程序的设计带来了很大的困难。即使勉强设计出来了，对于程序的可读性、时间的花费和设计结果来说，也不尽如人意。鉴于此，本章将介绍一种有规律且比较通用的方法——顺序控制设计法。

顺序控制设计法是指按照生产工艺预先规定顺序，在各输入信号作用下，根据内部状态和时间顺序，使生产过程各个执行机构自动有秩序地进行操作的一种方法。该方法是一种比较简单且先进的方法，很容易被初学者接受，对于有经验的工程师来说，也会提高设计效率，对于程序的调试和修改来说也非常方便，可读性很高。

（2）顺序控制设计法基本步骤

使用顺序控制设计法时，首先进行 I/O 分配；接着根据控制系统的工艺要求，绘制顺序功能图；最后，根据顺序功能图设计梯形图。其中在顺序功能图的绘制中，往往是根据控制系统的工艺要求，将生产过程的一个周期划分为若干个顺序相连的阶段，每个阶段都对应顺序功能图一步。

（3）顺序控制设计法分类

顺序控制设计法大致可分为：启保停电路编程法、置位复位指令编程法、步进指令编程法和移位寄存器指令编程法。本章将根据顺序功能图的基本结构的不同，对以上 4 种方法进行详细讲解。

使用顺序控制设计法时，绘制顺序功能图是关键，因此下面要对顺序功能图详细介绍。

4.3.2 顺序功能图简介

（1）顺序功能图的组成要素

顺序功能图是一种图形语言，用来编制顺序控制程序。在 IEC 的 PLC 编程语言标准（IEC61131-3）中，顺序功能图被确定为 PLC 位居首位的编程语言。在编写程序的时候，往往根据控制系统的工艺过程，先画出顺序功能图，然后再根据顺序功能图写出梯形图。顺序功能图主要由步、有向连线、转换、转换条件和动作（或命令）这 5 大要素组成，如图 4-19 所示。

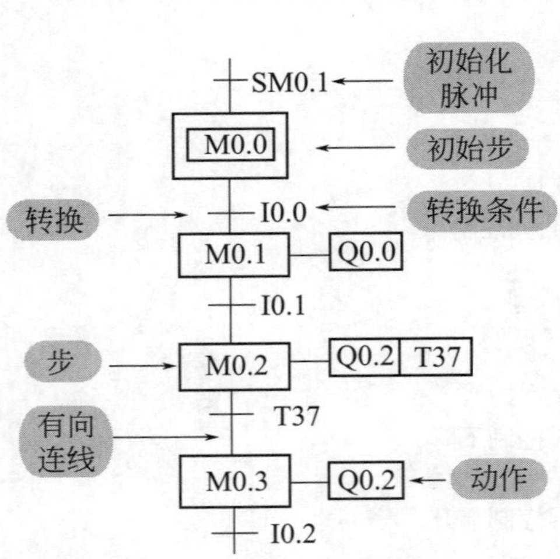

图 4-19 顺序功能图

① 步：步就是将系统的一个周期划分为若干个顺序相连的阶段，这些阶段就叫步。步是根据输出量的状态变化来划分的，通常用编程元件代表，编程元件是指辅助继电器 M 和状态继电器 S。步通常涉及以下几个概念。

◆ 初始步：一般在顺序功能图的最顶端，与系统的初始化有关，通常用双方框表示，注意每一个顺序功能图中至少有一个初始步，初始步一般由初始化脉冲 SM0.1 激活。

◆ 活动步：系统所处的当前步为活动状态，就称该步为活动步。当步处于活动状态时，相应的动作被执行，步处于不活动状态，相应的非记忆性动作被停止。

◆ 前级步和后续步：前级步和后续步是相对的，如图 4-20 所示。对于 M0.2 步来说，M0.1 是它的前级步，M0.3 步是它的后续步；对于 M0.1 步来说，M0.2 是它的后续步，M0.0 步是它的前级步；需要指出，一个顺序功能图中可能存在多个前级步和多个后续步，如 M0.0 就有两个后续步，分别为 M0.1 和 M0.4；M0.7 也有两个前级步，分别为 M0.3 和 M0.6。

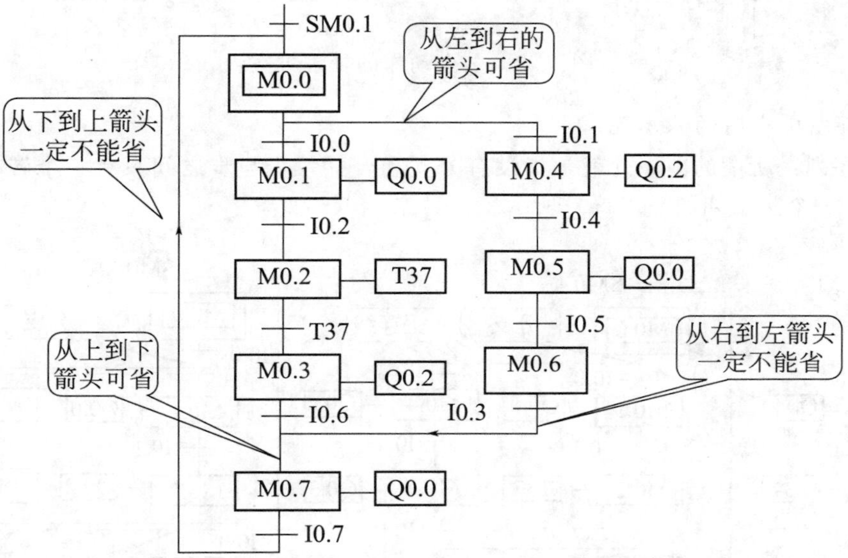

图 4-20　前级步、后续步与有向连线

② 有向连线：即连接步与步之间的连线，有向连线规定了活动步的进展路径与方向。通常规定有向连线的方向从左到右或从上到下箭头可省，从右到左或从下到上箭头一定不可省，如图 4-20 所示。

③ 转换：用一条与有向连线垂直的短划线表示，转换将相邻的两步分隔开。步的活动状态的进展是由转换的实现来完成，并与控制过程的发展相对应。

④ 转换条件：转换条件就是系统从上一步跳到下一步的信号。转换条件可以由外部信号提供，也可由内部信号提供。外部信号如按钮、传感器、接近开关、光电开关等的通断信号；内部信号如定时器和计数器常开触点的通断信号等。转换条件可以用文字语言、布尔代数表达式或图形符号标注在表示转换的短划线旁，使用较多的是布尔代数表达式，如图 4-21所示。

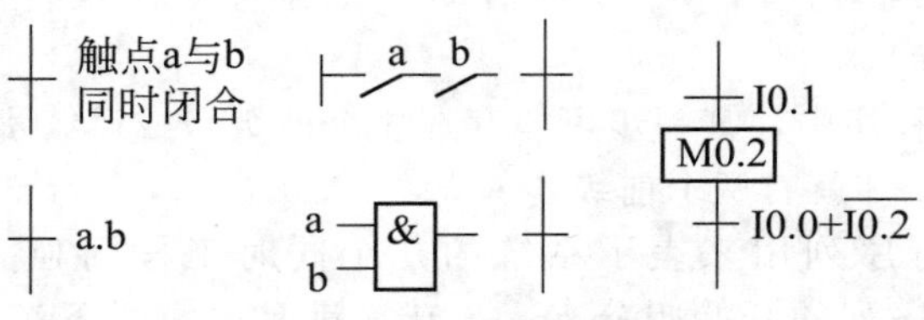

图 4-21　转换条件

⑤ 动作：被控系统每一个需要执行的任务或者是施控系统每一要发出的命令都叫动作。注意动作是指最终的执行线圈或定时器计数器等，一步中可能有一个动作或几个动作。通常动作用矩形框表示，矩形框内标有文字或符号，矩形框用相应的步符号相连。需要指出，涉及到多个动作时，处理方案如图 4-22 所示。

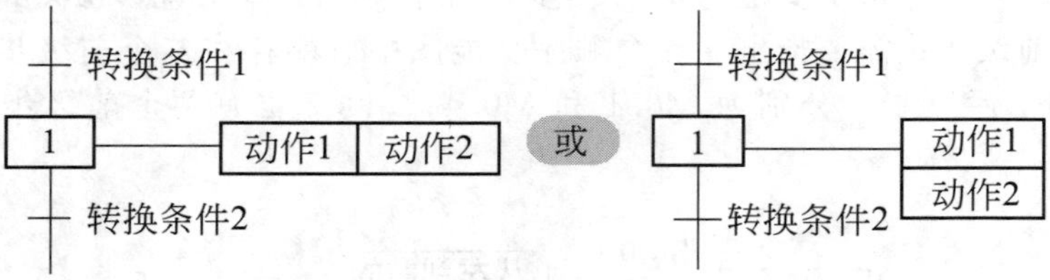

图 4-22 多个动作的处理方案

(2) 顺序功能图的基本结构

① 单序列：所谓的单序列就是指没有分支和合并，步与步之间只有一个转换，每个转换两端仅有一个步，如图 4-23(a) 所示。

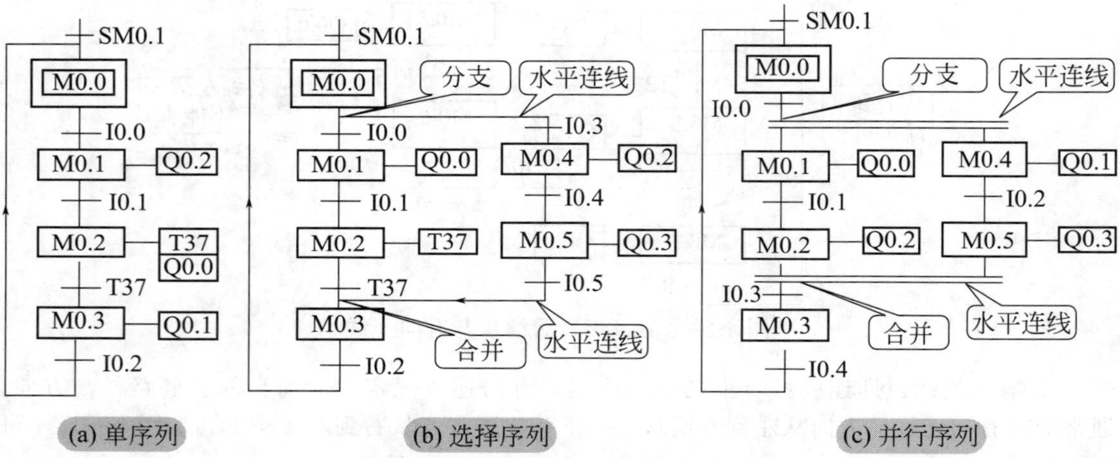

图 4-23 顺序功能图的基本结构

② 选择序列：选择序列既有分支又有合并，选择序列的开始叫分支，选择序列的结束叫合并，如图 4-23(b) 所示。在选择序列的开始，转换符号只能标在水平连线之下，如 I0.0、I0.3 对应的转换就标在水平连线之下；选择序列的结束，转换符号只能标在水平连线之上，如 T37、I0.5 对应的转换就标在水平连线之上；当 M0.0 为活动步，并且转换条件 I0.0=1，则发生由步 M0.0→步 M0.1 的跳转；当 M0.0 为活动步，并且转换条件 I0.3=1，则发生由步 M0.0→步 M0.4 的跳转；当 M0.2 为活动步，并且转换条件 T37=1，则发生由步 M0.2→步 M0.3 的跳转；当 M0.5 为活动步，并且转换条件 I0.5=1，则发生由步 M0.5→步 M0.3 的跳转。

需要指出，在选择程序中，某一步可能存在多个前级步或后续步，如 M0.0 就有两个后续步 M0.1、M0.4，M0.3 就有两个前级步 M0.2、M0.5。

③ 并行序列：并行序列用来表示系统的几个同时工作的独立部分的工作情况，如图 4-23(c) 所示。并行序列的开始叫分支，当转换满足的情况下，导致几个序列同时被激活，为了强调转换的同步实现，水平连线用双线表示，且水平双线之上只有一个转换条件，

如步 M0.0 为活动步，并且转换条件 I0.0＝1 时，步 M0.1、M0.4 同时变为活动步，步 M0.0 变为不活动步，水平双线之上只有转换条件 I0.0；并行序列的结束叫合并，当直接连在双线上的所有前级步 M0.2、M0.5 为活动步，并且转换条件 I0.3＝1，才会发生步 M0.2、M0.5→M0.3 的跳转，即 M0.2、M0.5 为不活动步，M0.3 为活动步，在同步双水平线之下只有一个转换条件 I0.3。

（3）梯形图中转换实现的基本原则

① 转换实现的基本条件　在顺序功能图中，步的活动状态的进展是由转换的实现来完成的。转换的实现必须同时满足两个两个条件：

◆ 该转换的所有前级步都为活动步；

◆ 相应的转换条件得到满足。

以上两个条件缺一不可，若转换的前级步或后续步不止一个时，转换的实现称为同时实现，为了强调同时实现，有向连线的水平部分用双线表示。

② 转换实现完成的操作

◆ 使所有由有向连线与相应转换符号连接的后续步都变为活动步。

◆ 使所有由有向连线与相应转换符号连接的前级步都变为不活动步。

重点提示

1. 转换实现的基本原则口诀

以上转换实现的基本条件和转换完成的基本操作，可简要的概括为：

当前级步为活动步，满足转换条件，程序立即跳转到下一步；当后续步为活动步时，前级步停止。

2. 转换实现的基本原则是根据顺序功能图设计梯形图的基础，它适用于顺序功能图中的各种结构和各种顺序控制梯形图的编程方法。

（4）绘制顺序功能图时的注意事项

① 两步绝对不能直接相连，必须用一个转换将其隔开。

② 两个转换也不能直接相连，必须用一个步将其隔开。

以上两条是判断顺序功能图绘制正确与否的依据。

③ 顺序功能图中初始步必不可少，它一般对应于系统等待启动的初始状态，这一步可能没有什么动作执行，因此很容易被遗忘。若无此步，则无法进入初始状态，系统也无法返回停止状态。

④ 自动控制系统应能多次重复执行同一工艺过程，因此在顺序功能图中一般应有由步和有向连线组成的闭环，即在完成一次工艺过程的全部操作后，应从最后一步返回到初始步，系统停留在初始步（单周期操作）；在执行连续循环工作方式时，应从最后一步返回下一周期开始运行的第一步。

4.4 启保停电路编程法

启保停电路编程法，其中间编程元件为辅助继电器 M，在梯形图中，为了实现当前级步为活动步且满足转换条件成立时，才进行步的转换，总是将代表前级步的辅助继电器的常开触点与对应的转换条件触点串联，作为激活后续步辅助继电器的启动条件；当后续步被激活，对应的前级步停止，所以用代表后续步的辅助继电器的常闭触点与前级步的电路串联作为停止条件。

4.4.1 单序列编程

(1) 单序列顺序功能图与梯形图的对应关系

单序列顺序功能图与梯形图的对应关系，如图 4-24 所示。在图 4-24 中，Mi－1，Mi，Mi＋1 是顺序功能图中连续 3 步。Ii，Ii＋1 为转换条件。对于 Mi 步来说，它的前级步为 Mi－1，转换条件为 Ii，因此 Mi 的启动条件为辅助继电器的常开触点 Mi－1 与转换条件常开触点 Ii 的串联组合；对于 Mi 步来说，它的后续步为 Mi+1，因此 Mi 的停止条件为 Mi＋1 的常闭触点。

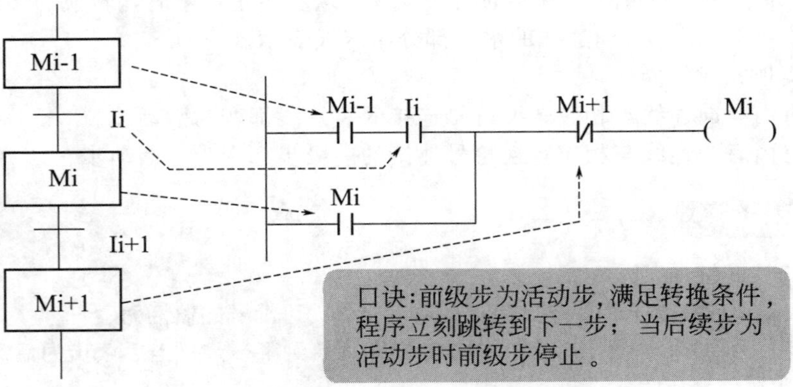

图 4-24 顺序功能图与梯形图的转化

(2) 应用举例：冲床运动控制

① 控制要求　如图 4-25 所示为某冲床的运动示意图。初始状态机械手在最左边，左限位 SQ1 压合，机械手处于放松状态（机械手的放松与夹紧受电磁阀控制，松开电磁阀失电，夹紧电磁阀得电），冲头在最上面，上限位 SQ2 压合，当按下启动按钮 SB 时，机械手夹紧工件并保持，3s 后机械手右行，当碰到右限位 SQ3 后，机械手停止运动，同时冲头下行；当碰到下限位 SQ4 后，冲头上行；冲头碰到上限位 SQ2 后，停止运动，同时机械手左行；当机械手碰到左限位 SQ1 后，机械手放松，延时 4s 后，系统返回到初始状态。

② 程序设计

a. 根据控制要求，进行 I/O 分配，如表 4-6 所示。

表 4-6 冲床的运动控制的 I/O 分配

输入量		输出量	
启动按钮 SB	I0.0	机械手电磁阀	Q0.0
左限位 SQ1	I0.1	机械手左行	Q0.1
右限位 SQ3	I0.2	机械手右行	Q0.2
上限位 SQ2	I0.3	冲头上行	Q0.3
下限位 SQ4	I0.4	冲头下行	Q0.4

b. 根据控制要求，绘制顺序功能图，如图 4-26 所示。

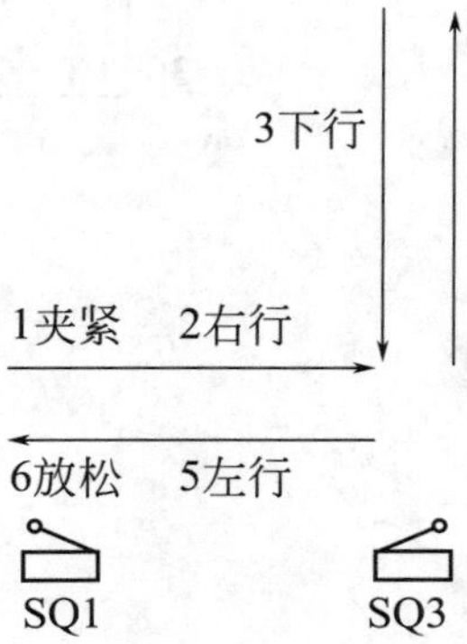

图 4-25 某冲床的运动示意图

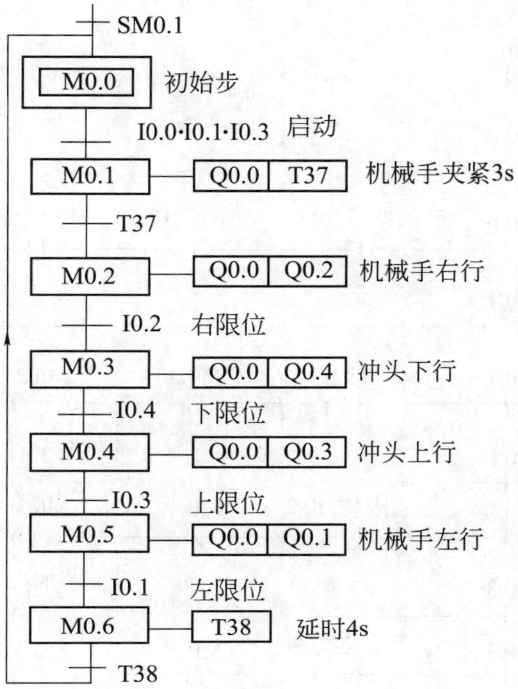

图 4-26 某冲床控制的顺序功能图

c. 将顺序功能图转化为梯形图，如图 4-27 所示。

③ 冲床控制顺序功能图转化梯形图过程分析　以 M0.0 步为例，介绍顺序功能图转化为梯形图的过程。从图 4-26 顺序功能图中不难看出，M0.0 的一个启动条件为 M0.6 的常开触点和转换条件 T38 的常开触点组成的串联电路，此外 PLC 刚运行时，应将初始步 M0.0 激活，否则系统无法工作，所以初始化脉冲 SM0.1 为 M0.0 的另一个启动条件，这两个启动条件应并联。为了保证活动状态能持续到下一步活动为止，还需并上 M0.0 的自锁触点。当 M0.0、I0.0、I0.1、I0.3 的常开触点同时为 1 时，步 M0.1 变为活动步，M0.0 变为不活动步，因此将 M0.1 的常闭触点串入 M0.0 的回路中作为停止条件。此后 M0.1～M0.6 步梯形图的转换与 M0.0 步梯形图的转换一致。

④ 顺序功能图转化为梯形图时输出电路的处理方法。分以下两种情况讨论。

a. 某一输出量仅在某一步中为接通状态，这时可以将输出量线圈与辅助继电器线圈直接并联，也可以用辅助继电器的常开触点与输出量线圈串联。图 4-27 中，Q0.1、Q0.2、Q0.3、Q0.4 分别仅在 M0.5、M0.2、M0.4、M0.3 步出现一次，因此将 Q0.1、Q0.2、Q0.3、Q0.4 的线圈分别与 M0.5、M0.2、M0.4、M0.3 的线圈直接并联。

b. 某一输出量在多步中都为接通状态，为了避免双线圈问题，将代表各步的辅助继电器的常开触点并联后，驱动该输出量线圈。图 4-27 中，线圈 Q0.0 在 M0.1～M0.5 这 5 步均接通了，为了避免双线圈输出，用辅助继电器 M0.1～M0.5 的常开触点组成的并联电路来驱动线圈 Q0.0。

⑤ 冲床控制梯形图程序解析，如图 4-28 所示。

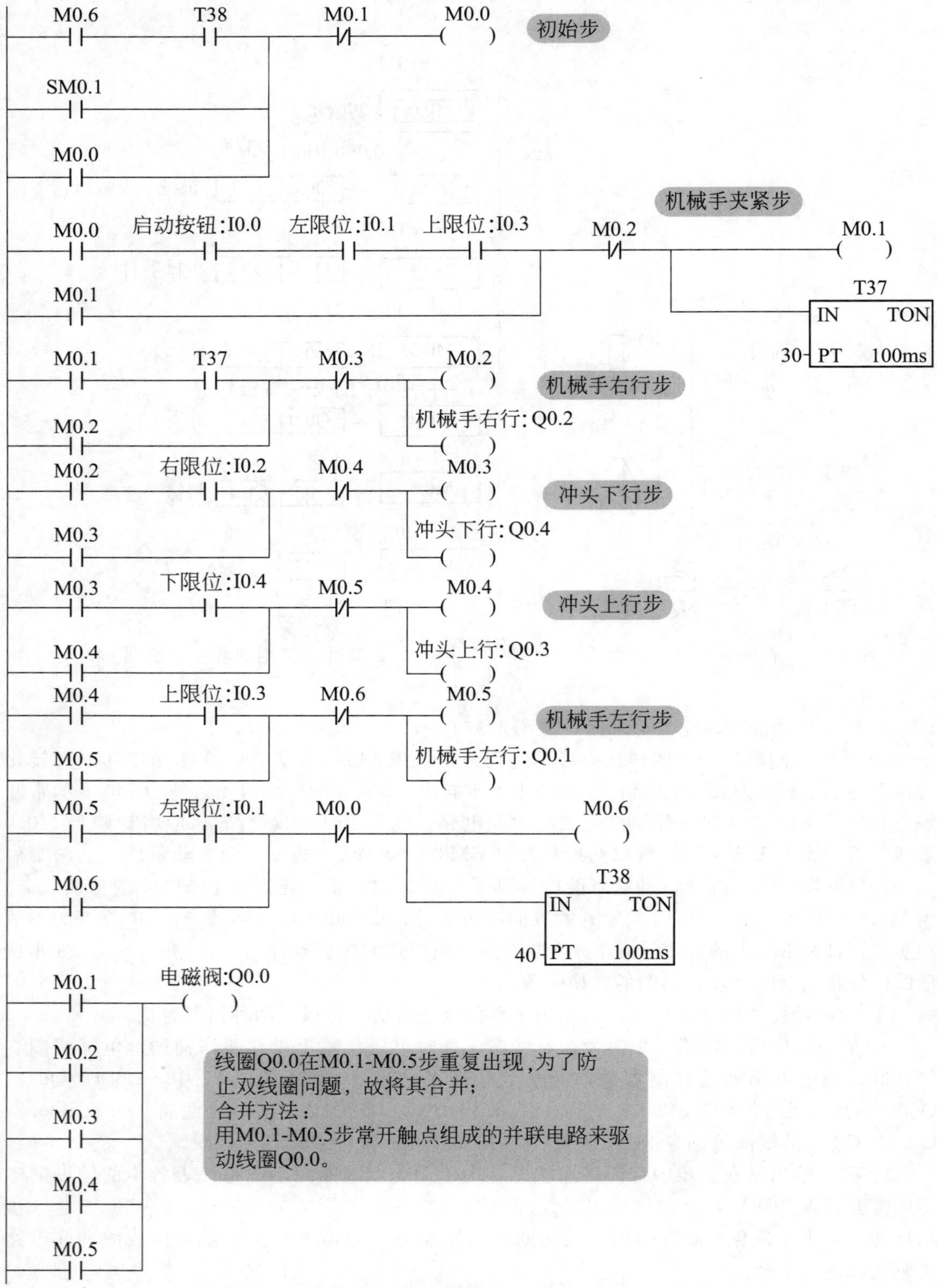

图 4-27 冲床控制启保停电路编程法梯形图程序

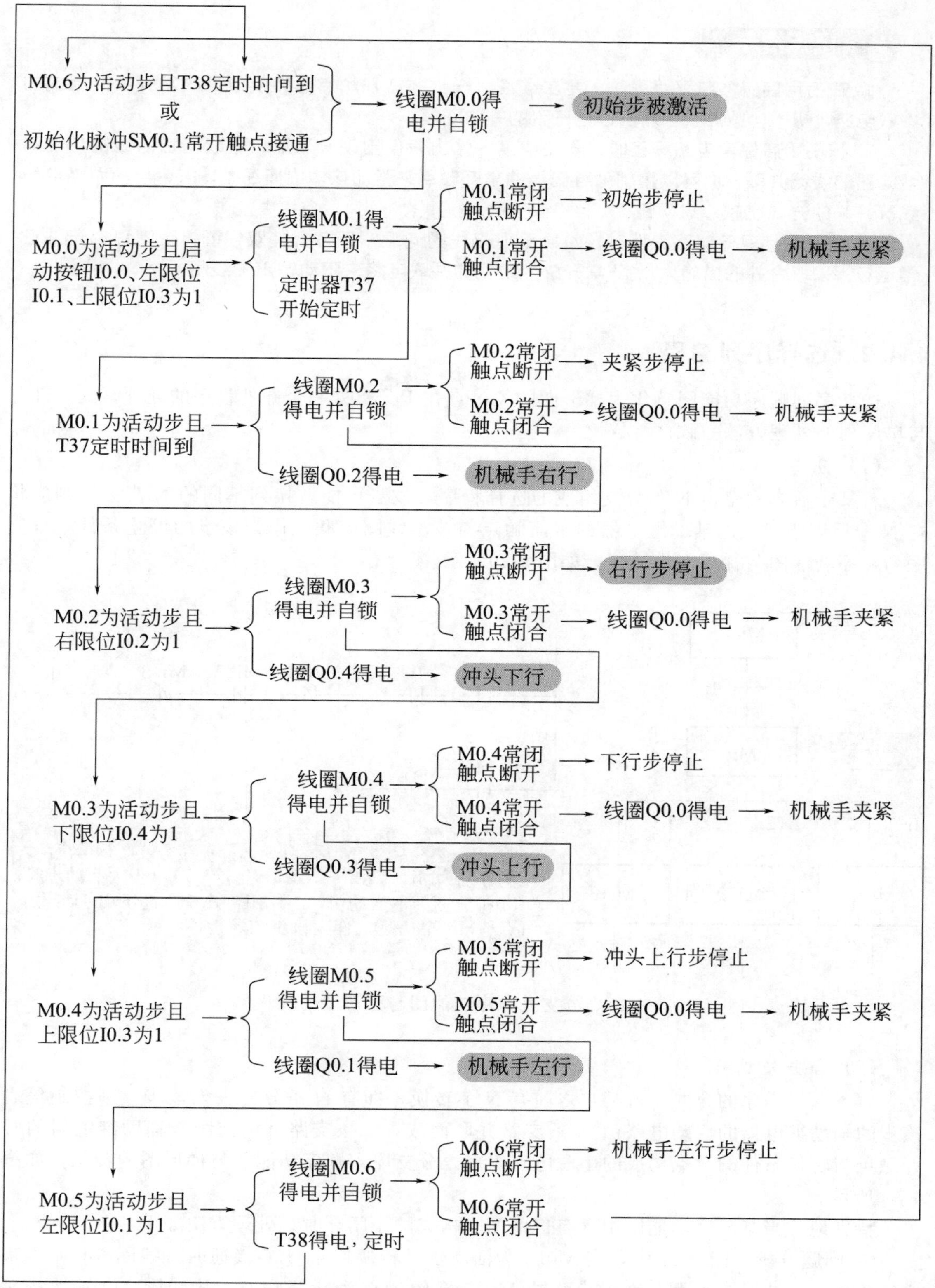

图 4-28 冲床控制启保停电路编程法梯形图程序解析

重点提示

1. 在使用启保停电路编程时，要注意最后一步的常开触点与转换条件的常开触点组成的串联电路、初始化脉冲、触点自锁这三者的并联问题。

2. 在使用启保停电路编程时，要注意某一输出量仅出现一次时，可以将它的线圈与辅助继电器的线圈并联，也可以用辅助继电器的常开触点来驱动该输出量线圈，采用与辅助继电器线圈并联的方式比较节省网络。

3. 在使用启保停电路编程时，如果出现双线圈问题，务必合并双线圈，否则程序无法正常运行；采取合并的措施为用 M 常开触点组成的并联电路来驱动输出量线圈。

4.4.2 选择序列编程

选择序列顺序功能图转化为梯形图的关键点在于分支处和合并处程序的处理，其余部分与单序列的处理方法一致。

(1) 分支处编程

若某步后有一个由 N 条分支组成的选择程序，该步可能转换到不同的 N 步去，则应将这 N 个后续步对应的辅助继电器的常闭触点与该步线圈串联，作为该步的停止条件。分支序列顺序功能图与梯形图的转化，如图 4-29所示。

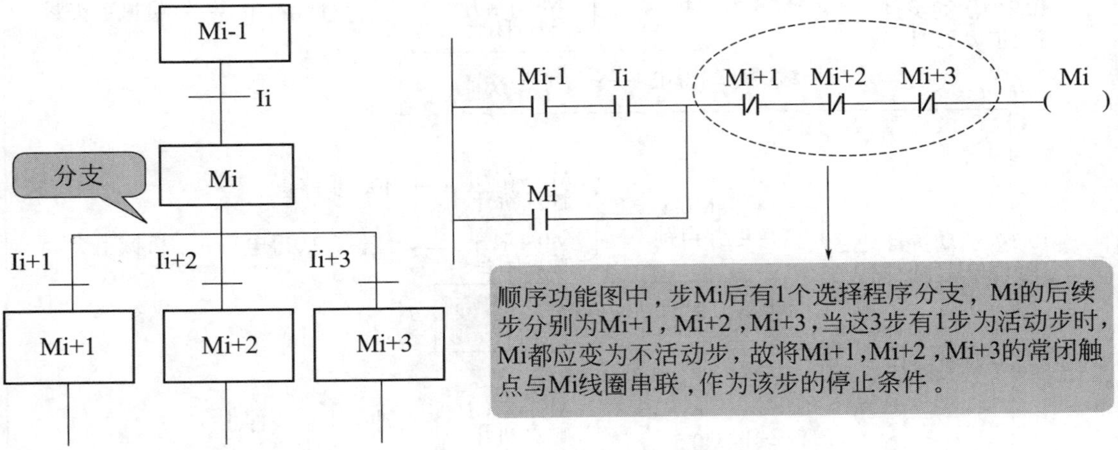

图 4-29 分支处顺序功能图与梯形图的转化

(2) 合并处编程

对于选择程序的合并，若某步之前有 N 个转换，即有 N 条分支进入该步，则控制代表该步的辅助继电器的启动电路由 N 条支路并联而成，每条支路都由前级步辅助继电器的常开触点与转换条件的触点构成的串联电路组成。分支序列顺序功能图与梯形图的转化，如图 4-30 所示。

特别地，当某顺序功能图中含有仅由两步构成的小闭环时，处理方法如下。

① 问题分析：图 4-31 中，当 M0.5 为活动步且转换条件 I1.0 接通时，线圈 M0.4 本来应该接通，但此时与线圈 M0.4 串联的 M0.5 常闭触点为断开状态，故线圈 M0.4 无法接通。出现这样问题的原因在于 M0.5 既是 M0.4 的前级步，又是 M0.4 后续步。

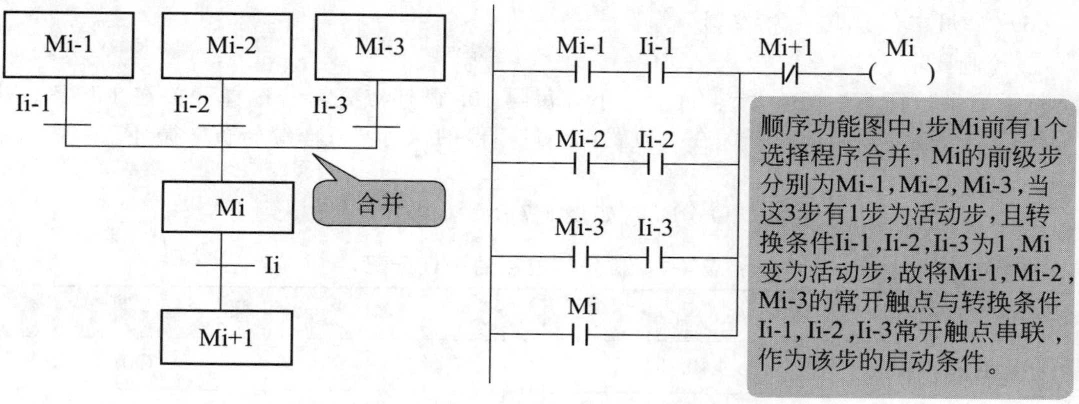

图 4-30　合并处顺序功能图与梯形图的转化

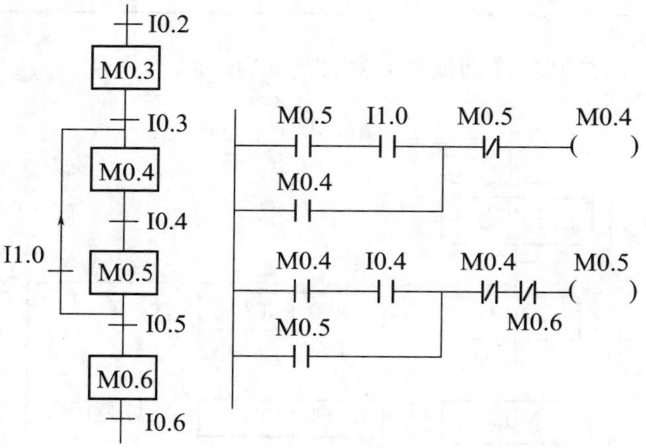

图 4-31　仅由两步组成的小闭环

② 处理方法：在小闭环中增设步 M1.0，如图 4-32 所示。步 M1.0 在这里只起到过渡作用，延时时间很短（一般说来应取延时时间在 0.1s 以下），对系统的运行无任何影响。

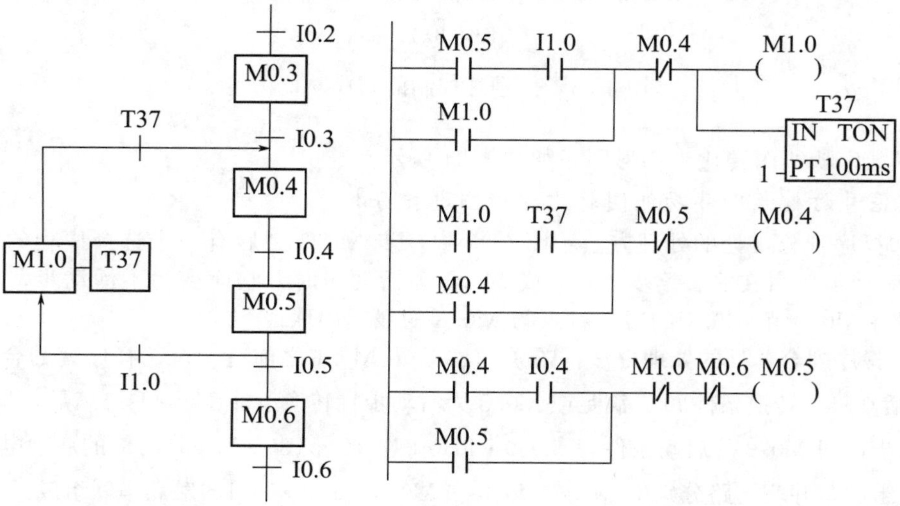

图 4-32　处理方法

(3) 应用举例：信号灯控制

① 控制要求

按下启动按钮 SB，红、绿、黄三只小灯每隔 10s 循环点亮，若选择开关在 1 位置，小灯只执行 1 个循环；若选择开关在 0 位置，小灯不停的执行“红→绿→黄”循环。

② 程序设计

a. 根据控制要求，进行 I/O 分配，如表 4-7 所示。

表 4-7 信号灯控制的 I/O 分配

输入量		输出量	
启动按钮 SB	I0.0	红灯	Q0.0
选择开关	I0.1	绿灯	Q0.1
		黄灯	Q0.2

b. 根据控制要求，绘制顺序功能图，如图 4-33 所示。

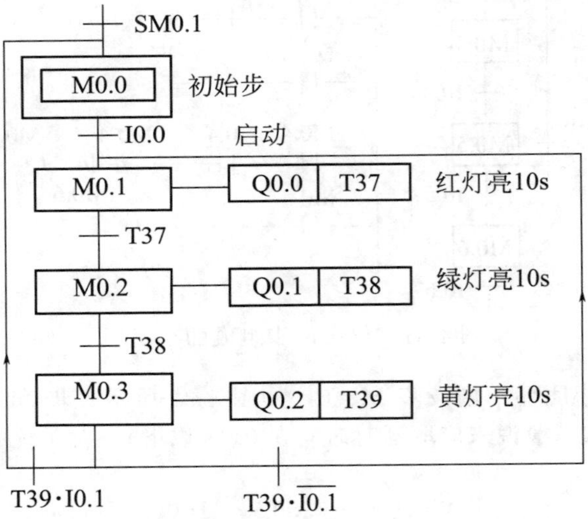

图 4-33 信号灯控制的顺序功能图

c. 将顺序功能图转化为梯形图，如图 4-34 所示。

(4) 信号灯控制顺序功能图转化梯形图过程分析

① 选择序列分支处的处理方法：图 4-33 中，步 M0.3 之后有一个选择序列的分支，设 M0.3 为活动步，当它的后续步 M0.0 或 M0.1 为活动步时，它应变为不活动步，故图 4-34 梯形图中将 M0.0 和 M0.1 的常闭触点与 M0.3 的线圈串联。

② 选择序列合并处的处理方法：图 4-33 中，步 M0.1 之前有一个选择序列的合并，当步 M0.0 为活动步且转换条件 I0.0 满足或 M0.3 为活动步且转换条件 T39 • $\overline{\text{I0.1}}$满足，步 M0.1 应变为活动步，即 M0.2 的启动条件为 M0.0 • I0.0＋M0.3 • T39 • $\overline{\text{I0.1}}$，对应的启动电路由两条并联分支组成，并联支路分别由 M0.0、I0.0 和 M0.3、T39 • $\overline{\text{I0.1}}$的触点串联组成。

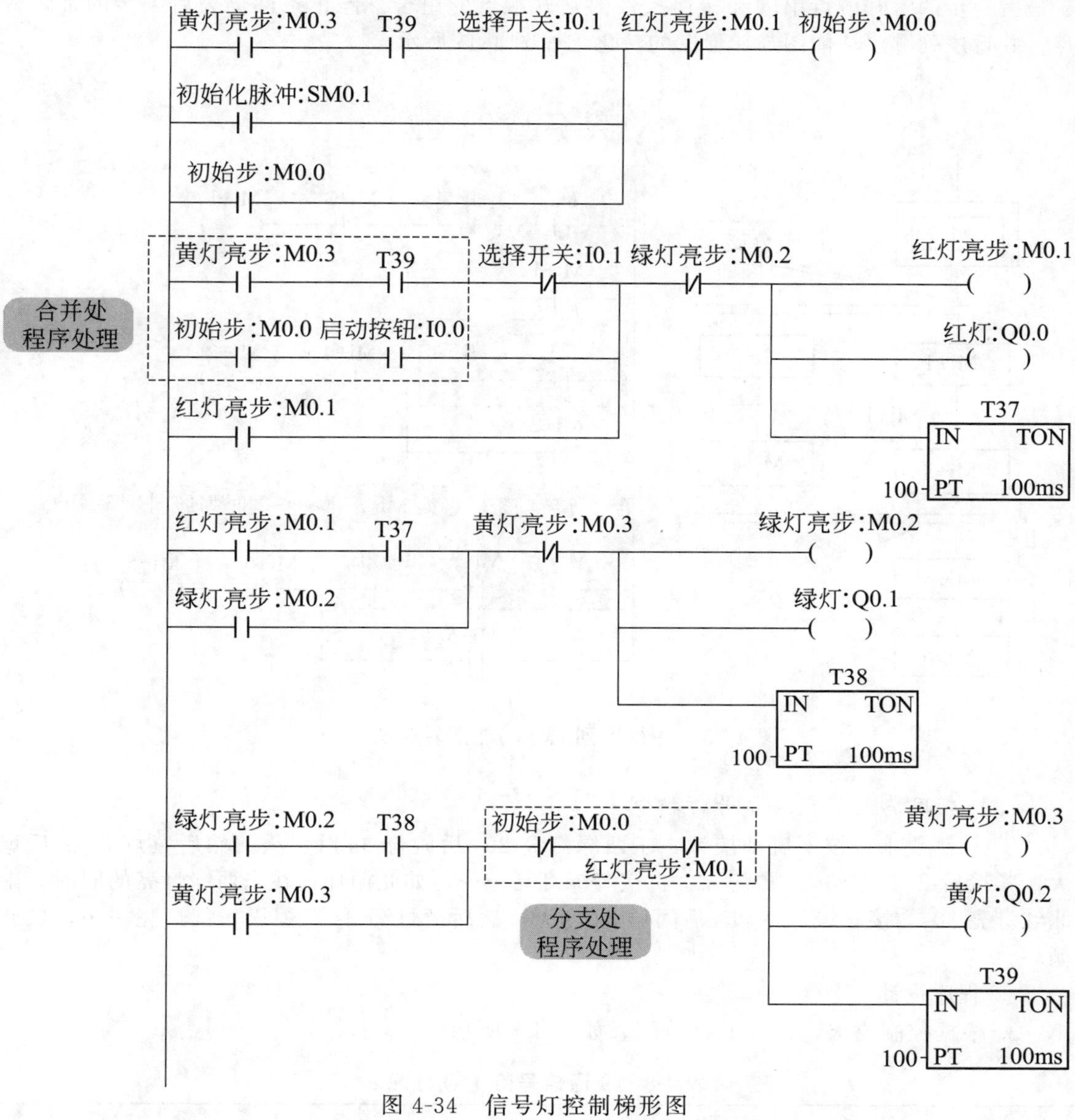

图 4-34　信号灯控制梯形图

4.4.3　并列序列编程

(1) 分支处编程

若并列程序某步后有 N 条并列分支，若转换条件满足，则并列分支的第一步同时被激活。这些并列分支第一步的启动条件均相同，都是前级步的常开触点与转换条件的常开触点组成的串联电路，不同的是各个并列分支的停止条件。以串入各自后续步的常闭触点作为停止条件。并行序列顺序功能图与梯形图的转化，如图 4-35 所示。

(2) 合并处编程

对于并行程序的合并，若某步之前有 N 分支，即有 N 条分支进入该步，则并列分支的最后一步同时为 1，且转换条件满足，方能完成合并。因此合并处的启动电路为所有并列分支最后一步的常开触点串联和转换条件的常开触点的组合。停止条件仍为后续步的常闭触点。并行序列顺序功能图与梯形图的转化，如图 4-35 所示。

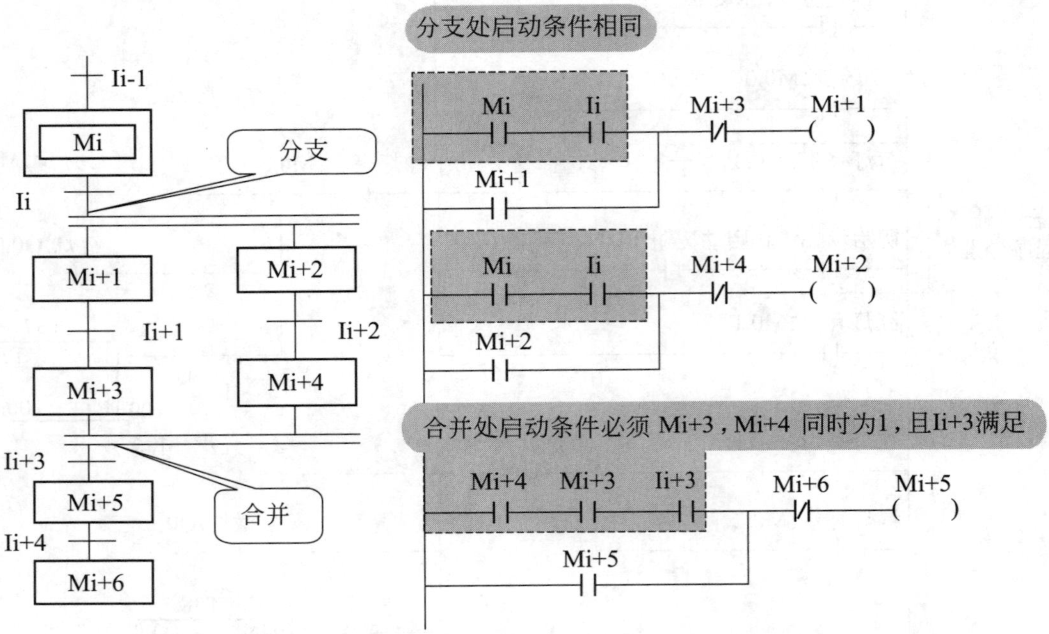

图 4-35　并行序列顺序功能图转化为梯形图

（3）应用举例：交通信号灯控制

① 控制要求：按下启动按钮，东西绿灯亮 25s 后闪烁 3s 后熄灭，然后黄灯亮 2s 后熄灭，紧接着红灯亮 30s 后再熄灭，再接着绿灯亮……，如此循环；在东西绿灯亮的同时，南北红灯亮 30s，接着绿灯亮 25s 后闪烁 3s 熄灭，然后黄灯亮 2s 后熄灭，红灯亮……，如此循环。

② 程序设计

a. 根据控制要求，进行 I/O 分配，如表 4-8 所示

表 4-8　交通信号灯 I/O 分配表

输入量		输出量	
启动按钮	I0.0	东西绿灯	Q0.0
停止按钮	I0.1	东西黄灯	Q0.1
		东西红灯	Q0.2
		南北绿灯	Q0.3
		南北黄灯	Q0.4
		南北红灯	Q0.5

b. 根据控制要求，绘制顺序功能图，如图 4-36 所示。

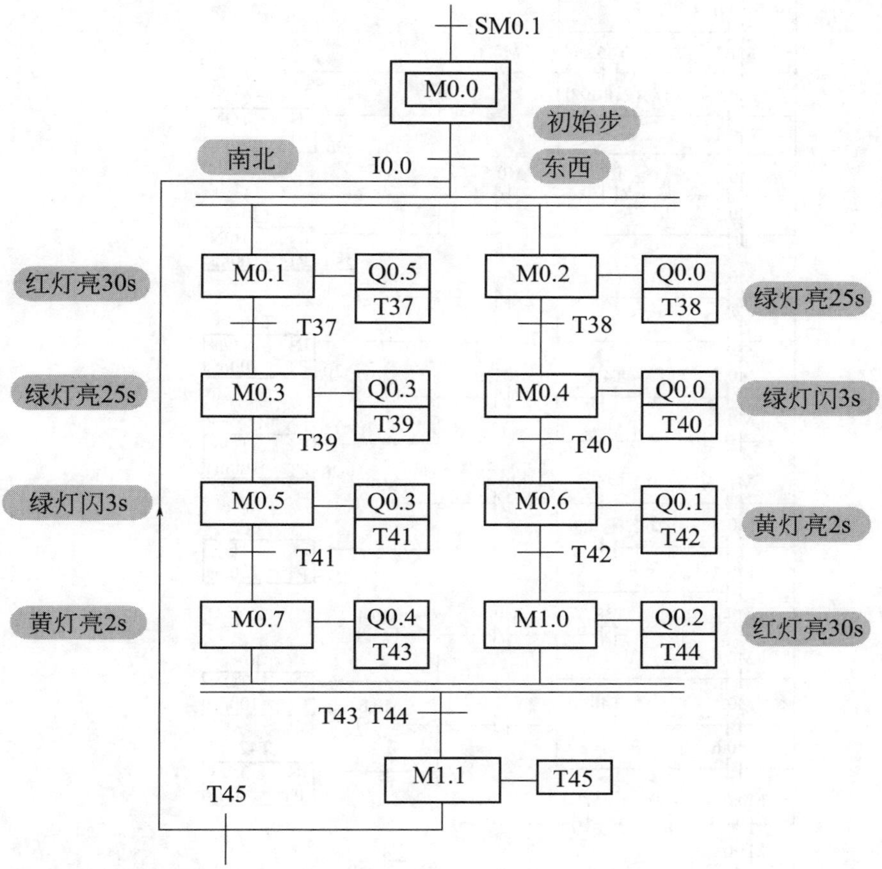

图 4-36　交通灯控制顺序功能图

c. 将顺序功能图转化为梯形图，如图 4-37 所示。

③ 交通信号灯控制顺序功能图转化梯形图过程分析

a. 并行序列分支处的处理方法：图 4-36 中步 M0.0 之后有一个并列序列的分支，设 M0.0 为活动步且 I0.0 为 1 时，则 M0.1，M0.2 步同时激活，故 M0.1，M0.2 的启动条件相同，都为 M0.0・I0.0；停止条件不同，M0.1 的停止条件 M0.1 步需串 M0.3 的常闭触点，M0.2 的停止条件 M0.2 步需串 M0.4 的常闭触点。M1.1 后也有 1 个并列分支，道理与 M0.0 步相同，这里不再赘述。

b. 并行序列合并处的处理方法：图 4-36 中步 M1.1 之前有 1 个并行序列的合并，当 M0.7，M1.0 同时为活动步且转换条件 T43・T44 满足，M1.1 应变为活动步，即 M1.1 的启动条件为 M0.7・M1.0・T43・T44，停止条件为 M1.1 步中应串入 M0.1 和 M0.2 的常闭触点。这里的 M1.1 比较特殊，它既是并行分支又是并行合并，故启动和停止条件有些特别。附带指出 M1.1 步本应没有，出于编程方便考虑，设置此步，T45 的时间非常短，仅为 0.1s，因此不影响程序的整体。

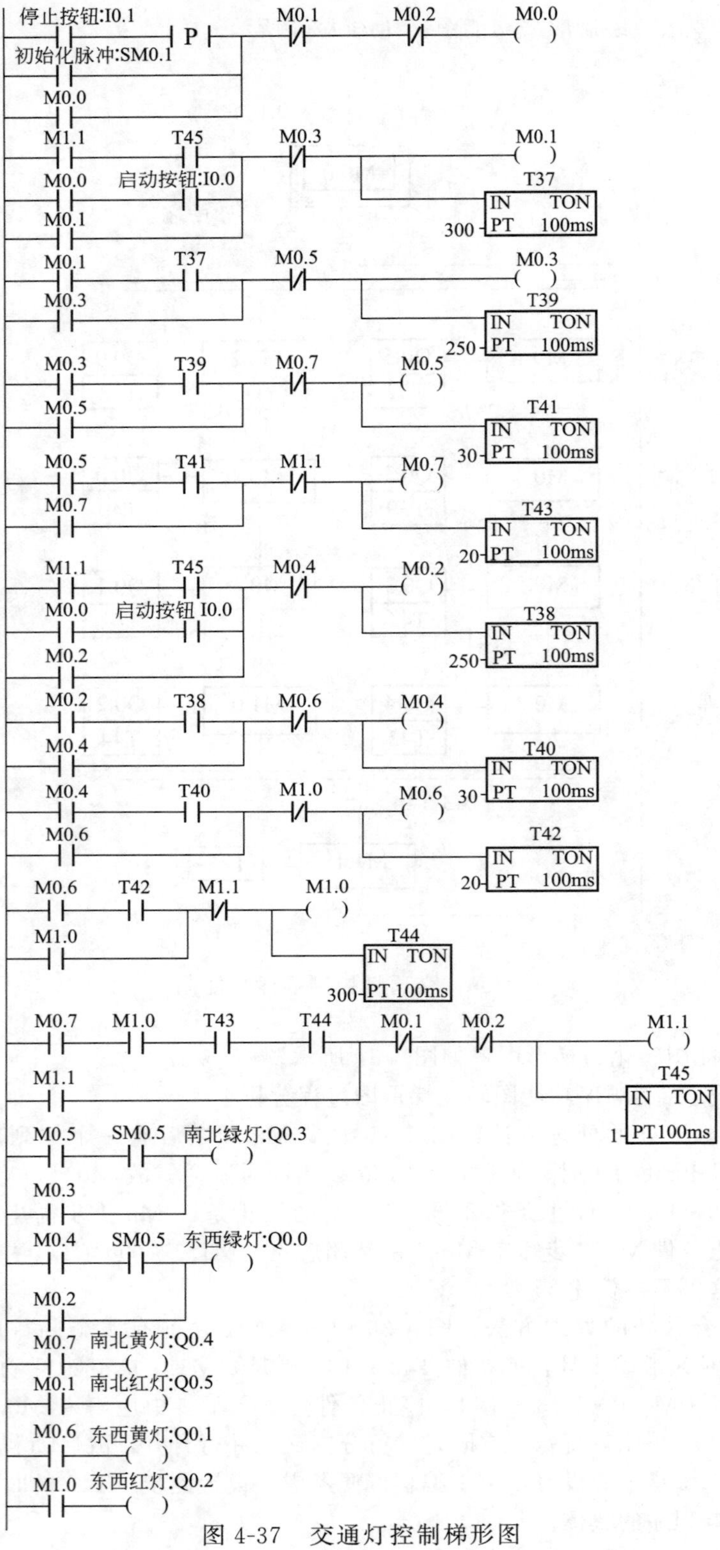

图 4-37　交通灯控制梯形图

4.5 置位复位指令编程法

置位复位指令编程法，其中间编程元件仍为辅助继电器 M，当前级步为活动步且满足转换条件的情况下，后续步被置位，同时前级步被复位。

需要说明，置位复位指令也称以转换为中心的编程法，其中有一个转换就对应有一个置位复位电路块，有多少个转换就有多少个这样电路块。

4.5.1 单序列编程

（1）单序列顺序功能图与梯形图的对应关系

单序列顺序功能图与梯形图的对应关系，如图 4-38 所示。在图 4-38 中，当 Mi-1 为活动步，且转换条件 Ii 满足，Mi 被置位，同时 Mi-1 被复位，因此将 Mi-1 和 Ii 的常开触点组成的串联电路作为 Mi 步的启动条件，同时它有作为 Mi-1 步的停止条件。这里只有一个转换条件 Ii，故仅有一个置位复位电路块。

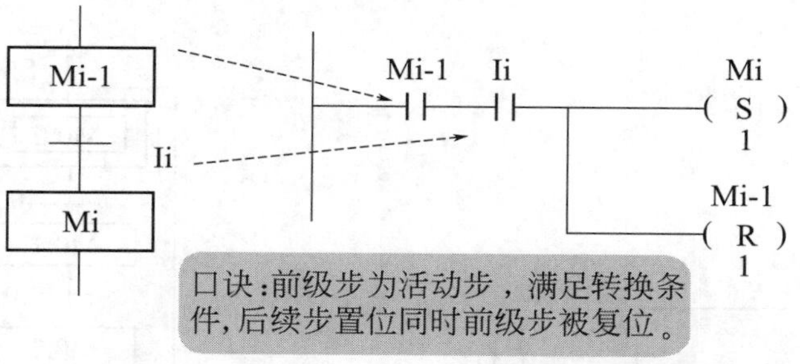

图 4-38 置位复位指令顺序功能图与梯形图的转化

需要说明，输出继电器 Qi 线圈不能与置位、复位指令直接并联，原因在于 Mi－1 与 Ii 常开触点组成的串联电路接通时间很短，当转换条件满足后，前级步立即复位，而输出继电器至少应在某步为活动步的全部时间内接通。处理方法：用所需步的常开触点驱动输出线圈 Qi，如图 4-39 所示。

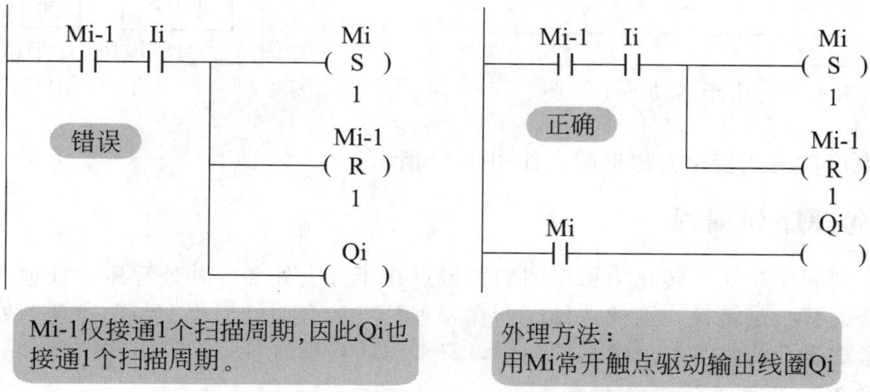

图 4-39 置位复位指令编程方法注意事项

（2）应用举例：小车自动控制

① 控制要求：如图 4-40 所示，是某小车运动的示意图。设小车初始状态停在轨道的中

间位置，中限位开关 SQ1 为 1 状态。按下启动按钮 SB1 后，小车左行，当碰到左限位开关 SQ2 后，开始右行；当碰到右限位开关 SQ3 时，停止在该位置，2s 后开始左行；当碰到左限位开关 SQ2 后，小车右行返回初始位置，当碰到中限位开关 SQ1，小车停止运动。

② 程序设计

a. I/O 分配：根据任务控制要求，对输入/输出量进行 I/O 分配，如表 4-9 所示。

表 4-9　小车自动控制 I/O 分配表

输入量		输出量	
中限位 SQ1	I0.0	左行	Q0.0
左限位 SQ2	I0.1	右行	Q0.1
右限位 SQ3	I0.2		
启动按钮 SB1	I0.3		

b. 根据具体的控制要求绘制顺序功能图，如图 4-41 所示。

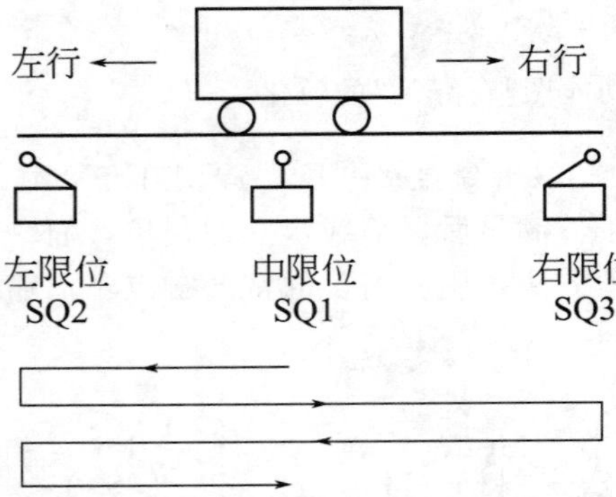

图 4-40　小车运动的示意图

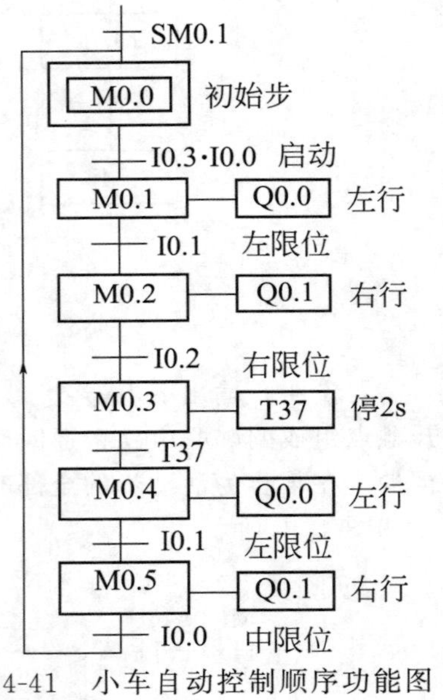

图 4-41　小车自动控制顺序功能图

c. 将顺序功能图转化为梯形图，如图 4-42 所示。

4.5.2　选择序列编程

选择序列顺序功能图转化为梯形图的关键点在于分支处和合并处程序的处理，置位复位指令编程法的核心是转换，因此选择序列在处理分支和合并处编程上与单序列的处理方法一致，无需考虑多个前级步和后续步的问题，只考虑转换即可。

应用举例：两种液体混合控制

两种液体混合控制系统，如图 4-43 所示。

① 系统控制要求

a. 初始状态　容器为空，阀 A～阀 C 均为 OFF，液面传感器 L1、L2、L3 均为 OFF，

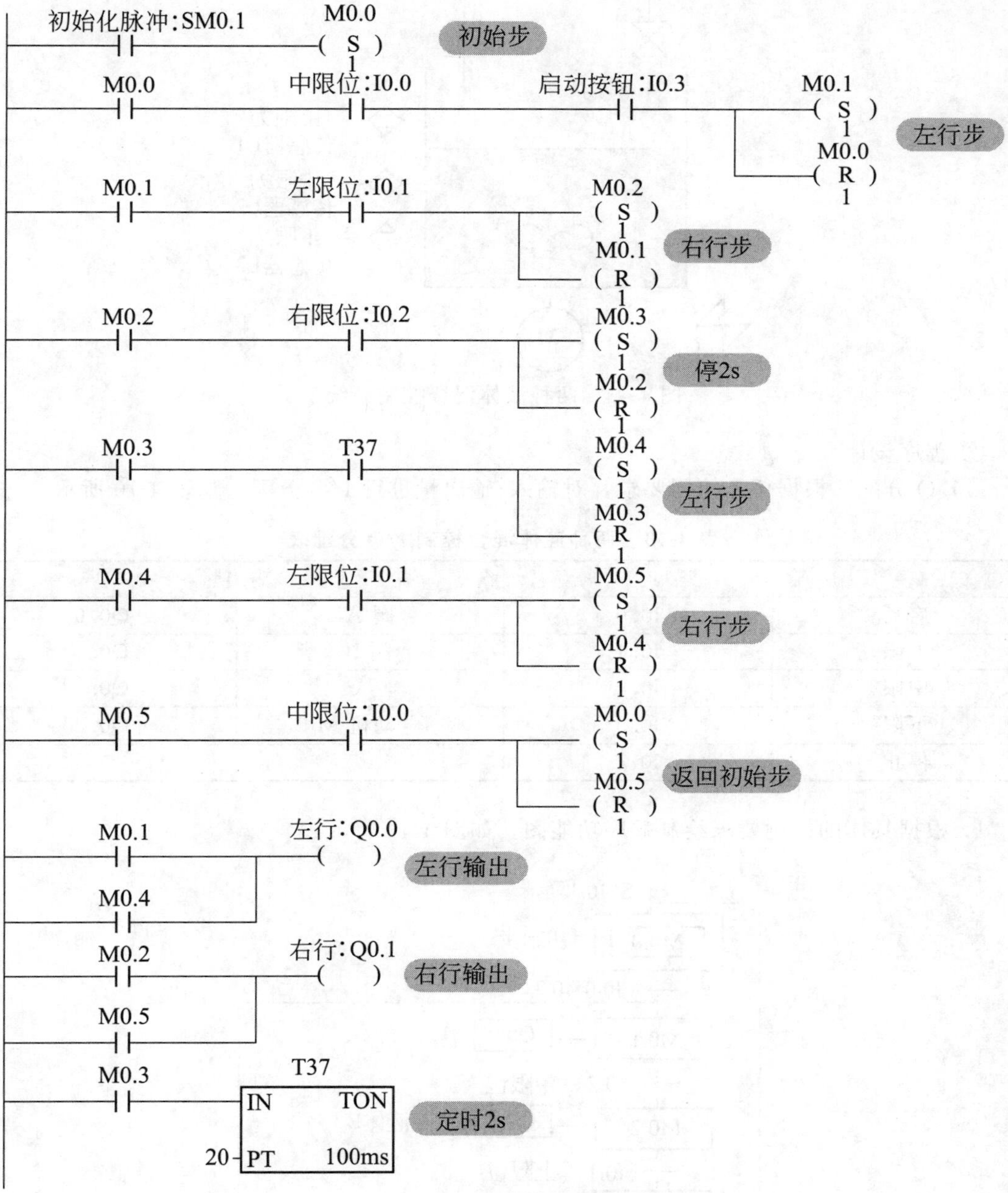

图 4-42　小车运动控制梯形图

搅拌电动机 M 为 OFF。

b. 启动运行　按下启动按钮后，打开阀 A，注入液体 A；当液面到达 L2（L2＝ON）时，关闭阀 A，打开阀 B，注入 B 液体；当液面到达 L1（L1＝ON）时，关闭阀 B，同时搅拌电动机 M 开始运行搅拌液体，30s 后电动机停止搅拌，阀 C 打开放出混合液体；当液面降至 L3 以下（L1＝L2＝L3＝OFF）时，再过 6s 后，容器放空，阀 C 关闭，打开阀 A，又开始了下一轮的操作。

c. 按下停止按钮，系统完成当前工作周期后停在初始状态。

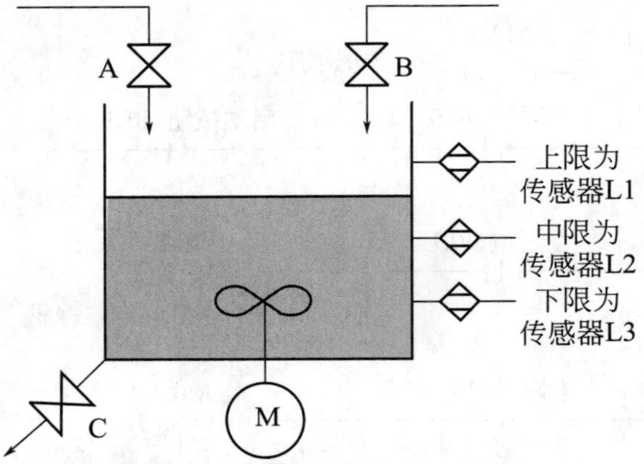

图 4-43　两种液体混合控制系统

② 程序设计

a. I/O 分配　根据任务控制要求，对输入/输出量进行 I/O 分配，如表 4-10 所示。

表 4-10　两种液体混合控制 I/O 分配表

输入量		输出量	
启动	I0. 0	阀 A	Q0. 0
上限	I0. 1	阀 B	Q0. 1
中限	I0. 2	阀 C	Q0. 2
下限	I0. 3	电动机 M	Q0. 3
停止	I0. 4		

b. 根据具体的控制要求绘制顺序功能图，如图 4-44 所示。

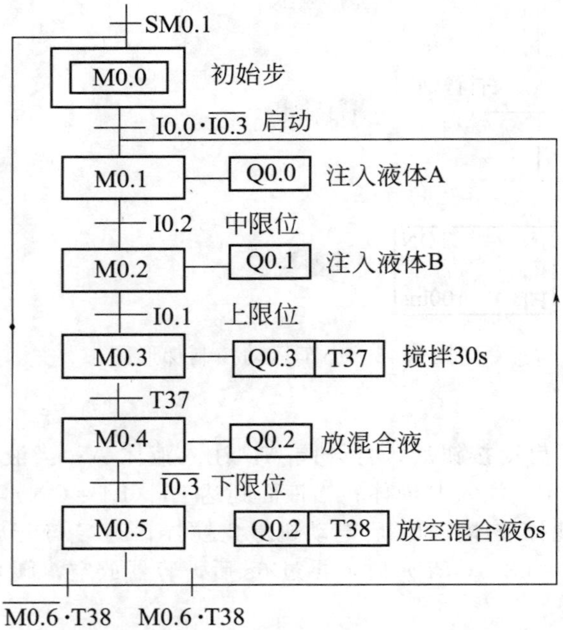

图 4-44　两种液体混合控制系统的顺序功能图

c. 将顺序功能图转换为梯形图，如图 4-45 所示。

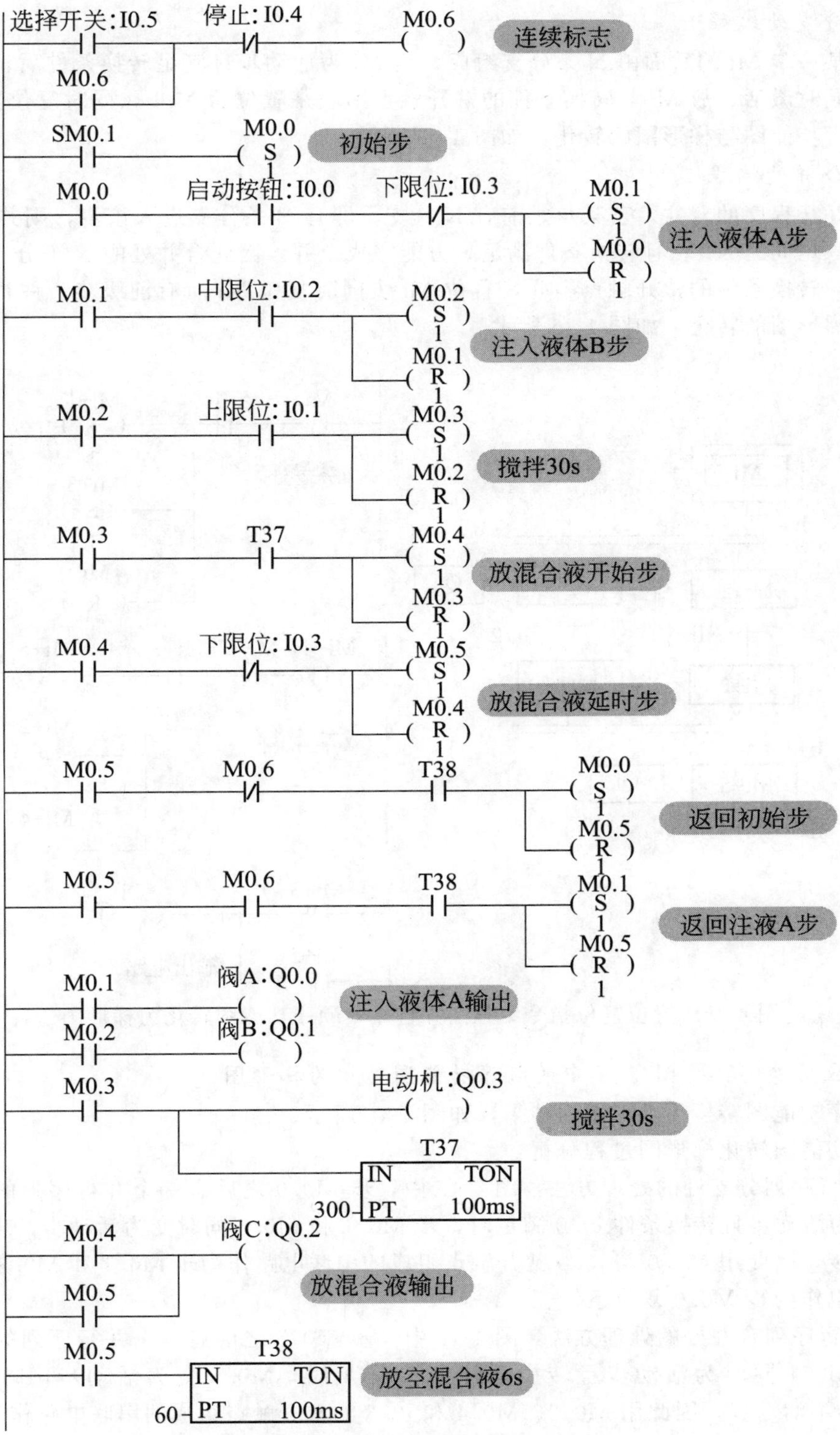

图 4-45　两种液体混合控制梯形图

4.5.3 并列序列编程

(1) 分支处编程

如果某一步 Mi 的后面由 N 条分支组成，当 Mi 为活动步且满足转换条件后，其后的 N 个后续步同时激活，故 Mi 与转换条件的常开触点串联来置位后 N 步，同时复位 Mi 步。并行序列顺序功能图与梯形图的转化，如图 4-46 所示。

(2) 合并处编程

对于并行程序的合并，若某步之前有 N 分支，即有 N 条分支进入该步，则并列 N 个分支的最后一步同时为 1，且转换条件满足，方能完成合并。因此合并处的 N 个分支最后一步常开触点与转换条件的常开触点串联，置位 Mi 步同时复位 Mi 所有前级步。并行序列顺序功能图与梯形图的转化，如图 4-46 所示。

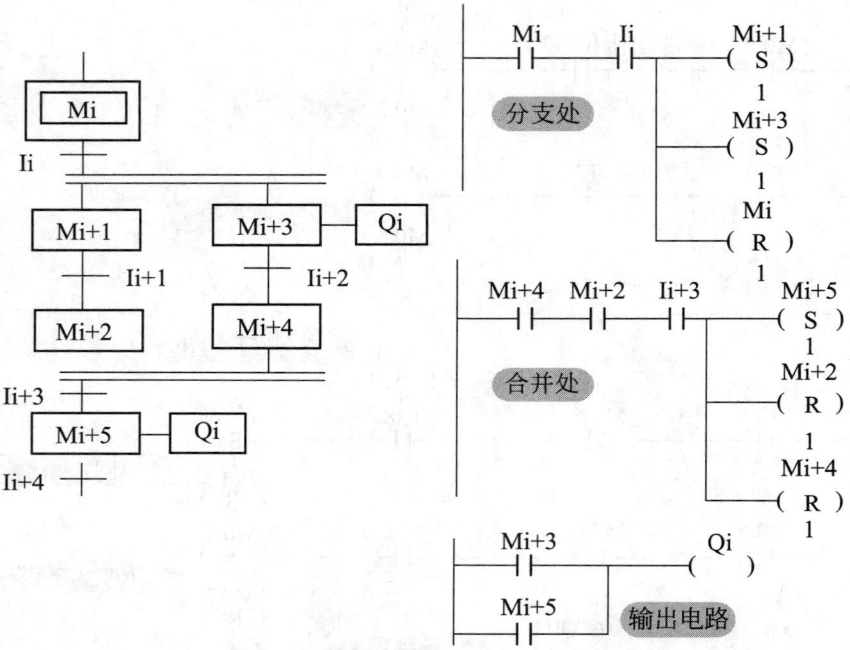

图 4-46 置位复位指令编程法并行序列顺序功能图转化为梯形图

(3) 应用举例：将图 4-47 中的顺序功能图转化为梯形图

将顺序功能图转换为梯形图的结果，如图 4-48 所示。

顺序功能图转化梯形图过程分析：

① 并行序列分支处的处理方法：图 4-47 中，步 M0.0 之后有一个并行序列的分支，当步 M0.0 为活动步且转换条件 I0.0 满足时，步 M0.1 和 M0.3 同时变为活动步，步 M0.0 变为不活动步，因此用 M0.0 与 I0.0 常开触点组成的串联电路作为步 M0.1 和 M0.3 的置位条件，同时也作为步 M0.0 复位条件。

② 并行序列合并处的处理方法：图 4-47 中，步 M0.5 之前有一个并行序列的合并，当 M0.2 和 M0.4 同时为活动步且转换条件 I0.3 满足时，M0.5 变为活动步，同时 M0.2、M0.4 变为不活动步，因此用 M0.2、M0.4 和 I0.3 的常开触点组成的串联电路作为步 M0.5 的置位条件和步 M0.2、M0.4 的复位条件。

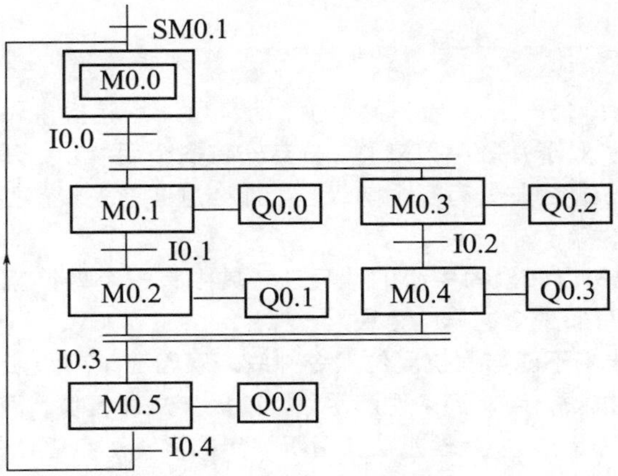

图 4-47　顺序功能图

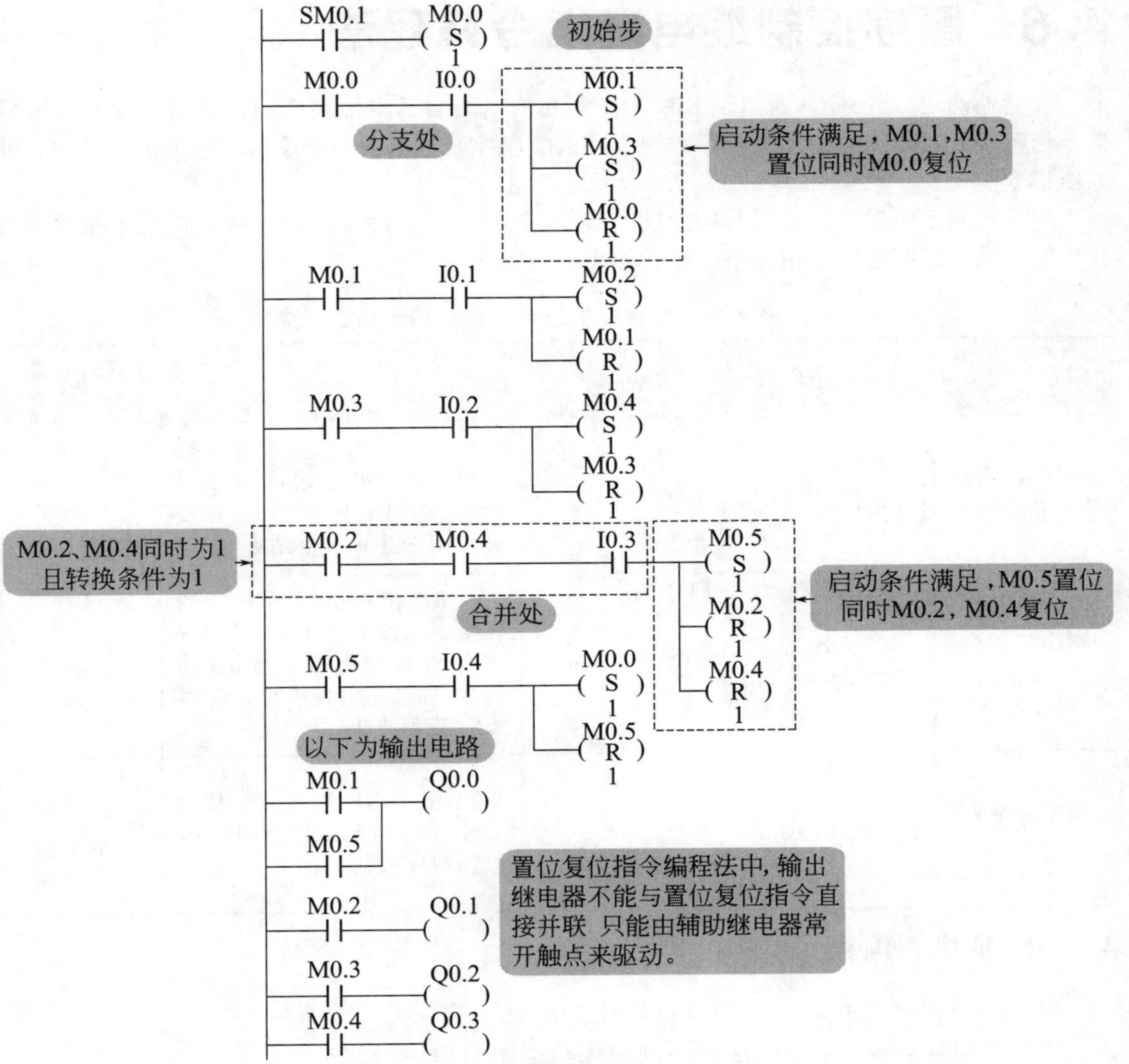

图 4-48　并行序列顺序功能图转化为梯形图

重点提示

1. 使用置位复位指令编程法，当前级步为活动步且满足转换条件的情况下，后续步被置位，同时前级步被复位；对于并联序列来说，分支处有多个后续步，那么这些后续步都同时置位，仅有 1 个前级步复位；合并处有多个前级步，那么这些前级步都同时复位，仅有 1 个后续步置位。

2. 置位复位指令也称以转换为中心的编程法，其中有一个转换就对应有一个置位复位电路块，有多少个转换就有多少个这样电路块。

3. 输出继电器 Q 线圈不能与置位复位指令并联，原因在于前级步与转换条件常开触点组成的串联电路接通时间很短，当转换条件满足后，前级步立即复位，而输出继电器至少应在某步为活动步的全部时间内接通。 处理方法：用所需步的常开触点驱动输出线圈 Q。

4.6 顺序控制继电器指令编程法

与其他的 PLC 一样，西门子 S7-200PLC 也有一套自己专门编程法，即顺序控制继电器指令编程法，它用来专门编制顺序控制程序。顺序控制继电器指令编程法通常由顺序控制继电器指令实现。

顺序控制继电器指令不能与辅助继电器 M 联用，只能和状态继电器 S 联用才能实现顺控功能。顺序控制继电器指令指令格式如表 4-11 所示。

表 4-11 顺序控制继电器指令指令格式

指令名称	梯形图	语句表	功能说明	数据类型及操作数
顺序步开始指令	S bit ├─[SCR]	LSCR S bit	该指令标志着一个顺序控制程序段的开始，当输入为 1 时，允许 SCR 段动作，SCR 段必须用 SCRE 指令结束	BOOL,S
顺序步转换指令	S bit ├─(SCRT)	SCRT S bit	SCRT 指令执行 SCR 段的转换。当输入为 1 时，对应下一个 SCR 使能位被置位，同时本使能位被复位，即本 SCR 段停止工作	
顺序步结束指令	├─(SCRE)	SCRE	执行 SCRE 指令，结束由 SCR 开始到 SCRE 之间顺序控制程序段的工作	无

4.6.1 单序列编程

（1）单序列顺序功能图与梯形图的对应关系

顺序控制继电器指令编程法单序列顺序功能图与梯形图的对应关系，如图 4-49 所示。在图 4-49 中，当 Si-1 为活动步，Si-1 步开始，线圈 Qi-1 有输出；当转换条件 Ii 满足时，Si

被置位，即转换到下一步 Si 步，Si-1 步停止。对于单序列程序，每步都是这样的结构。

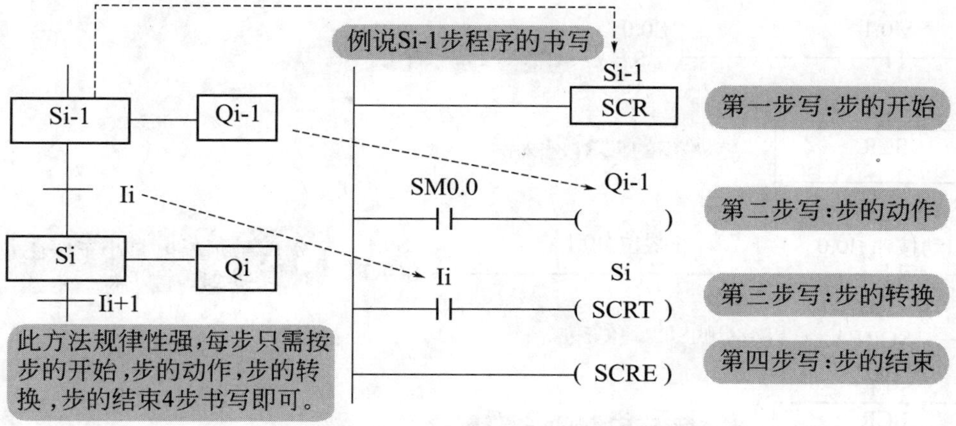

图 4-49　顺序控制继电器指令编程法顺序功能图与梯形图的转化

(2) 应用举例：小车控制

① 控制要求：如图 4-50 所示，是某小车运动的示意图。设小车初始状态停在轨道的左边，左限位开关 SQ1 为 1 状态。按下启动按钮 SB 后，小车右行，当碰到右限位开关 SQ2 后，停止 3s 后左行，当碰到左限位开关 SQ1 时，小车停止。

② 程序设计：

a. I/O 分配：根据任务控制要求，对输入/输出量进行 I/O 分配，如表 4-12 所示。

表 4-12　小车控制 I/O 分配表

输入量		输出量	
左限位 SQ1	I0.1	左行	Q0.0
右限位 SQ2	I0.2	右行	Q0.1
启动按钮 SB	I0.0		

b. 根据具体的控制要求绘制顺序功能图，如图 4-51 所示。

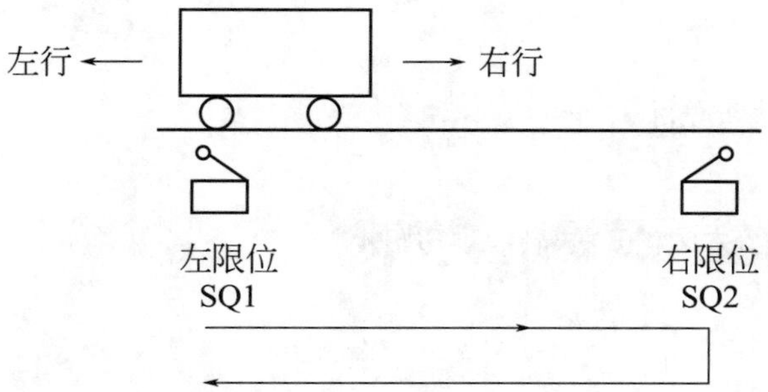

图 4-50　小车运动的示意图

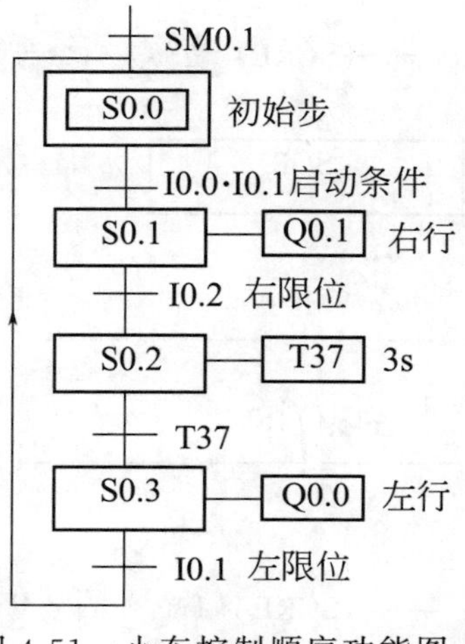

图 4-51　小车控制顺序功能图

c. 将顺序功能图转化为梯形图，如图 4-52 所示。

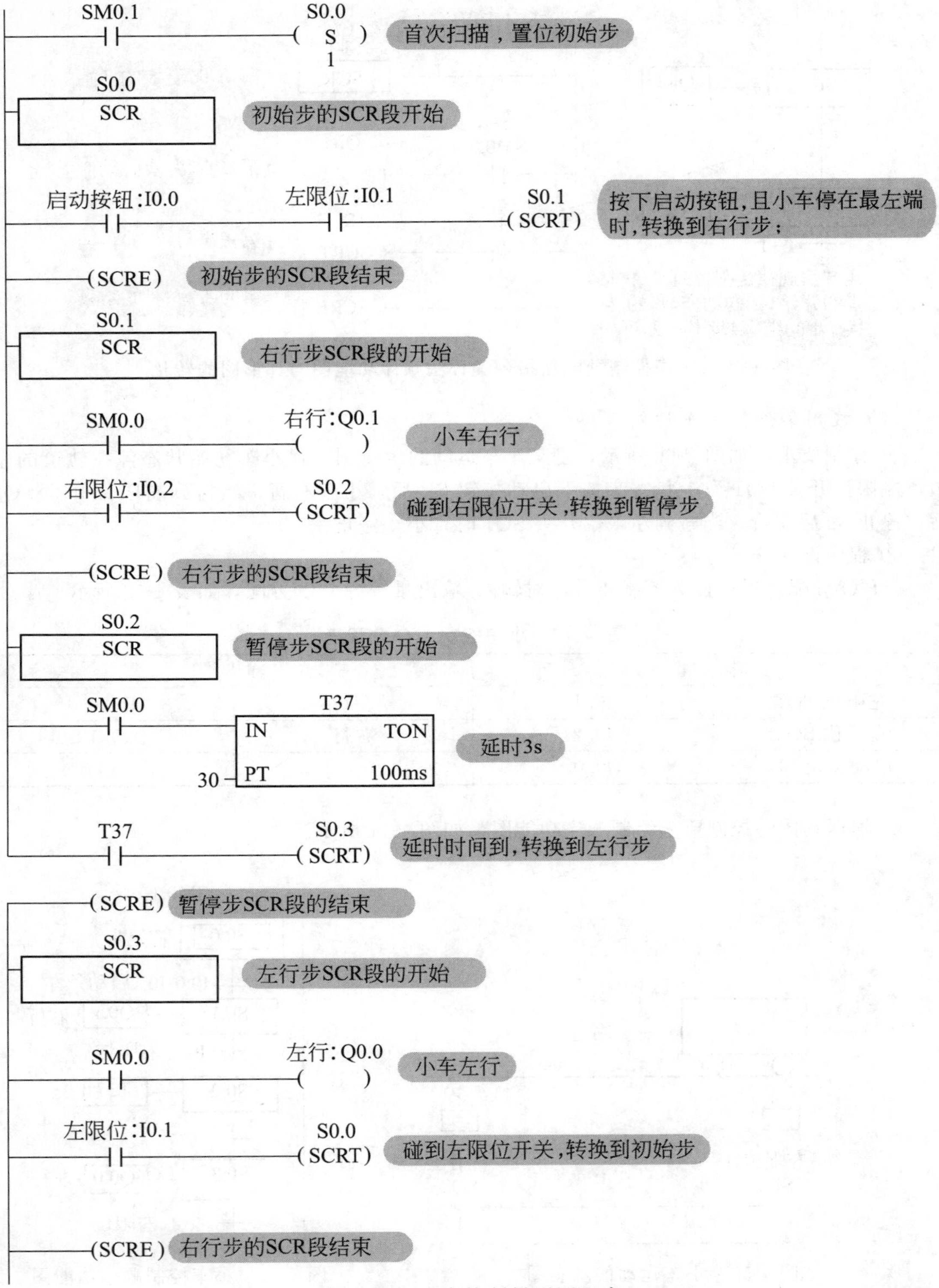

图 4-52　小车控制梯形图程序

4.6.2 选择序列编程

选择序列每个分支的动作由转换条件决定，但每次只能选择一条分支进行转移。

(1) 分支处编程

步进指令编程法选择序列分支处顺序功能图与梯形图的对应关系，如图 4-53 所示。

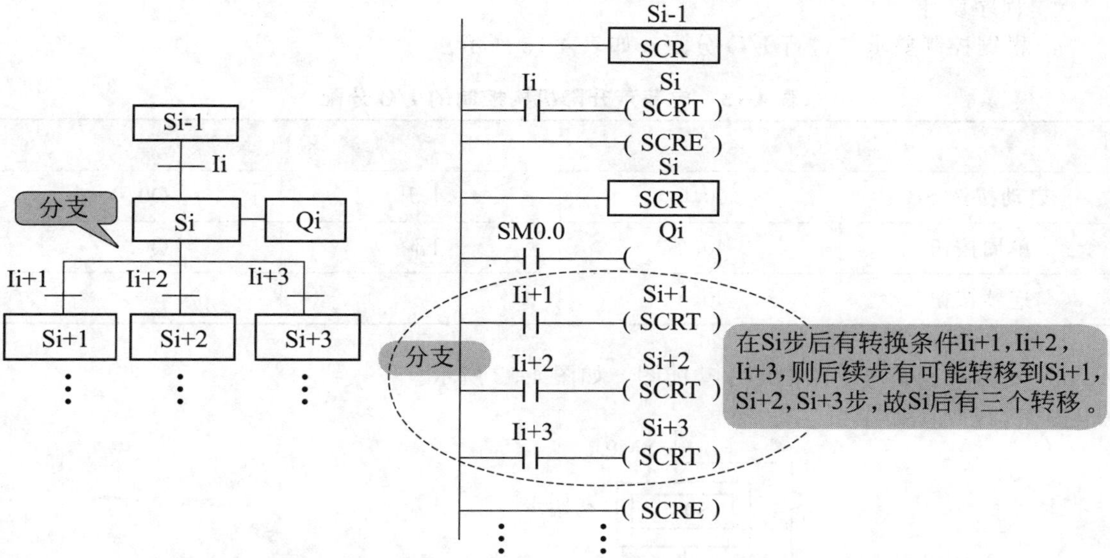

图 4-53 顺序控制继电器指令编程法分支处顺序功能图与梯形图的转化

(2) 合并处编程

步进指令编程法选择序列合并处顺序功能图与梯形图的对应关系，如图 4-54 所示。

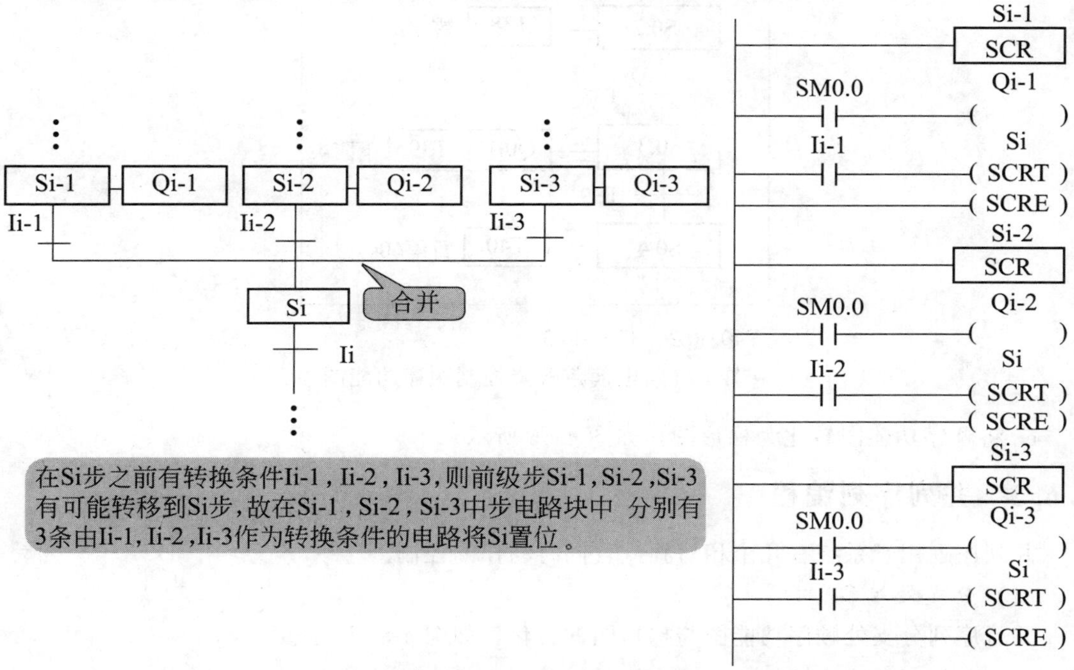

图 4-54 步进指令编程法合并处顺序功能图与梯形图的转化

(3) 应用举例：电葫芦升降机构控制

① 控制要求

a. 单周期：按下启动按钮，电葫芦执行“上升 4s→停止 6s→下降 4s→停止 6s”的运行，往复运动一次后，停在初始位置，等待下一次的启动；

b. 连续操作：按下启动按钮，电葫芦自动连续工作。

② 程序设计

a. 根据控制要求，进行 I/O 分配，如表 4-13 所示。

表 4-13 电葫芦升降机构控制的 I/O 分配

输入量		输出量	
启动按钮 SB	I0.0	上升	Q0.0
单周按钮	I0.2	下降	Q0.1
连续按钮	I0.3		

b. 根据控制要求，绘制顺序功能图，如图 4-55 所示。

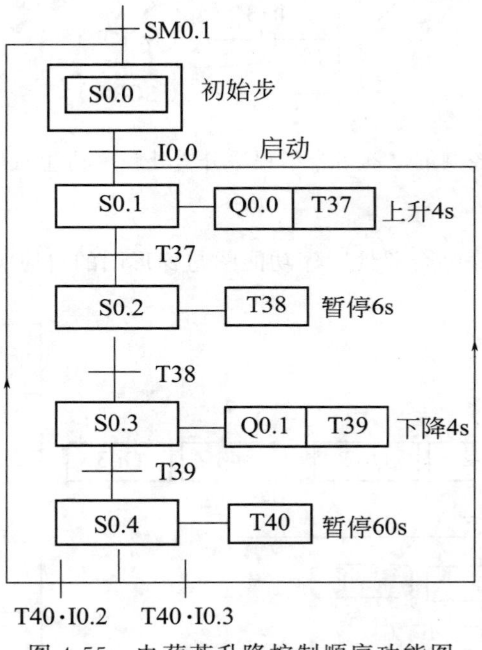

图 4-55 电葫芦升降控制顺序功能图

c. 将顺序功能图转化为梯形图，如图 4-56 所示。

4.6.3 并列序列编程

并列序列用于系统有几个相对独立且同时动作的控制。

(1) 分支处编程

并行序列分支处顺序功能图与梯形图的转化，如图 4-57 所示。

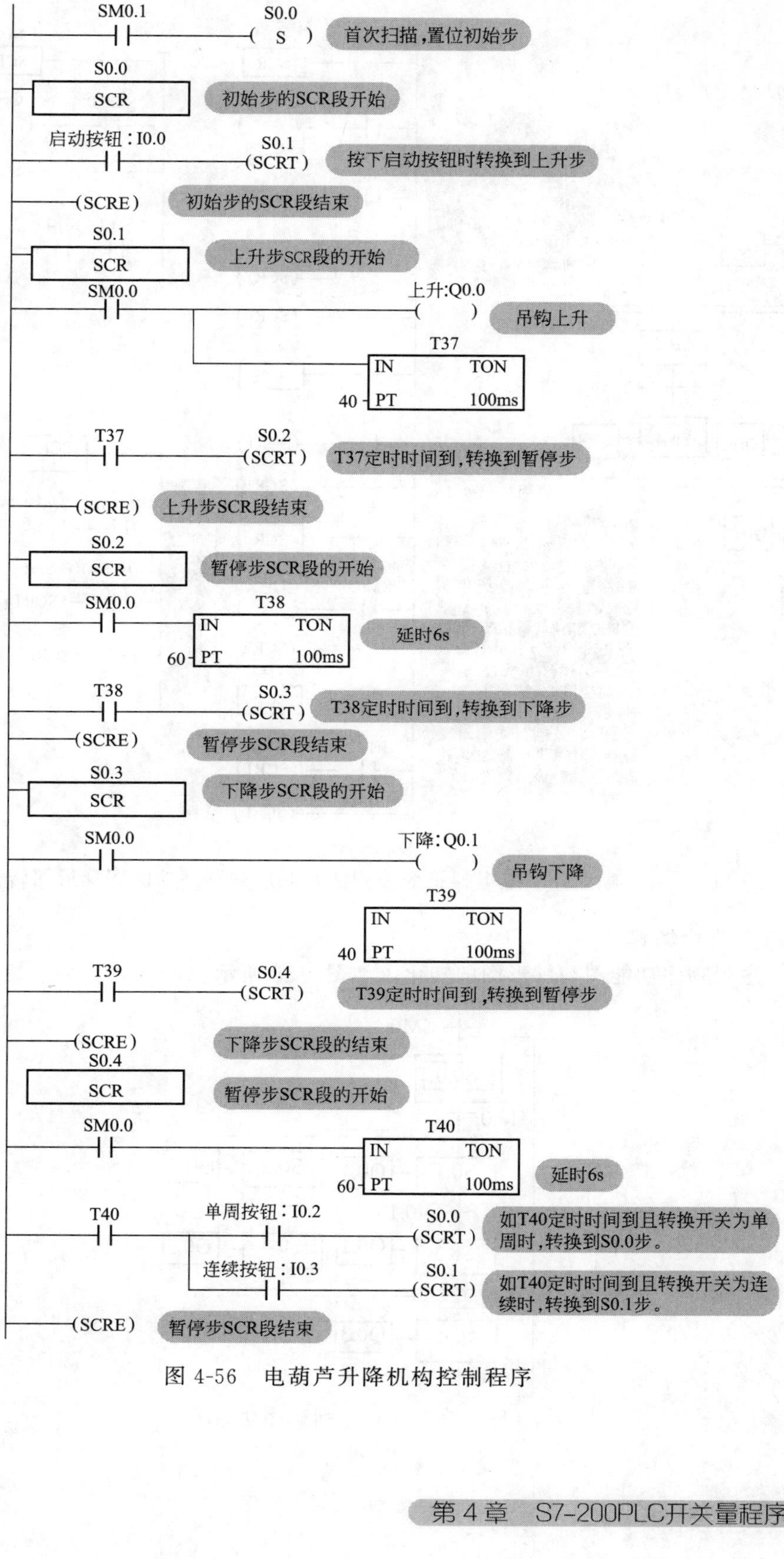

图 4-56　电葫芦升降机构控制程序

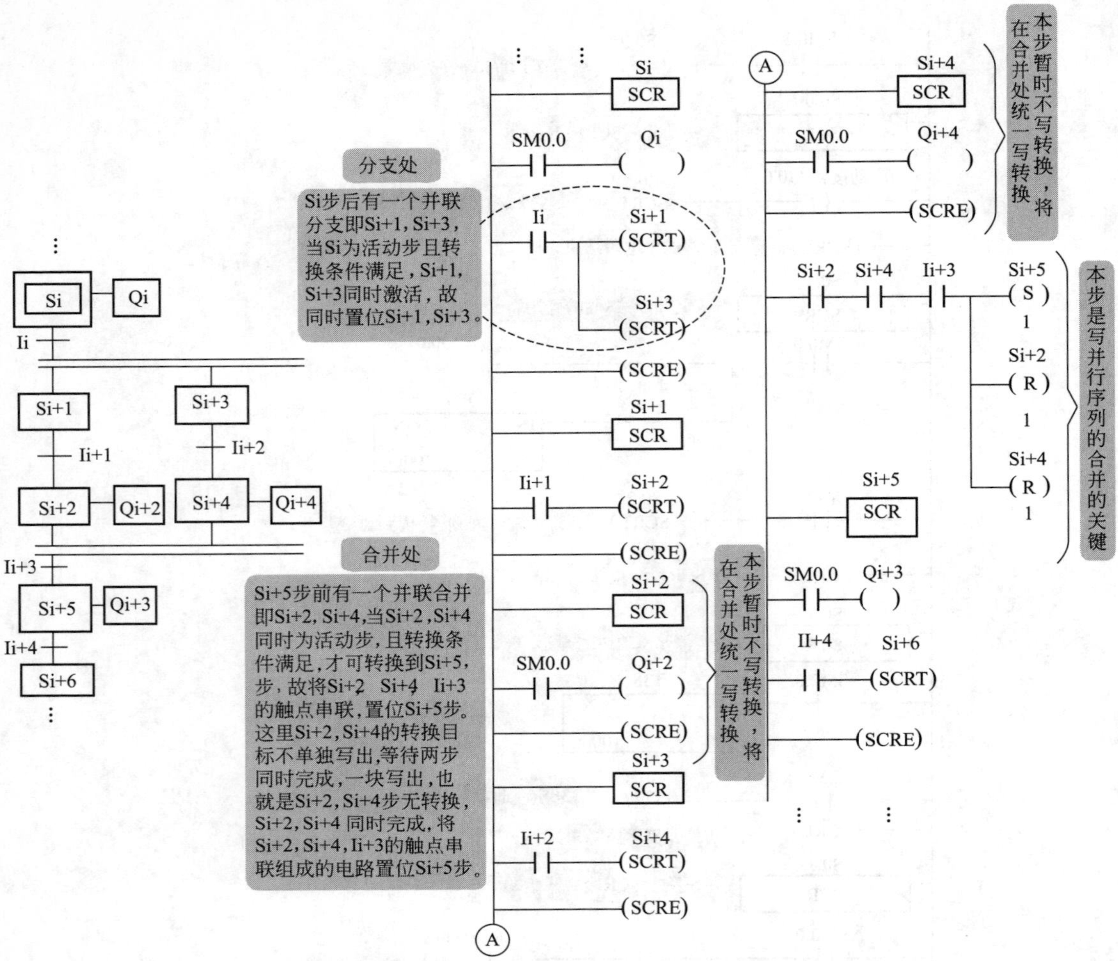

图 4-57 顺序控制继电器指令编程法并联序列顺序功能图梯形图转化

(2) 合并处编程

并行序列顺序功能图与梯形图的转化，如图 4-58 所示。

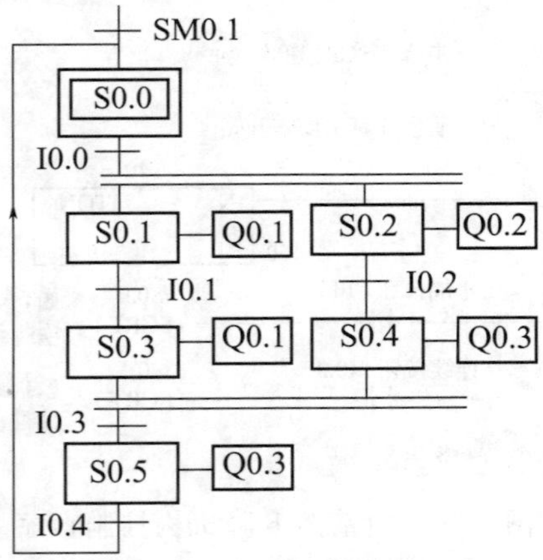

图 4-58 并行序列顺序功能图

（3）应用举例：将图 4-58 中的顺序功能图转化为梯形图

将图 4-58 顺序功能图转换为梯形图的结果，如图 4-59 所示。

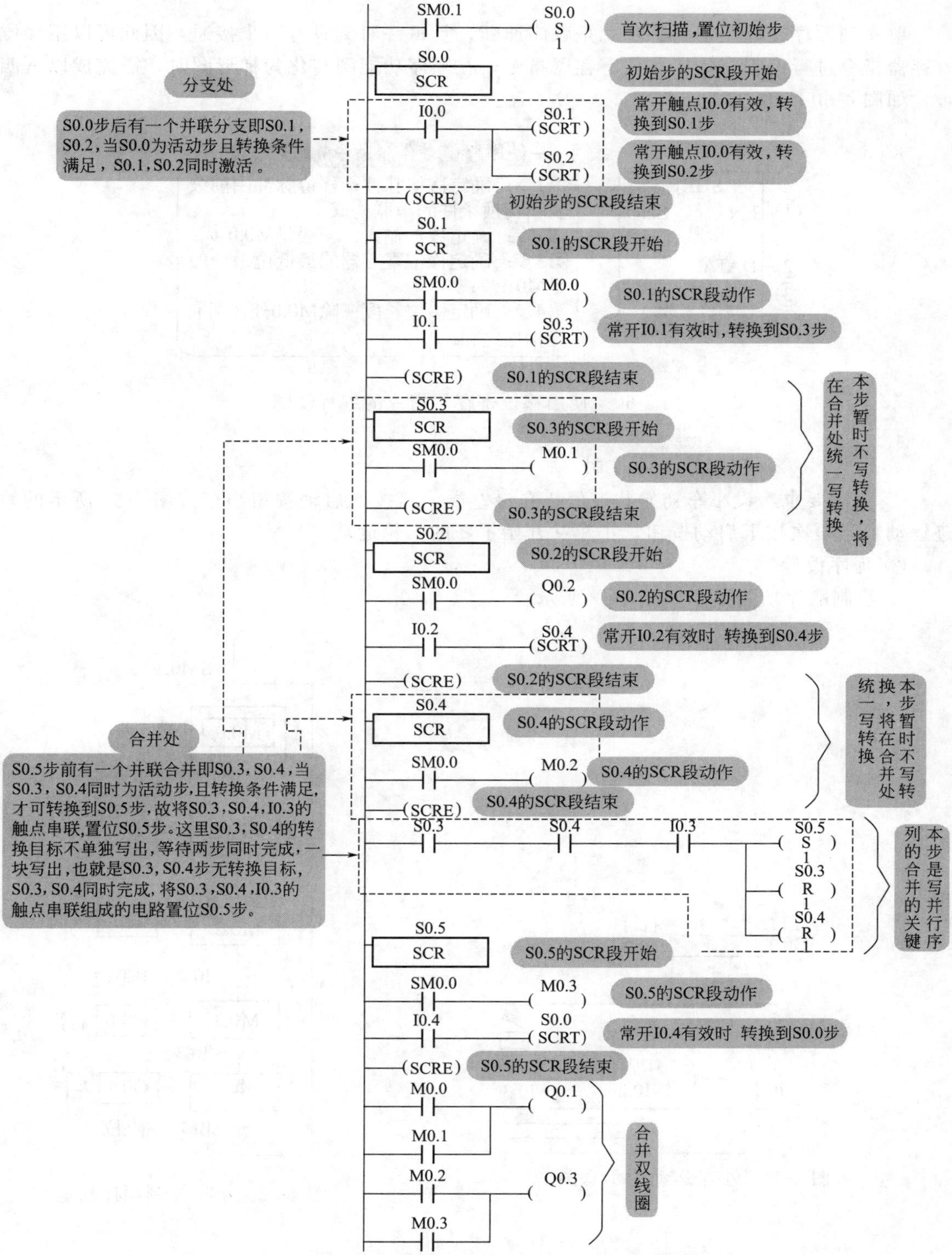

图 4-59 顺序控制继电器指令编程法并行序列梯形图

4.7 移位寄存器指令编程法

单序列顺序功能图中的各步总是顺序通断，且每一时刻只有一步接通，因此可以用移位寄存器指令进行编程。使用移位寄存器指令，在顺序功能图转化为梯形图时，需完成以下四步，如图 4-60 所示。

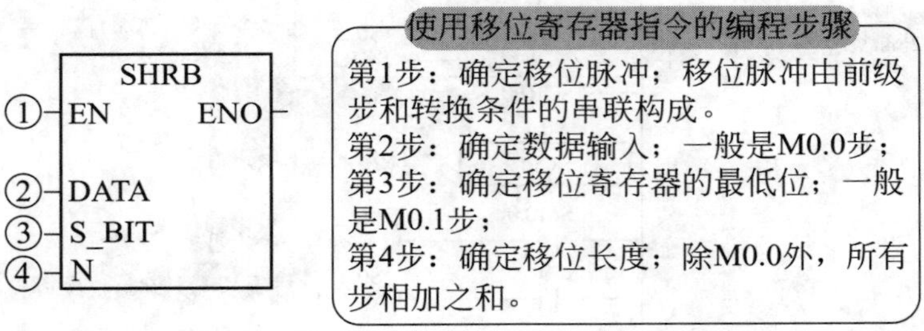

图 4-60　使用移位寄存器指令的编程步骤

应用举例：小车自动往返控制

① 控制要求：设小车初始状态停止在最左端，当按下启动按钮小车按图 4-61 所示的轨迹运动；当再次按下启动按钮，小车又开始了新的一轮运动。

② 程序设计：

a. 绘制顺序功能图，如图 4-62 所示。

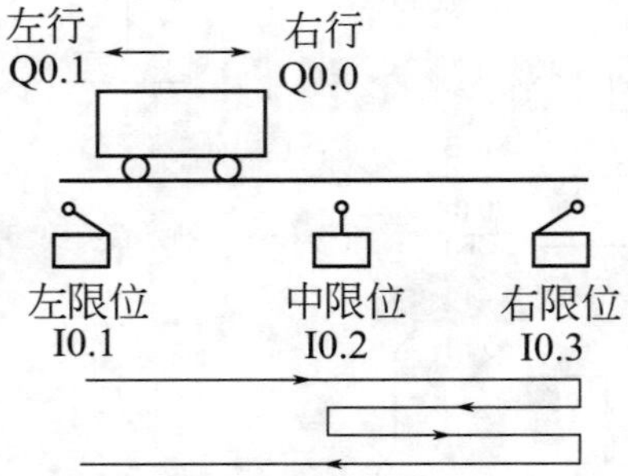

图 4-61　小车运动的示意图

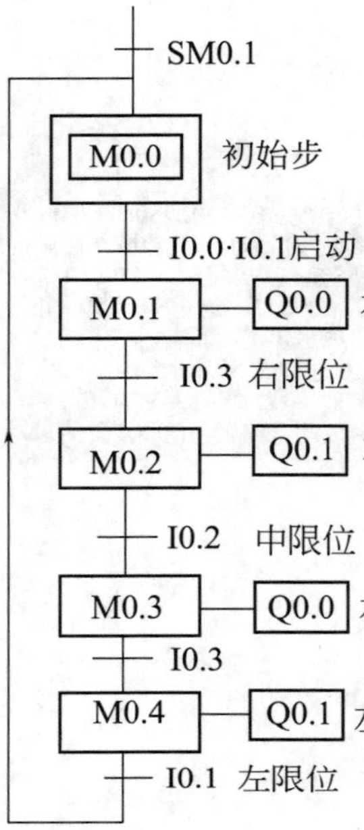

图 4-62　小车控制顺序功能图

b. 将顺序功能图转化为梯形图，如图 4-63 所示。

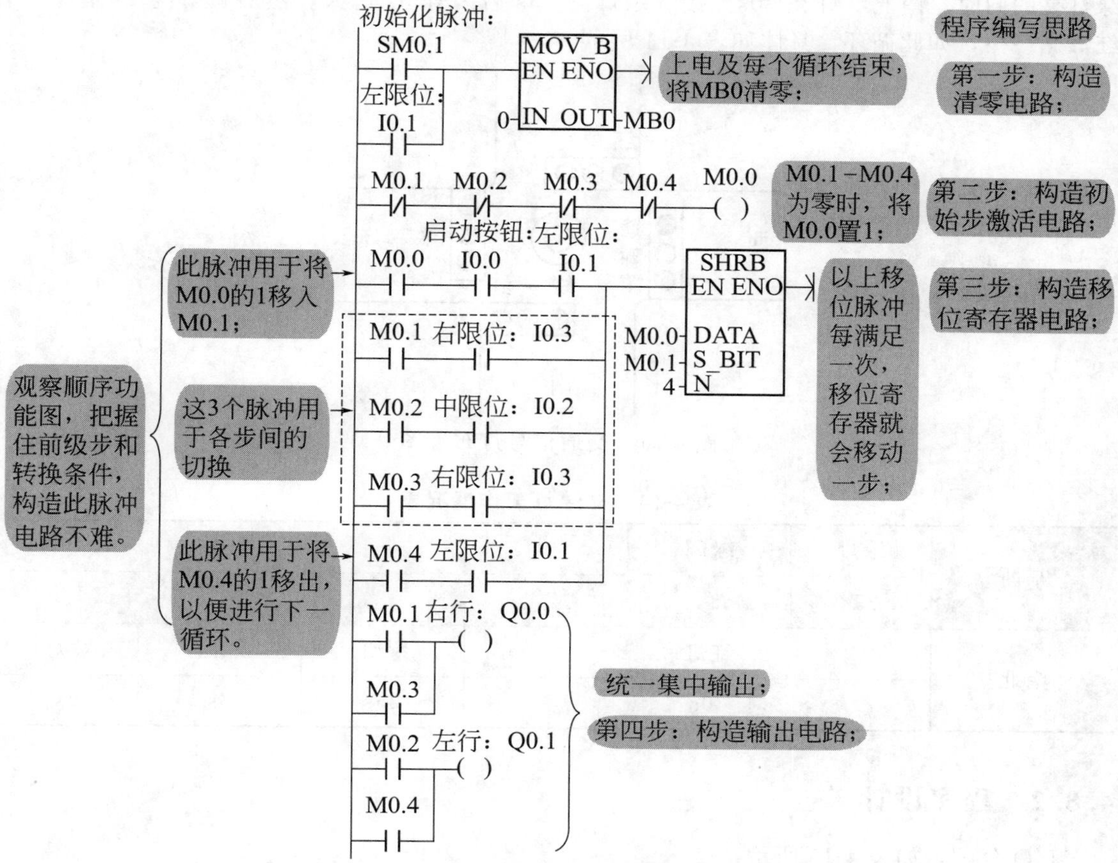

图 4-63　小车运动移位寄存器指令编程法梯形图

③ 程序解析：图 4-63 梯形图中，用 M0.1～M0.4 这 4 步代表右行、左行、再右行、再左行步。第 1 个网络用于程序的初始化和每个循环的结束将 M0.0～M0.4 清零；第 2 个网络用于激活初始步；第 3 个网络移位寄存器指令的输入端由若干个串联电路的并联分支组成，每条电路分支接通，移位寄存器指令都会移 1 步；以后是输出电路，某一动作在多步出现，可将各步的辅助继电器的常开触点并联之后驱动输出继电器线圈。

重点提示

注意移位寄存器指令编程法只适用于单序列程序，对于选择和并行序列程序来说，应该考虑前几节讲的方法。

4.8 交通信号灯程序设计

4.8.1 控制要求

交通信号灯布置如图 4-64 所示。按下启动按钮，东西绿灯亮 25s 后闪烁 3s 后熄灭，然后黄灯亮 2s 后熄灭，紧接着红灯亮 30s 后再熄灭，再接着绿灯亮……，如此循环；在东西绿灯亮的同时，南北红灯亮 30s，接着绿灯亮 25s 后闪烁 3s 熄灭，然后黄灯亮 2s 后熄灭，红灯亮……，如此循环，具体如表 4-14 所示。

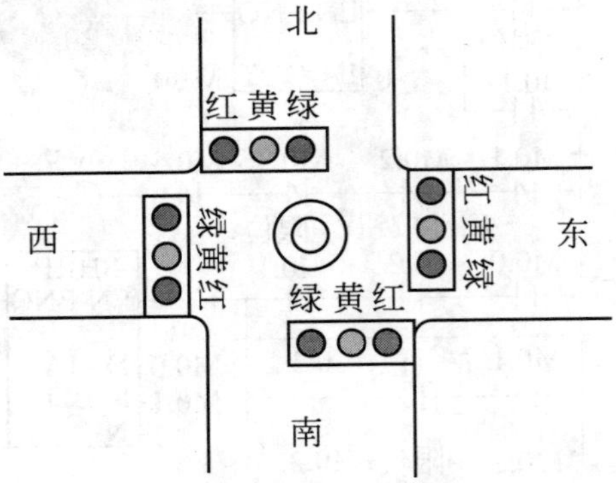

图 4-64　交通信号灯布置图

表 4-14　交通灯工作情况表

<table>
<tr><td rowspan="2">东西</td><td>绿灯</td><td>绿闪</td><td>黄灯</td><td colspan="3">红灯</td></tr>
<tr><td>25s</td><td>3s</td><td>2s</td><td colspan="3">30s</td></tr>
<tr><td rowspan="2">南北</td><td colspan="3">红灯</td><td>绿灯</td><td>绿闪</td><td>黄灯</td></tr>
<tr><td colspan="3">30s</td><td>25s</td><td>3s</td><td>2s</td></tr>
</table>

4.8.2　程序设计

I/O 分配，如表 4-15 所示。

表 4-15　交通信号灯 I/O 分配表

输入量		输出量	
启动按钮	I0.0	东西绿灯	Q0.0
停止按钮	I0.1	东西黄灯	Q0.1
		东西红灯	Q0.2
		南北绿灯	Q0.3
		南北黄灯	Q0.4
		南北红灯	Q0.5

(1) 解法一：经验设计法

从控制要求上看，此例编程规律不难把握，故采用了经验设计法。由于东西、南北交通灯工作规律完全一致，所以写出东西或南北这半程序，按照前一半规律另一半程序对应写出即可。首先构造启保停电路；接下来构造定时电路；最后根据输出情况写输出电路。具体程序如图 4-65 所示。

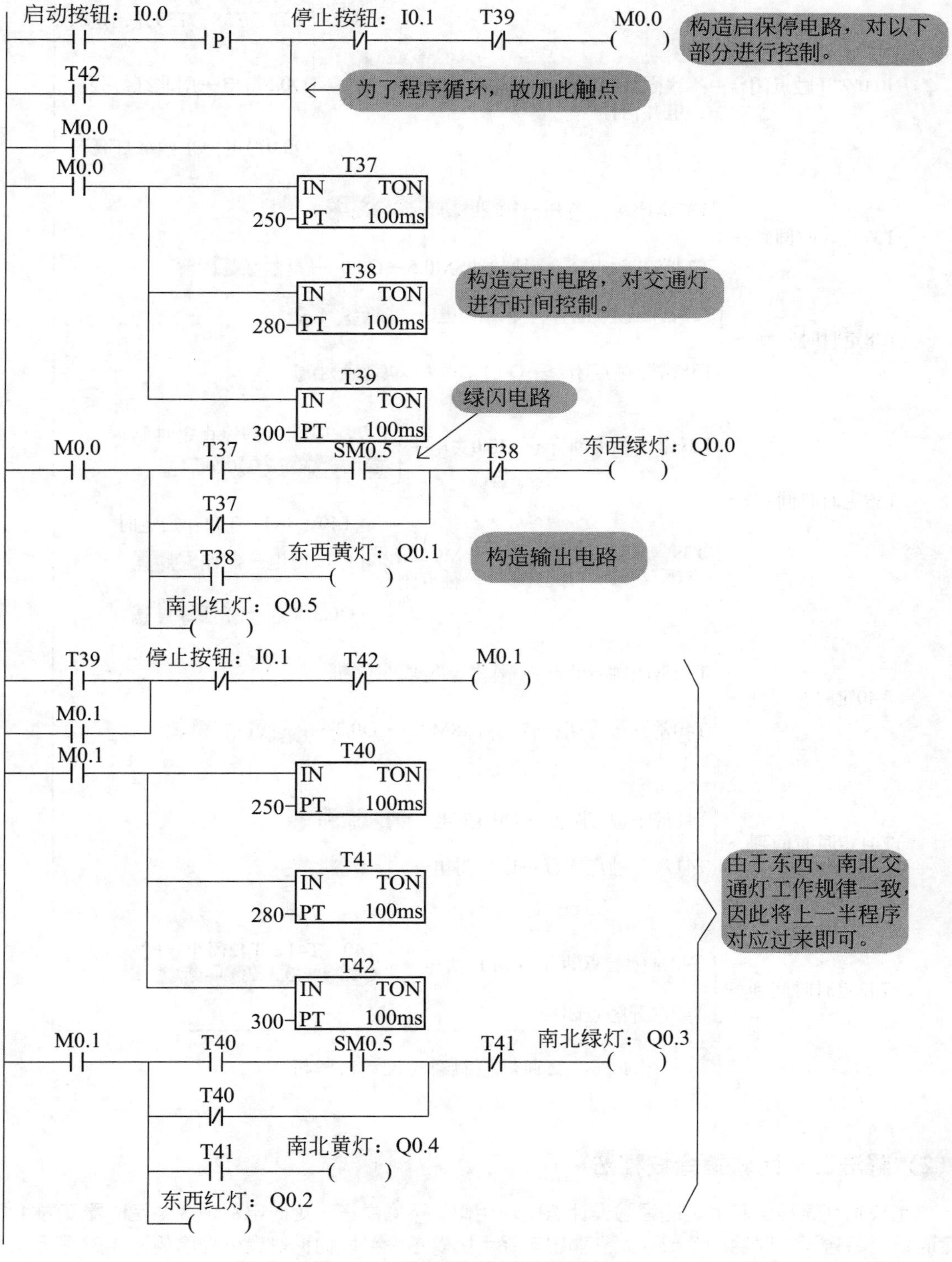

图 4-65　交通信号灯经验设计法

交通灯经验设计法程序解析如图 4-66 所示。

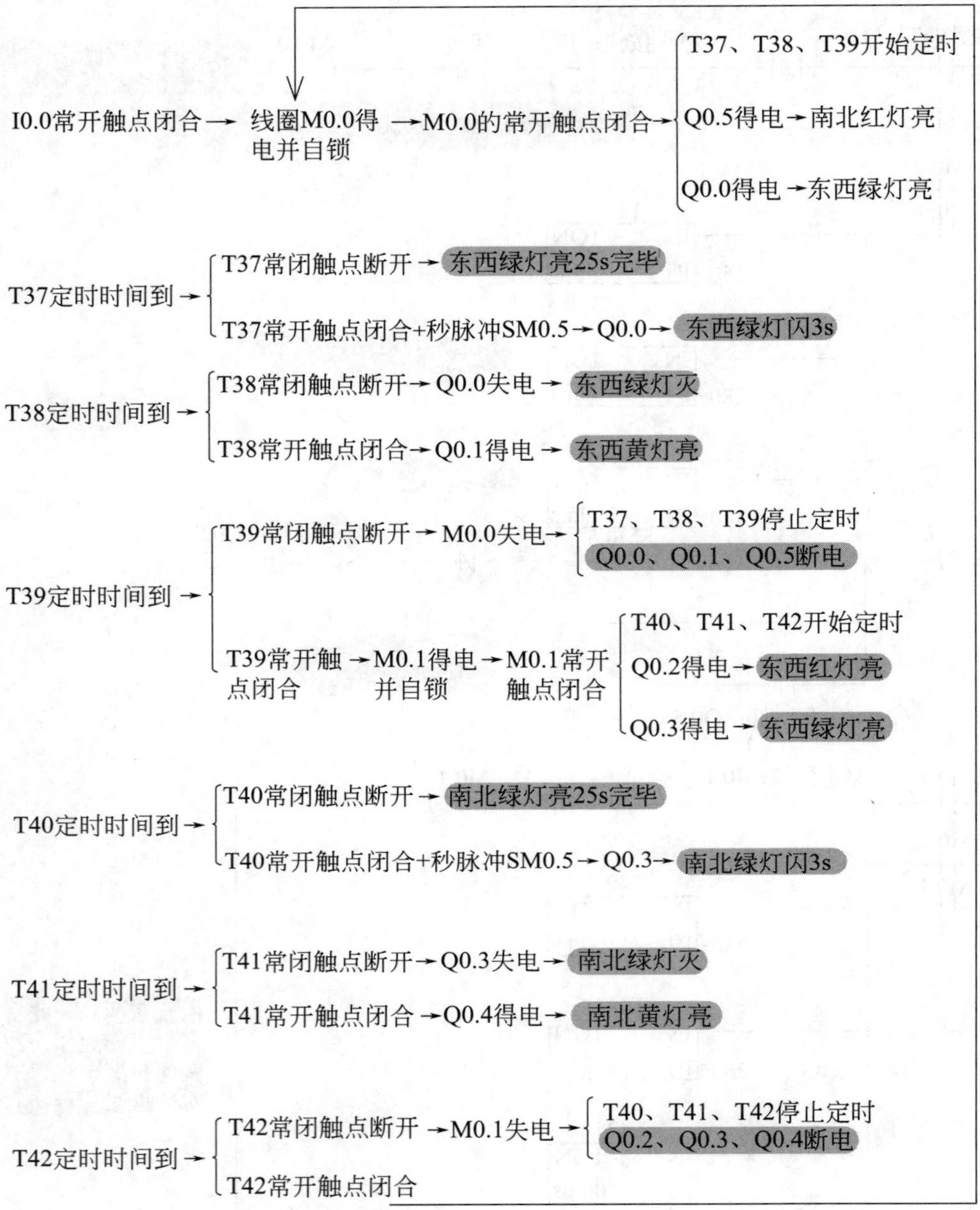

图 4-66　交通灯控制经验设计法解析

(2) 解法二：比较指令编程法

比较指令编程法和上边的经验设计法比较相似，不同点在于定时电路由 3 个定时器变为 1 个定时器，节省了定时器的个数；此外输出电路用比较指令分段讨论。具体程序如图 4-67 所示。

交通灯比较指令编程法程序解析如图 4-68 所示。

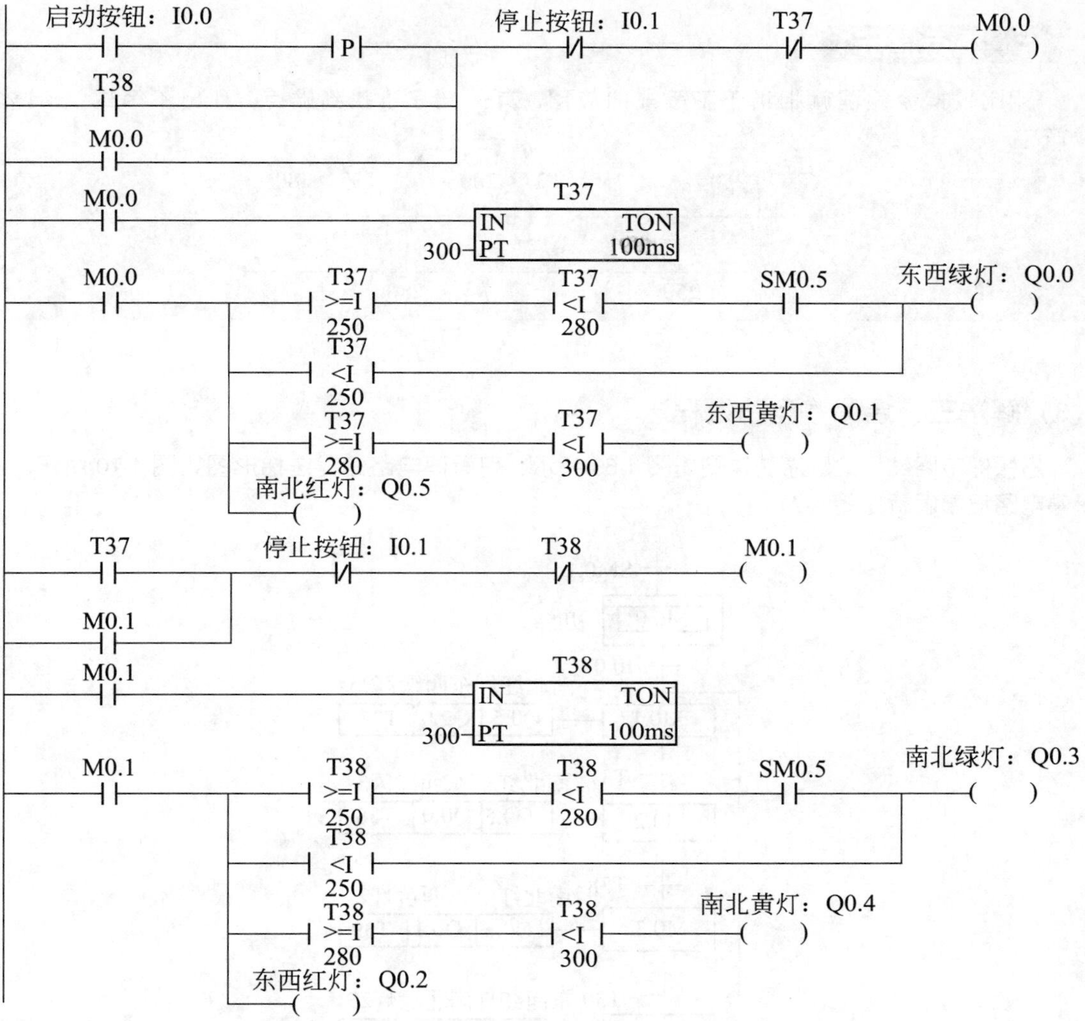

图 4-67　交通信号灯比较指令编程法

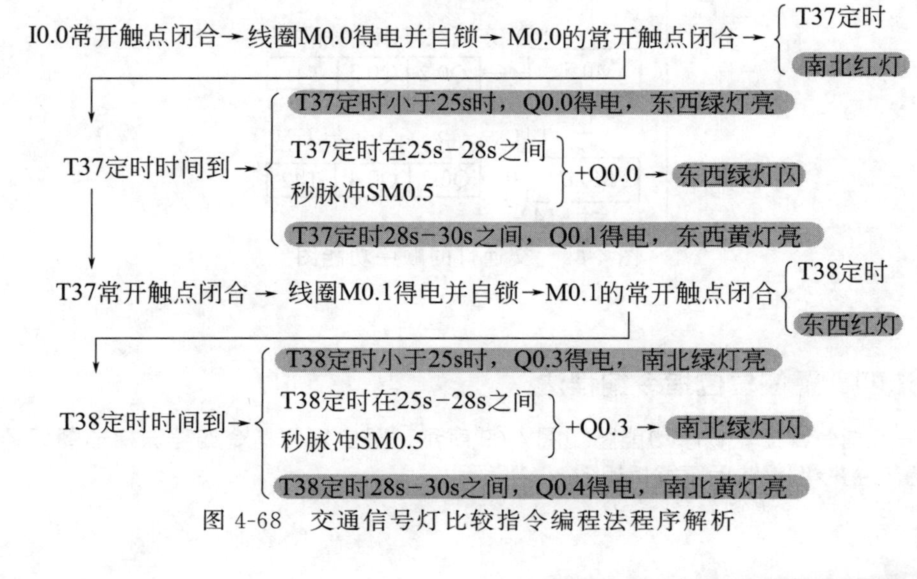

图 4-68　交通信号灯比较指令编程法程序解析

重点提示

用比较指令编程就相当于不等式的应用，其关键在于找到端点，列出不等式。具体如下：

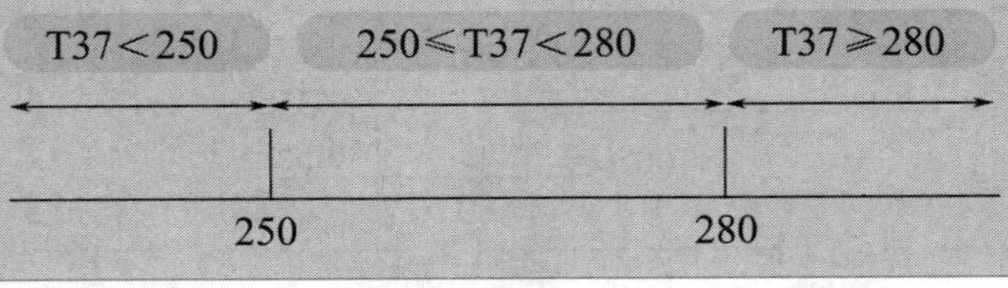

(3) 解法三：启保停电路编程法

启保停电路编程法顺序功能图如图 4-69 所示，启保停电路编程法梯形图如图 4-70 所示。启保停电路程序解析如图 4-71 所示。

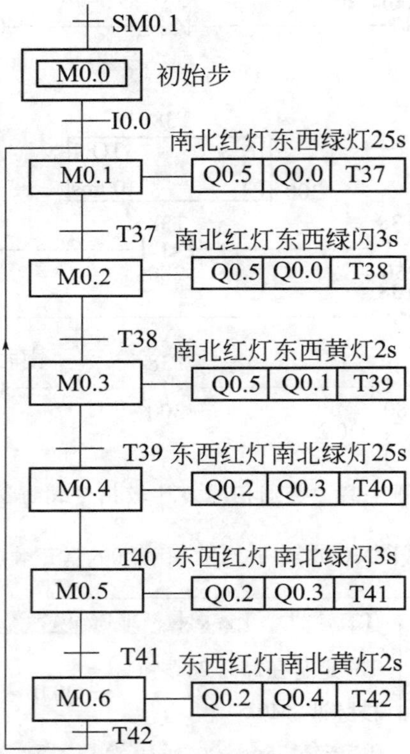

图 4-69　交通灯的顺序功能图

(4) 解法四：置位复位指令编程法

置位复位指令编程法顺序功能图如图 4-69 所示，置位复位指令编程法梯形图如图 4-72 所示。置位复位指令编程法程序解析如图 4-73 所示。

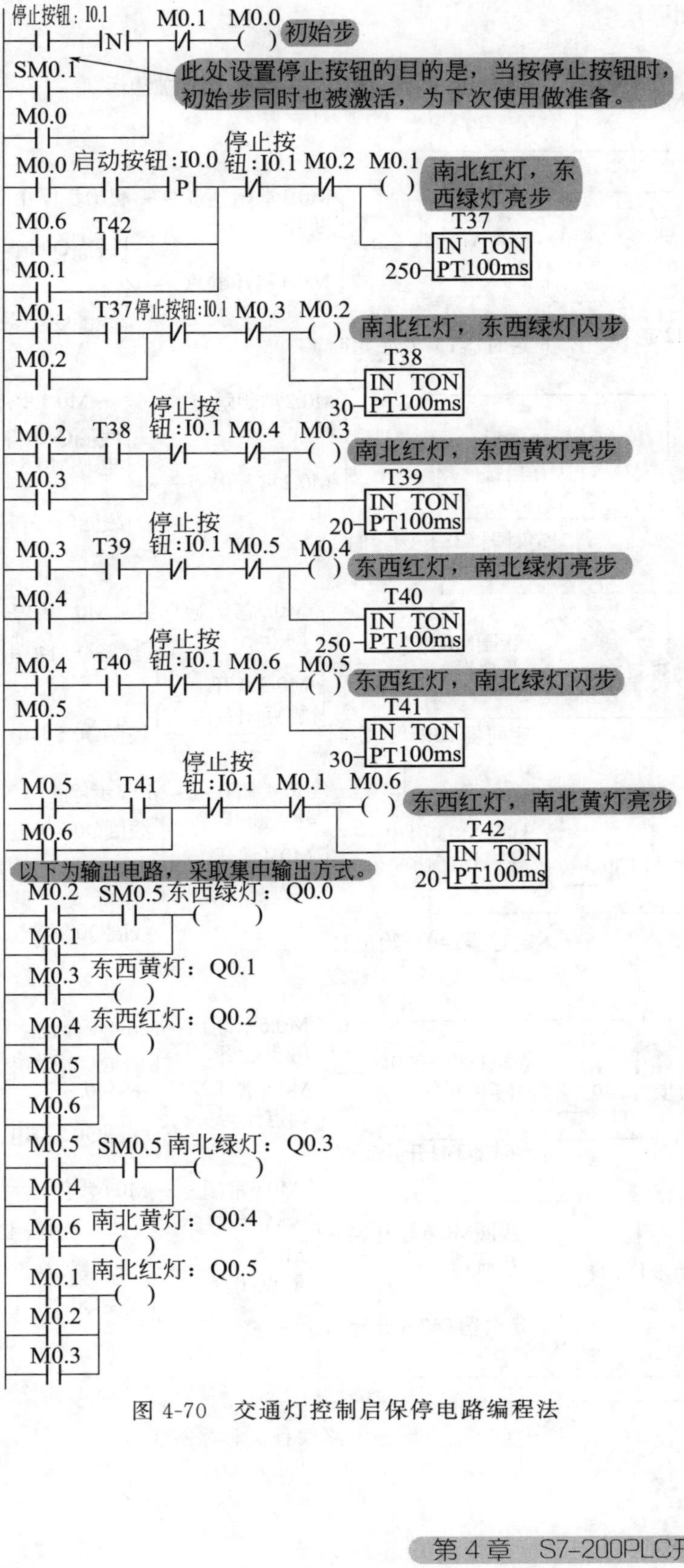

图 4-70　交通灯控制启保停电路编程法

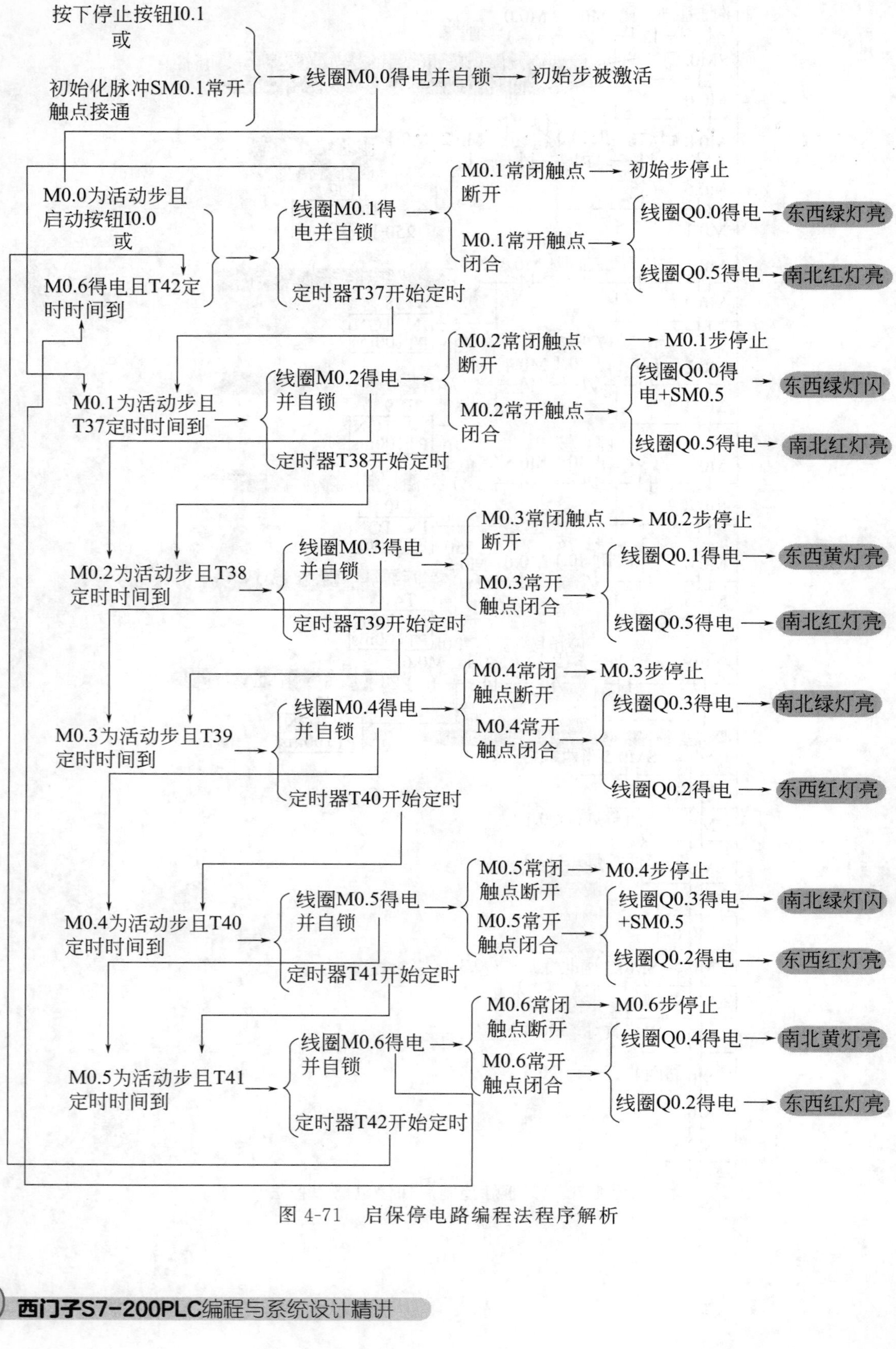

图 4-71 启保停电路编程法程序解析

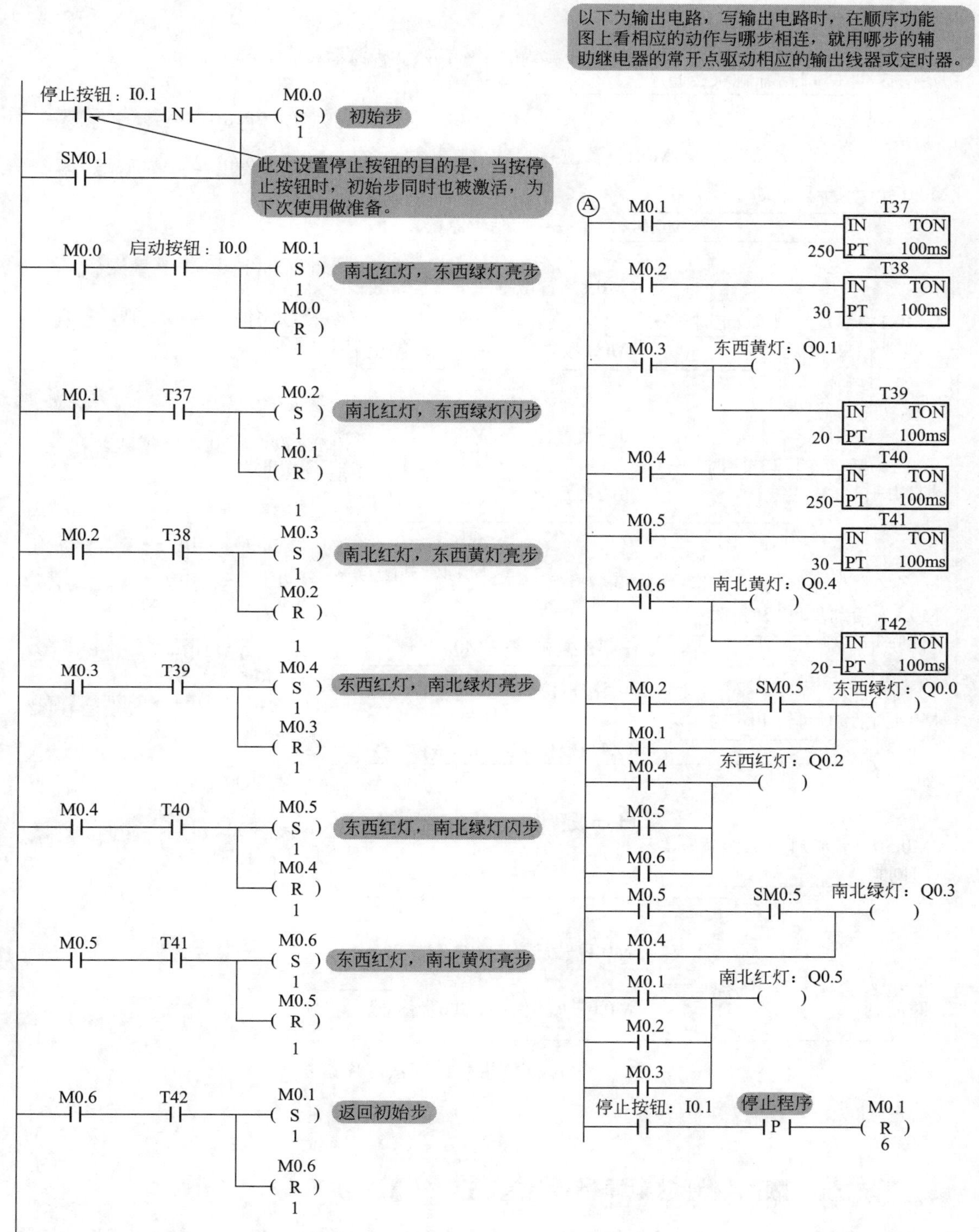

图 4-72　交通灯控制置位复位指令编程法

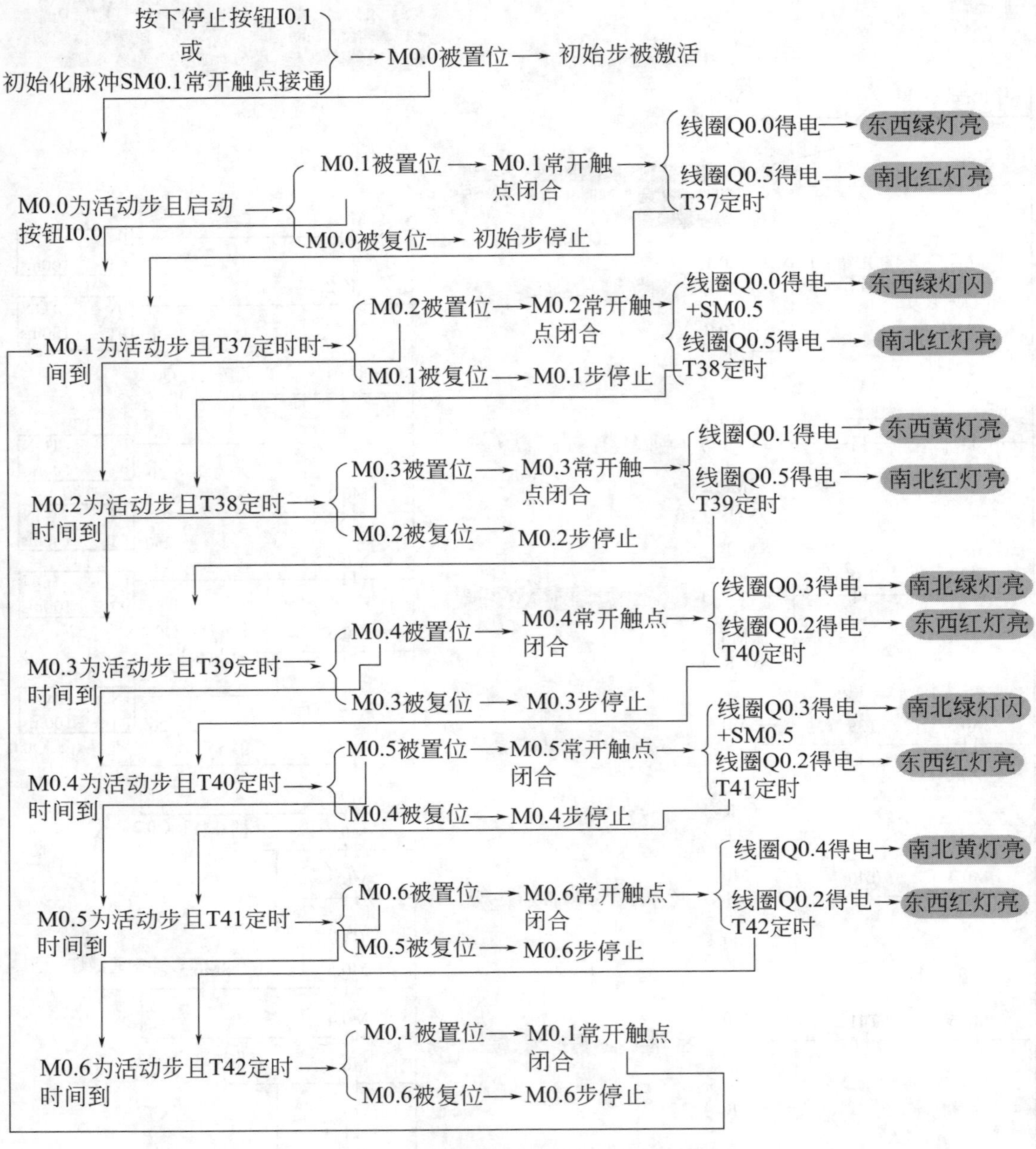

图 4-73　置位复位指令编程法程序解析

(5) 解法五：顺序控制继电器指令编程法

顺序控制继电器指令编程法顺序功能图，如图 4-74 所示，顺序控制继电器指令编程法梯形图，如图 4-75 所示。

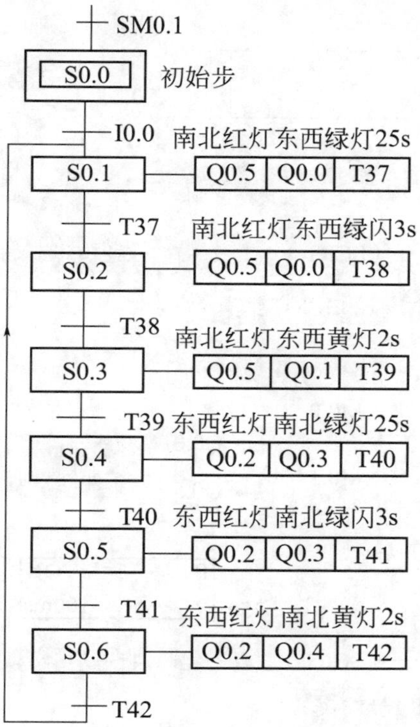

图 4-74　交通灯控制顺序功能图

(6) 解法六：移位寄存器指令编程法

移位寄存器指令编程法顺序功能图如图 4-69 所示，移位寄存器指令编程法梯形图如图 4-76 所示。

图 4-76 梯形图中，移位寄存器的移位输入端由若干串联电路并联而成，每条串联电路由某一步的辅助继电器的常开触点和对应的转换条件组成。网络 1 和网络 2 的作用是使 M0. 1～M0. 6 清零，使 M0. 0 置 1。M0. 0 置 1 使数据输入端 DATA 移入 1。当按下启动按钮 I0. 0，移位输入电路第一行接通，使 M0. 0 中的 1 移入 M0. 1 中，M0. 1 被激活，M0. 1 的常开触点使输出量 T37、Q0. 0、Q0. 5 接通，南北红灯亮、东西绿灯亮。同理，各转换条件T38～T42 接通产生的移位脉冲使 1 状态向下移动，并最终返回 M0. 0。在整个过程中，M0. 1～M0. 6 接通，它们的相应常闭触点断开，使接在移位寄存器数据输入端 DATA 的 M0. 0 总是断开的，直到 T42 接通产生移位脉冲使 1 溢出。T42 接通产生移位脉冲另一个作用是使M0. 1～M0. 6 清零，这时网络二 M0. 0 所在的电路再次接通，使数据输入端 DATA 移入 1，当再按下启动按钮 I0. 0 时，系统重新开始运行。

重点提示

关于交通灯程序还可以采用并联序列来设计，读者可以仿照前面所讲的方法自行编制，其中交通灯的启保停电路编程法的并行序列程序在 4. 4. 3 中已经给出，其他不予解析。

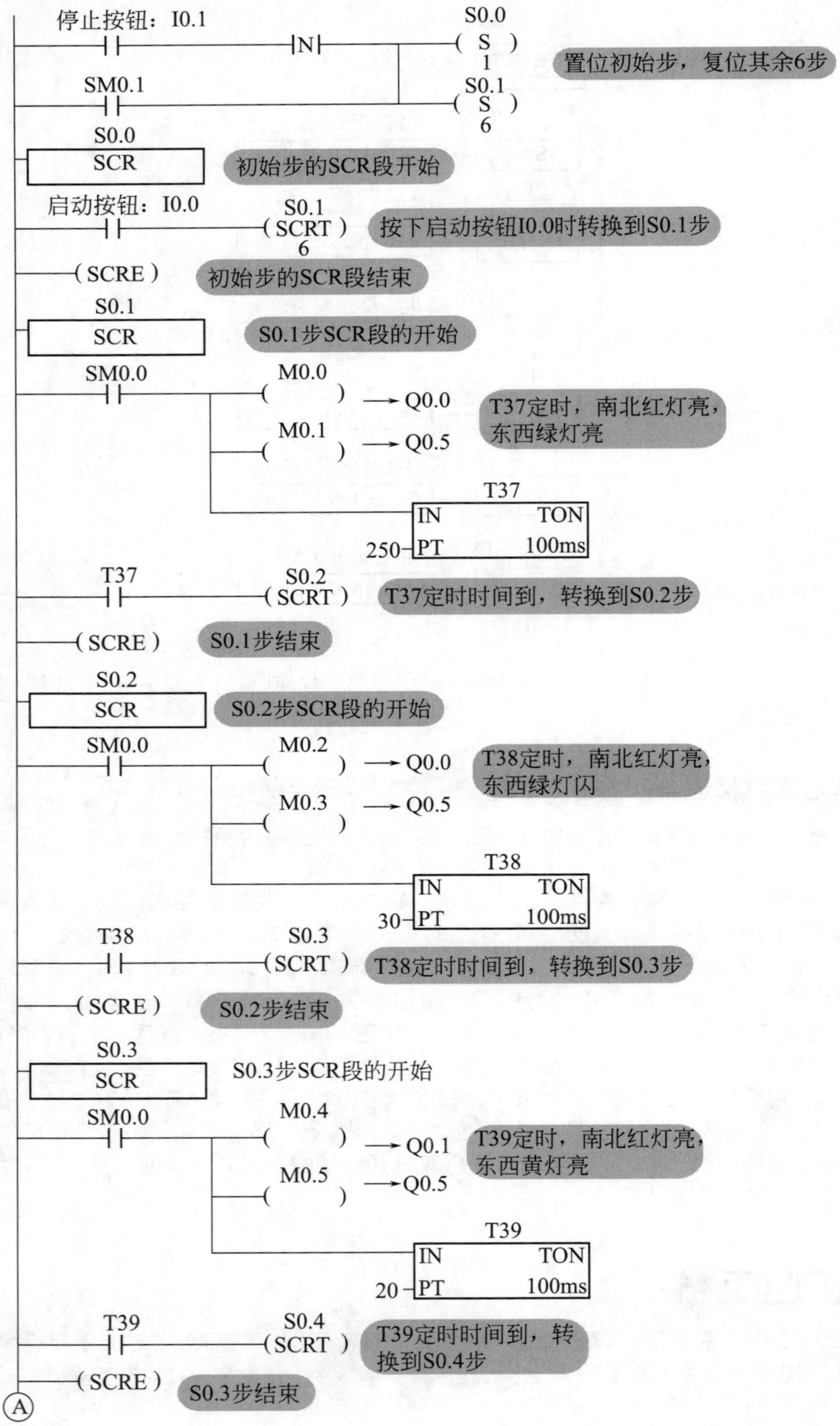

停止按钮：I0.1
N
S0.0
S
1
置位初始步，复位其余6步
SM0.1
S0.1
S
6
S0.0
SCR
初始步的SCR段开始
启动按钮：I0.0
S0.1
SCRT
6
按下启动按钮I0.0时转换到S0.1步
SCRE
初始步的SCR段结束
S0.1
SCR
S0.1步SCR段的开始
SM0.0
M0.0
Q0.0
M0.1
Q0.5
T37定时，南北红灯亮，东西绿灯亮
T37
IN
TON
250
PT
100ms
T37
S0.2
SCRT
T37定时时间到，转换到S0.2步
SCRE
S0.1步结束
S0.2
SCR
S0.2步SCR段的开始
SM0.0
M0.2
Q0.0
M0.3
Q0.5
T38定时，南北红灯亮，东西绿灯闪
T38
IN
TON
30
PT
100ms
T38
S0.3
SCRT
T38定时时间到，转换到S0.3步
SCRE
S0.2步结束
S0.3
SCR
S0.3步SCR段的开始
SM0.0
M0.4
Q0.1
M0.5
Q0.5
T39定时，南北红灯亮，东西黄灯亮
T39
IN
TON
20
PT
100ms
T39
S0.4
SCRT
T39定时时间到，转换到S0.4步
SCRE
S0.3步结束
A

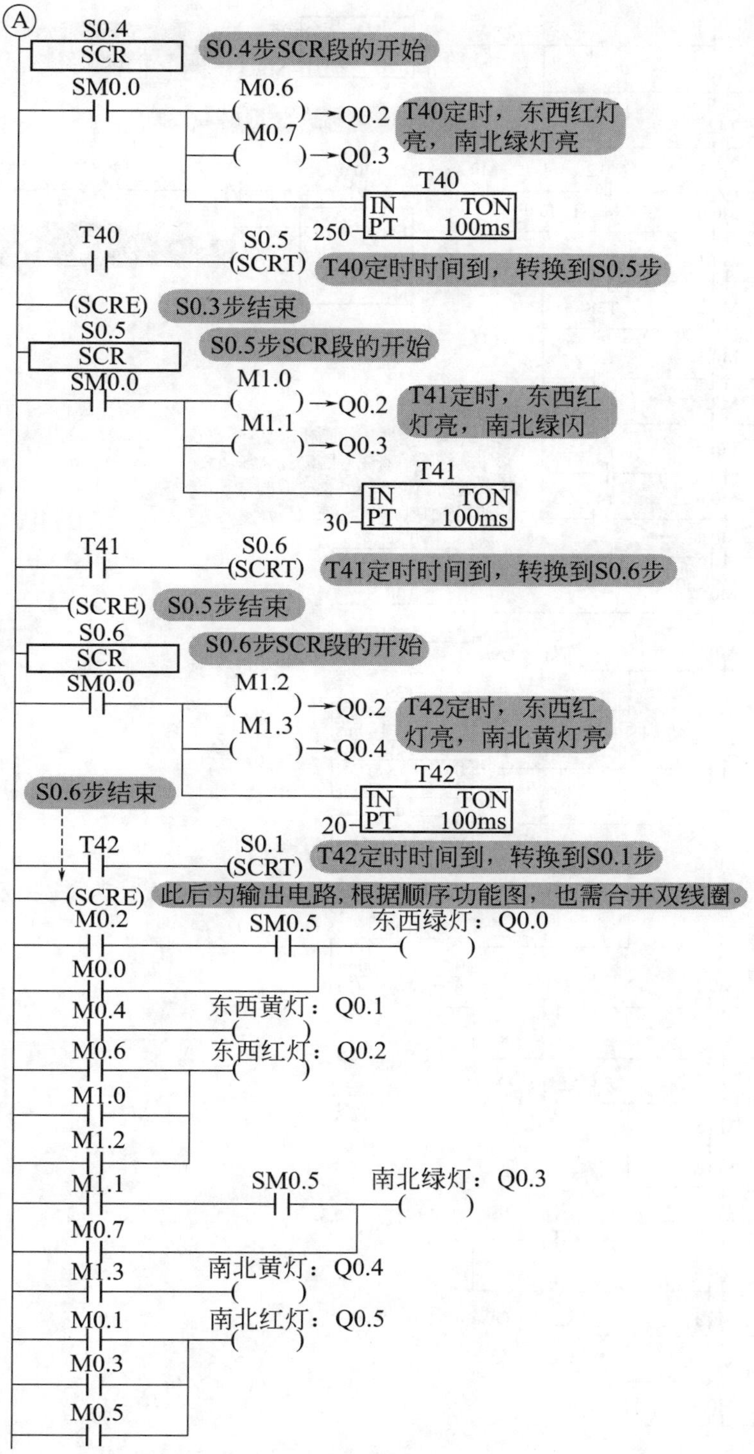

图 4-75　交通灯控制顺序控制继电器指令编程法

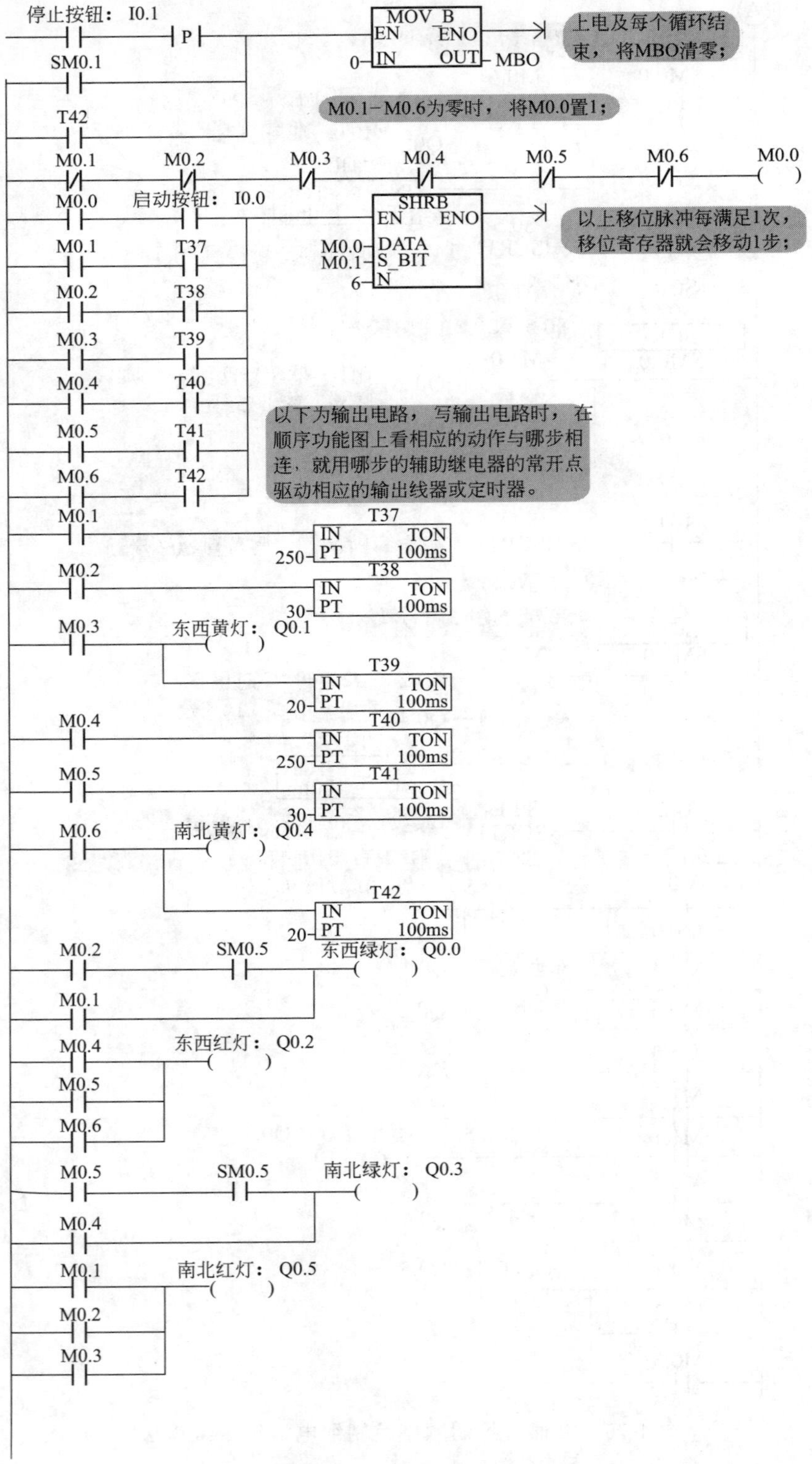

图 4-76　交通灯控制移位寄存器指令编程法

CHAPTER 5

第5章 S7-200PLC模拟量控制程序设计

本章要点

- 模拟量控制概述
- 模拟量扩展模块
- 空气压缩机改造项目
- 模拟量 PID 控制
- PID 控制在空气压缩机项目中的应用

5.1 模拟量控制概述

5.1.1 模拟量控制简介

(1) 模拟量控制简介

在工业控制中，某些输入量（温度、压力、液位和流量等）是连续变化的模拟量信号，某些被控对象也需模拟信号控制，因此要求 PLC 有处理模拟信号的能力。

PLC 内部执行的均为数字量，因此模拟量处理需要完成有两方面任务：其一，是将模拟量转换成数字量（A/D 转换）；其二是将数字量转换为模拟量（D/A 转换）。

(2) 模拟量处理过程

模拟量处理过程如图 5-1 所示。这个过程分为以下几个阶段。

① 模拟量信号的采集由传感器来完成。传感器将非电信号（如温度、压力、液位和流量等）转化为电信号。注意此时的电信号为非标准信号。

② 非标准电信号转化为标准电信号，此项任务由变送器来完成。传感器输出的非标准电信号输送给变送器，经变送器将非标准电信号转化为标准电信号。根据国际标准，标准信号有两种类型，分为电压型和电流型。电压型的标准信号为 DC 1-5V；电流型的标准信号为 DC 4～20mA。

③ A/D 转换和 D/A 转换。变送器将其输出的标准信号传送给模拟量输入扩展模块后，模拟量输入扩展模块将模拟量信号转化为数字量信号，PLC 经过运算，其输出结果或直接

驱动输出继电器，从而驱动开关量负载；或经模拟量输出模块实现 D/A 转换后，输出模拟量信号控制模拟量负载。

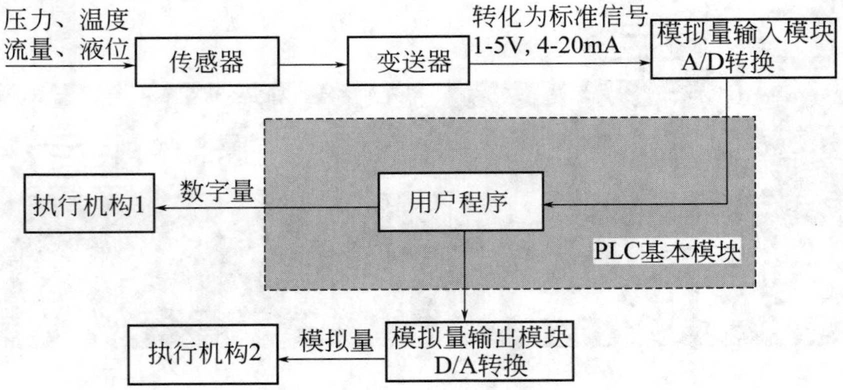

图 5-1　模拟量处理过程

5.1.2　模块扩展连接

扩展模块的连接及地址分配，如图 5-2 所示。

S7-200PLC 本机有一定数量的 I/O 点，其地址分配也是固定的。当 I/O 点数不够时，通过连接 I/O 扩展模块可以实现 I/O 点数的扩展。扩展模块一般安装在本机的右端；扩展模块可以分为 4 种类型，分别为数字量输入模块、数字量输出模块、模拟量输入模块和模拟量输出模块。

扩展模块的地址分配以字节为单位，其字节地址由 I/O 模块的类型和所在同类模块链中的位置决定。图 5-2 中，以数字量输入为例，本机是 IB0、IB1，NO. 0 模块为 IB2；输出类似，不再赘述。模拟量 I/O 分配，以 2 点（4 个字节）递增方式分配；图 5-2 中，本机模拟量输出为 AQW0，NO. 1 模块为 AQW4，虽然 AQW2 未用，也不可分配给 NO. 1 模块。

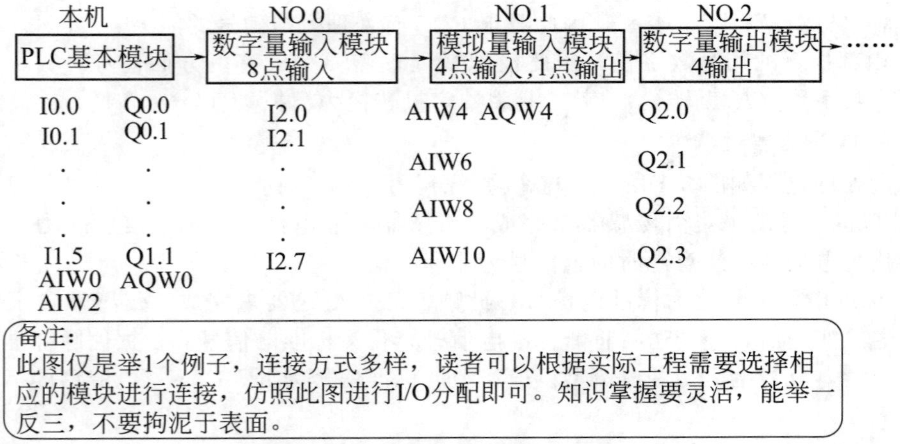

图 5-2　模块扩展连接及地址分配

5.2 模拟量输入输出模块

5.2.1 模拟量输入模块

（1）模拟量输入模块 EM231

模拟量输入模块 EM231 有 4 路模拟量输入和 8 路模拟量输入 2 种，其功能将输入的模拟量信号转化为数字量，并将结果存入模拟量输入映像寄存器 AI 中。

① AI 中的数据格式　AI 中存储的是模拟量转换为数字量的结果。AI 中的数据以字（1 个字 16 位）的形式存取，存储的 16 位数据中有效位为 12 位，其数据格式如图 5-3 所示。模拟量转换为数字量得到的这 12 位尽可能往高位移动，这被称为左对齐。

对于单极性格式，最高位为符号位，0 表示正值，1 表示负值；最低 3 位为测量精度位，是连续的 3 个 0，这使得数值每变化 1 个单位，数据字中则以 8 个单位进行变化。

双极性格式，最高位也为符号位，0 表示正值，1 表示负值；最低 4 位为测量精度位，是连续的 4 个 0，这使得数值每变化 1 个单位，数据字中则以 16 个单位进行变化。

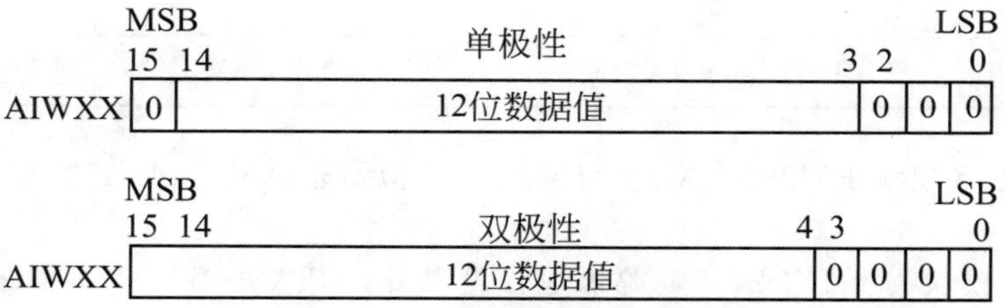

图 5-3　AIW 中的数据格式

② 模拟量输入模块 EM231 的技术指标　模拟量输入模块 EM231 的技术指标如表 5-1 所示。

表 5-1　模拟量输入模块 EM231 的技术指标

4 路模拟量输入		8 路模拟量输入	
双极性，满量程	−32000～+32000	双极性，满量程	−32000～+32000
单极性，满量程	0～32000	单极性，满量程	0～32000
DC 输入阻抗	≥2MΩ 电压输入 250Ω 电流输入	DC 输入阻抗	>2MΩ 电压输入 250Ω 电流输入
最大输入电压	30V DC	最大输入电压	30V DC
最大输入电流	32mA	最大输入电流	32mA
精度 双极性 单极性	11 位，加 1 符号位 12 位	精度 双极性 单极性	11 位，加 1 符号位 12 位
隔离	无	隔离	无

续表

4 路模拟量输入		8 路模拟量输入	
输入类型	差分	输入类型	差动电压，2 个通道可供电流选择
输入范围	电压型：0～5V，0～10V；双极性±5V，±2.5V；电流型：0～20mA；	输入范围	电压型：通道 0～7，0～5V，0～10V，±2.5V；电流型：通道 6 和 7，0～20mA
输入分辨率	最小满量程电压输入时为 1.25mV；电流输入时为 5μA；	输入分辨率	最小满量程电压输入时为 1.25mV；电流输入时为 5μA
模拟量到数字量转化时间	＜250μs；	模拟量到数字量转化时间	＜250μs
24V DC 电压范围	20.4～28.8V DC	20.4～28.8V DC	20.4～28.8V DC

③ 模拟量输入模块 EM231 的端子与接线　模拟量输入模块 EM231 的接线图如图 5-4 所示。

模拟量输入模块需要 DC 24V 电源供电，可以外接开关电源，也可由来自 PLC 的传感

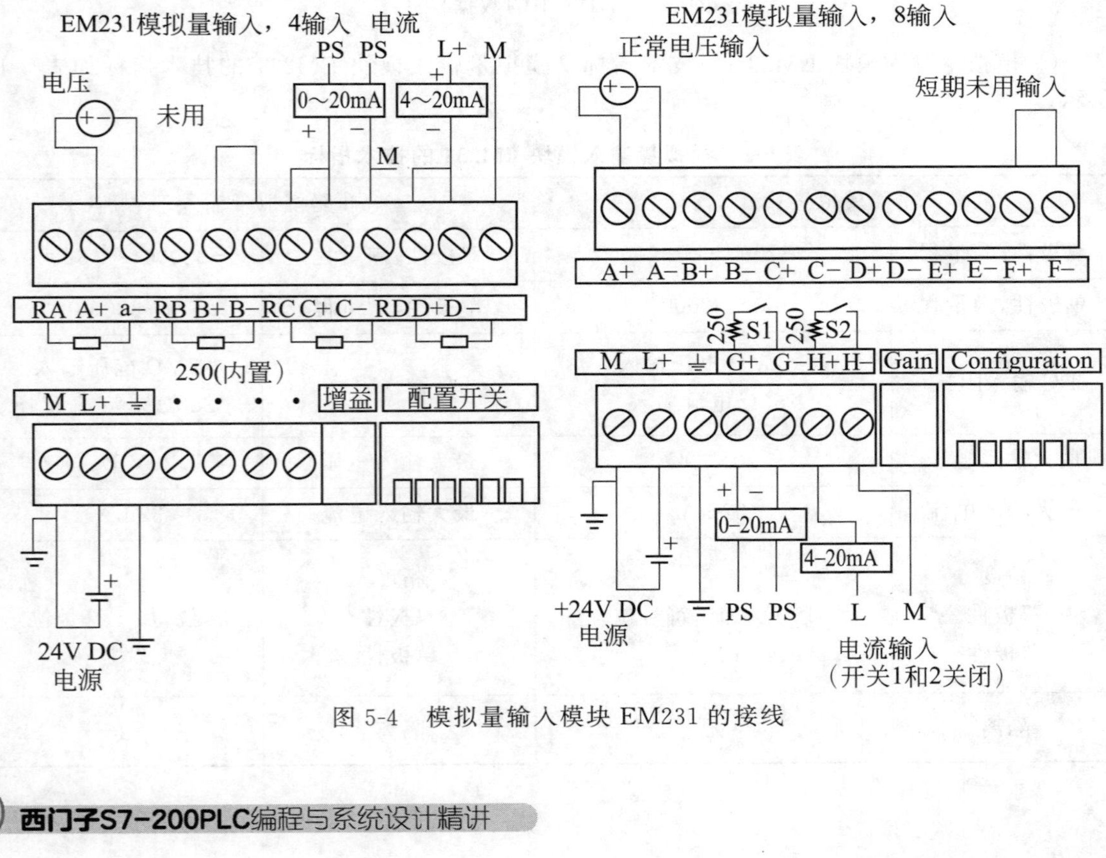

图 5-4　模拟量输入模块 EM231 的接线

器电源（L+，M之间24V DC）提供；模拟量输入模块和CPU模块之间由专用扁平电缆通信，并通过扁平电缆CPU向模拟量输入模块提供DC 5V电源。

模拟量输入模块支持电压信号和电流信号输入，对于模拟量电压信号、电流信号的选择由DIP开关设置，量程的选择也由DIP开关来完成。模拟量输入模块EM231的4路和8路输入的组态开关表分别如表5-2、表5-3所示。

表5-2 模拟量输入模块EM231（4路输入）

<table>
<tr><th colspan="3">单极性</th><th rowspan="2">满量程输入</th><th rowspan="2">分辨率</th></tr>
<tr><th>SW1</th><th>SW2</th><th>SW3</th></tr>
<tr><td rowspan="3">ON</td><td>OFF</td><td>ON</td><td>0～10V</td><td>2.5mV</td></tr>
<tr><td rowspan="2">ON</td><td rowspan="2">OFF</td><td>0～5V</td><td>1.25mV</td></tr>
<tr><td>0～20mA</td><td>5μA</td></tr>
<tr><th colspan="3">双极性</th><th rowspan="2">满量程输入</th><th rowspan="2">分辨率</th></tr>
<tr><th>SW1</th><th>SW2</th><th>SW3</th></tr>
<tr><td rowspan="2">OFF</td><td>OFF</td><td>ON</td><td>±5V</td><td>2.5mV</td></tr>
<tr><td>ON</td><td>OFF</td><td>±2.5V</td><td>1.25mV</td></tr>
</table>

表5-3 模拟量输入模块EM231（8路输入）

<table>
<tr><th colspan="3">单极性</th><th rowspan="2">满量程输入</th><th rowspan="2">分辨率</th></tr>
<tr><th>SW3</th><th>SW4</th><th>SW5</th></tr>
<tr><td rowspan="3">ON</td><td>OFF</td><td>ON</td><td>0～10V</td><td>2.5mV</td></tr>
<tr><td rowspan="2">ON</td><td rowspan="2">OFF</td><td>0～5V</td><td>1.25mV</td></tr>
<tr><td>0～20mA</td><td>5μA</td></tr>
<tr><th colspan="3">双极性</th><th rowspan="2">满量程输入</th><th rowspan="2">分辨率</th></tr>
<tr><th>SW3</th><th>SW4</th><th>SW5</th></tr>
<tr><td rowspan="2">OFF</td><td>OFF</td><td>ON</td><td>±5V</td><td>2.5mV</td></tr>
<tr><td>ON</td><td>OFF</td><td>±2.5V</td><td>1.25mV</td></tr>
</table>

EM231模拟量输入、8输入模块以及开关3、4和5选择模拟量输入范围。使用开关1和2来选择电流输入模式。开并1打开（ON）为通道6选择电流输入模式；关闭（OFF）选择电压模式。开关2打开（ON）为通道7选择电流输入模式；关闭（OFF）选择电压模式。

（2）热电偶模块及热电阻模块EM231

热电偶模块及热电阻模块EM231是专为温度控制设计的模块。

热电偶模块是热电偶专用热模块，可以连接7种热电偶（J、K、E、N、S、T和R），还可以测量范围为0～±80mV的低电平模拟量信号。热电偶模块有冷端补偿电路，可以对测量数据进行修正，以补偿基准温度和模块温度差。

热电阻模块是热电阻专用模块，它可以连接 4 种热电阻（Pt、Cu、Ni 和普通电阻）。

① 热电偶模块及热电阻模块 EM231 的技术指标　热电偶模块及热电阻模块 EM231 的技术指标，如表 5-4 所示。

表 5-4　热电偶模块及热电阻模块 EM231 的技术指标

热电偶模块		热电阻模块	
输入范围	热电偶类型：S、T、R、E、N、K、J；电压范围：±80mV；	输入范围	热电偶类型：Pt、Cu、Ni 和普通电阻
输入分辨率 温度 电压 电阻	 0.1℃/0.1℉ 15 位加符号位 —	输入分辨率 温度 电压 电阻	 0.1℃/0.1℉ — 15 位加符号位
导线长度	到传感器最长为 100m	导线长度	到传感器最长为 100m
导线回路电阻	最大 100Ω	导线回路电阻	20Ω，2.7Ω，对于铜最大
数据字格式	电压：－27648～＋27648；	数据字格式	电阻：0～＋27648；
输入阻抗	≥1MΩ	输入阻抗	≥10MΩ
最大输入电压	30VDC	最大输入电压	30VDC（检测），5VDC（源）
基本误差	0.1%FS（电压）	基本误差	0.1%FS（电阻）
重复性	0.05%FS	重复性	0.05%FS
冷端误差	±1.5℃	冷端误差	—
24V DC 电压范围	20.4～28.8V DC（开关电源，或来自 PLC 的传感器电源）		

② 热电偶及热电阻 EM231 的端子与接线　热电偶 EM231 的接线图，如图 5-5 所示；热电阻 EM231 的接线图，如图 5-6 所示。

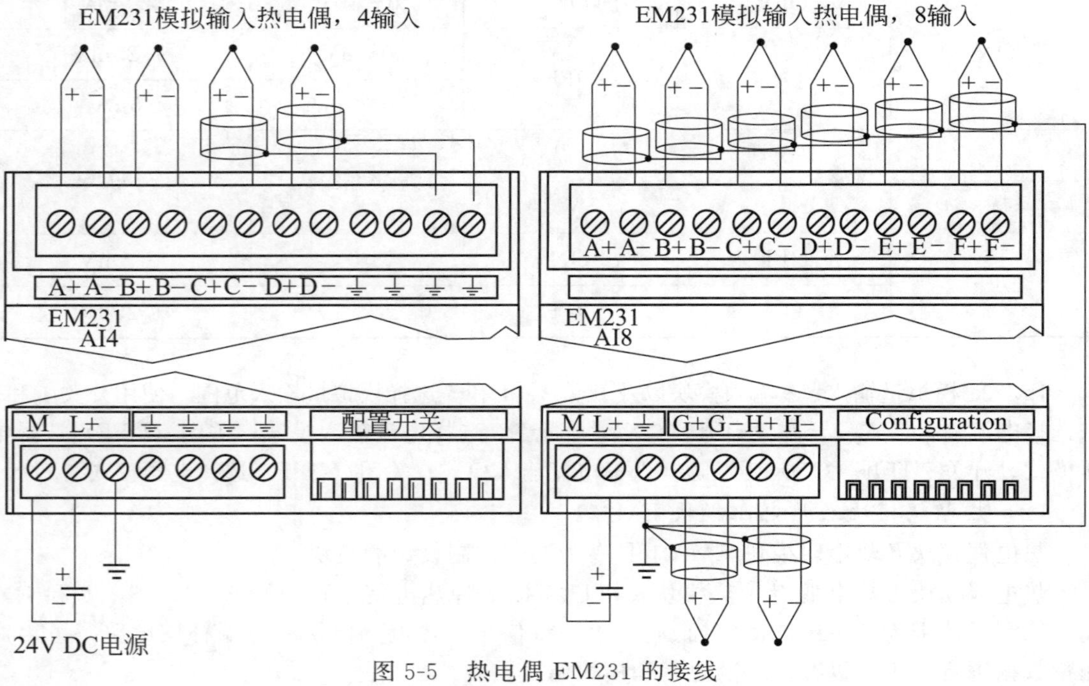

图 5-5　热电偶 EM231 的接线

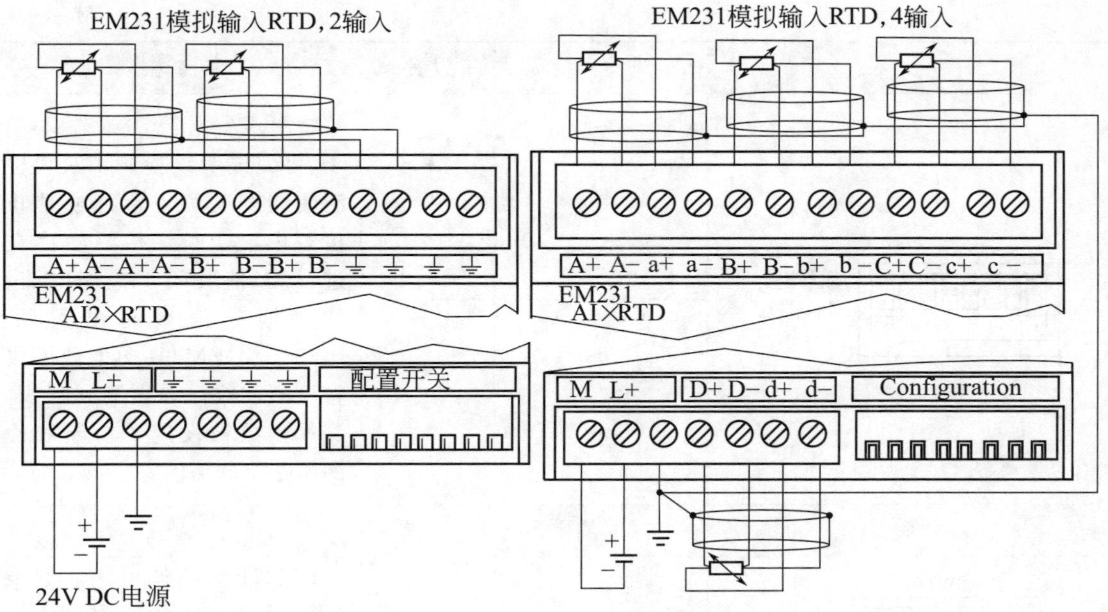

图 5-6 热电阻 EM231 的接线

热电偶及热电阻模块需要 DC 24V 电源供电，可以外接开关电源，也可由来自 PLC 的传感器电源（L+，M 之间 24V DC）提供；热电偶及热电阻模块和 CPU 模块之间由专用扁平电缆通信，并通过扁平电缆 CPU 向热电偶及热电阻模块提供 DC 5V 电源。

热电偶及热电阻模块都需要 DIP 开关进行必要的设置，具体如表 5-5，表 5-6 所示。

表 5-5 热电偶 DIP 开关设置

开关 1,2,3	热电偶类型	设置	描述
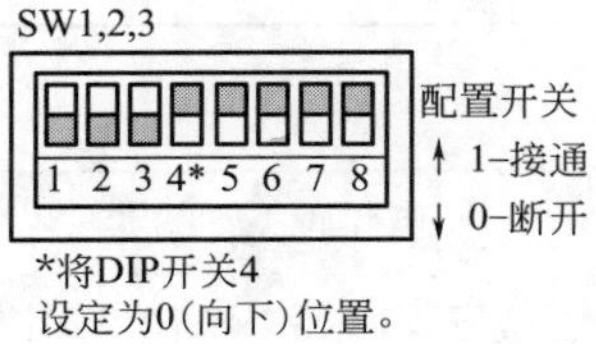 *将DIP开关4设定为0(向下)位置。	J(缺省)	000	开关 1 至 3 为模块上的所有通道选择热电偶类型(或 mV 操作)。 例如，选 E 类型，热电偶开关 SW1 = 0，SW1 SW2 = 1，SW3=1
	K	001	
	T	010	
	E	011	
	R	100	
	S	101	
	N	110	
	+/−80mV111	111	
开关 5	**断线检测方向**	**设置**	**描述**
	正向标定(+3276.7 度)	0	0 指示断线为正 1 指示断线为负
	负向标定(−3276.8 度)	1	

续表

开关 6	断线检测使能	设置	描述
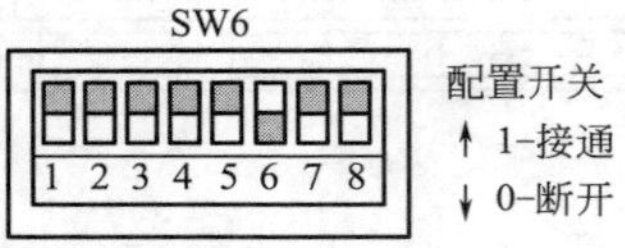	使能	0	将 25μA 电流注入输入端子，可完成明线检测。断线检测使能开关可以使能或禁止检测电流。断线检测始终在进行，即使关闭了检测电流。如果输入信号超出大约±200mV，EM231 热电偶模块将检测明线。如检测到断线，测量读数被设定成由断线检测所选定的值。
	禁止	1	
开关 7	**温度范围**	**设置**	**描述**
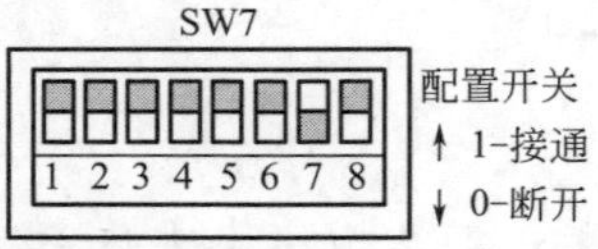	摄氏度(℃)	0	EM231 热电偶模块能够报告摄氏温度和华氏温度。摄氏温度与华氏温度的转换在内部进行。
	华氏温度(℉)	1	
开关 8	**冷端补偿**	**设置**	**描述**
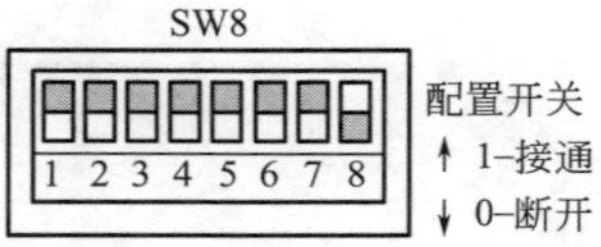	冷端补偿使能	0	使用热电偶必须进行冷端补偿，如果没有使能冷端补偿，模块的转换则会出现错误。因为热电偶导线连接到模块连接器时会产生电压选择±80mV 范围时，将自动禁用冷结点补偿
	冷端补偿禁止	1	

表 5-6 热电阻 DIP 开关设置

选择 RTD 类型：DIP 开关 1－5 可以通过设定 DIP 开关 1、2、3、4 和 5 来选择 RTD 的类型											
RTD 类型[1]	SW1	SW2	SW3	SW4	SW5	RTD 类型[1]	SW1	SW2	SW3	SW4	SW5
100Ω Pt 0.003850（默认值）	0	0	0	0	0	100Ω Pt 0.003902	1	0	0	0	0
200Ω Pt 0.003850	0	0	0	0	1	200Ω Pt 0.003902	1	0	0	0	1
500Ω Pt 0.003850	0	0	0	1	0	500Ω Pt 0.003902	1	0	0	1	0
1000Ω Pt 0.003850	0	0	0	1	1	1000Ω Pt 0.003902	1	0	0	1	1
100Ω Pt 0.003920	0	0	1	0	0	SPARE	1	0	1	0	0
200Ω Pt 0.003920	0	0	1	0	1	100Ω Ni 0.00672	1	0	1	0	1

续表

RTD 类型[1]	SW1	SW2	SW3	SW4	SW5	RTD 类型[1]	SW1	SW2	SW3	SW4	SW5
500Ω Pt 0.003920	0	0	1	1	0	120Ω Ni 0.00672	1	0	1	1	0
1000Ω Pt 0.003920	0	0	1	1	1	1000Ω Ni 0.00672	1	0	1	1	1
100Ω Pt 0.00385055	0	1	0	0	0	100Ω Ni 0.006178	1	1	0	0	0
200Ω Pt 0.00385055	0	1	0	0	1	120Ω Ni 0.006178	1	1	0	0	1
500Ω Pt 0.00385055	0	1	0	1	0	1000Ω Ni 0.006178	1	1	0	1	0
1000Ω Pt 0.00385055	0	1	0	1	1	10000Ω Pt 0.003850	1	1	0	1	1
100Ω Pt 0.003916	0	1	1	0	0	10Ω Cu 0.004270	1	1	1	0	0
200Ω Pt 0.003916	0	1	1	0	1	150Ω FS 电阻	1	1	1	0	1
500Ω Pt 0.003916	0	1	1	1	0	300Ω FS 电阻	1	1	1	1	0
1000Ω Pt 0.003916	0	1	1	1	1	600Ω FS 电阻	1	1	1	1	1

设置 RTD DIP 开关

<table>
<tr><th>开关 6</th><th>断线检测/超出范围</th><th>设置</th><th>描述</th></tr>
<tr><td rowspan="2">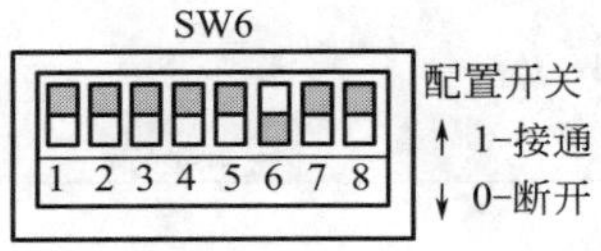
</td><td>正向标定
（+3276.7 度）</td><td>0</td><td>指示断线或超出范围的正极</td></tr>
<tr><td>负向标定
（—3276.8 度）</td><td>1</td><td>指示断线或超出范围的负极</td></tr>
<tr><th>开关 7</th><th>温度范围</th><th>设置</th><th>描述</th></tr>
<tr><td rowspan="2">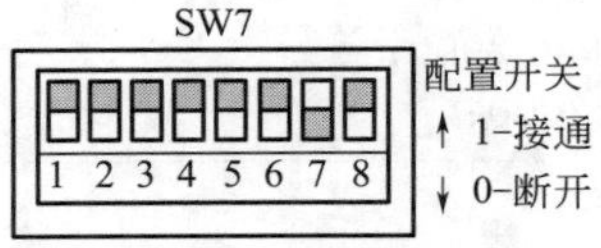
</td><td>摄氏度(℃)</td><td>0</td><td rowspan="2">RTD 模块可报告摄氏温度或华氏温度，摄氏温度与华氏温度的转换在内部进行。</td></tr>
<tr><td>华氏温度(℉)</td><td>1</td></tr>
<tr><th>开关 8</th><th>接线方式</th><th>设置</th><th>描述</th></tr>
<tr><td rowspan="2">
</td><td>3 线</td><td>0</td><td rowspan="2">RTD 模块与传感器的接线有 3 种方式(如图所示)。精度最高的是 4 线连接。2 线连接精度最低，推荐只用于可忽略接线误差的应用场合。</td></tr>
<tr><td>2 线或 4 线</td><td>1</td></tr>
</table>

5.2.2 模拟量输出模块

（1）模拟量输出模块 EM232

模拟量输出模块 EM232 有 2 路模拟量输出和 4 路模拟量输出 2 种，其功能是将模拟量输出映像寄存器 AQ 中的数字量转换为可用于驱动执行元件的模拟量。此模块有两种量程，分别为－10～10V 和 0～20mA。

(2) AQ 中的数据格式

AQ 中的数据以字（1 个字 16 位）的形式存取，其数据格式如图 5-7 所示。模拟量输出字左对齐，最高位为符号位，0 表示正值，1 表示负值；最低 4 位为测量精度位，是连续的 4 个 0，在将数据字装载之前，低位的 4 个 0 被截断，因此不会影响输出信号。

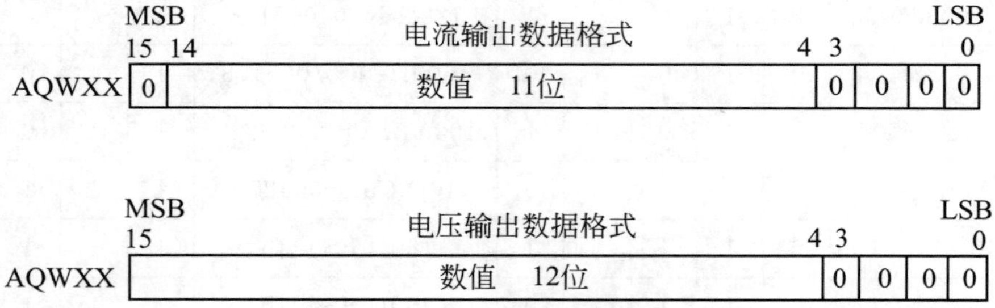

图 5-7 AQW 中的数据格式

(3) 模拟量输出模块 EM232 的技术指标

模拟量输出模块 EM232 的技术指标如表 5-7 所示。

表 5-7 模拟量输出模块 EM232 的技术指标

信号范围 电压输出 电流输出	 ±10V； 0～20mA；
分辨率，满量程 电压 电流	 11 位； 11 位；
数据字格式 电压 电流	 －32000～32000； 0～32000；
精度 最坏情况，0℃～55℃ 电压输出 电流输出	 满量程的±2% 满量程的±2%
典型的 25℃ 电压输出 电流输出	 满量程的±0.5% 满量程的±0.5%
建立时间 电压输出 电流输出	 100μS 2μS
最大驱动 电压输出 电流输出	 5000Ω 最小 500Ω 最大
24V DC 电压范围	20.4～28.8V DC(开关电源，或来自 PLC 的传感器电源)

(4) 模拟量输出模块 EM232 的端子与接线

模拟量输出模块 EM232 的接线图如图 5-8 所示。

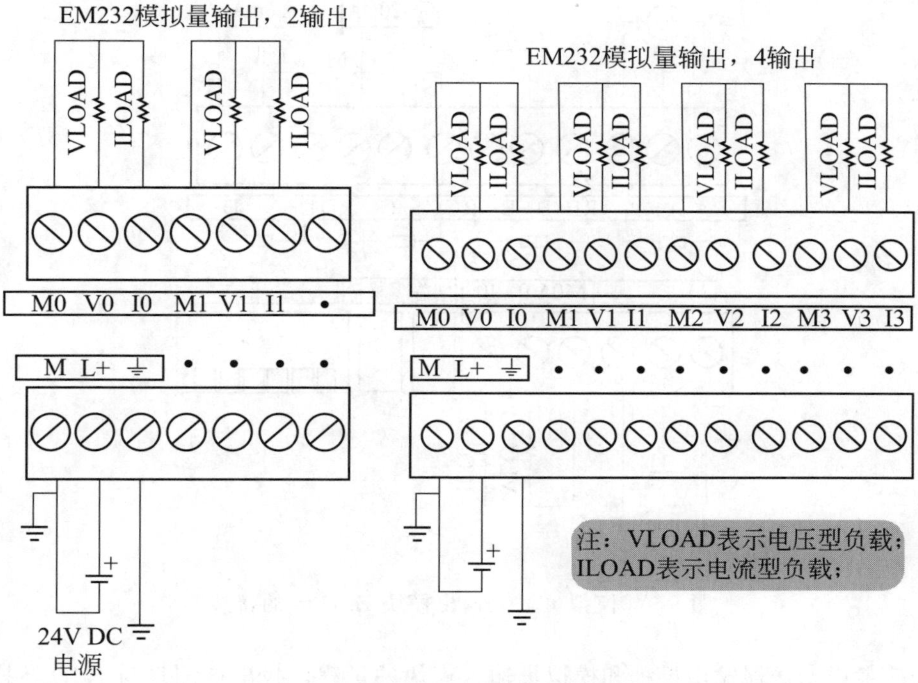

图 5-8 模拟量输出模块 EM232 的接线

模拟量输出模块需要 DC 24V 电源供电，可以外接开关电源，也可由来自 PLC 的传感器电源（L+，M 之间 24V DC）提供；模拟量输出模块和 CPU 模块之间由专用扁平电缆通信，并通过扁平电缆 CPU 向模拟量输出模块提供 DC 5V 电源。此模块有两种量程，分别为－10～10V 和 0～20mA。

5.2.3 模拟量输入输出混合模块

(1) 模拟量输入输出混合模块 EM235

模拟量输入输出混合模块 EM235 有 4 路模拟量输入和 1 路模拟量输出。

(2) 模拟量输入输出混合模块 EM235 的端子与接线

模拟量输入输出混合模块 EM235 的接线图如图 5-9 所示。模拟量输入输出混合模块 EM235 需要 DC 24V 电源供电，可以外接开关电源，也可由来自 PLC 的传感器电源（L+，M 之间 24V DC）提供；4 路模拟量输入，其中第一路为电压型输入；第三、四路为电流型输入；M0、V0、I0 为模拟量输出端，电压型负载接在 M0 和 V0 两端，电流型负载接在 M0 和 I0 两端。电压输出为－10～10V，电流输出 0～20mA。

模拟量输入输出模块混合模块 EM235 有 6 个 DIP 开关，通过开关设定可以选择输入信号的满量程和分辨率。

5.2.4 内码与实际物理量的转换

内码与实际物理量的转换问题属于实际物理量与模拟量模块内部数字量对应关系问题，

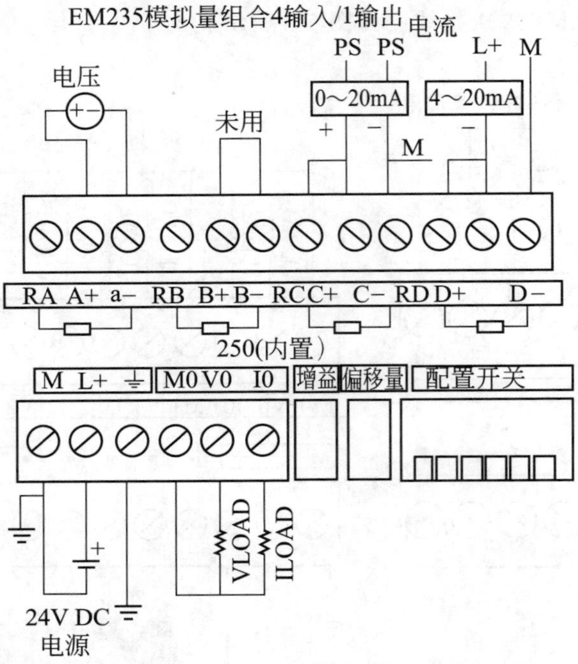

图 5-9 模拟量输入输出模块 EM235 的接线

转换时，应考虑变送器输出量程和模拟量输入模块的量程，找出被测量与 A/D 转换后的数字量之间的比例关系。

例 1： 某压力变送器量程为 0～20MPa，输出信号为 0～10V，模拟量输入模块 EM231 量程为 0～10V，转换后数字量为 0～32000，设转换后的数字量为 X，试编程求压力值。

（1）找到实际物理量与模拟量输入模块内部数字量比例关系

此例中，压力变送器输出信号的量程 0～10V 恰好和模拟量输入模块 EM231 的量程 0～10V 一一对应，因此对应关系为正比例，实际物理量 0MPa 对应模拟量模块内部数字量 0，实际物理量 20MPa 对应模拟量模块内部数字量 32000。具体如图 5-10 所示。

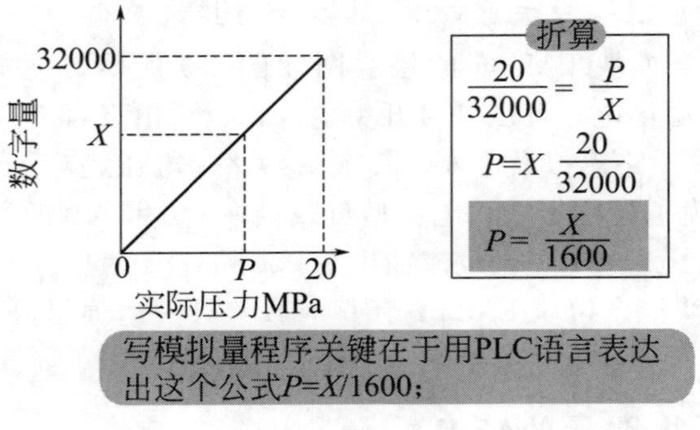

图 5-10 实际物理量与数字量的对应关系

（2）程序编写

通过上步找到比例关系后，可以进行模拟量程序的编写了，编写的关键在于用 PLC 语言表达出 $P=X/1600$。程序如图 5-11 所示。

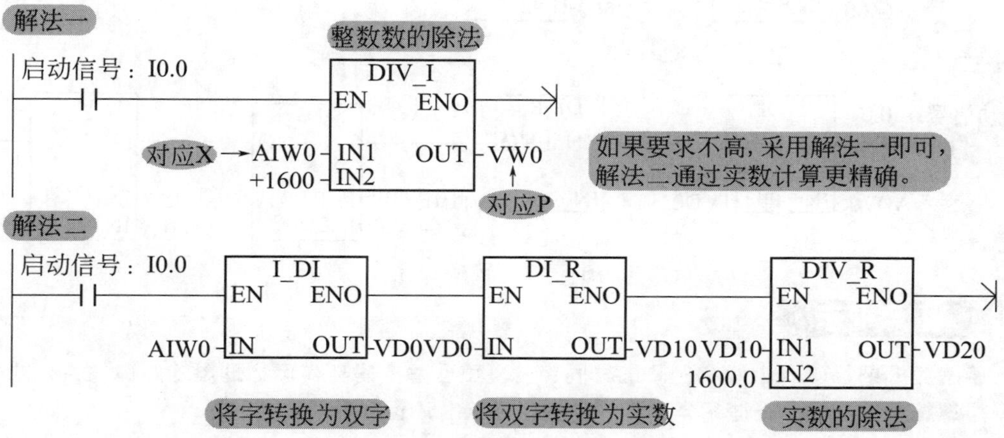

图 5-11　转换程序

例 2：某压力变送器量程为 0～10MPa，输出信号为 4～20mA，模拟量输入模块 EM231 量程为 0～20mA，转换后数字量为 0～32000，设转换后的数字量为 X，试编程求压力值。

（1）找到实际物理量与模拟量输入模块内部数字量比例关系

此例中，压力变送器的输出信号的量程为 4～20mA，模拟量输入模块 EM231 的量程为 0～20mA，二者不完全对应，因此实际物理量 0MPa 对应模拟量模块内部数字量 6400，实际物理量 10MPa 对应模拟量模块内部数字量 32000。具体如图 5-12 所示。

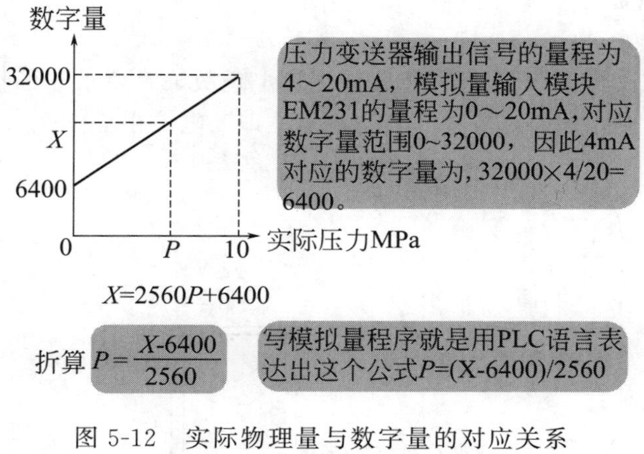

图 5-12　实际物理量与数字量的对应关系

（2）程序编写

通过上步找到比例关系后，可以进行模拟量程序的编写了，编写的关键在于用 PLC 语言表达出 $P=(X-6400)/2560$。程序如图 5-13 所示。

解法一

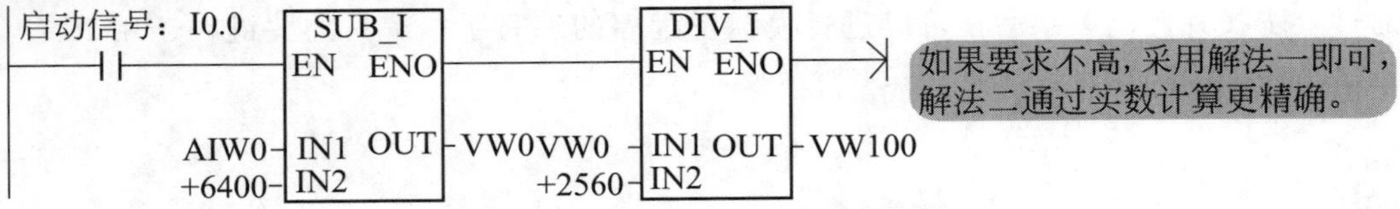

解法二

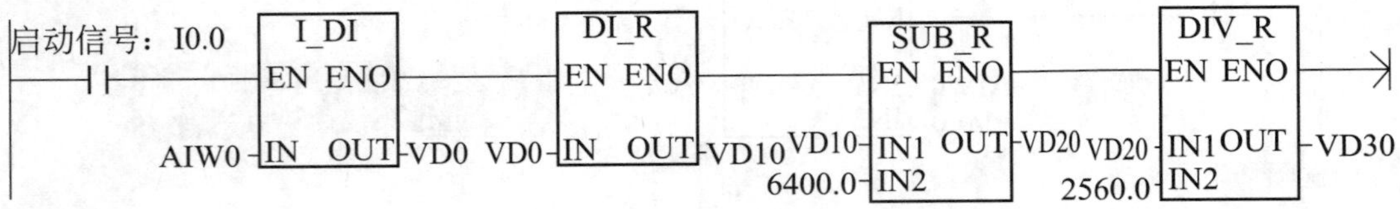

图 5-13　转换程序

重点提示

读者应细细品味以上两个例子的异同点，真正理解内码与实际物理量的对应关系，才是掌握模拟量编程的关键；一些初学者模拟量编程不会，原因就在此。

5.3　空气压缩机改造项目

5.3.1　控制要求

某工厂有 3 台空压机，为了增加压缩空气的储存量，现增加一个大的储气罐，因此需对原有 3 台独立空压机进行改造，空压机改造装置图，如图 5-14 所示。具体控制要求如下：

① 气压低于 0.4MP，3 台空压机工作；

② 气压高于 0.8MP，3 台空压机停止工作；

③ 3 台空压机要求分时启动；

④ 为了生产安全，必须设有报警装置。一旦出现故障，要求立即报警；报警分为高高报警和低低报警，高高报警时，要求 3 台空压机立即断电停止工作。

图 5-14　空压机改造装置图

5.3.2 设计过程

(1) 设计方案

本项目采用西门子 CPU224XP 模块进行控制，现场压力信号由压力变送器采集，报警电路采用电接点式压力表＋蜂鸣器。

(2) 硬件设计

本项目硬件设计包括以下几部分：

① 3 台空压机主电路设计；

② 西门子 CPU224XP 模块供电和控制设计；

③ 报警电路设计；

以上各部分的相应图纸如图 5-15(a)～(c) 所示。

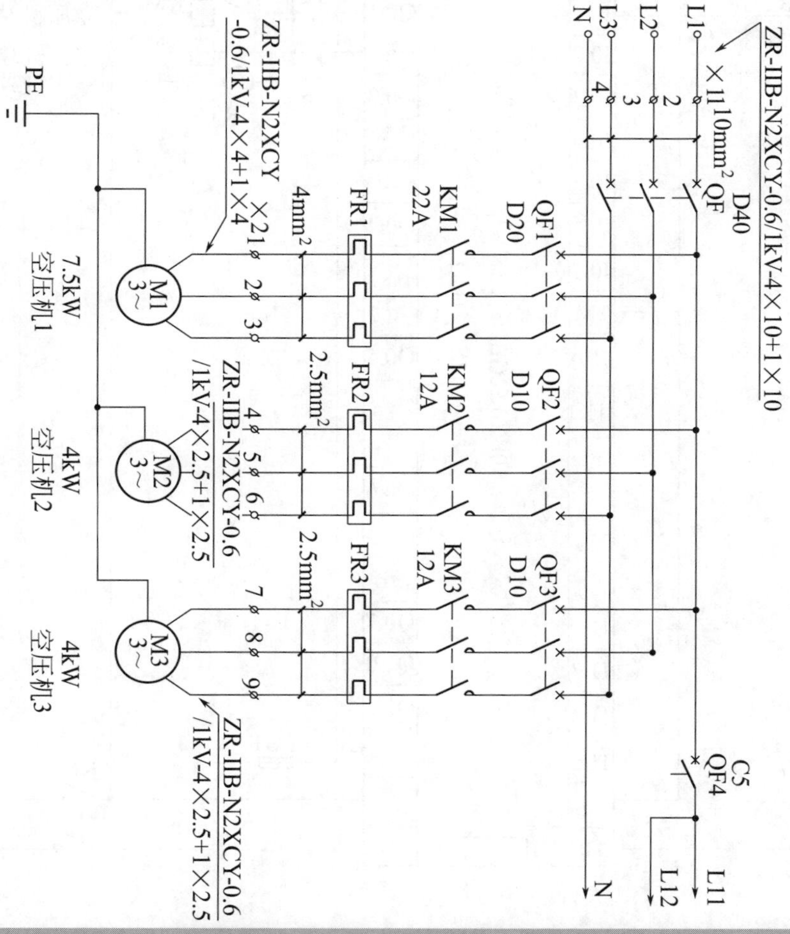

1.空气断路器：起通断和短路保护作用：由于负载为电动机，因此选用D型；负载分别为7.5kW、4kW，根据经验其电流为功率(kW)的2倍，那么电流为15A和8A，因此再选空气断路器时，空气断路器额定电流应≥线路的额定电流；再考虑到空气断路器脱扣电流应>电动机的启动电流，根据相关样本，分别选择了D20和D10。总开的电流应≥∑分支空开电流，因此这里选择了D40。

2.接触器：控制电路通断，其额定电流>线路的额定电流，线圈采用220V供电；

3.热继电器：过载保护。热继电器的电流应为(0.95~1.05)倍线路的额定电流。

4.各个电动机均需可靠接地，这里为保护接地；

5.线径选择：$1mm^2$ 承载5~8A的电流计算，线径不难选择。

图 5-15(a) 主电路设计图纸

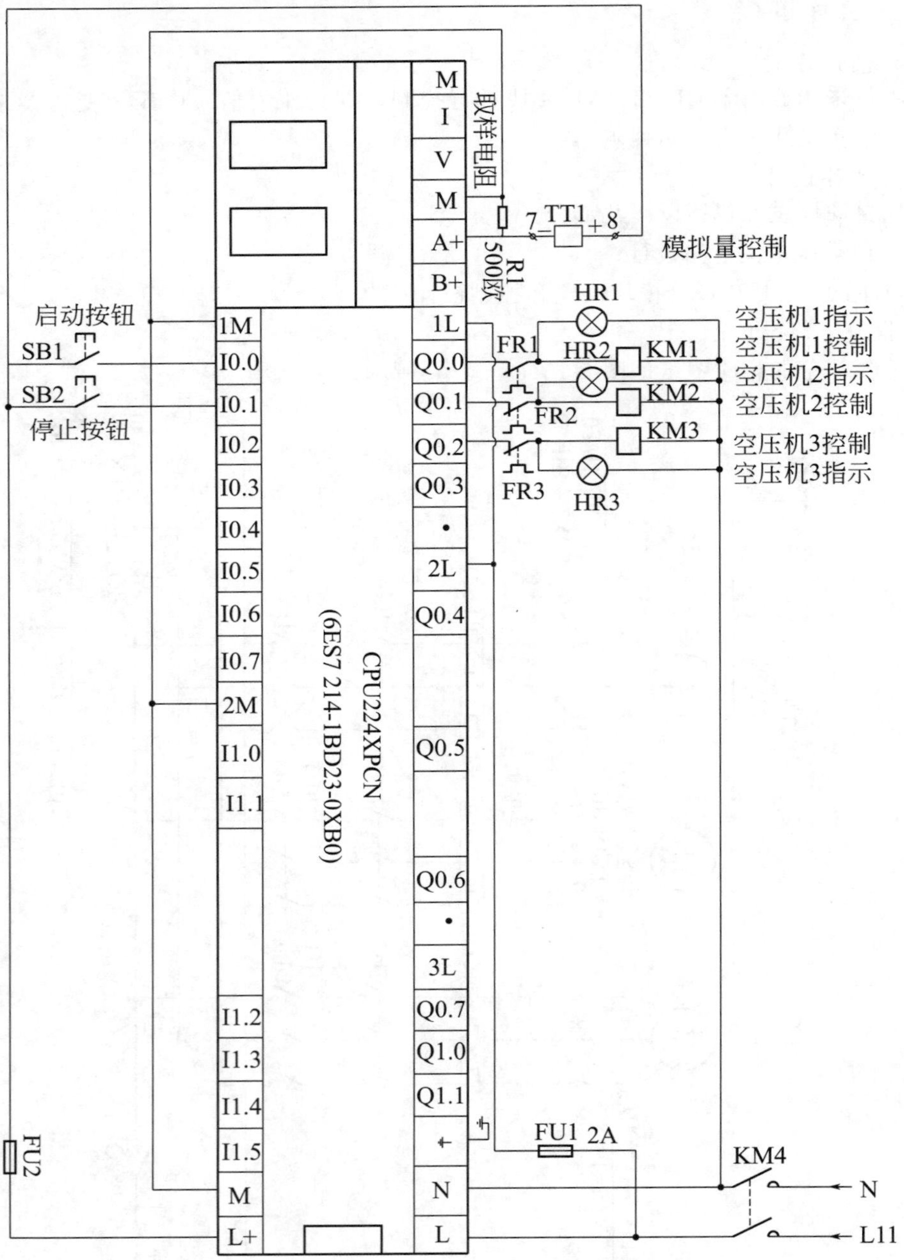

1.在主电路图中,QF4是对CPU224XP模块供电和输出电路进行保护的，根据S7-200系列PLC样本的建议，这里选择了C5，C即C型断路器，5即5A；

2.由于CPU224XP模块模拟量输入只接受电压型输入，此压力变送器为电流型输出信号，因此并上1个500Ω的电阻，将电流型转换为电压型。

图 5-15(b) PLC供电及控制图纸

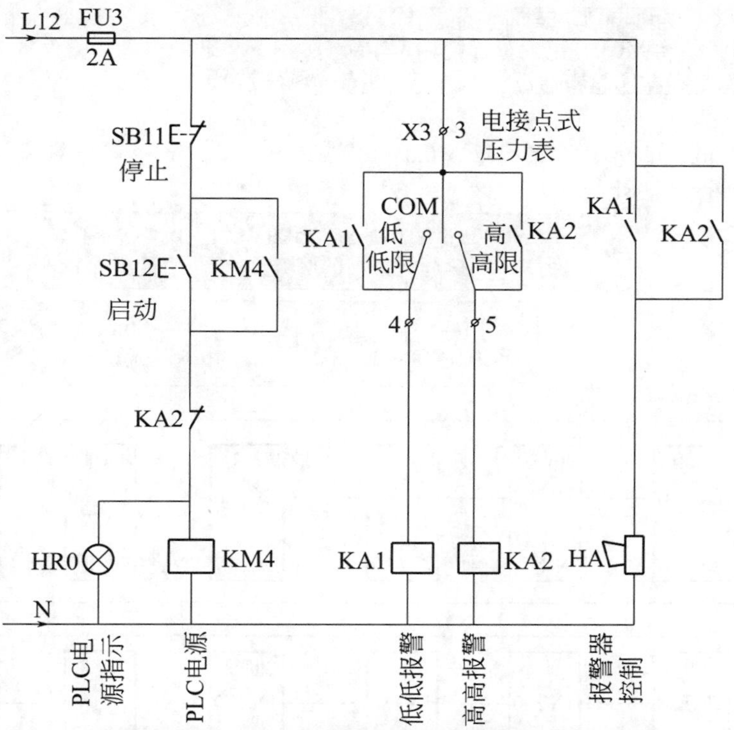

1.这里采用启保停电路，一方面对PLC供电和其输出电路进行控制；另一方面方便高高报警时断电；
2.电接点式压力表高高报警时，3-5触点闭合，KA2得电，KA2常开触点闭合，HA报警；KA2常闭触点闭合，PLC及其控制部分断电；低低报警，仅报警不断电。

图 5-15(c)　报警电路图纸

(3) 程序设计

① 明确控制要求后，确定 I/O 端子，如表 5-8 所示。

表 5-8　空压机改造 I/O 分配

输入量		输出量	
启动按钮	I0.0	空压机 1	Q0.1
停止按钮	I0.1	空压机 2	Q0.1
		空压机 3	Q0.2

② 空压机梯形图程序，如图 5-16 所示。

③ 空压机编程思路及程序解析如下。

本程序主要分为 3 大部分，模拟量信号采集程序、空压机分时启动程序和压力比较程序。

模拟量信号采集程序的编写要先将数据类型由字转换为实数，这样得到的结果更精确；接下来，找到实际压力与数字量转换之间的比例关系，是编写模拟量程序的关键，其比例关系为 $P=\frac{(1-0)}{(32000-6400)}(AIW0-6400)$，压力的单位这里取 MPa。关系式整理后为

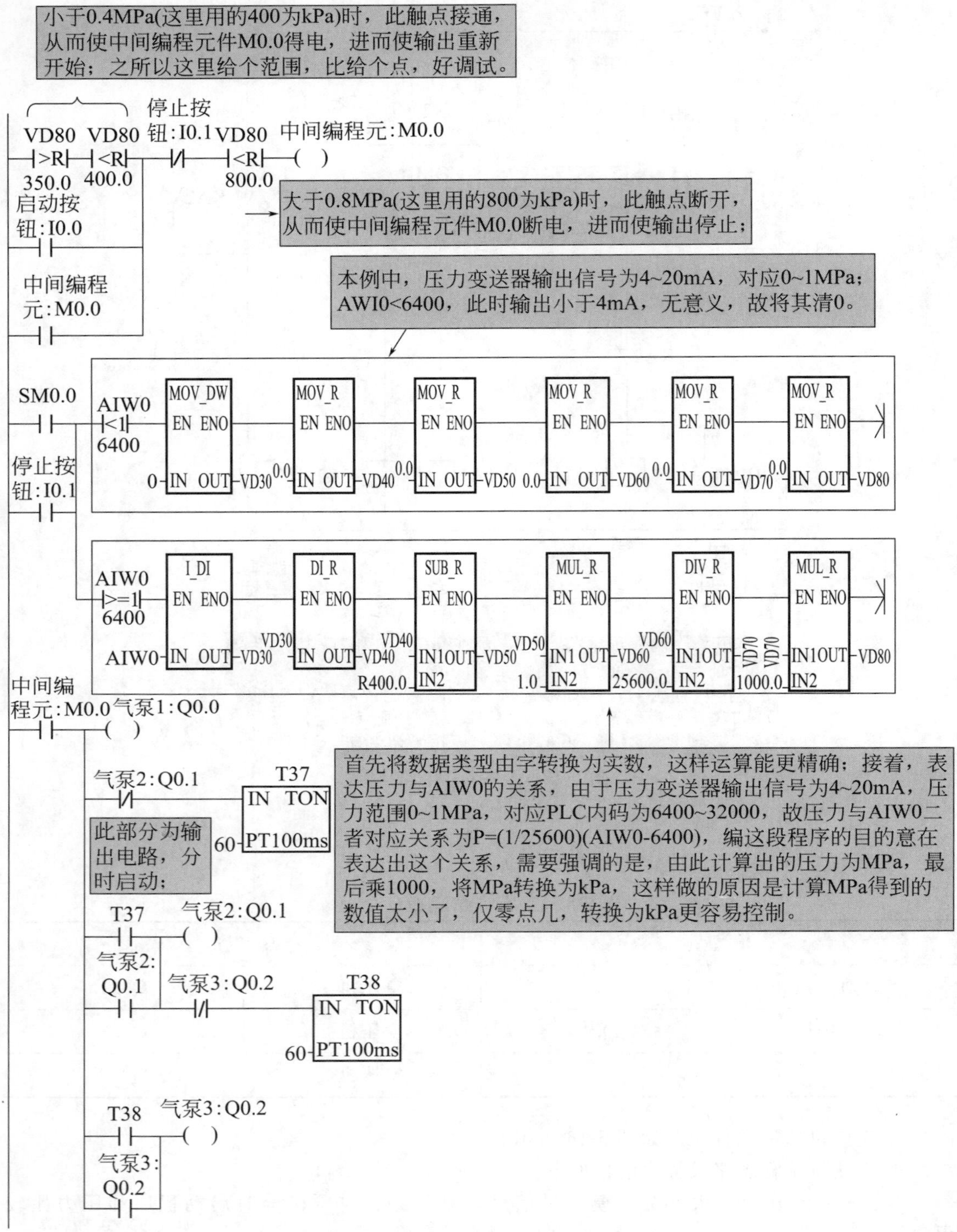

图 5-16　空压机梯形图程序

$P=$（1/2560）×（AIW0－6400），用 PLC 指令表达出压力 P 与 AIW0（现在的 AIW0 中的数值以实数形式，存在 VD30 中）之间的关系，即 $P=$（1/2560）×（VD40－6400），因

此模拟量信号采集程序用 SUB-R 指令表达出（VD40-6400.0），用 MUL-R 指令表达出前一条指令的结果乘上 1.0，用 DIV-R 指令表达出前一条指令的结果比上 25600，此时得到的结果为 MPa，再将 MPa 转换为 kPa，这样得到的结果更精确，便于调试。

空压机分时启动程序采用定时电路，当定时器定时时间到后，激活下一个线圈同时将此定时器断电。

压力比较程序，当模拟量采集值低于 400kPa 时，启保停电路重新得电，中间编程元件 M0.0 得电，Q0.0～Q0.2 分时得电；当压力大于 800kPa 时，启保停电路断电，Q0.0～Q0.2 同时断电。

5.4 PID 控制

5.4.1 PID 控制简介

（1）PID 控制简介

PID 控制又称比例积分微分控制，它属于闭环控制。典型的 PID 算法包括三个部分：比例项、积分项和微分项，即输出＝比例项＋积分项＋微分项。下面以离散系统的 PID 控制为例，对 PID 算法进行说明。离散系统的 PID 算法如下：

$M_n=K_c\times(SP_n-PV_n)+K_c(T_s/T_i)\times(SP_n-PV_n)+M_x+K_c\times(T_d/T_s)\times(PV_{n-1}-PV_n)$，其中，$M_n$为在采样时刻 n 计算出来的回路控制输出值；K_c为回路增益；SP_n为在采样时刻 n 的给定值；PV_n为在采样时刻 n 的过程变量值；PV_{n-1}为在采样时刻 $n-1$的过程变量值；T_s为采样时间；T_i为积分时间常数；T_d为微分时间常数，M_x 为在采样时刻 $n-1$ 的积分项。

比例项 $K_c\times(SP_n-PV_n)$：将偏差信号按比例放大，提高控制灵敏度；积分项 $K_c(T_s/T_i)\times(SP_n-PV_n)+M_x$：积分控制对偏差信号进行积分处理，缓解比例放大量过大引起的超调和振荡；微分项（T_d/T_s）$\times$（$PV_{n-1}-PV_n$）对偏差信号进行微分处理，提高控制的迅速性。

（2）PID 控制举例

炉温控制采用 PID 控制方式，炉温控制系统的示意图如图 5-17 所示。在炉温控制系统中，热电偶为温度检测元件，其信号传至变送器转换为标准电压或电流信号，标准信号再送至 A/D 模块，经 A/D 转换后的数字量与 CPU 设定值比较，二者的差值进行 PID 运算，将运算结果送给 D/A 模块，D/A 模块输出相应的电压或电流信号对电动阀进行控制，从而实现了温度的闭环控制。

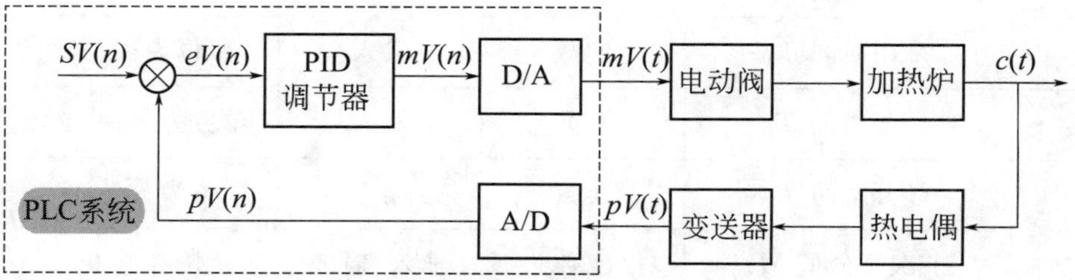

图 5-17　炉温控制系统示意图

图中 $SV(n)$ 为给定量；$PV(n)$ 为反馈量，此反馈量 A/D 已经转换为数字量了；$MV(t)$

为控制输出量；令$\triangle X = SV(n) - PV(n)$，如果$\triangle X > 0$，表明反馈量小于给定量，则控制器输出量$MV(t)$将增大，使电动阀开度变大，进入加热炉的天然气流量增大，进而炉温上升；如果$\triangle X < 0$，表明反馈量大于给定量，则控制器输出量$MV(t)$将减小，使电动阀开度变小，进入加热炉的天然气流量变小，进而炉温降低；如果$\triangle X = 0$，表明反馈量等于给定量，则控制器输出量$MV(t)$不变，电动阀开度不变，进入加热炉的天然气流量不变，进而炉温不变。

5.4.2 PID 指令

PID 指令指令格式如图 5-18 所示。

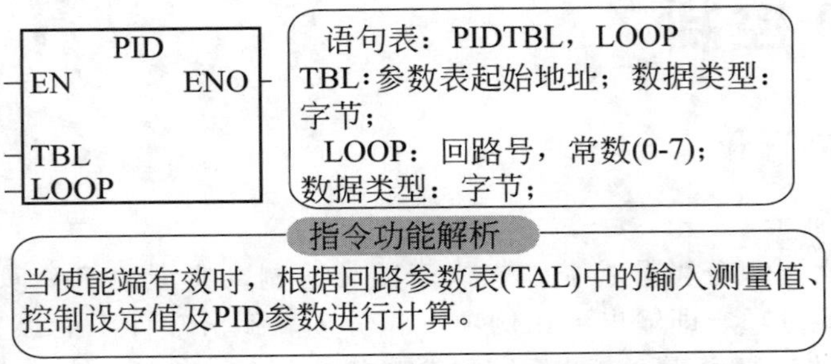

图 5-18　PID 指令格式

说明：

① 运行 PID 指令前，需要对 PID 控制回路参数进行设定，参数共 9 个，均为 32 位实数，共占 36 字节，具体表 5-9 所示；

② 程序中可使用 8 条 PID 指令，分别编号 0～7，不能重复使用；

③ 使 ENO=0 的错误条件：0006（间接地址），SM1.1（溢出，参数表起始地址或指令中指定的 PID 回路指令号码操作数超出范围）。

表 5-9　PID 控制回路参数表

地址(VD)	参数	数据格式	参数类型	说明
0	过程变量当前值 PV_n	实数	输入	取值范围:0.0～1.0;
4	给定值 SP_n	实数	输入	取值范围:0.0～1.0;
8	输出值 M_n	实数	输入/输出	范围在 0.0～1.0 之间;
12	增益 K_c	实数	输入	比例常数,可为正数可负数;
16	采用时间 T_s	实数	输入	单位为秒,必须为正数;
20	积分时间 T_i	实数	输入	单位为分钟,必须为正数;
24	微分时间 T_d	实数	输入	单位为分钟,必须为正数;
28	上次积分值 M_x	实数	输入/输出	范围在 0.0～1.0 之间;
32	上次过程变量 PV_{n-1}	实数	输入/输出	最近一次 PID 运算值;

5.4.3 PID控制编程思路

（1）PID初始化参数设定

运行PID指令前，必须根据PID控制回路参数表对初始化参数进行设定，一般需要给增益 K_c、采样时间 T_s、积分时间 T_i 和微分时间 T_d 这4个参数赋以相应的数值，数值以满足控制要求为目的。当不需要比例项时，将增益 K_c 设置为0；当不需要积分项时，将积分参数 T_i 设置为无限大，即9999.99；当不需要微分项时，将微分参数 T_d 设置为0；

需要指出，能设置出合适的初始化参数，并不是一件简单的事，需要工程技术人员对控制系统极其熟悉。往往是多次调试，最后找到合适的初始化参数；第一次试运行参数时，一般将增益设置得小一点，积分时间不要太小，以保证不会出现较大的超调量。微分一般都设置为0。

重点提示

一些工程技术人员总结出的经验口诀，供读者参考。

参数整定找最佳，从小到大顺序查；先是比例后积分，最后再把微分加；曲线振荡很频繁，比例度盘要放大；曲线漂浮绕大弯，比例度盘往小扳；曲线偏离回复慢，积分时间往下降；曲线波动周期长，积分时间再加长；曲线振荡频率快，先把微分降下来；动差大来波动慢。微分时间应加长；理想曲线两个波，前高后低4比1；一看二调多分析，调节质量不会低。

（2）输入量的转换和标准化

每个回路的给定值和过程变量都是实际的工程量，其大小、范围和单位不尽相同，在进行PID之前，必须将其转换成标准格式。

第一步，将16位整数转换为工程实数。可以参考5.2节内码与实际物理量的转换参考程序，这里不再赘述。

第二步，在第一步的基础上，将工程实数值转换为0.0～1.0之间的标准数值。往往是第一步得到的实际工程数值（如VD30等）比上其最大量程。

（3）编写PID指令

（4）将PID回路输出转换为成比例的整数

程序执行后，要将PID回路输出0.0～1.0之间的标准化实数值转换为16位整数值，方能驱动模拟量输出。转换方法：将PID回路输出0.0～1.0之间的标准化实数值乘以32000或64000；若单极型乘以32000，若双极型乘以64000。

5.4.4 PID控制工程实例—恒压控制

（1）控制要求

某实验需在恒压环境下进行，压力应维持在50Pa。按下启动按钮轴流风机M1、M2同时全速运行；当室内压力到达60Pa时，轴流风机M1停止，改由轴流风机M2进行PID调节，将压力维持在50Pa；若有人开门出入，系统压力会骤降，当压力低于10Pa时，两台轴流风机将全速运转，直到压力再次达到60Pa，轴流风机M1停止，又回到了改由轴流风机M2进行PID调节状态。

（2）设计方案确定

① 室内压力取样由压力变送器完成，考虑压力最大不超60Pa，因此选择量程为0～

500Pa，输出信号为 4～20mA 的压力变送器。注：小量程的压力变送器市面上不容易找到。

② 轴流风机 M1 通断由接触器来控制，轴流风机 M2 由变频器来控制。

③ 轴流风机的动作，压力采集后的处理，变频器的控制均有 S7-200PLC 来完成。

(3) 硬件图纸设计

本项目硬件图纸的设计包括以下几部分：

① 两台轴流风机主电路设计；

② 西门子 CPU224XP 模块供电和控制设计。

以上各部分的相应图纸如图 5-19(a)～(b) 所示。

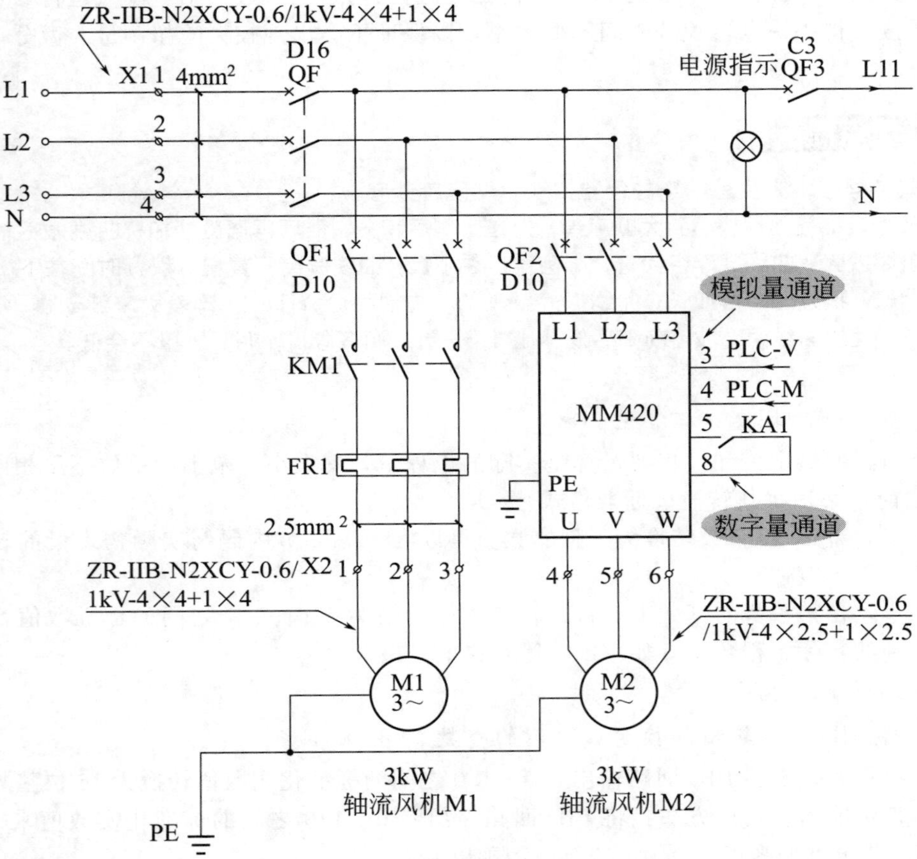

图 5-19(a) 轴流风机控制主电路图纸

(4) 程序设计

恒压控制的程序如图 5-20 所示。本项目程序的编写主要考虑 3 方面，具体如下。

① 两台轴流风机启停控制程序的编写。两台轴流风机启停控制比较简单，采用启保停电路即可。使用启保停电路关键是找到启动和停止信号，轴流风机 M1 的启动信号一个是启动按钮所给的信号，另一个为当压力低于 10Pa 时，比较指令所给的信号，两个信号是或的关系，因此并联；轴流风机 M1 控制的停止信号为当压力为 60Pa 时，比较指令通过中间编程元件所给的信号。轴流风机 M2 的启动信号为启动按钮所给的信号，停止信号为停止按钮所给的信号，若不按停止按钮，整个过程 M2 始终为 ON。

② 压力信号采集程序的编写。解决此问题的关键在于找到实际物理量压力与内码

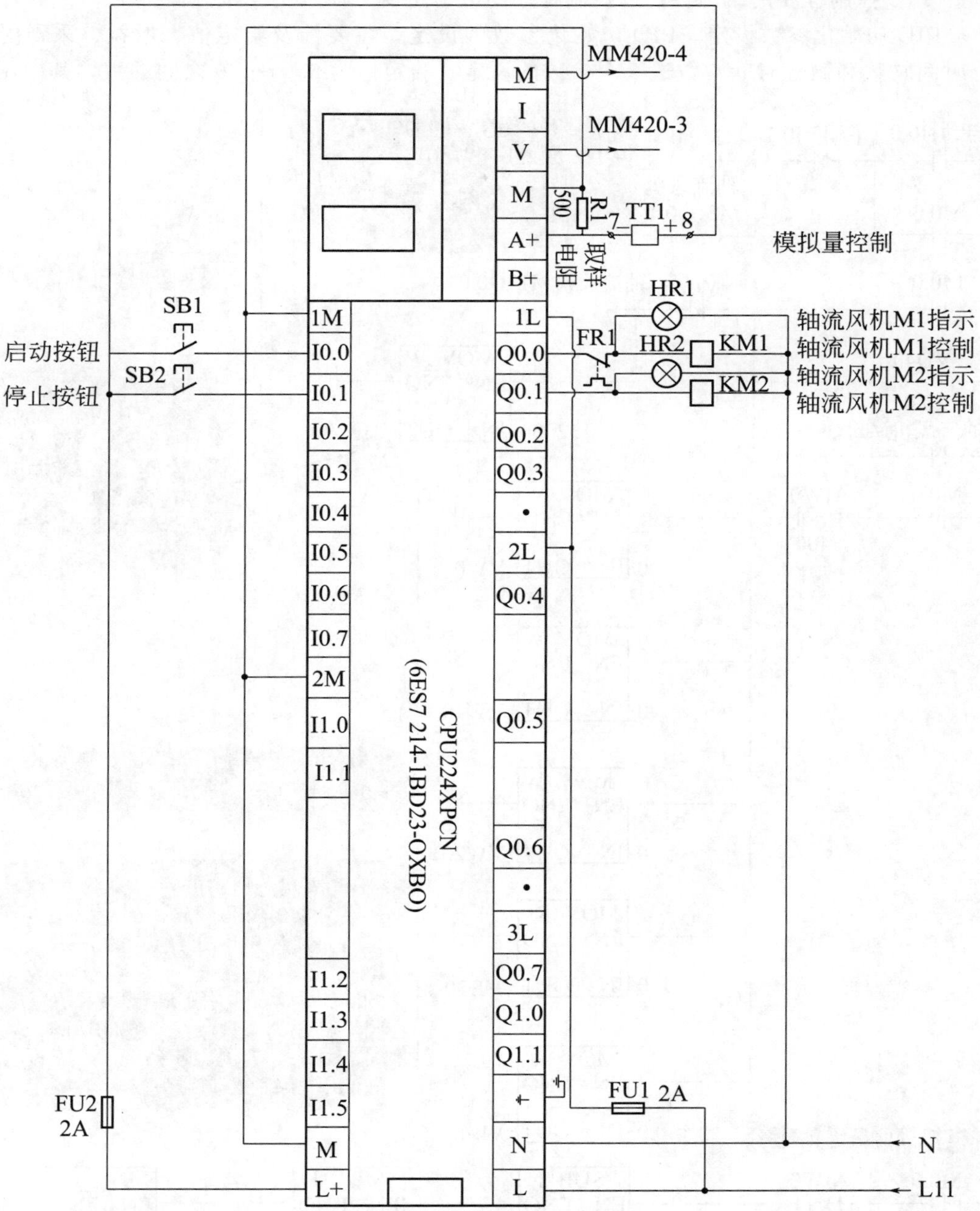

图 5-19(b) 轴流风机控制

AIW0 之间的比例关系。压力变送器的量程为 0～500Pa，其输出信号为 4～20mA，PLC 模拟量输入通道的信号范围为 0～20mA（CPU224XP 只支持 0～10V 的电压信号，需连接 500Ω 的电阻将电流信号转化为电压信号），内码范围为 0～32000，故不难找出压力与内码的对应关系，对应关系为 $P=5(\text{AIW0}-6400)/256$，其中 P 为压力。因此压力信号采集程序编写实际上就是用 SUB-I，MUL-I，DIV-I 指令表达出上述这种关系，此时得到的结果为字，再用 I-DI，DI-R 指令将字转换为实数，这样做有两点考虑，第一得到的压力为实数比较精确，第二此段程序恰好也是 PID 控制输入回路的转换程序，因此必须转换为实数。

③ PID控制程序的编写。PID控制程序的编写主要考虑以下4个方面。

a. PID初始化参数设定。PID初始化参数的设定，主要涉及给定值、增益、采样时间、积分时间常数和微分时间常数这5个参数的设定。给定值为0.0～1.0之间的数，其中压力

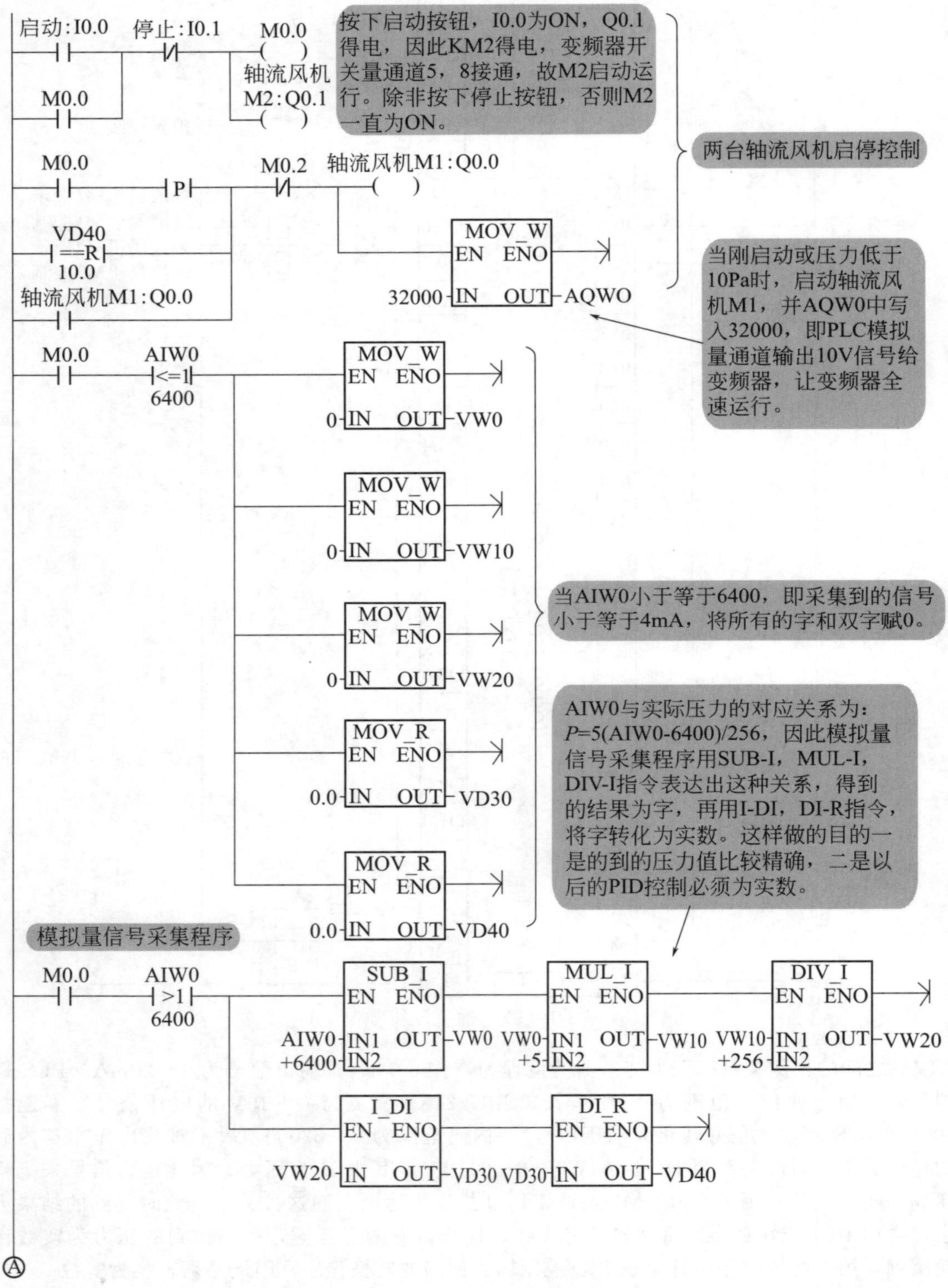

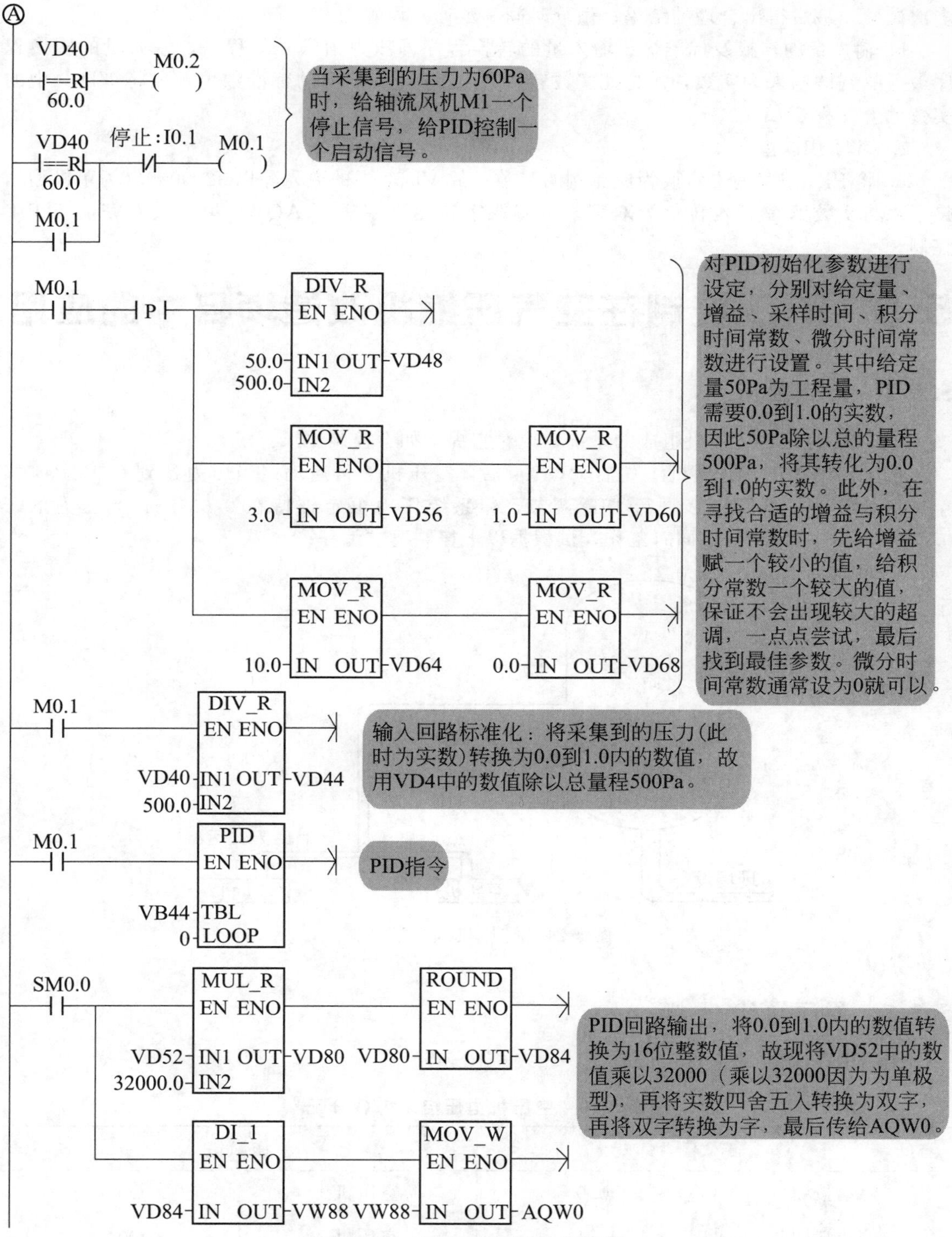

图 5-20　恒压控制的参考程序

恒为 50Pa，50Pa 为工程量，需将工程量转换为 0.0～1.0 之间的数，故将实际压力 50Pa 比上量程 500Pa，即 DIV-R 50.0，500.0。寻找合适的增益值和积分时间常数时，需将增益赋一个较小的数值，将积分时间常数赋一个较大的值，其目的为系统不会出现较大的超调量，多次试验，最后得出合理的结果；微分时间常数通常设置为 0。

b. 输入量的转换及标准化。输入量的转换程序即压力信号采集程序，输入量的转换程序最后的到的结果为实数，需将此实数转换为 0.0～1.0 之间的标准数值，故将 VD40 中的实数比上量程 500Pa。

c. 编写 PID 指令。

d. 将 PID 回路输出转换为成比例的整数；故 VD52 中的数先除以 32000.0（为单极型），接下来将实数四舍五入转化为双字，再将双字转化为字送至 AQW0 中，从而完成了 PID 控制。

5.5 PID 控制在空气压缩机改造项目中的应用

5.5.1 控制要求

图 5-21 为两台空压机组成的系统，现对它提出如下控制要求：

按下启动按钮，空压机 1 先启动，10s 后，空压机 2 再启动；当压力达到 0.9MPa 时，空压机 1 停止，空压机 2 进行 PID 调节，使系统压力恒定维持在 0.6MPa；当压力低于 0.4MPa 时，两台空压机同时工作，试根据以上控制要求编程。

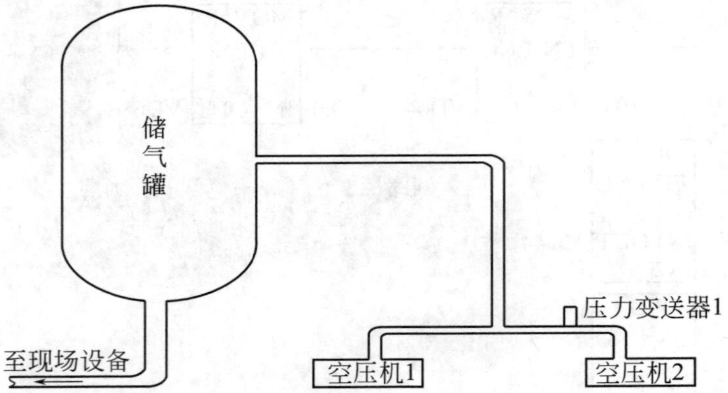

图 5-21 空压机改造装置图

5.5.2 程序设计

① 根据控制要求进行 I/O 分配，如表 5-10 所示。

表 5-10 空压机恒压控制 I/O 分配

输入量		输出量	
启动按钮	I0.0	空压机 1	Q0.0
停止按钮	I0.1	空压机 2	Q0.1
压力变送器	AIW0		

② 程序设计。空压机控制参考程序，如图 5-22 所示。

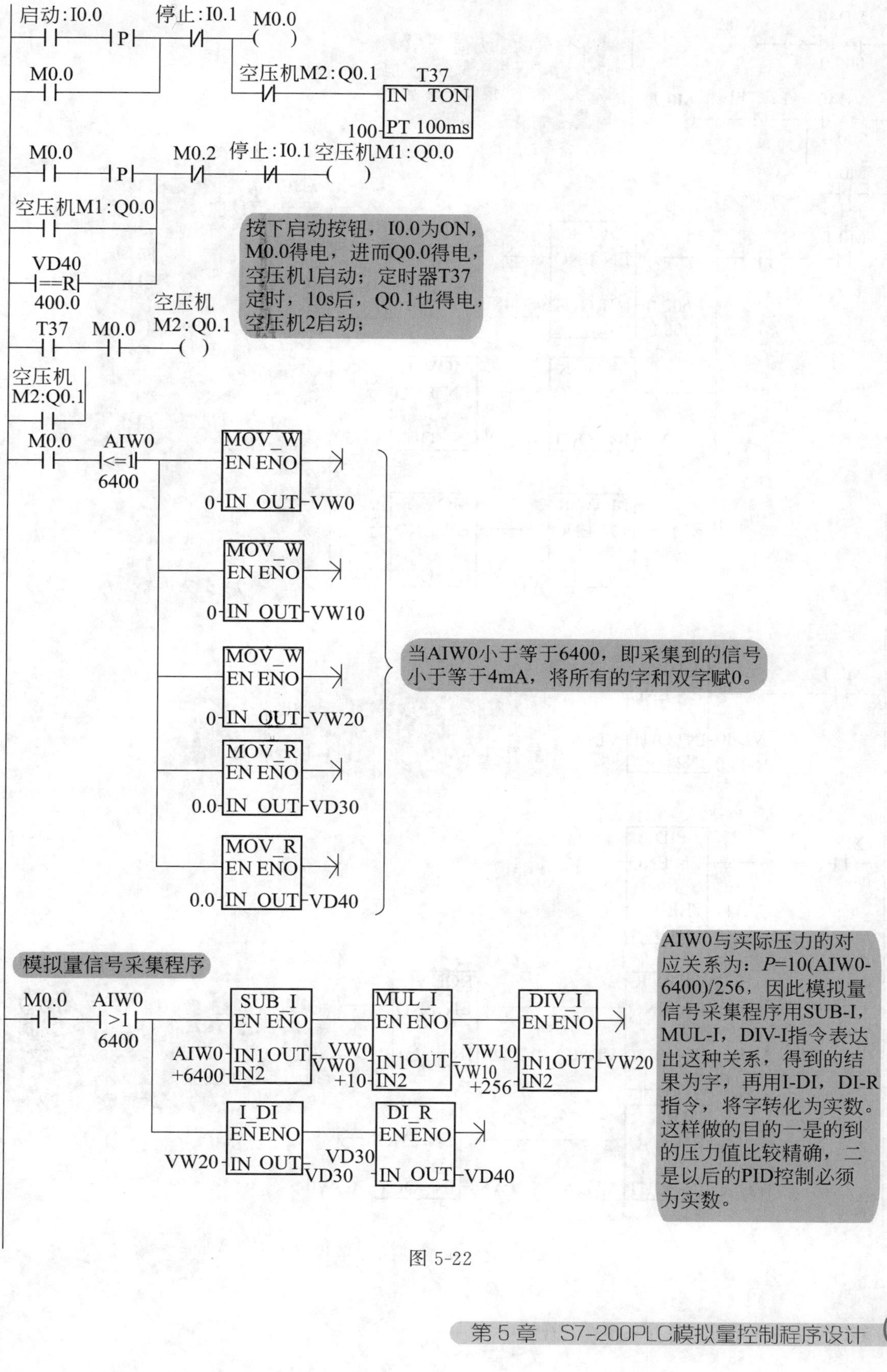
启动:I0.0
停止:I0.1
M0.0
P
M0.0
空压机M2:Q0.1
T37
IN TON
100
PT 100ms
M0.0
M0.2
停止:I0.1
空压机M1:Q0.0
P
空压机M1:Q0.0
按下启动按钮，I0.0为ON，M0.0得电，进而Q0.0得电，空压机1启动；定时器T37定时，10s后，Q0.1也得电，空压机2启动；
VD40
==R
400.0
空压机
M2:Q0.1
T37
M0.0
空压机
M2:Q0.1
M0.0
AIW0
<=I
6400
MOV_W
EN ENO
0
IN OUT
VW0
MOV_W
EN ENO
0
IN OUT
VW10
MOV_W
EN ENO
0
IN OUT
VW20
MOV_R
EN ENO
0.0
IN OUT
VD30
MOV_R
EN ENO
0.0
IN OUT
VD40
当AIW0小于等于6400，即采集到的信号小于等于4mA，将所有的字和双字赋0。
模拟量信号采集程序
M0.0
AIW0
>I
6400
SUB_I
EN ENO
AIW0
+6400
IN1 OUT
IN2
VW0
MUL_I
EN ENO
VW0
+10
IN1 OUT
IN2
VW10
DIV_I
EN ENO
VW10
+256
IN1 OUT
IN2
VW20
I_DI
EN ENO
VW20
IN OUT
VD30
DI_R
EN ENO
VD30
IN OUT
VD40
AIW0与实际压力的对应关系为：P=10(AIW0-6400)/256，因此模拟量信号采集程序用SUB-I，MUL-I，DIV-I指令表达出这种关系，得到的结果为字，再用I-DI，DI-R指令，将字转化为实数。这样做的目的一是的到的压力值比较精确，二是以后的PID控制必须为实数。

图 5-22

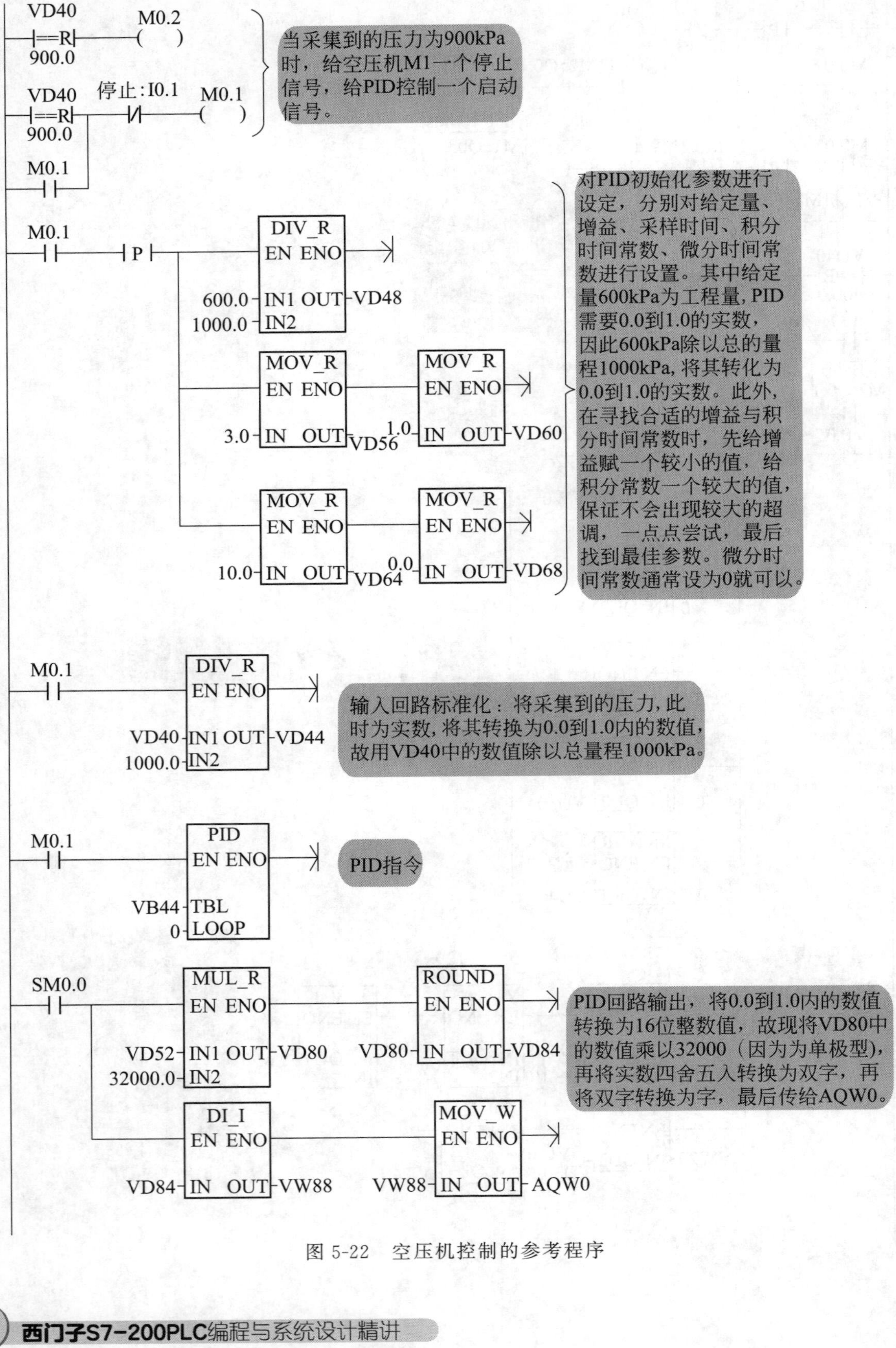

图 5-22　空压机控制的参考程序

重点提示

1. 5. 3~ 5. 5 节实用性强，这些实例均是工程经验的总结，读者应细细体会，把握住方法，模拟量编程问题就迎刃而解了。

2. 5. 2 节内码与实际物理量的转换是模拟量编程的关键，同时也是读者没有掌握模拟量编程的原因，对此问题读者应予以重视。 以后再有内码与实际物理量的转换问题，就使用下面公式。

将内码转换为实际物理量 $A=\frac{(A_m-A_0)}{(D_m-D_0)}(D-D_0)+A_0$

A_m 为实际物理量最大值；A_0 为实际物理量最小值；D_m 为内码最大值；D_0 为内码最小值；以上 4 个量都需代入实际值；A 为实际物理量时时值；D 为内码时时值；这两个属于未知量。

例如：某压力变送器量程为 0~10MPa，输出信号为 4~20mA，模拟量输入模块 EM231 量程为 0~20mA，转换后数字量为 0~32000，设转换后的内码为 AIW0，求压力值。

$P=\frac{(10-0)}{(32000-6400)}(\mathrm{AIW0}-6400)+0$

P 为实际物理量压力。

CHAPTER 6

第6章 PLC控制系统的设计

本章要点

- PLC 控制系统设计基本原则与步骤
- 组合机床 PLC 控制系统的设计
- 机械手 PLC 控制系统的设计
- 液体混合 PLC 控制系统的设计

以 PLC 为核心组成的自动控制系统，称为 PLC 控制系统。PLC 控制系统的设计与其他形式控制系统的设计不尽相同，在实际工程中，它围绕着 PLC 本身的特点，以满足生产工艺的控制要求为目的开展工作的。一般包括硬件系统的设计、软件系统的设计和施工设计等。

6.1 PLC 控制系统设计基本原则与步骤

在掌握 PLC 的工作原理、编程语言、内部编程元件、硬件配置以及编程方法后，具有一定系统控制设计基础的电气工程技术人员就可以进行 PLC 控制系统的设计了。

6.1.1 PLC 控制系统设计的应用环境

由于 PLC 是一种计算机化了的高科技产品，相对继电器来说价格较高，因此在 PLC 控制系统设计之前，就要考虑是否有必要使用 PLC。

通常在以下情况可以考虑使用 PLC：

① 控制系统的数字量 I/O 点数较多，控制要求复杂。若使用继电器控制，则需要大量的中间继电器、时间继电器等器件；

② 对控制系统的可靠性要求较高，继电器控制系统难以满足控制要求；

③ 由于生产工艺流程或产品的变化，需要经常改变控制系统的控制关系或控制参数；

④ 可以用一台 PLC 控制多个生产设备。

附带说明对于控制系统简单、I/O 点数少，控制要求并不复杂的情况，则无需使用 PLC 控制，使用继电器控制就完全可以了。

6.1.2 PLC 控制系统设计的基本原则

在实际生产过程中，任何一种控制都是以满足生产工艺的控制要求，提高生产质量和效率为目的的，因此在 PLC 控制系统的设计时，应遵循以下基本原则。

① 最大限度地满足生产工艺的控制要求。充分发挥 PLC 强大的控制功能，最大限度地满足生产工艺的控制要求，是 PLC 控制系统设计的首要前提。这就需要设计人员深入现场进行调查研究，收集资料，同时要注意与操作员和工程管理人员密切的配合，共同讨论，解决设计中出现的问题。

② 确保控制系统的安全可靠。确保控制系统的安全可靠，是设计的重要原则。这就要求设计者在设计时，应全面的考虑控制系统硬件和软件。

③ 力求使系统简单、经济、使用和维修方便。在满足生产工艺的控制要求前提下，要注意降低工程成本，提高工程效益，符合用户的操作习惯和方便维修。

④ 应考虑生产的发展和改进，在设计时应适当留有裕量。

6.1.3 PLC 控制系统设计的一般步骤

PLC 控制系统设计的流程图如图 6-1 所示。

(1) 深入了解被控系统的工艺过程和控制要求

首先应该详细分析被控对象的工艺过程及工作特点，了解被控对象机、电、液之间的关系，提出被控对象对 PLC 控制系统的要求。控制要求包括：

① 控制的基本方式：行程控制、时间控制、速度控制、电流和电压控制等；

② 需要完成的动作：动作及其顺序、动作条件；

③ 操作方式：手动（点动、回原点）、自动（单步、单周、自动运行）以及必要的保护、报警、联锁和互锁。

④ 确定软硬件分工。根据控制工艺的复杂程度，确定软硬件分工，可从技术方案、经济型、可靠性等方面做好软硬件的分工。

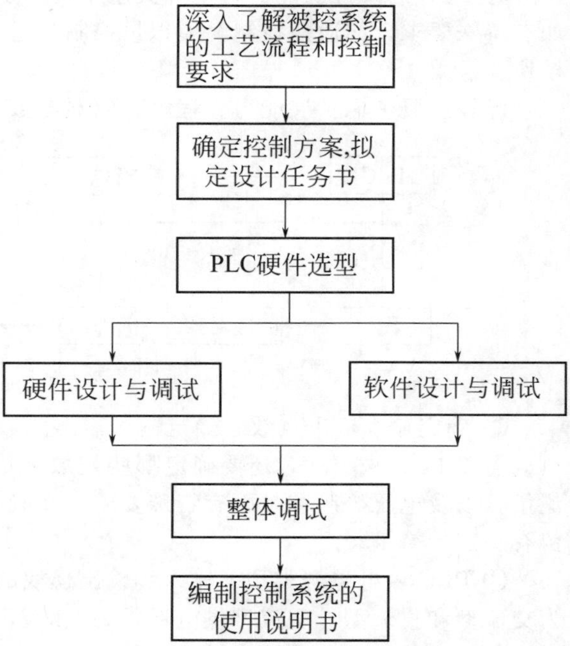

图 6-1 PLC 控制系统设计的流程图

(2) 确定控制方案，拟定设计说明书

在分析完被控对象的控制要求的基础上，可以确定控制方案。通常有以下几种方案供参考。

① 单控制器系统：单控制系统指采用一台 PLC 控制一台被控设备或多台被控设备的控制系统，如图 6-2 所示。

② 多控制器系统：多控制器系统即分布式控制系统，该系统中每个控制对象都是由一台 PLC 控制器来控制的，各台 PLC 控制器之间可以通过信号传递进行内部联锁，或由上位机通过总线进行通信控制，如图 6-3 所示。

③ 远程 I/O 控制系统：远程 I/O 系统是 I/O 模块不与控制器放在一起而是远距离放在被控设备附近，如图 6-4 所示。

(3) PLC 硬件选型

PLC 硬件选型的基本原则：在功能满足的条件下，保证系统安全可靠运行，尽量兼顾价格。具体应考虑以下几个方面。

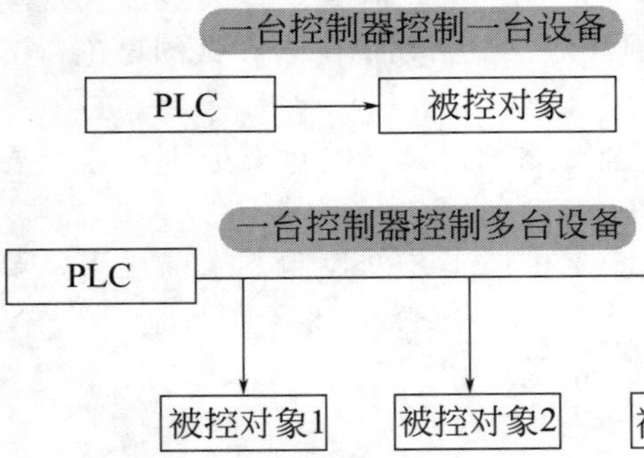

图 6-2 单控制器系统

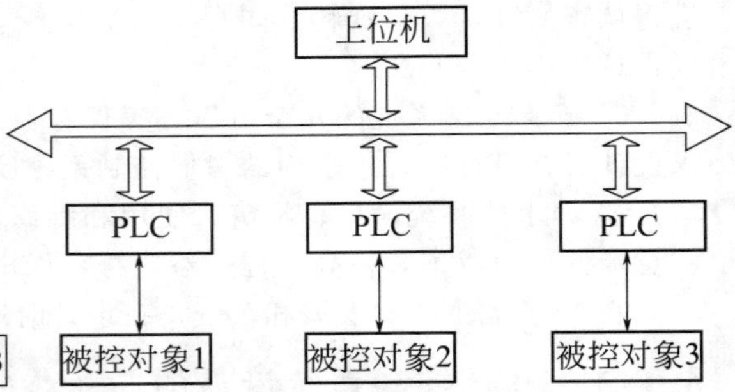

图 6-3 多控制器系统

① PLC 的硬件功能　对于开关量系统，主要考虑 PLC 的最大 I/O 点数是否满足要求；如有特殊要求，如通信控制、模拟量控制和运动量控制等，则应考虑是否有相应的特殊功能模块。

此外还要考虑扩展能力、程序存储器与数据存储器的容量等。

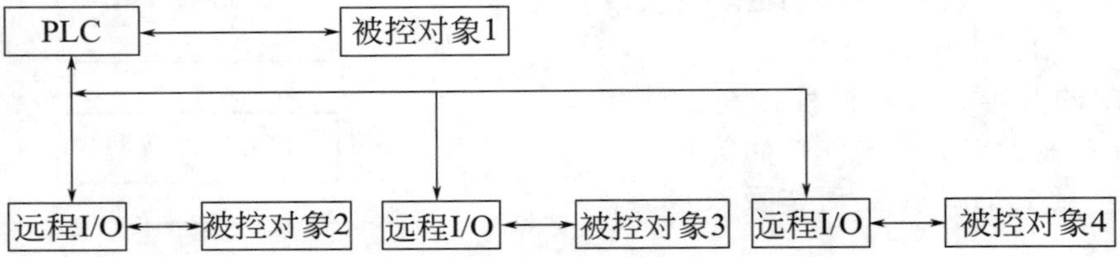

图 6-4 远程 I/O 控制系统

② 确定输入输出点数　确定输入输出点数前，应确定哪些信号需要输入给 PLC，哪些负载需要 PLC 来驱动，还要确定哪些是数字量，哪些是模拟量，哪些是直流量，哪些是交流量，以及电压等级和是否有特殊要求。在确定时，应考虑今后系统改进和扩充的需求，应留有一定的裕量。

③ PLC 供电电源类型、输入和输出模块的类型　PLC 供电电源类型一般有两种，分别为交流型和直流型。交流型供电通常为 220V，直流型供电通常为 24V。

数字量输入模块的输入电压一般在 DC24V、AC220V。直流输入电路的延迟时间较短，可直接与光电开关、接近开关等电子输入设备直接相连；交流输入方式则适用于油雾、粉尘环境。

如有模拟量还需考虑变送器、执行机构的量程与模拟量输入输出模块的量程是否匹配等。

继电器型输出模块的工作电压范围广，触点导通电压较小，承受瞬间过电压和瞬间过电流能力强，但触点寿命有限制，动作速度较慢。若系统的输出信号变化不是很频繁，建议优先选择继电器输出型模块。继电器型输出模块可用于交直流负载。

晶体管输出型和双向晶闸管输出型模块分别用于直流负载和交流负载，它们具有可靠性高、执行速度快、寿命长等优点，但过载能力较差。

④ PLC 的结构及安装方式

PLC 分为整体式和模块式两种，整体式每点的价格比模块式的要便宜。但模块式的功能扩展灵活，安装方便，特殊模块选择的余地大，一般较复杂的系统选择模块式 PLC。

(4) 硬件设计

PLC 控制系统的硬件设计主要包括 I/O 地址分配、系统主回路和控制回路的设计、PLC 输入输出电路的设计、控制柜或操作台电气元件安装布置设计等。

① I/O 地址分配

输入点和输入信号、输出点和输出控制是一一对应的。通常按系统配置通道与触点号，分配每个输入输出信号，即进行编号。在编号时要注意，不同型号的 PLC，其输入输出通道范围不同，要根据所选 PLC 的型号进行确定，切不可“张冠李戴”。

② 系统主回路和控制回路设计

a. 系统主回路设计：主回路通常是指电流较大的电路，如电动机主电路、控制变压器的一次侧输入回路、控制系统的电源输入和控制电路等。

在设计主电路时，主要要考虑以下几个方面。

◆总开关的类型、容量、分段能力和所用的场合等。

◆保护装置的设置。短路保护要设置熔断器或断路器，过载保护要设置热继电器，漏电保护要设置漏电保护器等。

◆接地。从安全的角度考虑，控制系统应设置保护接地。

b. 系统控制回路设计：控制回路通常是指电流较小的电路。控制回路设计一般包括保护电路、安全电路、信号电路和控制电路设计等。

③ PLC 输入输出电路的设计

设计输入输出电路通常考虑以下问题：

◆输入电路可由 PLC 内部提供 DC24V 电源，也可外接电源；输出点需根据输出模块类型选择电源；

◆为了防止负载短路损坏 PLC，输入输出电路公共端需加熔断器保护；

◆为了防止接触器相间短路，通常要设置互锁电路，例如正反转电路；

◆输出电路有感性负载，为了保证输出点的安全和防止干扰，直流电路需在感性负载两端并联续流二极管；交流电路需在感性负载两端并联阻容电路，如图 6-5 所示。

◆应减少输入输出点数，具体方法可参考 4.2 节。

④ 控制柜或操作台电气元件安装布置设计

设计的目的是用于指导、规范现场生产和施工，并提高可靠性和标准化程度。

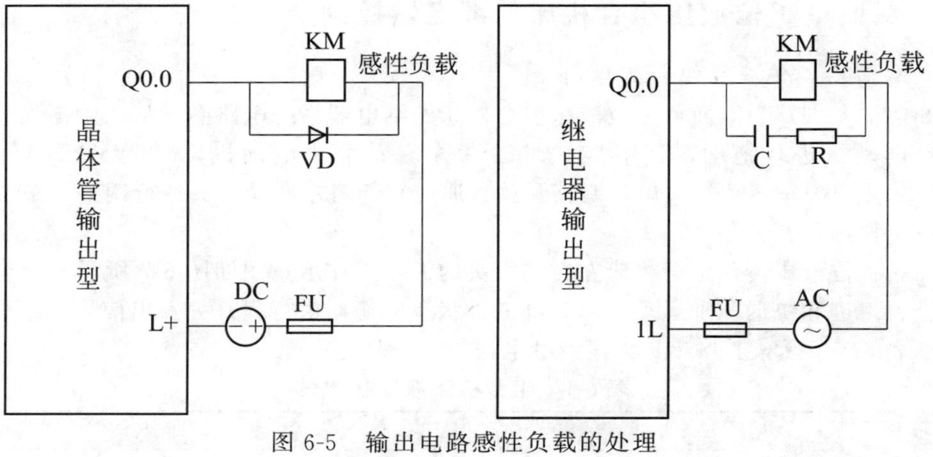

图 6-5 输出电路感性负载的处理

(5) 软件设计

软件设计包括系统初始化程序、主程序、子程序、中断程序等，小型数字量控制系统往往只有主程序。

软件设计主要包括以下几步：

① 首先应根据总体要求和控制系统的具体情况，确定程序的基本结构；

② 绘制控制流程图或顺序功能图；

③ 根据控制流程图或顺序功能图，设计梯形图。简单系统可用经验设计法，复杂系统可用顺序控制设计法。

(6) 软、硬件调试

调试分为模拟调试和联机调试。

在软件设计完成后一般作模拟调试。模拟调试可以通过仿真软件来代替 PLC 硬件在计算机上调试程序。若有 PLC 硬件，可以用小开关和按钮模拟 PLC 的实际输入信号，再通过输出模块上个输出位对应的指示灯观察输出信号是否满足设计要求。若需要模拟信号 I/O 时，可用电位器和万用表配合进行。

硬件模拟调试主要是对控制柜或操作台的接线进行测试，可在操作台的接线端子上模拟 PLC 外部数字输入信号，或者操作按钮指令开关，观察对应 PLC 输入点的状态。

在联机调试时，把编制好的程序下载到现场的 PLC 中。调试时。主电路一定要断电，只对控制电路进行调试。通过现场联机调试，还会发现新的问题或需要对某些控制功能进行改进。

如软硬件调试均没问题，可以整体调试了。

(7) 编制控制系统的使用说明书

系统交付使用后，应根据调试的最终结果整理出完整的技术文件，单位存档，部分资料提供给用户，以利于系统的维修和改进。

编制的文件有：PLC 的硬件接线图和其他的电气样图，PLC 编程元件表和带有文字说明的梯形图。此外若使用的是顺序控制法，顺序功能图也需要整理。

6.2 组合机床 PLC 控制系统设计

本节将以单工位液压传动组合机床为例，对传统的大型机床改造问题给予讲解。

6.2.1 双面单工位液压组合机床的继电器控制

(1) 双面单工位液压组合机床简介

图 6-6(a)～(c) 为双面单工位液压组合机床的继电器系统电路图。从图中不难看出该机床由 3 台电动机进行拖动，其中 M1、M2 为左右动力头电动机，M3 为冷却泵电动机；SA1、SA2 分别为左右动力头单独调整开关，通过它们对左右动力头进行调整；SA3 为冷却泵电动机工作选择开关。

双面单工位液压传动组合机床左右动力头的循环工作示意图如图 6-7 所示。每个动力头均有快进、工进和快退 3 种运动状态，且三种状态的切换由行程开关发出信号。组合机床液压状态如表 6-1 所示，其中 KP 为压力继电器、YV 为电磁阀。

表 6-1　组合机床液压状态表

工步	YV1	YV2	YV3	YV4	KP1	KP2
原位停止	—	—	—	—	—	—

续表

工步	YV1	YV2	YV3	YV4	KP1	KP2
快进	+	−	+	−	−	−
工进	+	−	+	−	−	−
死挡铁停留	+	−	+	−	+	+
快退	−	+	−	+	−	−

(2) 双面单工位液压组合机床工作原理

SA1、SA2 处于自动循环位置，按下启动按钮 SB2，接触器 KM1、KM2 线圈得电并自锁，左右动力头电动机同时启动旋转；按下前进启动按钮 SB3，中间继电器 KA1、KA2 得电并自锁，电磁阀 YV1、YV3 得电，左右动力头快进并离开原位，行程开关 SQ1、SQ2、SQ5、SQ6 先复位，行程开关 SQ3、SQ4 后复位，并使 KA 得电自锁。在动力头进给过程中，由各自行程阀自动将快进变为工进，同时压下行程开关 SQ，接触器 KM3 线圈通电，冷切泵 M3 工作，供给冷却液。左右动力头加工完毕后压下 SQ7 并顶在死挡铁上，使其油路油压升高，压力继电器 KP1 动作，使 KA3 得电并自锁。右动力头加工完毕后压下 SQ8 并使 KP2 动作，KA4 将接通并自锁，同时 KA1、KA2 将失电，YV1、YV3 也失电，而 YV2、YV4 通电，使左右动力头快退。当左动力头使 SQ 复位后，KM3 将失电，冷却泵电动机将停转。左右动力头快退至原位时，先压下 SQ3、SQ4，再压下 SQ1、SQ2、SQ5、SQ6，使 KM1、KM2 线圈断电，动力头电动机 M1、M2 断电停转，同时 KA、KA3、KA4 线圈断电，YV2、YV4 断电，动力头停止动作，机床循环结束。加工过程中，如果按下 SB4，可随时使左右动力头快退至原位停止。

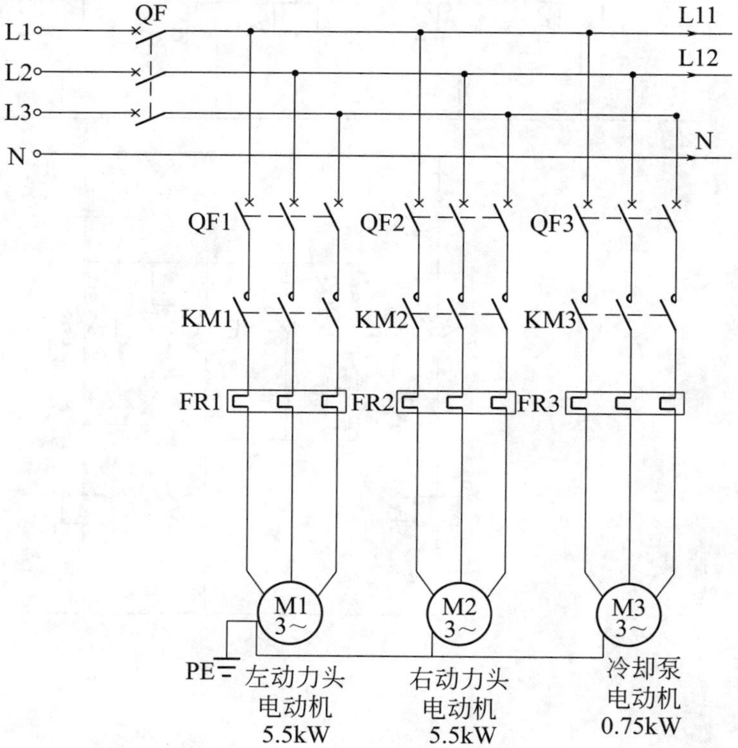

(a)

图 6-6

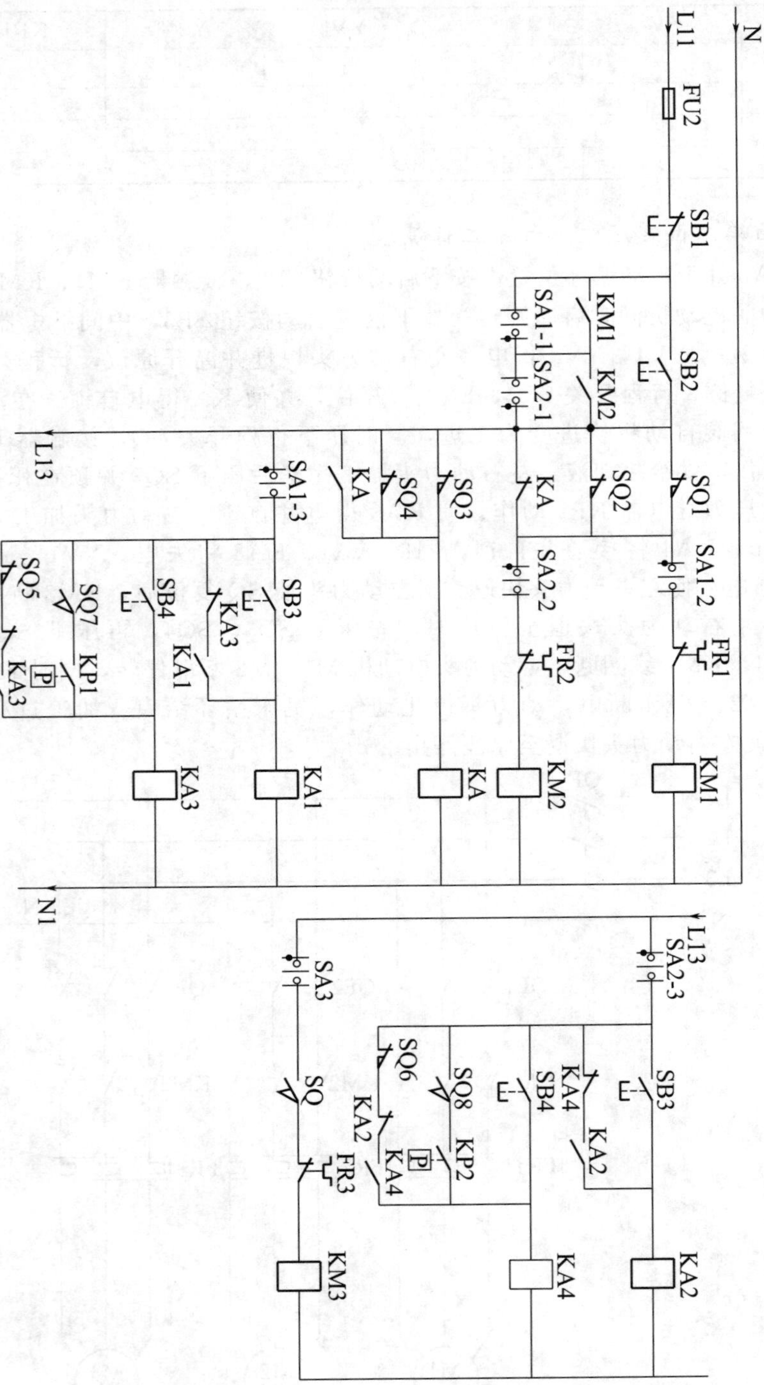
L11
N
FU2
SB1
SB2
KM1
KM2
SA1-1
SA2-1
SQ1
SQ2
KA
SQ3
SQ4
KA
SA1-2
SA2-2
FR1
FR2
KM1
KM2
KA
L13
SA1-3
SB3
KA3
KA1
SB4
SQ7
KP1
P
SQ5
KA1
KA3
KA1
KA3
N1
L13
SA2-3
SB3
KA4
KA2
SB4
SQ8
KP2
P
SQ6
KA2
KA4
KA2
KA4
SA3
SQ
FR3
KM3

(b)

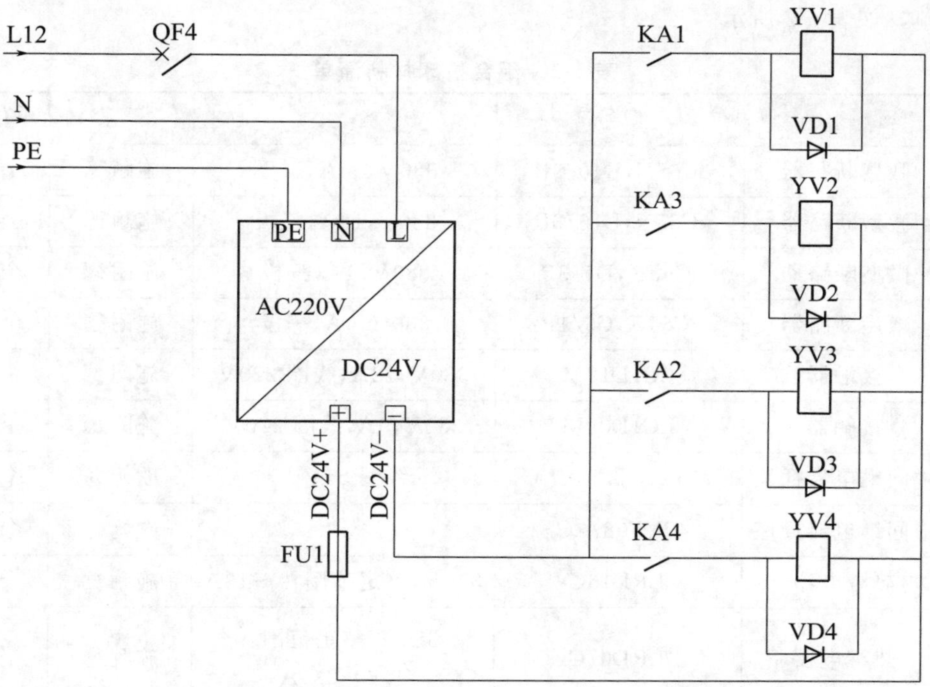

(c)

图 6-6 双面单工位液压组合机床继电器系统电路图

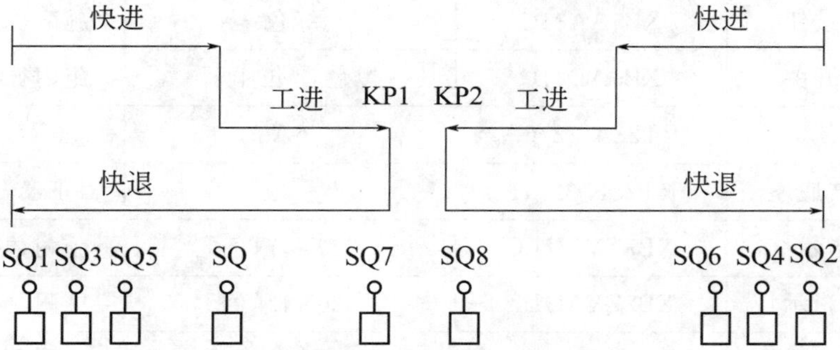

图 6-7 左右动力循环工作示意图

6.2.2 双面单工位液压组合机床的 PLC 控制

(1) PLC 及相关元件选型

本系统采用西门子 S7-200PLC，CPU224CN 模块，AC 电源，DC 输入，继电器输出型。PLC 的输入信号应有 21 个，且为开关量，其中有 4 个按钮，9 个行程开关，3 个热继电器常闭触点，2 个压力继电器触点，3 个转换开关。但在实际应用中，为了节省 PLC 的输入输出点数，将输入信号做以下处理：SQ1 和 SQ2、SQ3 和 SQ4 并联作为输入，SQ7 和 KP1、SQ8 和 KP2、SQ 和 SA3 串联作为输入，将 FR1、FR2、FR3 常闭触点分配到输出电路中，这样处理后输入信号由原来的 21 点降到现在的 13 点；输出信号有 7 个，其中有 3 个接触器，4 个电磁阀；由于接触器和电磁阀所加的电压不同，因此输出有两路通道。元件的具体材料清单，如表 6-2 所示。

表 6-2　组合机床材料清单

序号	材料名称	型号	备注	厂家	单位	数量
1	微型断路器	iC65N,D40/3P	380V,40A,三极	施耐德	个	1
2	微型断路器	iC65N,D16/3P	380V,16A,三极	施耐德	个	2
3	微型断路器	iC65N,D4/3P	380V,4A,三极	施耐德	个	1
4	微型断路器	iC65N,C6/1P	380V,6A,一极	施耐德	个	2
5	接触器	LC1D12M	380V,12A,线圈 220V	施耐德	个	2
6	接触器	LC1D09M	380V,9A,线圈 220V	施耐德	个	1
7	中间继电器插头	MY2N-J,24VDC	线圈 24V	欧姆龙	个	4
8	中间继电器插座	PYF08A-C		欧姆龙	个	4
9	热继电器	LRD16C	380V,整定范围:9～13A	施耐德	个	2
10	热继电器	LRD07C	380V,整定范围: 1.6～2.5A	施耐德	个	1
11	停止按钮底座	ZB5AZ101C		施耐德	个	1
12	停止按钮按钮头	ZB5AA4C	红色	施耐德	个	1
13	启动按钮	XB5AA31C	绿色	施耐德	个	3
14	选择开关	XB5AD21C	黑色,2 位 1 开	施耐德	个	3
15	熔体	RT28N-32/6A	6A	正泰	个	1
16	熔断器底座	RT28N-32/1P	一极	正泰	个	1
17	电源指示灯	XB7EVM1LC	220V,白色	施耐德	个	1
18	电动机指示灯	XB7EVM3LC	220V,绿色	施耐德	个	3
19	电磁阀指示灯	XB7EV33LC	24V,绿色	施耐德	个	4
20	直流电源	CP M SNT	180W,24V,7.5A	魏德米勒	个	1
21	PLC	CPU224CN	AC 电源,DC 输入, 继电器输出	西门子	台	1
22	端子	UK10N	可夹 0.5～10mm2 导线	菲尼克斯	个	4
23	端子	UK3N	可夹 0.5～2.5mm2 导线	菲尼克斯	个	9
24	端子	UKN1.5N	可夹 0.5～1.5mm2 导线	菲尼克斯	个	16
25	端板	D-UK4/10	UK10N,UK3N 端子端板	菲尼克斯	个	2
26	端板	D-UK2.5	UK1.5N 端子端板	菲尼克斯	个	2

续表

序号	材料名称	型号	备注	厂家	单位	数量
27	固定件	E/UK	固定端子,放在端子两端	菲尼克斯	个	8
28	标记号	ZB10	标号(1～5),UK10N 端子标记条	菲尼克斯	条	1
29	标记号	ZB5	标号(1～10),UK3N 端子标记条	菲尼克斯	条	1
30	标记号	ZB4	标号(1～30),UK1.5N 端子标记条	菲尼克斯	条	1
31	汇线槽	HVDR5050F	宽×高＝50×50	上海日成	m	5
32	导线	H07V-K,10mm^2	蓝色	慷博电缆	m	3
33	导线	H07V-K,10mm^2	黑色	慷博电缆	m	5
34	导线	H07V-K,4mm^2	黑色	慷博电缆	m	8
35	导线	H07V-K,2.5mm^2	黑色	慷博电缆	m	10
36	导线	H07V-K,2.5mm^2	蓝色	慷博电缆	m	5
37	导线	H07V-K,1.5mm^2	蓝色	慷博电缆	m	5
38	导线	H07V-K,1.5mm^2	黑色	慷博电缆	m	5
39	导线	H05V-K,1.0mm^2	黑色	慷博电缆	m	20
40	导线	H07V-K,2,5mm^2	黄绿色	慷博电缆	m	5
41	导线	H07V-K,10mm^2	黄绿色	慷博电缆	m	5
42	铜排	15×3		辽宁铜业	m	0.5
43	绝缘子	SM-27×25(M6)	红色	海坦华源电气	个	2
44	操作台	宽×高×深＝600×960×400		自制	个	1
设计编制	韩相争	总工审核	XXX			

(2) 硬件设计

双面单工位液压组合机床 I/O 分配，如表 6-3 所示，硬件设计的主回路、控制回路、PLC 输入输出回路、操作台图纸，如图 6-8 所示。

表 6-3 双面单工位液压组合机床 I/O 分配

输入量				输出量	
启动按钮 SB2	I0.0	行程开关 SQ6	I0.7	接触器 KM1	Q0.0
停止按钮 SB1	I0.1	行程开关 SQ1/SQ2	I1.0	接触器 KM2	Q0.1
快进按钮 SB3	I0.2	行程开关 SQ3/SQ4	I1.1	接触器 KM3	Q0.2
快退按钮 SB4	I0.3	行程开关 SQ7/KP1	I1.2	电磁阀 YV1	Q0.4
调整开关 SA1	I0.4	行程开关 SQ8/KP2	I1.3	电磁阀 YV2	Q0.5
调整开关 SA2	I0.5	行程开关 SQ/SA3	I1.4	电磁阀 YV3	Q0.6
行程开关 SQ5	I0.6			电磁阀 YV4	Q0.7

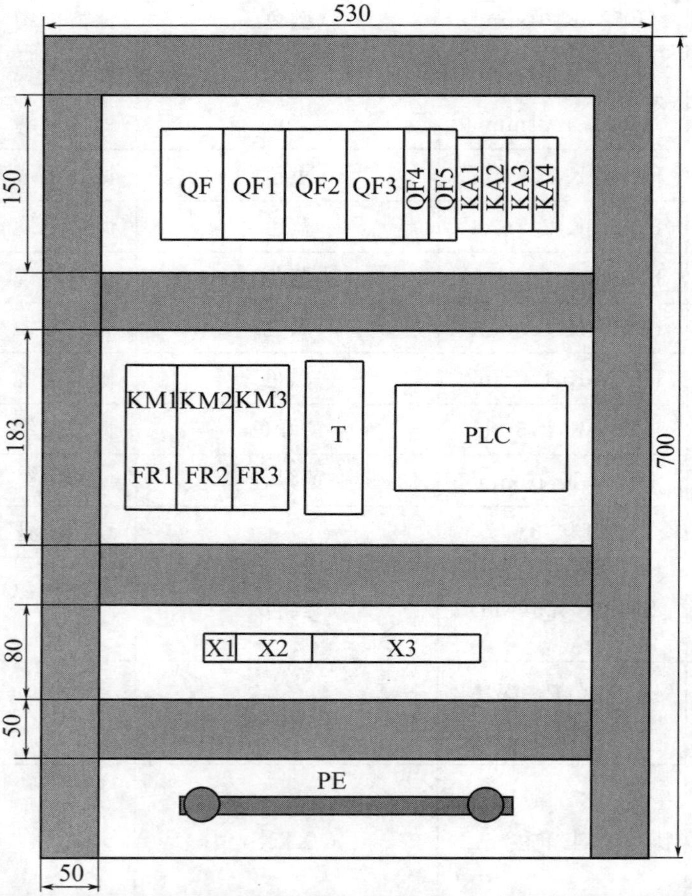

重点提示：
画元件布置图时，尽量按元件的实际尺寸去画，这样可以直接指导生产，如果为示意图，现场还需重新排布元件。报方案时往往元件没有采购，可以参考厂家样本，查出元件的实际尺寸

(a) 元件布置图

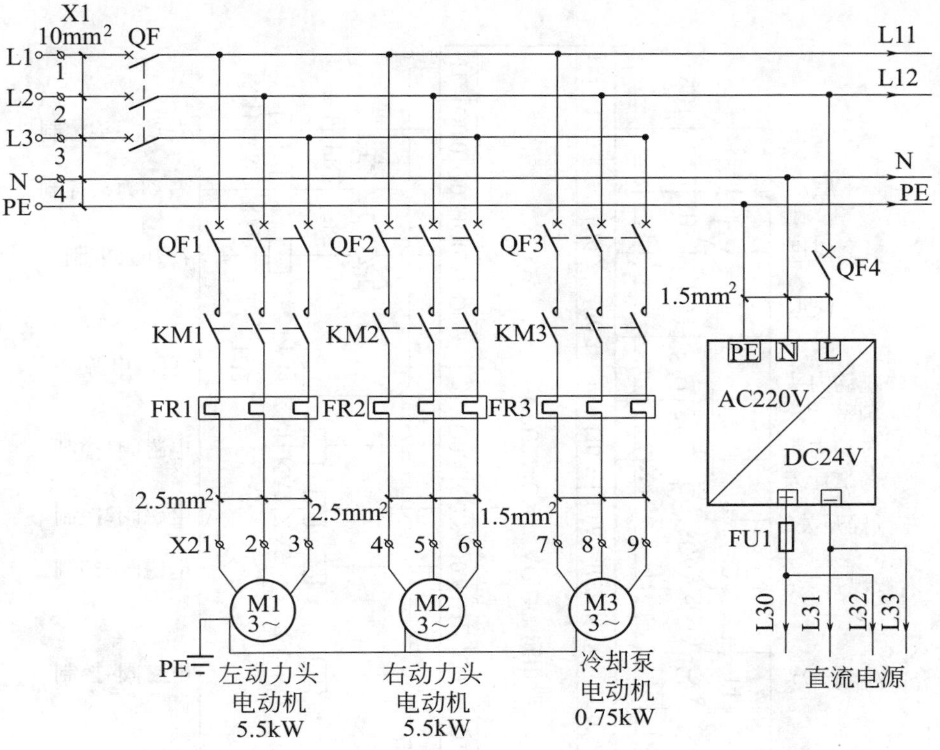

重点提示：

1.空气断路器：起通断和短路保护作用；由于负载为电动机，因此选用D型；负载分别为5.5kW、0.75kW，根据经验其电流为功率(kW)的2倍，那么电流为11A和1.5A，因此再选空气断路器时，空气断路器额定电流应≥线路的额定电流；再考虑到空气断路器脱扣电流应>电动机的启动电流，根据相关样本，分别选择了D16和D4。总开的电流应≥Σ分支空开电流，因此这里选择了D40。

2.接触器：控制电路通断，其额定电流>线路的额定电流，线圈采用220V供电，见材料清单。

3.热继电器：过载保护。热继电器的电流应为(0.95~1.05)倍线路的额定电流，见材料清单。

4.各个电动机均需可靠接地，这里为保护接地。

5.线径选择：按1mm²载5~8A的电流计算，则5.5kW,0.75kW电动机主回路线径分别为2.5mm² 和1.5mm²。实际中选线径时应留有余量，实际导线的承载能力要比我们经验值略大。

6.直流开关电源选型相关计算：查电磁阀样本电磁阀正常工作时的电流为1.2A，那么电磁阀总电流约4×1.2=4.8A，指示灯的电流仅有几毫安，甚至更小，中间继电器线圈的工作电流也就几十毫安，它们都加起来总电流也不会超过6A，这里直流电源输出电流为7.5A完全够用，且有裕量，那么直流电源的容量=24×7.5=180W，查找样本恰好有此容量，如果没有，可适当增大，就大不就小。

7.熔断器电流计算：熔断器的电流>负载电流，根据第6条的分析，这里选择6A完全够用。线径计算根据第5条，这里不再赘述了。

(b) 主电路图

图 6-8

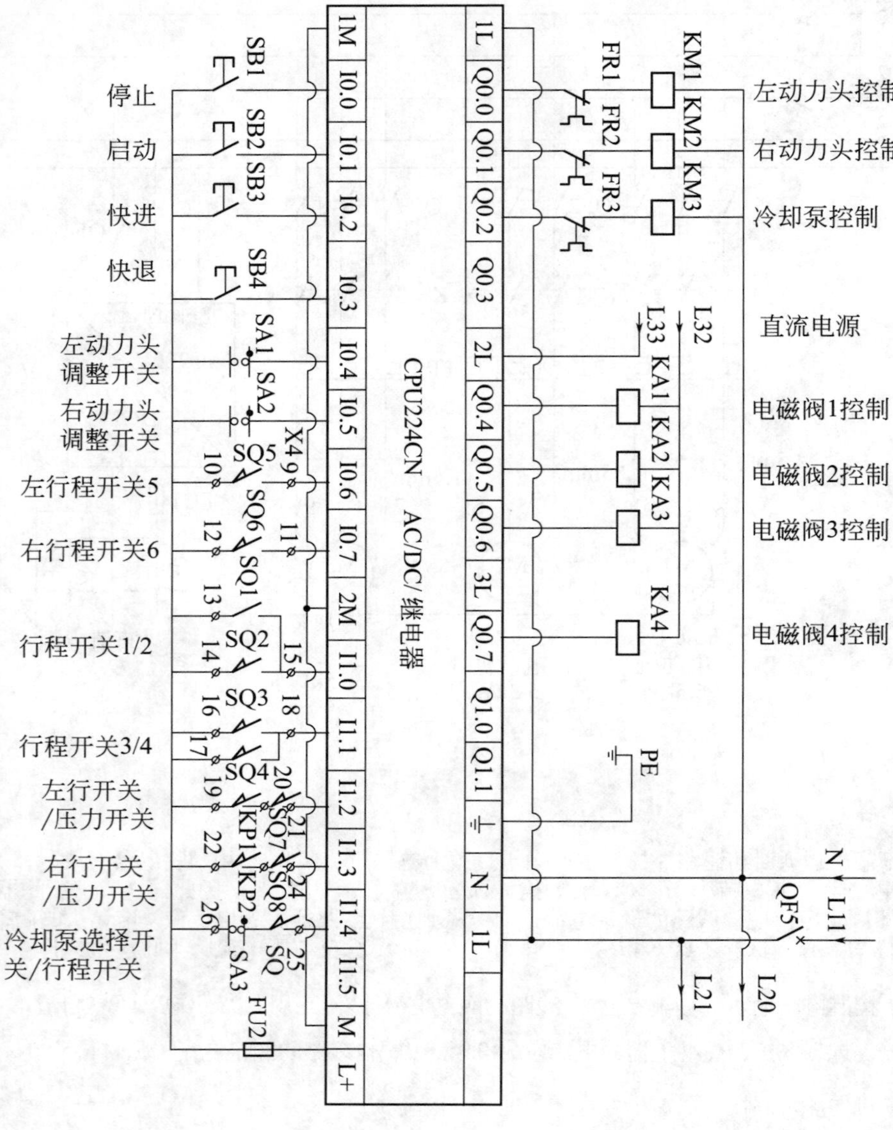

重点提示：查S7-200PLC的样本PLC工作电流为2A，在考虑输出回路故QF5选择5A，且有裕量。

(c) 组合机床控制电路

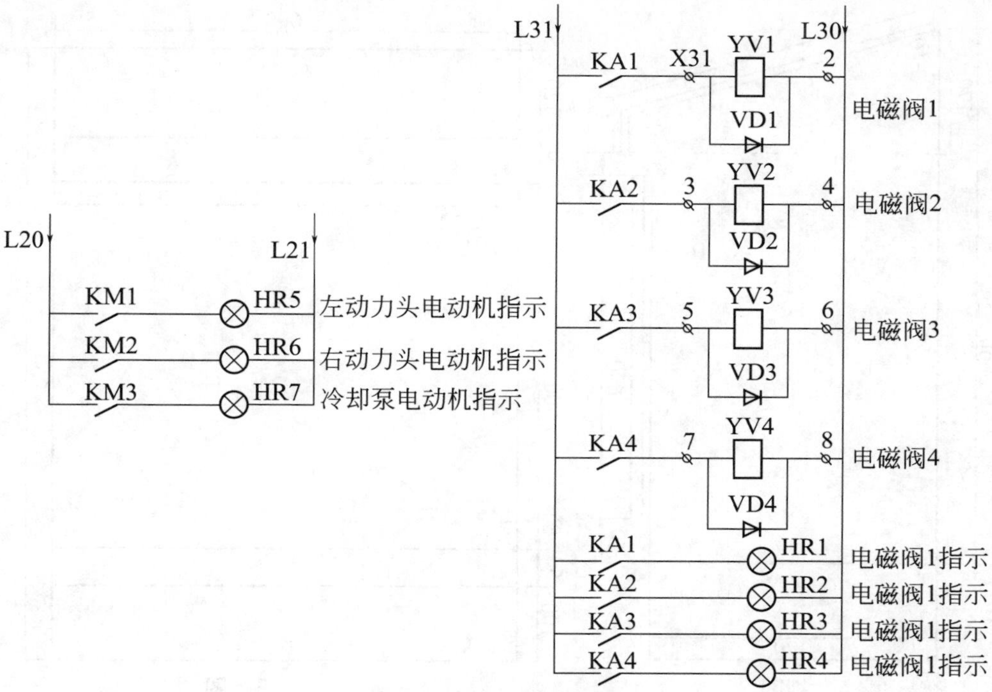

(d)电动机、电磁阀控制

重点提示：
给出端子图方便现场施工

X1		
1	L1	电源进线端
2	L2	
3	L3	
4	N	

X2		
1	M1–U	至左动力头电动机
2	M1–V	
3	M1–W	
4	M2–U	至右动力头电动机
5	M2–V	
6	M2–W2	
7	M3–U	至冷却泵电动机
8	M3–V	
9	M3–W	

X3		
1		至电磁阀1
2		
3		至电磁阀2
4		
5		至电磁阀3
6		
7		至电磁阀4
8		
9		至行程开关5
10		
11		至行程开关6
12		
13		至行程开关1/2
14		
15		
16		至行程开关3/4
17		
18		

X3		
19		至左行程开关/压力开关
20		
21		
22		至右行程开关/压力开关
23		
24		
25		至冷压泵选择开关/行程开关
26		

(e) 端子图

图 6-8

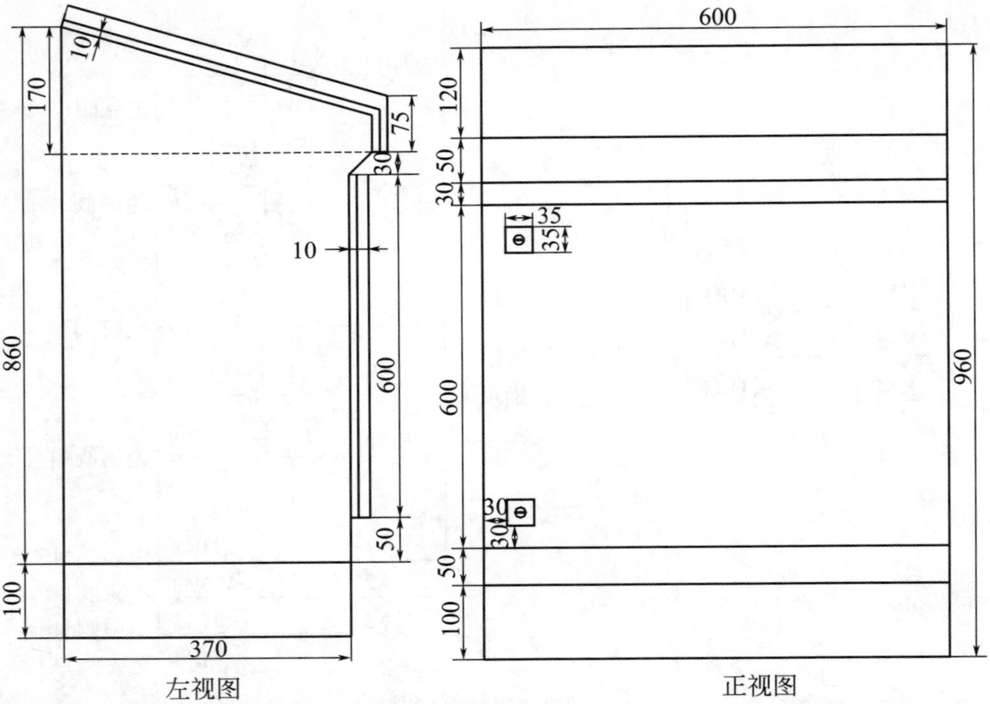

重点提示：
控制柜或操作台的壳体有些由机械工程师来设计，有些由电气工程师设计，电气设计懂点机械是必要的。一个好的电气工程师要具备掌握机、电、液的能力，工程中情况较复杂。

(f) 操作台

元件明细		
1	QF–QF5	微型断路器
2	KM1–KM2	接触器
3	FR1–FR2	热继电器
4	T	直流电源
5	KA1–KA4	中间继电器
6	FU1	熔断器
7	SB1–SB4	按钮
8	SA1–SA3	选择开关
9	SQ–SQ8	行程开关
10	KP1–KP2	压力开关
11	HR1–HR7	指示灯
12	YV1–YV4	电磁阀
13	VD1–VD4	二极管

重点提示：
给出元件明细表，为现场操作人员提供方便。在工程中，有些设计给出来的文字符号不通用，因此编写元件明细表加以说明是必要的。

(g)元件明细

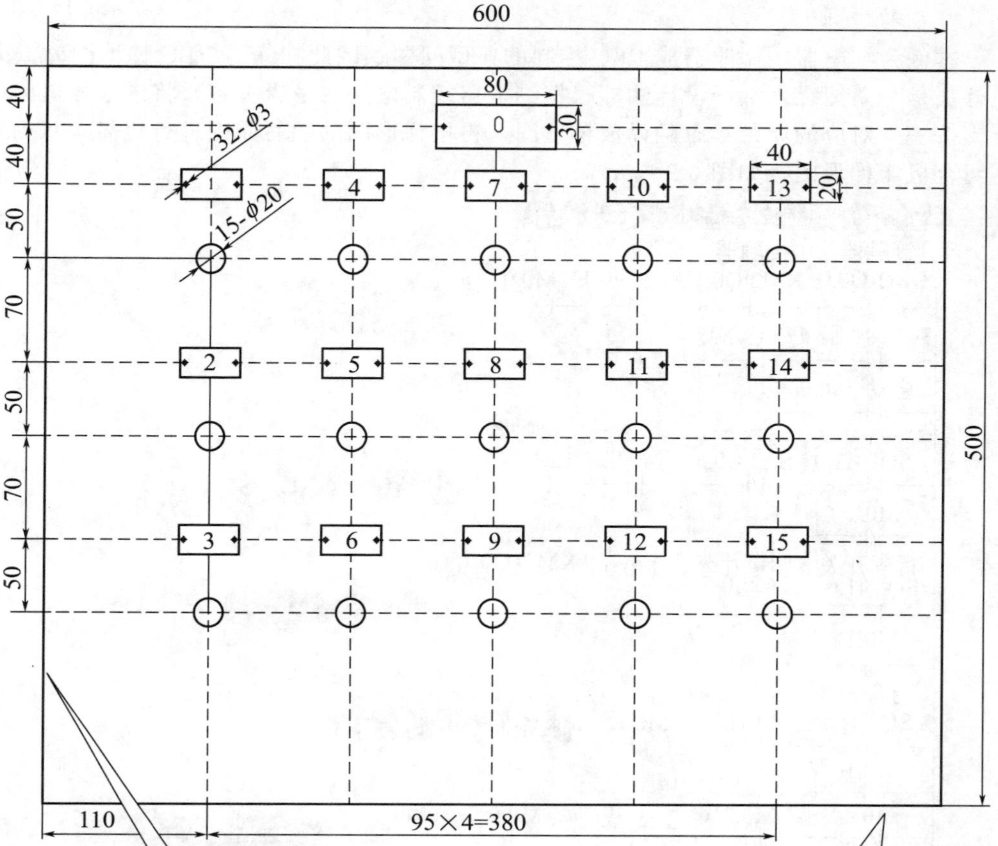

这里不标尺的目的是根据国标，标尺不许封闭。这点我们应注意，往往一些年轻的工程师不注意这点，显得不专业。

这里不标尺的目的是根据国标，标尺不许封闭。

备注：
小标牌尺寸L×W=40×20，大标牌尺寸L×W=80×30。字体为宋体，字号适中，白底黑字，材料：双色板。

标牌内容

0	组合机床自动控制操作台	8	电源指示
1	调整开关1	9	左动力头指示
2	调整开关2	10	右动力头指示
3	冷却泵开关	11	冷却泵指示
4	启动按钮	12	电磁阀1指示
5	停止按钮	13	电磁阀2指示
6	快进启动	14	电磁阀3指示
7	快退启动	15	电磁阀4指示

重点提示：
这是操作台面板开孔图，开孔的尺寸要查样本，一般说来按钮指示灯的开孔为22.5，这里查样本指示灯、按钮口径为20，故开了20mm，也 可适当放大0.5到1，为了安装方便。捎带说明，工程尺寸均用mm标注。这里也有标牌图的设计，标牌起指示作用，方便操作者操作；标牌通常有不锈钢的和双色板的，尺寸根据实际需要，字号适中即可。

(h) 操作面板布局

图 6-8　双面单工位液压组合机床硬件图纸

(3) 软件设计

本例为继电器控制改造成PLC控制的典型问题，因此在编写PLC梯形图时，采用翻译设计法是一条捷径。翻译设计法即根据继电器控制电路的逻辑关系，将继电器电路的每一个分支按一一对应的原则逐条翻译成梯形图，再按梯形图的编写原则进行化简。双面单工位液压组合机床梯形图，如图6-9所示。

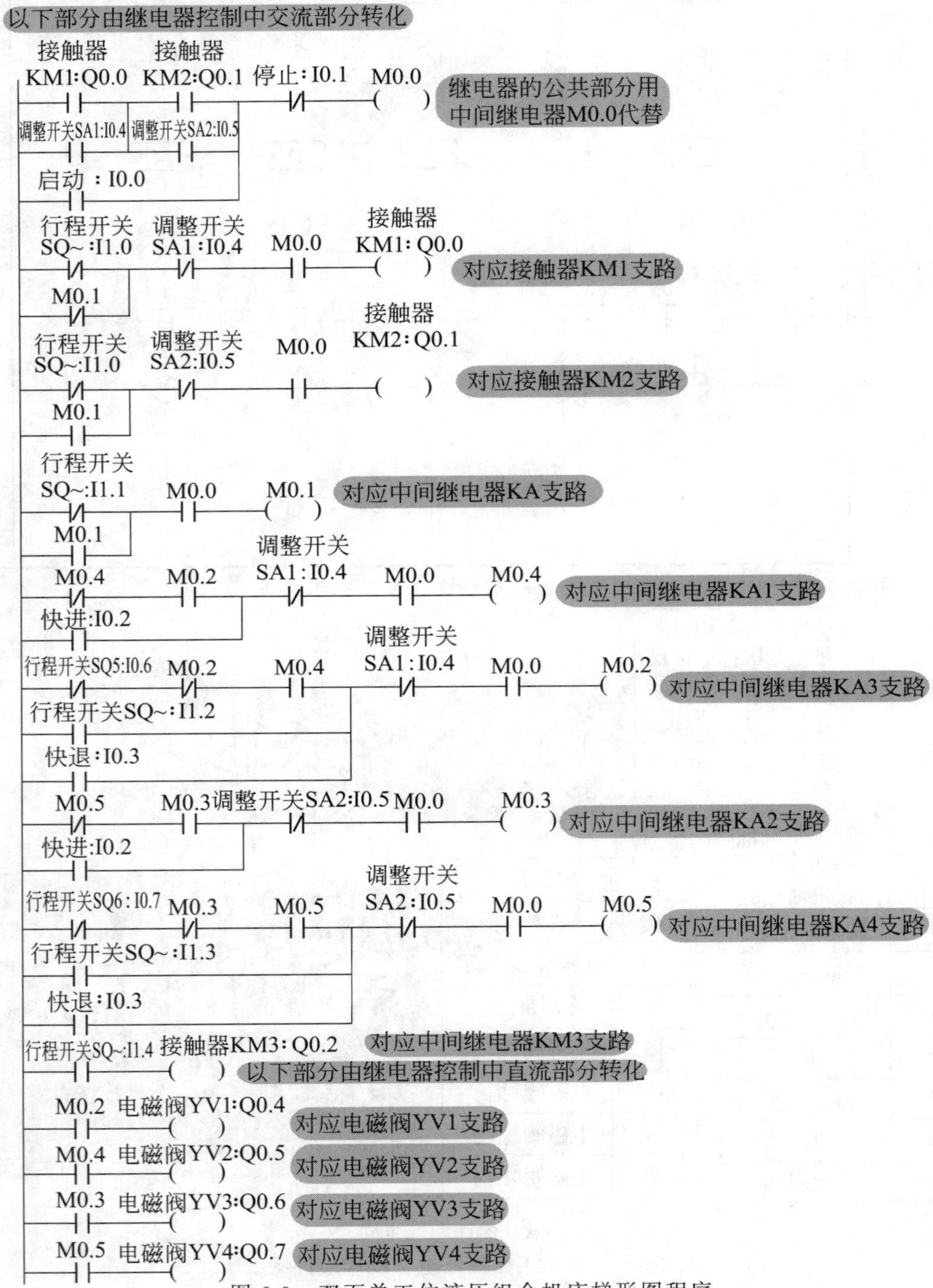

图6-9 双面单工位液压组合机床梯形图程序

需要指出，在使用翻译设计法时，务必注意常闭触点信号的处理。前面介绍的其他梯形图的设计方法时（翻译设计法除外），假设的前提是硬件外部开关量输入信号均由常开触点提供，但在实际中，有些信号是由常闭触点提供的，如本例中 I0.6、I0.7、I1.0、I1.1 的外部输入信号就是由限位开关的常闭触点提供的。

类似上述的问题，在使用翻译设计法时，为了保证继电器电路和梯形图电路触点类型的一致性，常常将外部接线图中的输入信号全部选成由常开触点提供，这样就可以将继电器电路直接翻译成梯形图。但这样改动存在着一定的问题：那就是原来是常闭触点输入的改成了常开触点输入，所以在梯形图中需作调整，即外接触点的输入位常开改成常闭，常闭改成常开，如图 6-10 所示。

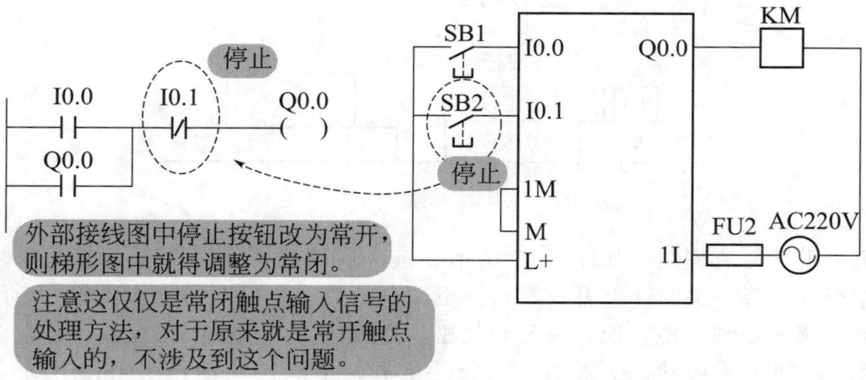

图 6-10　翻译法中常闭输入信号的处理方法

（4）组合机床自动控制调试

① 编程软件：编程软件采用 STEP7-Micro/WIN V4.0。

② 系统调试：将各个输入/输出端子和实际控制系统的按钮、所需控制设备正确连接，完成硬件的安装并检查无误后，可以将事先编写的梯形图程序传送到 PLC 中进行调试。

调试中，按照组合机床的工作原理逐一校对，检查功能是否能实现。如不能实现，找出是程序的原因，还是硬件接线的原因。经过反复试验，最终调试出正确的结果。

（5）编制使用说明

根据调试的最终结果整理出完整的技术文件，单位存档，部分资料提供给用户，以利于系统的维修和改进。

编制的文件有：硬件接线图，PLC 编程元件表和带有文字说明的梯形图和顺序功能图。

提供给用户的图纸为硬件接线图。处于技术保密考虑，一般不提供梯形图。

6.3　机械手 PLC 控制系统的设计

在自动化流水线中，机械手的应用比较广泛，它是集多种工作方式于一身的典型案例。本节将以机械手自动控制为例，重点讲解含多种工作方式的 PLC 控制系统的设计。

6.3.1　机械手的控制要求及功能简介

某工件搬运机械手工作示意图，如图 6-11 所示。该机械手的任务是将工件从 A 传送带搬运到 B 传送带上来（A、B 传送带不用 PLC 控制）。机械手的初始状态为原点位置，此时机械手在最上面和最右面，且夹紧装置处于放松状态。

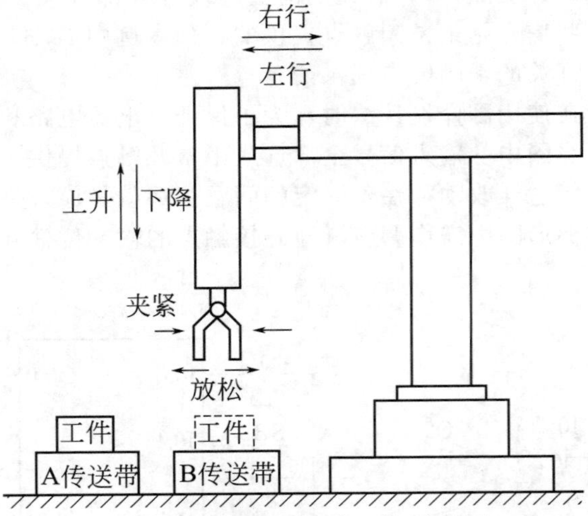

图 6-11　搬运机械手工作示意图

搬运机械手工作流程图，如图 6-12 所示。按下启动按钮后，从原点位置开始，机械手将执行"左行→下降→夹紧→上升→右行→下降→放松→上升"的工作流程一个周期。这些动作均由电磁阀来控制，特别地，夹紧和放松动作仅由一个电磁阀来控制，该电磁阀状态为 1 表示夹紧，否则为放松状态。左行、右行、上升、下降这些动作由限位开关来切换，夹紧、放松动作由定时器来切换，且定时时间为 1s。

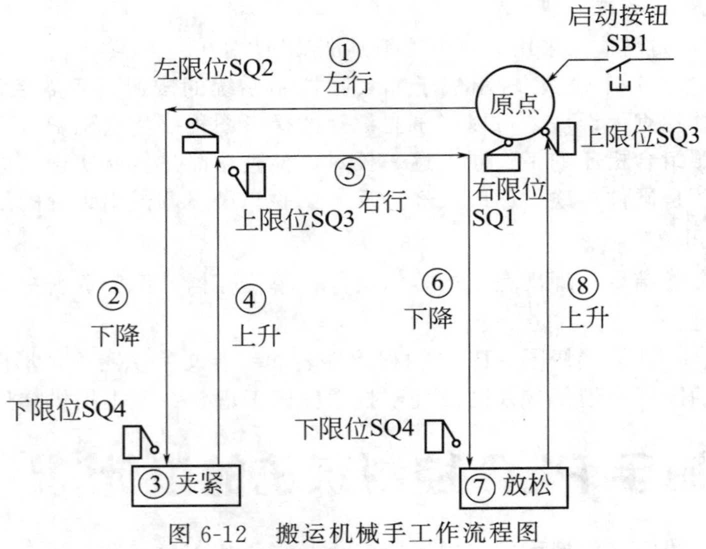

图 6-12　搬运机械手工作流程图

为了满足实际生产的需求，将机械手设有手动和自动 2 种工作模式，其中自动工作模式又包括单步、单周、连续和自动回原点 4 种方式。操作面板布置如图 6-13 所示。

(1) 手动工作方式

利用按钮对机械手每个动作进行单独控制。在该工作方式中，设有 6 个手动按钮，分别控制左行、右行、上升、下降、夹紧和放松。

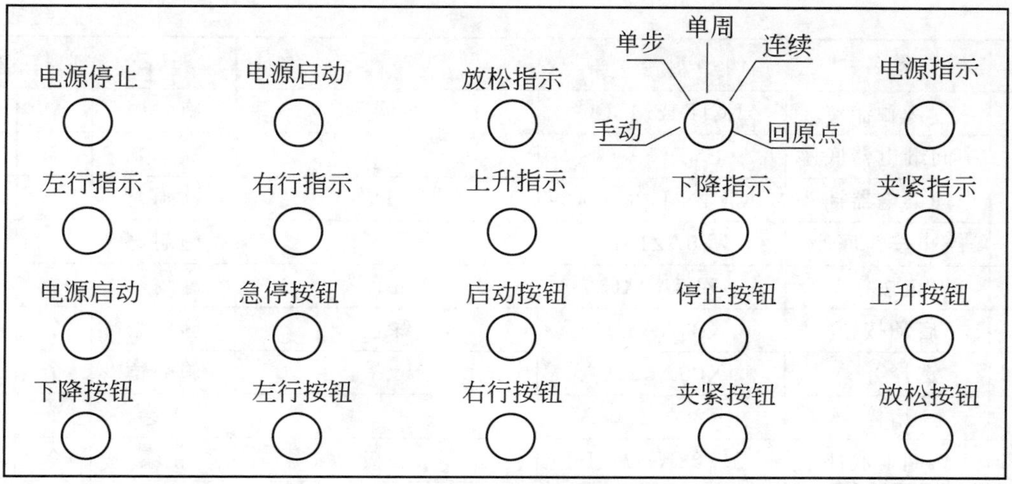

图 6-13　操作面板布置图

（2）单步工作方式

从原点位置开始，每按一下启动按钮，系统跳转一步，完成该步任务后自动停止在该步，再按一下启动按钮，才开始执行下一步动作。单步工作方式常常用于系统的调试和维修。

（3）单周工作方式

按下启动按钮，机械手从原点开始，按图 6-12 工作流程完成一个周期后，返回原点并停留在原点位置。

（4）连续工作方式

机械手在原点位置时，按下启动按钮，机械手从原点位置开始，将按图 6-12 工作流程周期性循环动作。按下停止按钮，机械手并不马上停止工作，待完成最后一个周期工作后，系统才返回并停留在原点位置。

（5）自动回原点工作方式

机械手有时可能会停止在非原点位置，这时机械手无法进行自动工作方式，所以需对机械手的位置进行调整，当按下启动按钮时，机械手会按其回原点程序由其他位置回到原点位置。

6.3.2　PLC 及相关元件选型

机械手自动控制系统采用西门子 S7-200 整体式 PLC，CPU226CN 模块，DC 供电，DC 输入、继电器输出型。

PLC 控制系统的输入信号有 17 个，均为开关量。其中操作按钮开关有 8 个，限位开关有 4 个，选择开关有 1 个（占 5 个输入点）；PLC 控制系统输出信号有 5 个，各个动作由直流 24V 电磁阀控制；本控制系统采用 S7-200 整体式 PLC 完全可以，且有一定裕量。元件材料清单如表 6-4 所示。

表 6-4　机械手控制的元件材料清单

序号	材料名称	型号	备注	厂家	单位	数量
1	微型断路器	iC65N,C10/2P	220V,10A 二极	施耐德	个	1
2	微型断路器	iC65N,C6/1P	220V,6A 二极	施耐德	个	1

续表

序号	材料名称	型号	备注	厂家	单位	数量
3	接触器	LC1D18MBDC	18A,线圈 DC24v	施耐德	个	1
4	中间继电器底座	PYF14A-C		欧姆龙	个	5
5	中间继电器插头	MY4N-J,24VDC	线圈 DC24v	欧姆龙	个	5
6	停止按钮底座	ZB5AZ101C		施耐德	个	2
7	停止按钮头	ZB5AA4C	红色	施耐德	个	2
8	启动按钮	XB5AA31C	绿色	施耐德	个	8
9	选择开关	XB5AD21C		施耐德	个	1
10	熔体	RT28N-32/8A		正泰	个	2
11	熔断器底座	RT28N-32/1P	一极	正泰	个	5
12	熔体	RT28N-32/2A		正泰	个	3
13	电源指示灯	XB2BVB1LC	DC24V,白色	施耐德	个	1
14	电磁阀指示灯	XB2BVB3LC	DC24V,绿色	施耐德	个	5
15	直流电源	CP M SNT	500W,24V,20A	魏德米勒	个	1
16	PLC	CPU226CN	DC 电源,DC 输入,继电器输出	西门子	台	1
17	端子	UK6N	可夹 0.5-10mm^2 导线	菲尼克斯	个	4
18	端子	UKN1.5N	可夹 0.5-1.5mm^2 导线	菲尼克斯	个	18
19	端板	D-UK4/10	UK6N 端子端板	菲尼克斯	个	1
20	端板	D-UK2.5	UK1.5N 端子端板	菲尼克斯	个	1
21	固定件	E/UK	固定端子,放在端子两端	菲尼克斯	个	8
22	标记号	ZB8	标号(1-5),UK6N 端子标记条	菲尼克斯	条	1
23	标记号	ZB4	标号(1-20),UK1.5N 端子标记条	菲尼克斯	条	1
24	汇线槽	HVDR5050F	宽×高=50×50	上海日成	m	5
25	导线	H07V-K,4mm^2	黑色	慷博电缆	m	3
26	导线	H07V-K,2.5mm^2	蓝色	慷博电缆	m	3
27	导线	H07V-K,1.5mm^2	红色	慷博电缆	m	5
28	导线	H07V-K,1.5mm^2	白色	慷博电缆	m	5
29	导线	H05V-K,1.0mm^2	黑色	慷博电缆	m	20
30	导线	H07V-K,4mm^2	黄绿色	慷博电缆	m	5
31	导线	H07V-K,2.5mm^2	黄绿色	慷博电缆	m	5
设计编制	韩相争	总工审核	XXX			

6.3.3 硬件设计

机械手控制的 I/O 分配，如表 6-5 所示。硬件设计的主回路、控制回路、PLC 输入输出回路、操作台开孔图纸，如图 6-14 所示。操作台壳体可参考组合机床系统壳体图，这里略。

表 6-5 机械手控制 I/O 分配

输入量				输出量	
启动按钮	I0.0	右行按钮	I1.1	左行电磁阀	Q0.0
停止按钮	I0.1	夹紧按钮	I1.2	右行电磁阀	Q0.1
左限位	I0.2	放松按钮	I1.3	上升电磁阀	Q0.2
右限位	I0.3	手动	I1.4	下降电磁阀	Q0.3
上限位	I0.4	单步	I1.5	夹紧/放松电磁阀	Q0.4
下限位	I0.5	单周	I1.6		
上升按钮	I0.6	连续	I1.7		
下降按钮	I0.7	回原点	I2.0		
左行按钮	I1.0				

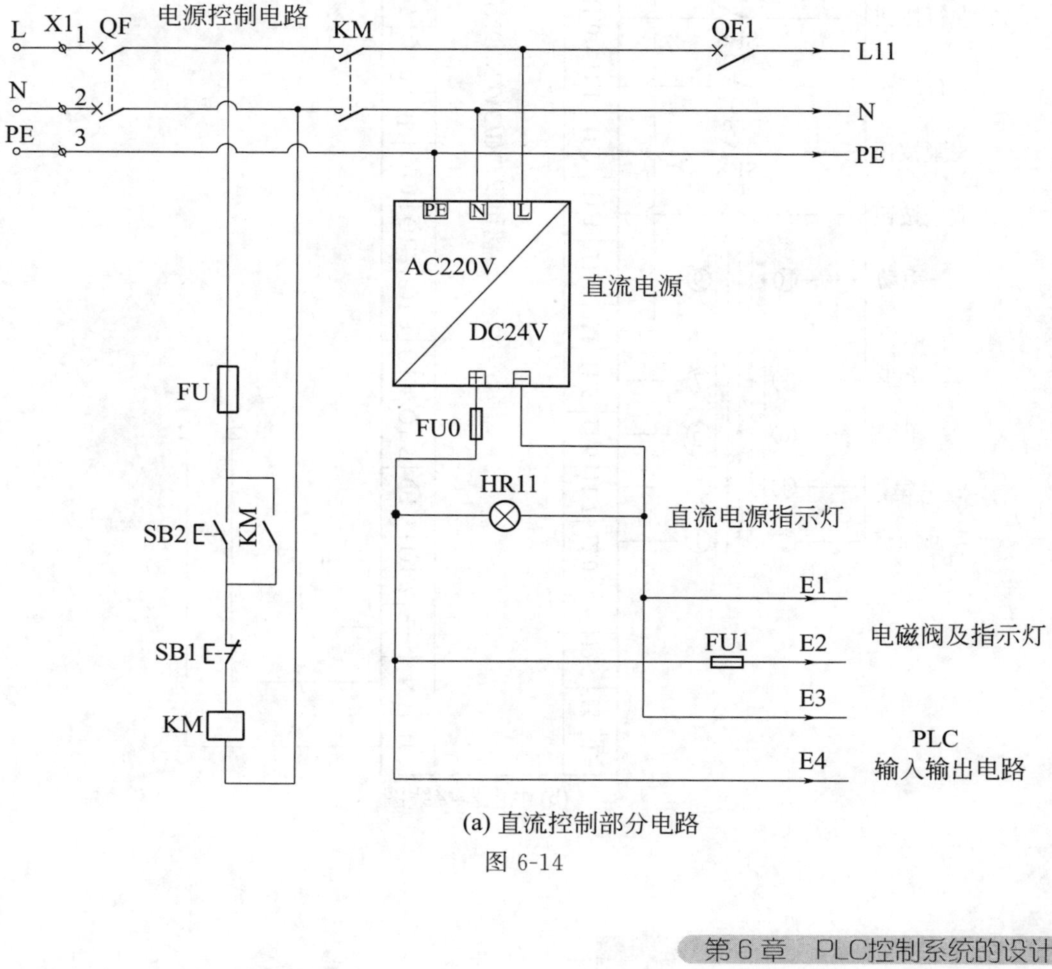

(a) 直流控制部分电路

图 6-14

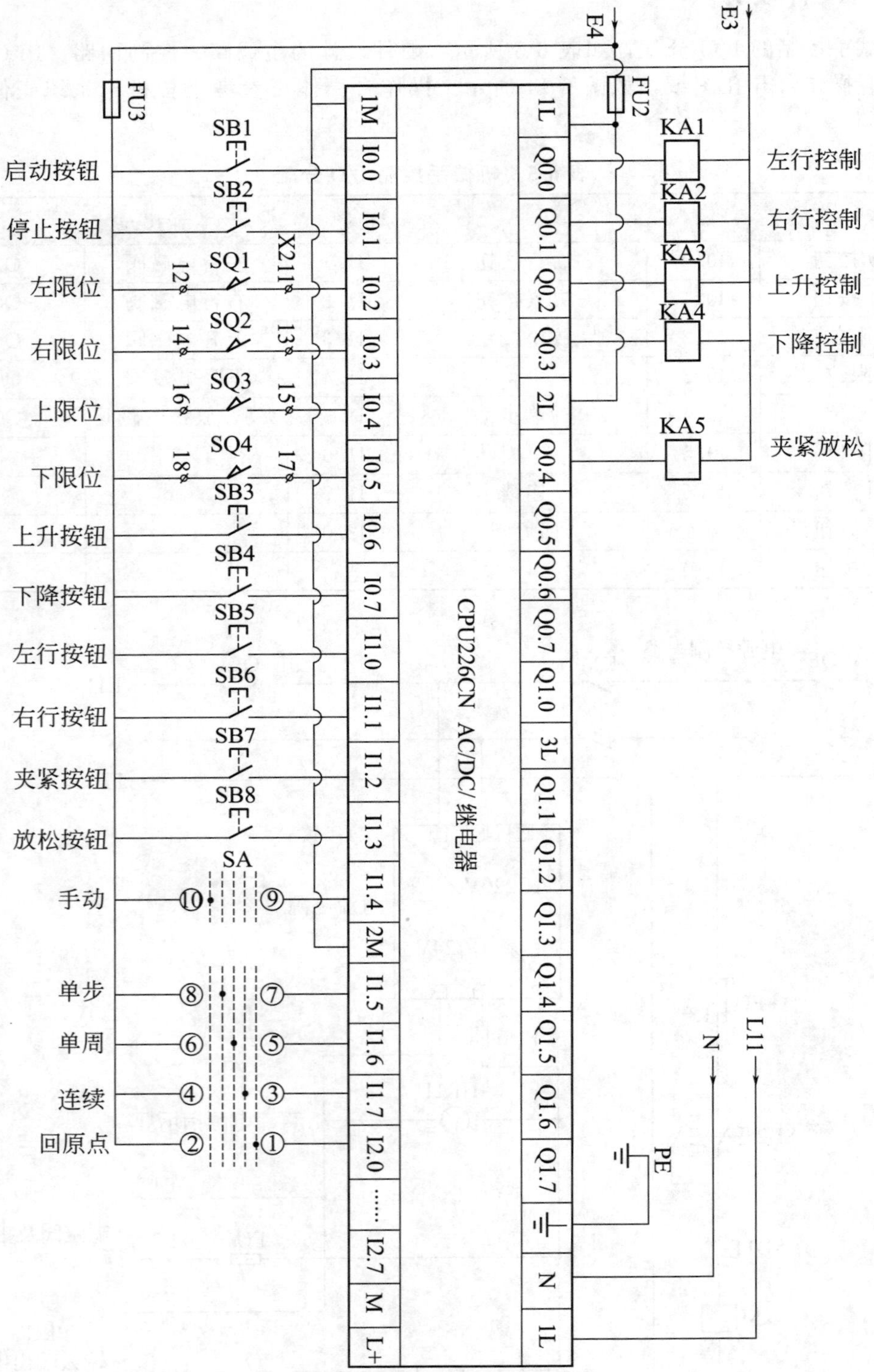
E4
E3
FU3
FU2
1M
I0.0
I0.1
I0.2
I0.3
I0.4
I0.5
I0.6
I0.7
I1.0
I1.1
I1.2
I1.3
I1.4
2M
I1.5
I1.6
I1.7
I2.0
I2.7
M
L+
1L
Q0.0
Q0.1
Q0.2
Q0.3
2L
Q0.4
Q0.5
Q0.6
Q0.7
Q1.0
3L
Q1.1
Q1.2
Q1.3
Q1.4
Q1.5
Q1.6
Q1.7
N
1L
CPU226CN AC/DC/继电器
SB1
启动按钮
SB2
停止按钮
SQ1
左限位
SQ2
右限位
SQ3
上限位
SQ4
下限位
SB3
上升按钮
SB4
下降按钮
SB5
左行按钮
SB6
右行按钮
SB7
夹紧按钮
SB8
放松按钮
SA
手动
单步
单周
连续
回原点
X211
12
13
14
15
16
17
18
KA1
左行控制
KA2
右行控制
KA3
上升控制
KA4
下降控制
KA5
夹紧放松
PE
N
L11

(b) 继电器接线图

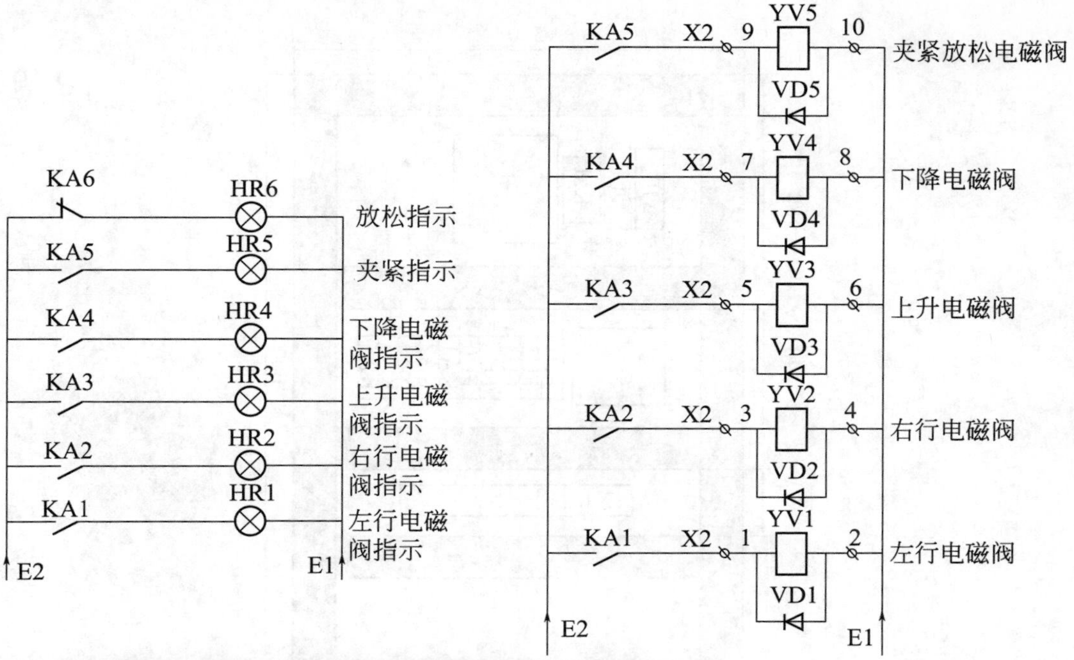

重点提示：
1.这里均为运行指示灯，都选绿色即可，DC24V；
2.电磁阀为感性元件，且为直流电路，故加续流二极管；
3.电磁阀现场元件，处于安装方便考虑，故加端子

(c) 电磁阀及指示电路图

重点提示：
给出端子图方便现场施工

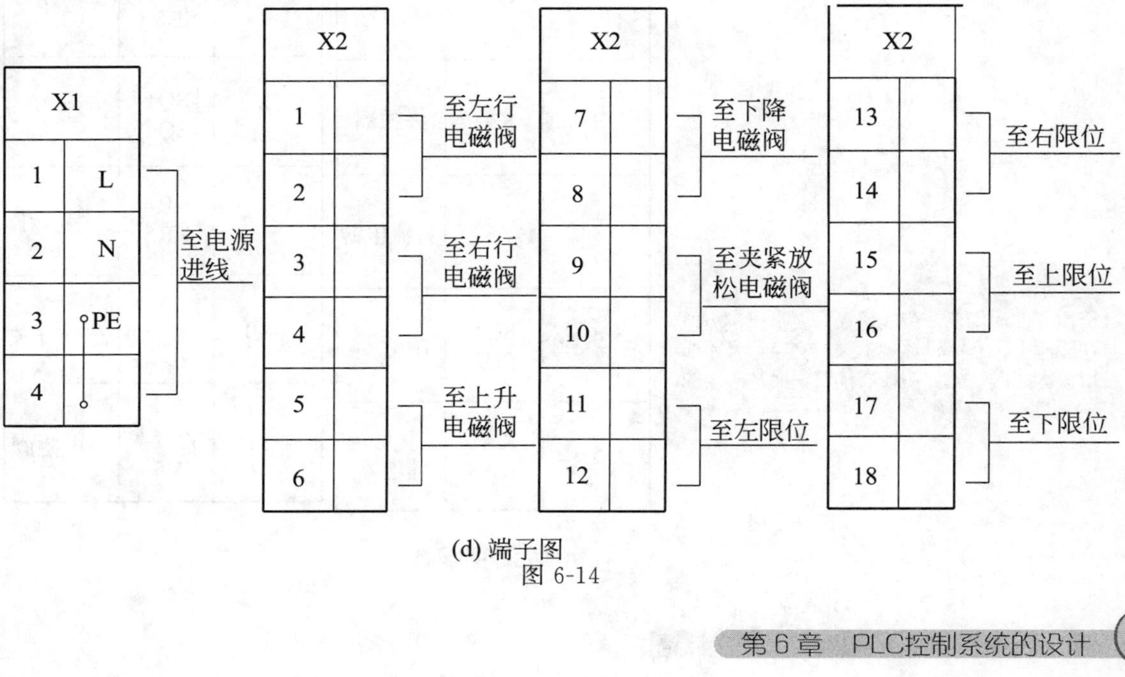

(d) 端子图

图 6-14

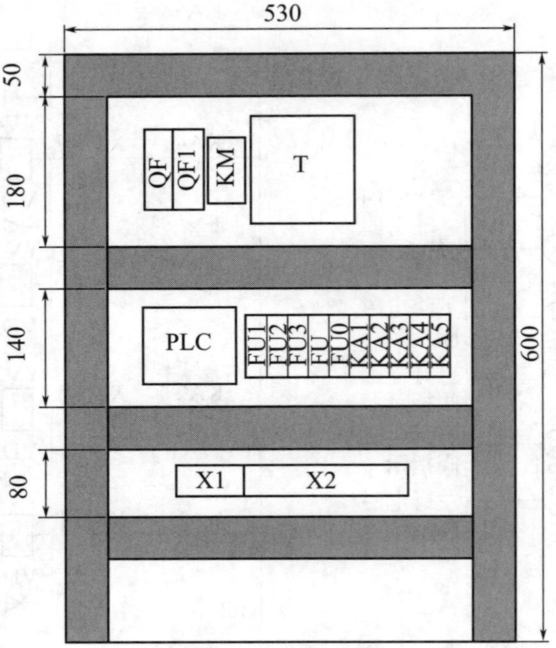

备注：线槽宽×高=50×50

(e) 元件布置图

元件明细		
1	QF	微型断路器
2	KM	接触器
3	T	直流电源
4	FU1-FU2	熔断器
5	KA1-KA5	中间继电器
6	X1-X2	端子
7	SB01-SB8	按钮
8	SQ1-SQ4	行程开关
9	HR-HR5	指示灯
10	SA	选择开关
11	YV1-YV5	电磁阀

(f) 元件明细表

重点提示：
给出元件明细表，为现场操作人员提供方便。在工程中，有些设计给出来的文字符号不通用，因此编写元件明细表加以说明是必要的。

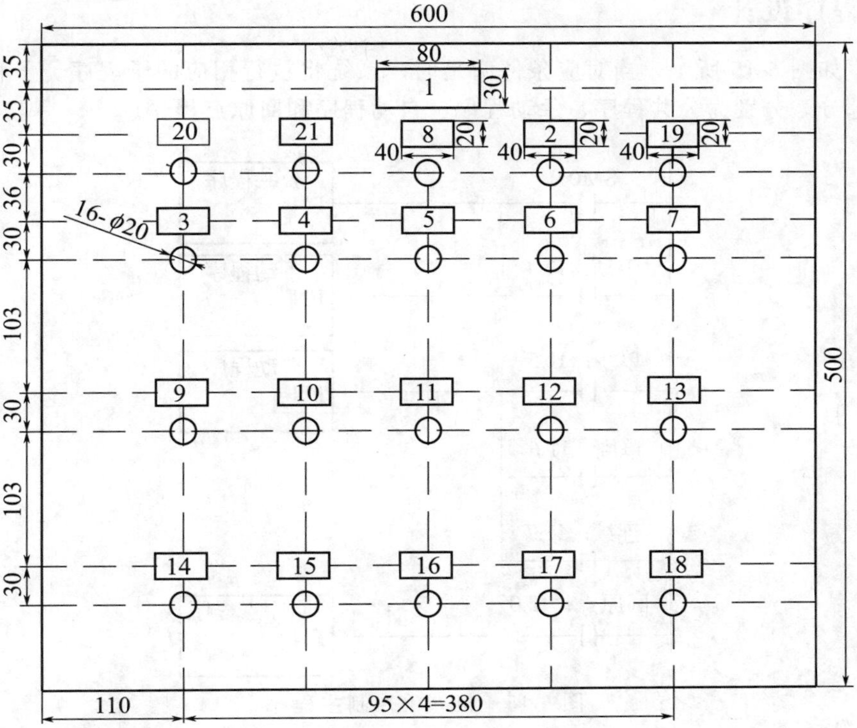

序号	标牌内容	序号	标牌内容
1	机械手控制系统	12	停止按钮
2	选择开关	13	上升按钮
3	左行指示	14	下降按钮
4	右行指示	15	左行按钮
5	上升指示	16	右行按钮
6	下降指示	17	夹紧按钮
7	夹紧指示	18	放松按钮
8	放松指示	19	电源指示
9	电源启动	20	电源停止按钮
10	急停按钮	21	电源启动按钮
11	启动按钮		

备注：大标牌尺寸$L\times W$=80×30，小标牌$L\times W$=40×20材料双色板，字体为宋体，字号适中，蓝底白字。

(g) 元件明细表

图 6-14　机械手控制硬件硬件图纸

6.3.4 程序设计

主程序如图 6-15 所示，当对应条件满足时，系统将执行相应的子程序。子程序的主要包括 4 大部分，分别为公共程序、手动程序、自动程序和回原点程序。

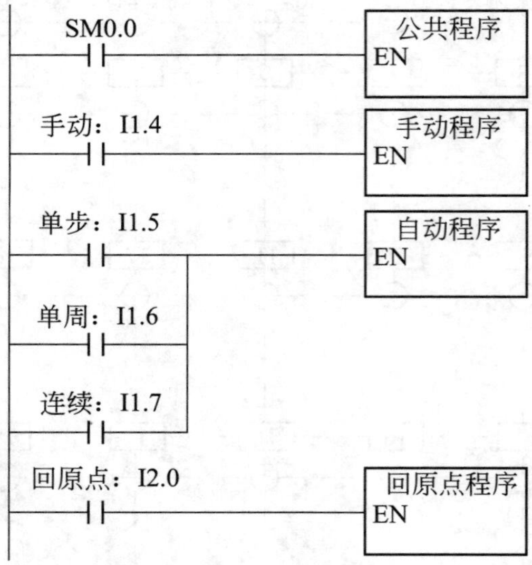

图 6-15 机械手控制主程序

（1）公共程序

公用程序如图 6-16 所示。公共程序用于处理各种工作方式都需要执行的任务以及不同工作方式之间互相切换的处理。公共程序的编写通常要考虑 5 个部分：原点条件、初始状态、复位非初始步、复位回原点步和复位连续标志位。

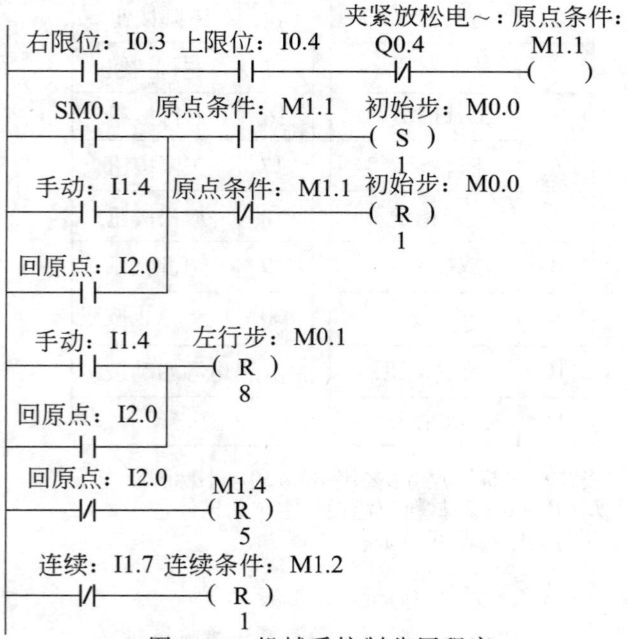

图 6-16 机械手控制公用程序

机械手处于最上面和最右面且夹紧装置放松时为原点状态，因此原点条件由上限位I0.4的常开触点、右限位I0.3的常开触点和表示机械手放松Q0.4常闭触点的串联电路组成，当串联电路接通时，辅助继电器M1.1变为ON。

机械手在原点位置，系统处于手动、回原点或初始化状态时，初始步M0.0都会被置位，此时为执行自动程序做好准备；若此时M1.1为OFF，则M0.0会被复位，初始步变为不活动步，即使此时按下启动按钮，自动程序也不会转换到下一步，因此禁止了自动工作方式的运行。

当手动、自动、回原点3种工作方式相互切换时，自动程序可能会有两步被同时激活，为了防止误动作，在手动或回原点状态下，辅助继电器M0.1～M1.0要被复位。

在非回原点工作方式下，I2.0常闭触点闭合，辅助继电器M1.4～M2.0被复位。

在非连续工作方式下，I1.7常闭触点闭合，辅助继电器M1.2被复位，系统不能执行连续程序。

(2) 手动程序

手动程序如图6-17所示。当按下左行启动按钮（I1.0常开触点闭合），且上限位被压合（I0.4常开触点闭合）时，机械手左行；当碰到左限位时，常闭触点I0.2断开，Q0.0线圈失电，左行停止。

当按下右行启动按钮（I1.1常开触点闭合），且上限位被压合（I0.4常开触点闭合）时，机械手右行；当碰到右限位时，常闭触点I0.3断开，Q0.1线圈失电，右行停止。

按下夹紧按钮，I1.2变为ON，线圈Q0.4被置位，机械手夹紧。

按下放松按钮，I1.3变为ON，线圈Q0.4被复位，机械手将工件放松。

当按下上升启动按钮（I0.6常开触点闭合），且左限位或右限位被压合（I0.2或I0.3常开触点闭合）时，机械手上升；当碰到上限位时，常闭触点I0.4断开，Q0.2线圈失电，上升停止。

当按下下降启动按钮（I0.7常开触点闭合），且左限位或右限位被压合（I0.2或I0.3

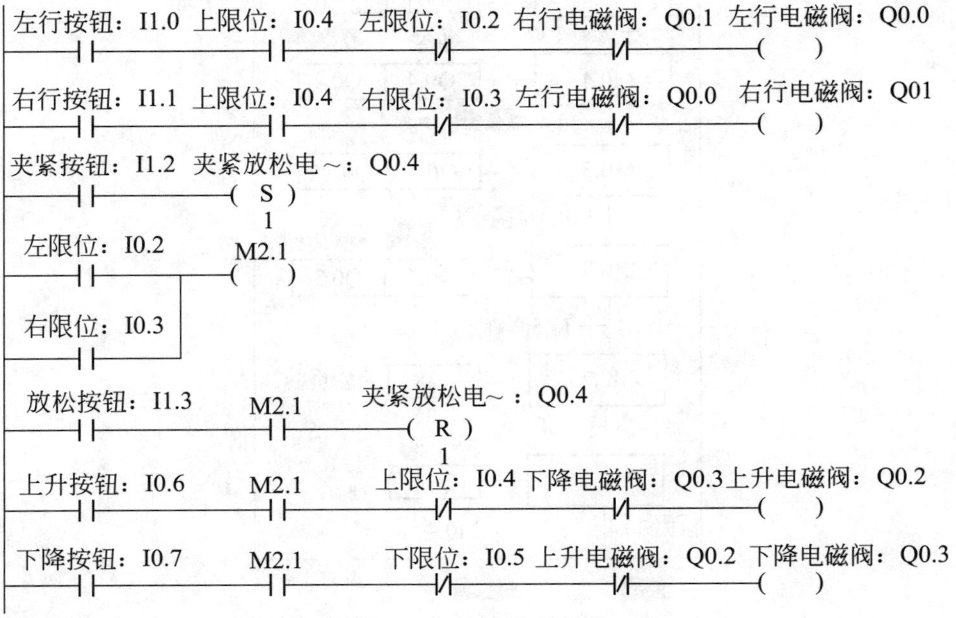

图6-17 机械手控制手动程序

常开触点闭合）时，机械手下降；当碰到下限位时，常闭触点 I0.5 断开，Q0.3 线圈失电，下降停止。

在手动程序编写时，需要注意以下几个方面：

① 为了防止方向相反地两个动作同时被执行，手动程序设置了必要的互锁；

② 为了防止机械手在最低位置与其他物体碰撞，在左右行电路中串联上限位常开触点加以限制；

③ 只有在最左端或最右端机械手才允许上升、下降和放松，因此设置了中间环节加以限制。

（3） 自动程序

机械手控制顺序功能图如图 6-18 所示，根据工作流程的要求，显然一个工作周期有“左行→下降→夹紧→上升→右行→下降→放松→上升”这 8 步，再加上初始步，共 9 步（从 M0.0 到 M1.0）；在 M1.0 后应设置分支，考虑到单周和连续的工作方式，以一条分支转换到初始步，另一分支转换到 M0.1 步。需要说明的是，在画分支的有向连线时一定要画在原转换之下，即要标在 M1.1（SM0.1＋I1.4＋I2.0）的转换和 I0.0・M1.1 的转换之下，这是绘制顺序功能图时要注意的。

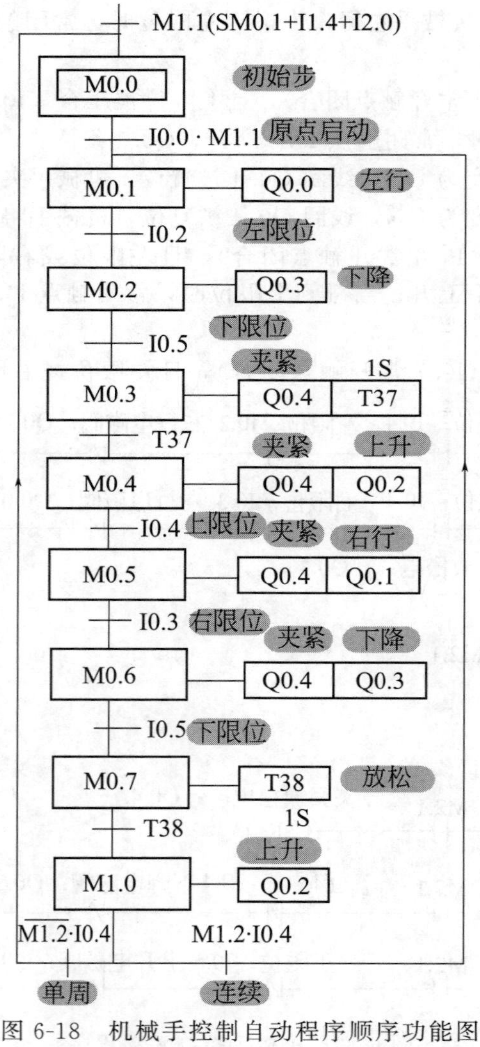

图 6-18　机械手控制自动程序顺序功能图

机械手控自动程序如图 6-19 所示。设计自动程序时，采用启保停电路编程法，其中 M0.0～M1.0 为中间编程元件，连续、单周、单步 3 种工作方式用连续标志 M1.2 和转换允许标志 M1.3 加以区别。

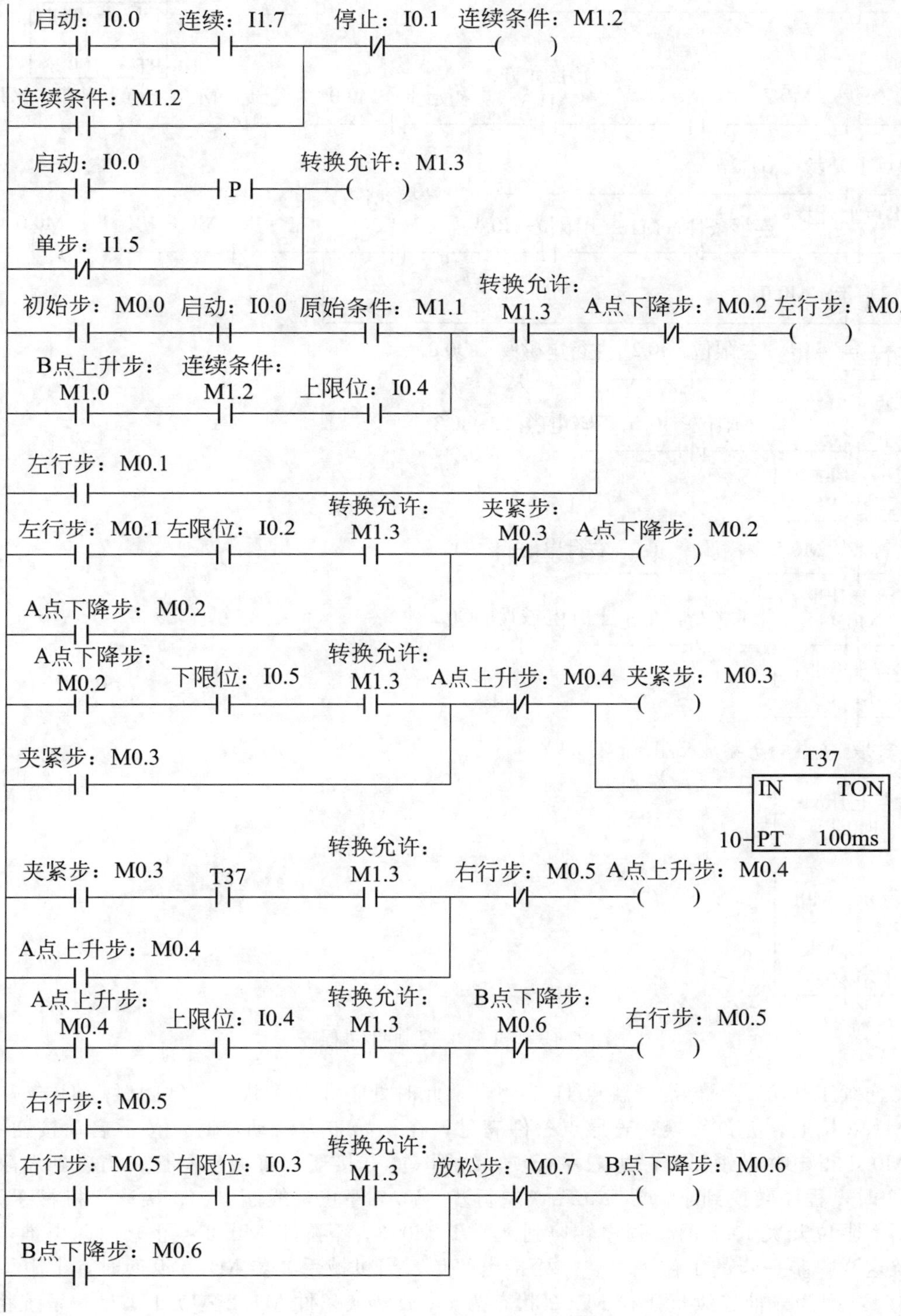

图 6-19

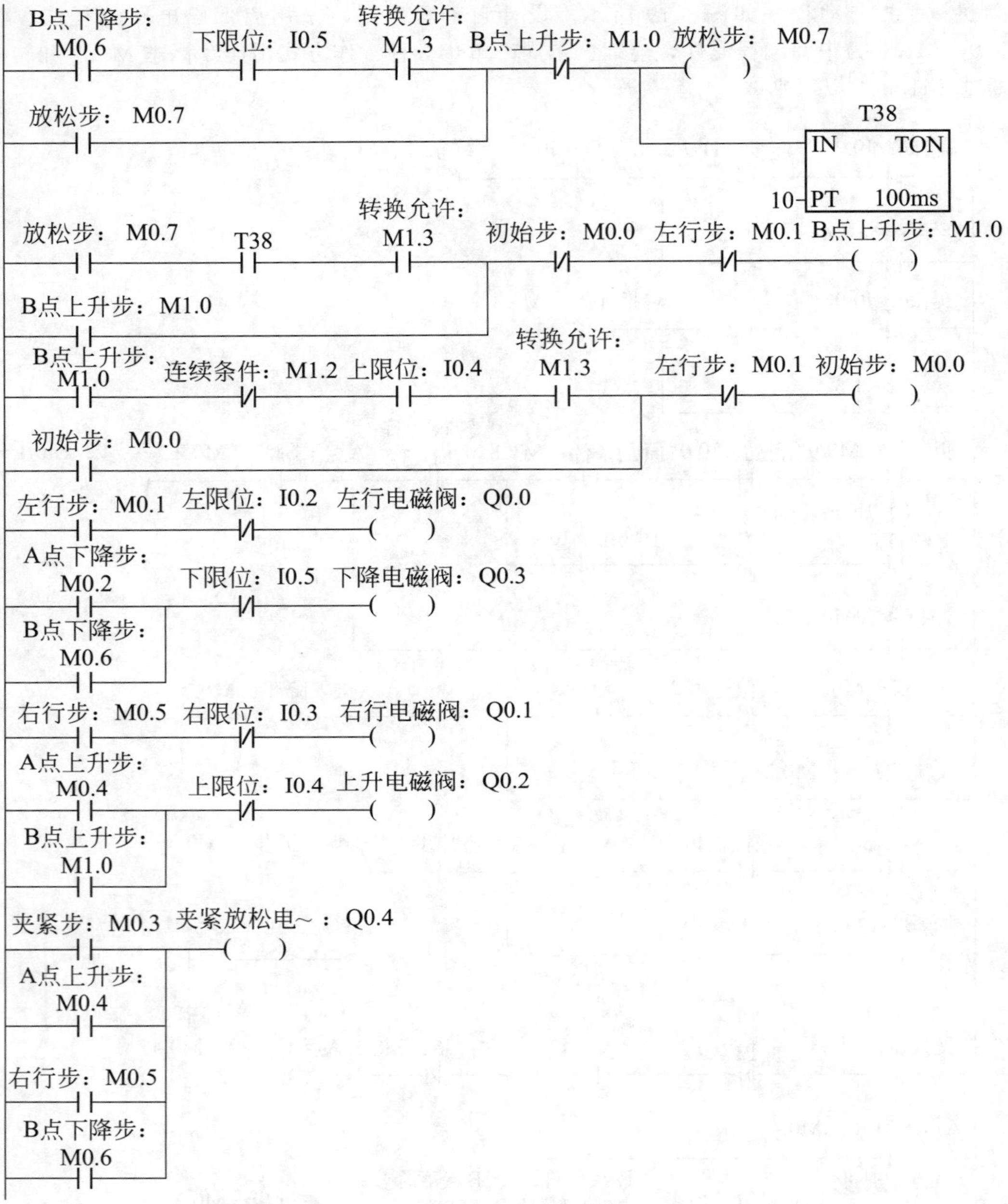

图 6-19　机械手控制自动程序

在连续工作方式下，常开触点 I1.7 闭合，此时处于非单步状态，常闭触点 I1.5 为 ON，线圈 M1.3 接通，允许转换；若原点条件满足，在初始步为活动步时，按下启动按钮 I0.0，线圈 M0.1 得电并自锁，程序进入左行步，线圈 Q0.0 接通，机械手左行；当碰到左限位开关 I0.2 时，程序转换到下降步 M0.2，左行步 M0.1 停止，线圈 Q0.3 接通，机械手下降；当碰到下限位开关 I0.5 时，程序转换到夹紧步 M0.3，下降步 M0.2 停止；以此类推，以后系统就这样一步一步的工作下去。需要指出的是，当机械手在步 M1.0 返回时，上限位 I0.4 状态为 1，因为先前连续标志位 M1.2 状态为 1，故转换条件 M1.2 • I0.4 满足，系统将返回到 M0.1 步，反复连续的工作下去。

单周与连续原理相似，不同之处在于：在单周的工作方式下，连续标志条件不满足（即线圈 M1.2 不得电），当程序执行到上升步 M1.0 时，满足的转换条件为$\overline{M1.2}$·I0.4，因此系统将返回到初始步 M0.0，机械手停止运动。

在单步工作方式下，常闭触点 I1.5 断开，辅助继电器 M1.3 变为 OFF，不允许步与步之间的转换。当原点条件满足，在初始步为活动步时，按下启动按钮 I0.0，线圈 M0.1 得电并自锁，程序进入左行步；松开启动按钮 I0.0，辅助继电器 M1.3 马上失电。在左行步，线圈 Q0.0 得电，当左限位压合时，与线圈 Q0.0 串联的 I0.2 的常闭触点断开，线圈 Q0.0 失电，机械手停止左行。I0.2 常开触点闭合后，如不按下启动按钮 I0.0，辅助继电器 M1.3 状态为 0，程序不会跳转到下一步，直至按下启动按钮，程序方可跳转到下降步；此后在某步完成后必须按启动按钮一次，系统才能转换到下一步。

需要指出的是，M0.0 的启保停电路放在 M0.1 启保停电路之后目的是：防止在单步方式下程序连续跳转两步。若不如此，当步 M1.0 为活动步时，按下启动按钮 I0.0，M0.0 步与 M0.1 步同时被激活，这不符合单步的工作方式；此外转换允许步中，启动按钮 I0.0 用上升沿的目的是，使 M1.3 仅 ON 一个扫描周期，它使 M0.0 接通后，下一扫描周期处理 M0.1 时，M1.3 已经为 0，故不会使 M0.1 为 1，只有当按下启动按钮 I0.0 时，M0.1 才为 1，这样处理符合才单步的工作方式。

（4） 自动回原点程序

自动回原点程序的顺序功能图和梯形图，如图 6-20 所示。在回原点工作方式下，I2.0 状态为 1。按下启动按钮 I0.0 时，机械手可能处于任意位置，根据机械手所处的位置及夹紧装置的状态，可分以下几种情况讨论。

① 夹紧装置放松且机械手在最右端：夹紧装置处于放松且在最右端，所以直接上升返回原点位置即可。对应的程序为，按下启动按钮 I0.0，条件 I0.0·$\overline{Q0.4}$·I0.3 满足，M2.0 步接通。

② 机械手在最左端：机械手在最左端，夹紧装置可能处于放松状态也可能处于夹紧状态。若处于夹紧状态时，按下启动按钮 I0.0，条件 I0.0·I0.2 满足，因此依次执行 M1.4～M2.0 步程序，直至返回原点；若处于放松状态，按下启动按钮 I0.0，只执行 M1.4～M1.5 步程序，下降步 M1.6 以后不会执行，原因在于下降步 M1.6 的激活条件 I0.3·Q0.4 不满足，并且当机械手碰到右限位 I0.3 时，M1.5 步停止。

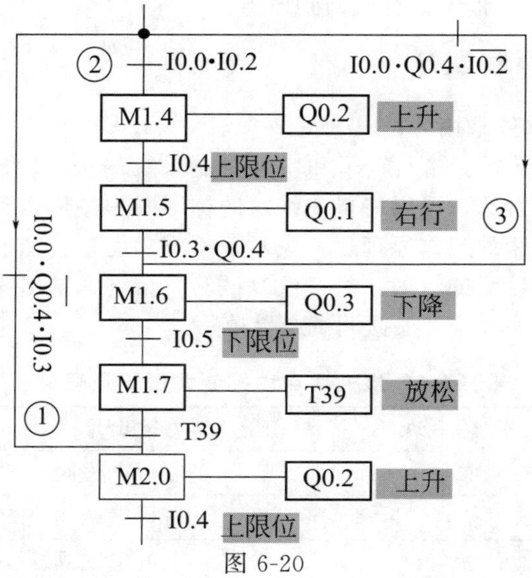

图 6-20

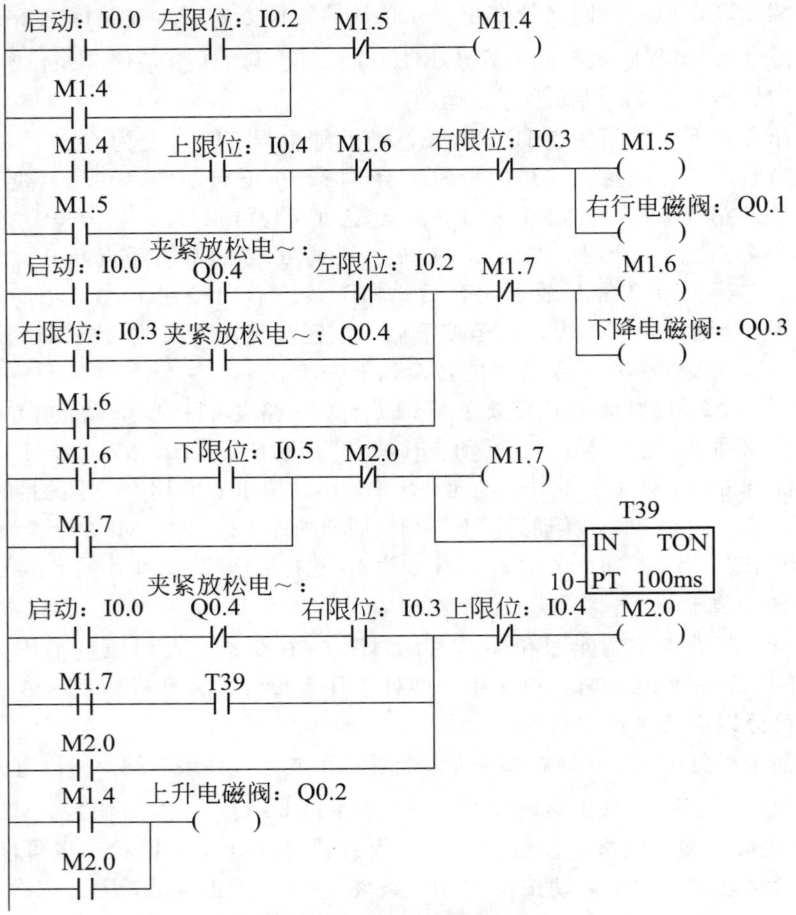

图 6-20　机械手自动回原点程序及顺序功能图

③ 夹紧装置夹紧且不在最左端：按下启动按钮 I0.0，条件 $I0.0 \cdot Q0.4 \cdot \overline{I0.2}$满足，因此依次执行 M1.6～M2.0 步程序，直至回到原点。

6.3.5　机械手自动控制调试

① 编程软件：编程软件采用 STEP7-Micro/WIN V4.0。

② 系统调试：将各个输入/输出端子和实际控制系统的按钮、所需控制设备正确连接，完成硬件的安装并检查无误后，可以将事先编写的梯形图程序传送到 PLC 中进行调试。

调试中，按照组合机床的工作原理逐一校对，检查功能是否能实现。如不能实现，找出是程序的原因，还是硬件接线的原因。经过反复试验，最终调试出正确的结果。机械手自动控制调试记录表如表 6-6 所示，可根据调试结果填写。

表 6-6　机械手自动控制调试记录表

输入量	输入现象	输出量	输出现象
启动按钮		左行电磁阀	
停止按钮		右行电磁阀	
左限位		上升电磁阀	

续表

输入量	输入现象	输出量	输出现象
右限位		下降电磁阀	
上限位		夹紧/放松电磁阀	
下限位			
上升按钮			
上升按钮			
左行按钮			
右行按钮			
夹紧按钮			
放松按钮			
手动			
单步			
单周			
连续			
回原点			

6.3.6 编制控制系统使用说明

根据调试的最终结果整理出完整的技术文件，单位存档，部分资料提供给用户，以利于系统的维修和改进。

编制的文件有：硬件接线图，PLC 编程元件表和带有文字说明的梯形图和顺序功能图。

提供给用户的图纸为硬件接线图。处于技术保密考虑，一般不提供梯形图。

6.4 两种液体混合控制系统的设计

实际工程中，不单纯是一种量的控制（这里的量指的是开关量、模拟量等），很多时候是多种量的相互配合。两种液体混合控制就是开关量和模拟量配合控制的典型案例。本节将以两种液体混合控制为例，重点讲解含有多个量控制的 PLC 控制系统的设计。

6.4.1 两种液体控制系统的控制要求

两种液体混合控制系统示意图，如图 6-21 所示。具体控制要求如下。

（1）*初始状态*

容器为空，阀 A～阀 C 均为 OFF，液位开关 L1、L2、L3 均为 OFF，搅拌电动机 M 为 OFF，加热管不加热。

（2）*启动运行*

按下启动按钮后，打开阀 A，注入液体 A；当液面到达 L_2（L_2＝ON）时，关闭阀 A，打开阀 B，注入 B 液体；当液面到达 L_1（L_1＝ON）时，关闭阀 B，同时搅拌电动机 M 开始运行搅拌液体，30s 后电动机停止搅拌；接下来，2 个加热管开始加热，当温度传感器检测到液体的温度为 75℃时，加热管停止加热；阀 C 打开放出混合液体；当液面降至 L_3 以下（L_1＝L_2＝L_3＝OFF）时，再过 10s 后，容器放空，阀 C 关闭。

(3) 停止运行

按下停止按钮，系统完成当前工作周期后停在初始状态；

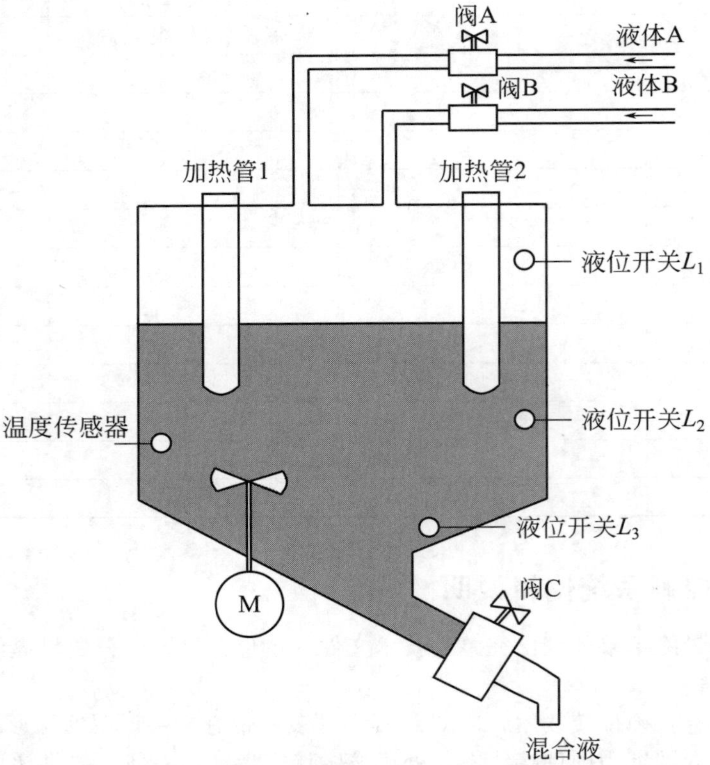

图 6-21　两种液体混合控制系统示意图

6.4.2　PLC 及相关元件选型

两种液体混合控制系统采用西门子 S7-200PLC，CPU224XP，AC 供电，DC 输入、继电器输出型。

输入信号有 10 个，9 个为开关量，其中 1 个为模拟量。9 开关量输入，3 个由操作按钮提供，3 个由液位开关提供，最后 3 个由选择开关提供；模拟量输入有 1 路；输出信号有 5 个，3 个动作由直流电磁阀控制，2 个由接触器控制；本控制系统采用西门子 CPU224XP 完全可以，输入输出点都有裕量。

由各个元器件由用户提供，因此这里只给选型参数不给具体料单。

6.4.3　硬件设计

两种液体混合控制的 I/O 分配如表 6-7 所示，硬件设计的主回路、控制回路、PLC 输入输出回路及开孔图纸，如图 6-22 所示。

表 6-7　两种液体混合控制 I/O 分配

输入量		输出量	
启动按钮	I0.0	电磁阀 A 控制	Q0.0

续表

输入量		输出量	
上限位 L1	I0.1	电磁阀 B 控制	Q0.1
中限位 L2	I0.2	电磁阀 C 控制	Q0.2
下限位 L2	I0.3	搅拌控制	Q0.4
停止按钮	I0.4	加热控制	Q0.5
手动选择	I0.5	报警控制	Q0.6
单周选择	I0.6		
连续选择	I0.7		
阀 C 按钮	I1.2		

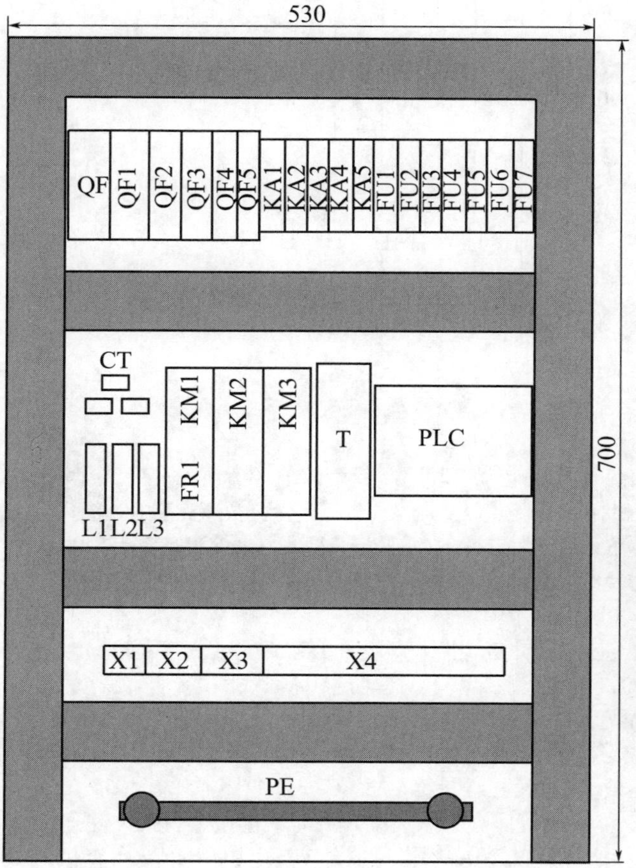

(a) 元件布置图

图 6-22

重点提示：
画元件布置图时，尽量按元件的实际尺寸去画，这样可以直接指导生产，如果为示意图，现场还需重新排布元件。报方案时往往元件没有采购，可以参考厂家样本，查出元件的实际尺寸。

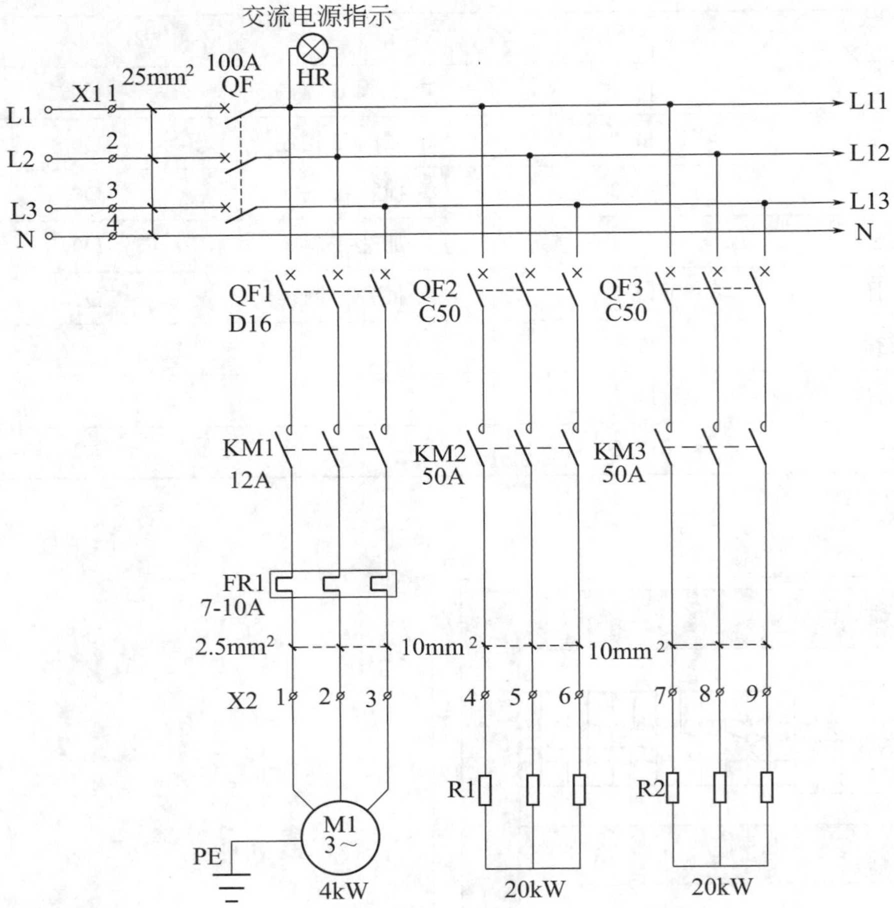

重点提示：

1.电动机额定电流　4kW×2=8A，加热管额定电流：20kW×2=40A；

2.电动机主电路　空开：由于为电动机控制因此选D型，空开额定电流>负载电流(8A)，此处选16A；接触器：主触点额定电流>负载电流(8A)，这里选12A，线圈220V交流；热继电器：额定电流应为负载电流的1.05倍即1.05×8A=8.4A，故8.4A应落在热继旋钮调节范围之间，这里选7~10A，两边调节都有余地。

3.加热管主电路　空开：由于为加热类控制因此选C型，空开额定电流>负载电流(40A)，此处选50A；接触器：主触点额定电流>负载电流(40A)，这里选50A，线圈220V 交流；

4.总开电流>（40+40+8)A=88A，这里选100A塑壳开关。

5.主进线选择25平方电缆，往3个支路分线时，这里为了节省空间，故用分线器；也可考虑用铜排，但占用空间较大。铜排的载流量经验公式=横截面积×3，如15×3的铜排载流量=15×3×3=135A，这只是个经验，算的比较保守，系数乘几，与铜排质量有关；精确值可查相关选型样本。导线载流量，可按1平方载5A计算，同样想知道更精确值，可查相关样本。

(b) 电气原理图（一）

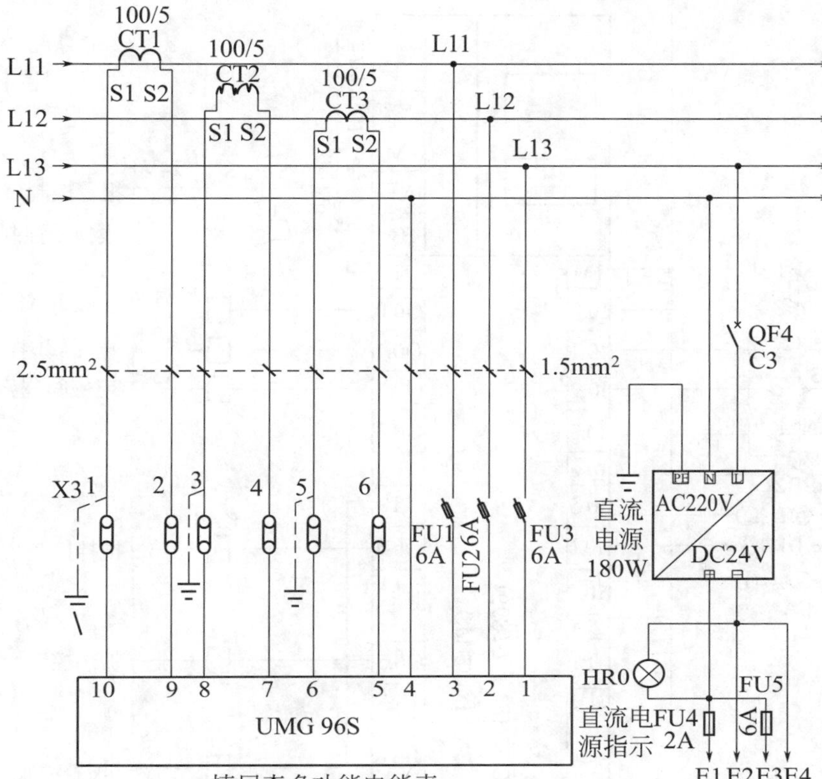

捷尼查多功能电能表

重点提示：

1.UMG 96S是一块德国捷尼查公司多功能仪表，可测量电压、电路、功率和电能等。

2.电流互感器变比计算：主进线电流通过上面的计算为88A，那么电流互感器一次侧电流承载能力>88A,经查样本恰好有100A，二次侧电流为固定值5A，因此电流互感器变比为100/5；此外还需考虑安装方式，和进线方式。

3.电流互感器禁止开路，为了更换仪表方便，通常设有电流测试端子；电流互感器，为了防止由于绝缘击穿，对仪表和人身安全造成威胁，一定可靠接地。接地一般设在测试端子的上端，好处在于下端拆卸仪表时，电流互感器瞬间也在接地；拆卸仪表时，用专用短路片将测试端子短接。

4.查样本，UMG 96S的熔断器应选在5~10A，这里选择6A；

5.直流电源：直流电源负载端主要给电磁阀供电，电磁阀工作电流1.5×3=4.5, 考虑另外还有中间继电器线圈和指示灯，故适当放大，那么负载端电流也不会超出5.5A (中间继电器.线圈工作电流为几十毫安，指示灯为几毫安)，故直流电源容量>24V×5.5A=132W,经查样本，有180W，且有裕量。那么进线电流=180/220A=0.8A，故进线选C3完全够用。

(c) 电气原理图（二）

图 6-22

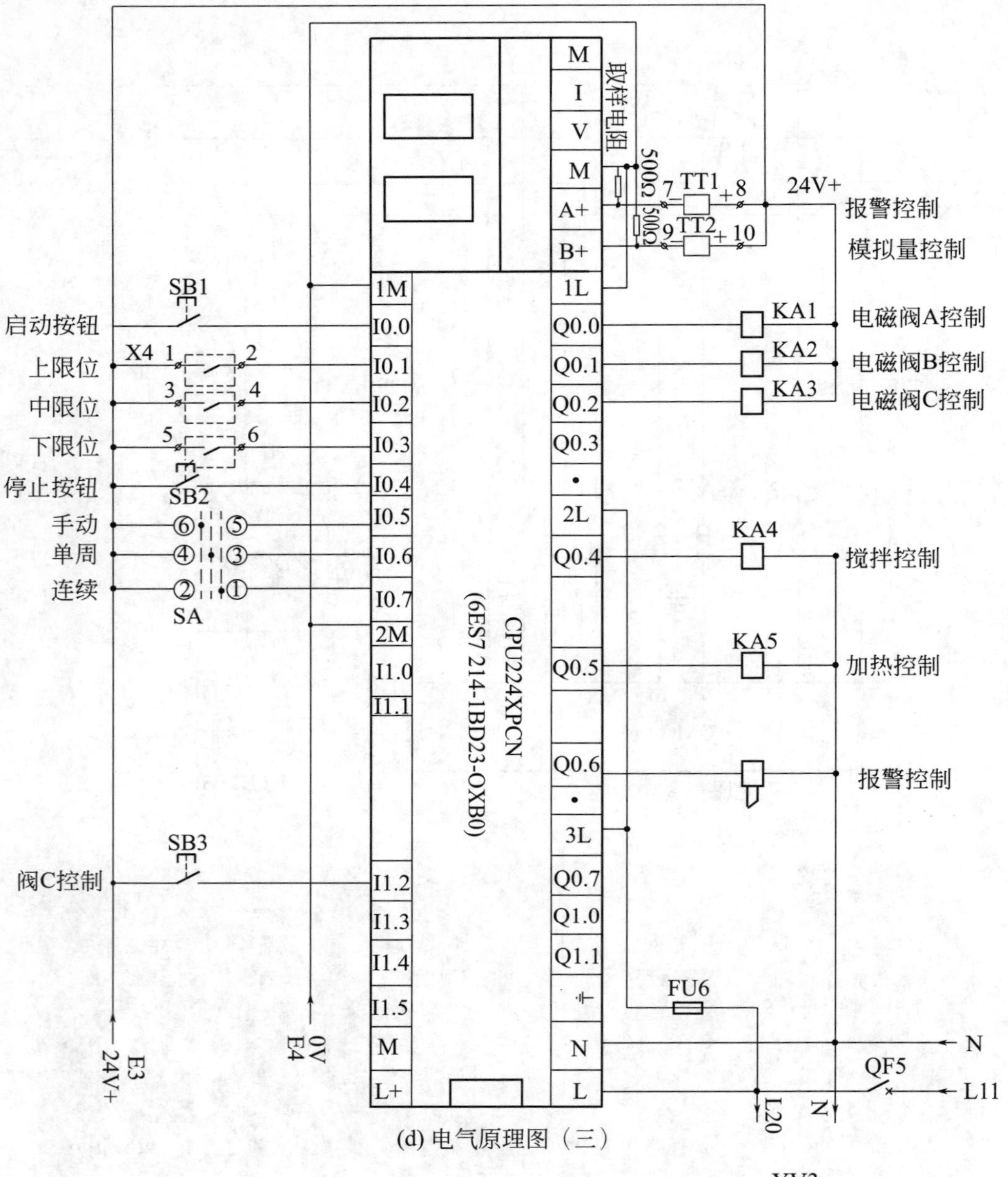

(d) 电气原理图（三）

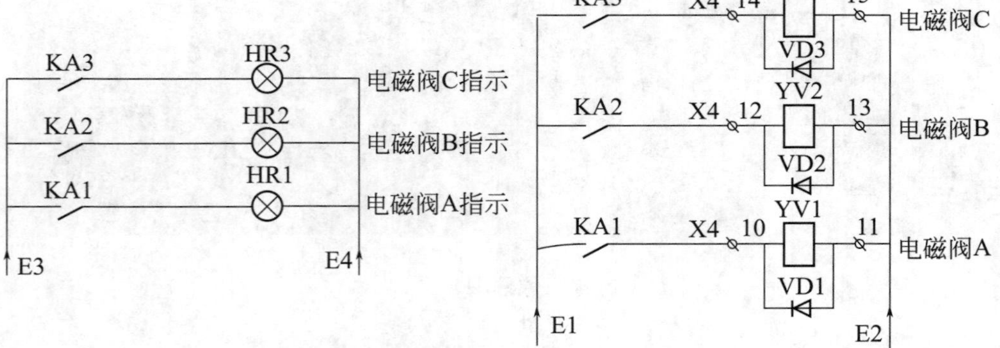

(e)电气原理图（四）

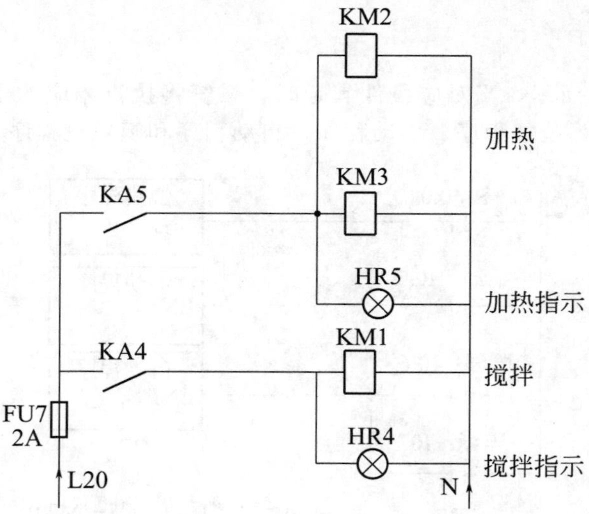

(f)电气原理图（四）

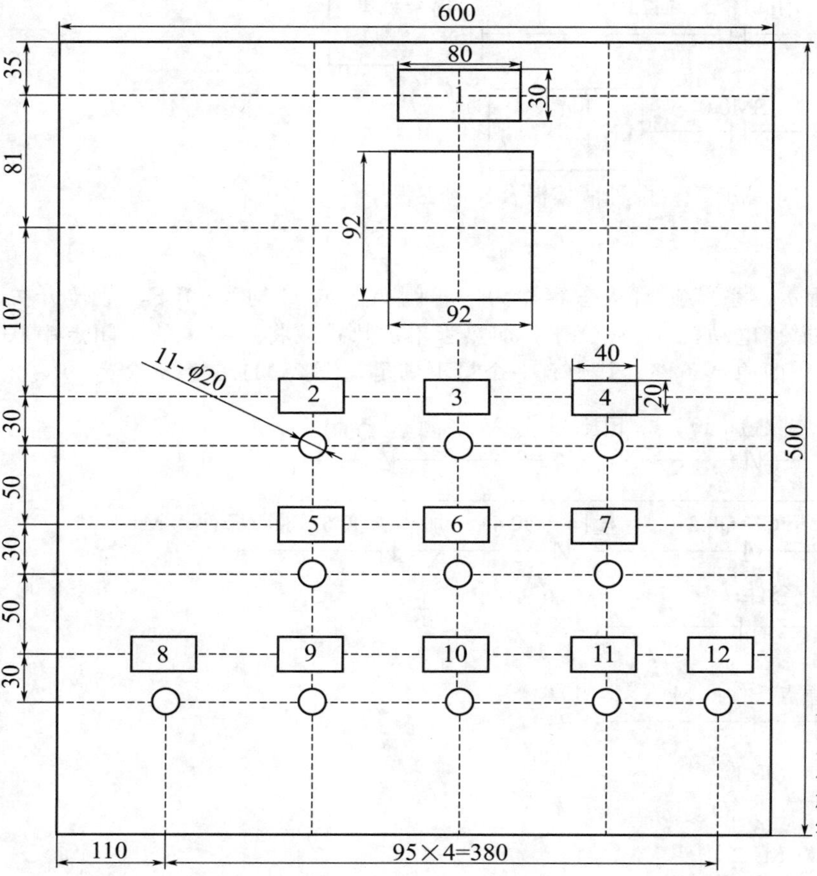

序号	标牌内容
1	混合液体控制系统
2	交流指示
3	选择开关
4	直流指示
5	启动按钮
6	停止按钮
7	阀C按钮
8	搅拌指示
9	加热指示
10	阀A指示
11	阀B指示
12	阀C指示

备注：
大标牌尺寸L×W=80×30，
小标牌尺寸L×W=40×20，
材料为双色板，字体为宋体，
字号适中，蓝底白字。

(g) 电气原理图（五）

图 6-22 两种液体混合控制硬件图纸

6.4.4 程序设计

主程序如图 6-23 所示，当对应条件满足时，系统将执行相应的子程序。子程序的主要包括 4 大部分，分别为公共程序、手动程序、自动程序和模拟量程序。

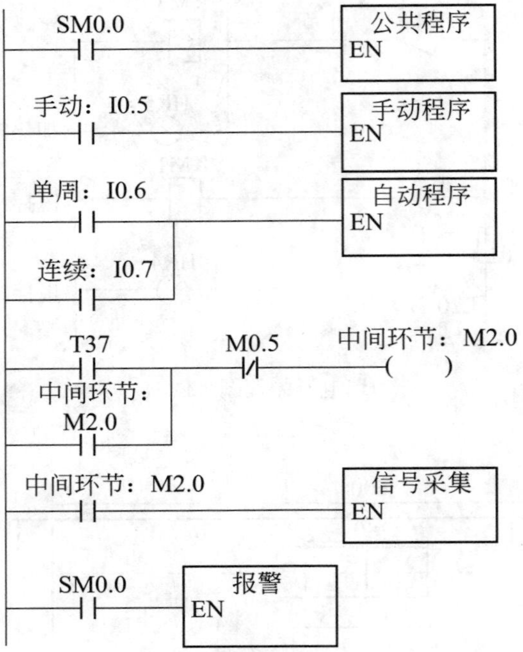

图 6-23 两种液体混合控制主程序

(1) 公共程序

公用程序如图 6-24 所示。系统初始状态容器为空，阀 A～阀 C 均为 OFF，液位开关 L1、L2、L3 均为 OFF，搅拌电动机 M 为 OFF，加热管不加热；故将这些量的常闭点串联作为 M1.1 为 ON 的条件，即原点条件。其中有一个量不满足，那么 M1.1 都不会为 ON。

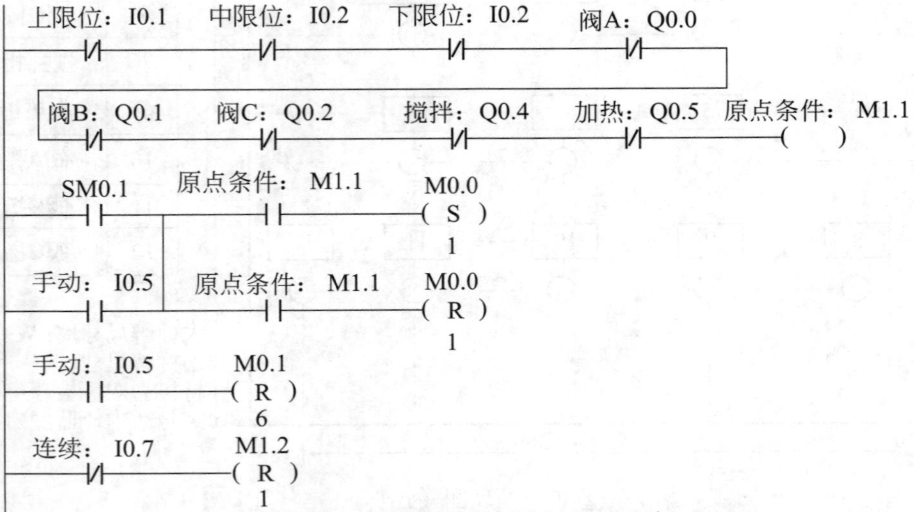

图 6-24 两种液体混合控制公用程序

系统在原点位置，当处于手动或初始化状态时，初始步 M0.0 都会被置位，此时为执行自动程序做好准备；若此时 M1.1 为 OFF，则 M0.0 会被复位，初始步变为不活动步，即使此时按下启动按钮，自动程序也不会转换到下一步，因此禁止了自动工作方式的运行。

当手动、自动两种工作方式相互切换时，自动程序可能会有两步被同时激活，为了防止误动作，因此在手动状态下，辅助继电器 M0.1～M0.6 要被复位。

在非连续工作方式下，I0.7 常闭触点闭合，辅助继电器 M1.2 被复位，系统不能执行连续程序。

(2) 手动程序

手动程序如图 6-25 所示。此处设置阀 C 手动，意在当系统有故障时，可以顺利将混合液放出。

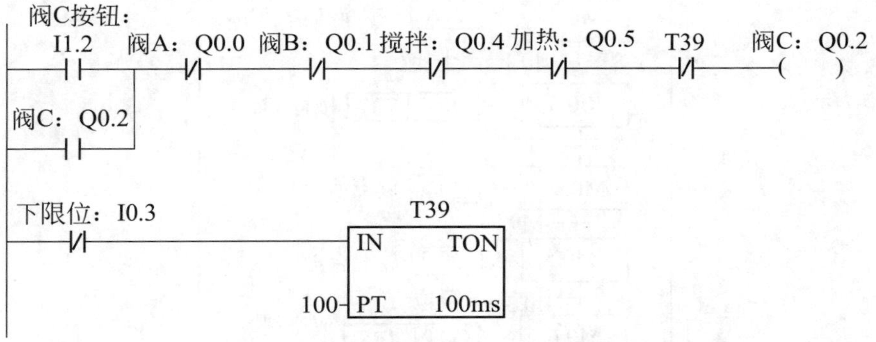

图 6-25　两种液体混合控制手动程序

(3) 自动程序

两种液体混合控制顺序功能图，如图 6-26 所示，根据工作流程的要求，显然 1 个工作周期有“阀 A 开→阀 B 开→搅拌→加热→阀 C 开→等待 10s”这 6 步，再加上初始步，因此共 7 步（从 M0.0 到 M0.6）；在 M0.6 后应设置分支，考虑到单周和连续的工作方式，一条分支转换到初始步，另一分支转换到 M0.1 步。

两种液体混合控制自动程序如图 6-27 所示。设计自动程序时，采用置位复位指令编程法，其中 M0.0～M0.6 为中间编程元件，连续、单周 2 种工作方式用连续标志 M1.2 加以区别。

当常开触点 I0.7 闭合，此时处于连续方式状态；若原点条件满足，在初始步为活动步时，按下启动按钮 I0.0，线圈 M0.1 被置位，同时 M0.0 被复位，程序进入阀 A 控制步，线圈 Q0.0 接通，阀 A 打开注入液体 A；当液体到达中限位时，中限位开关 I0.2 为 ON，程序转换到阀 B 控制步 M0.2，同时阀 A 控制步 M0.1 停止，线圈 Q0.1 接通，阀 B 打开，注入液体 B；以后各步转换以此类推，这里不再重复。

单周与连续原理相似，不同之处在于：在单周的工作方式下，连续标志条件不满足（即线圈 M1.2 不得电），当程序执行到 M0.6 步时，满足的转换条件为 $\overline{M1.2}\cdot T38$，因此系统将返回到初始步 M0.0，系统停止工作。

(4) 模拟量程序

两种液体混合控制模拟量程序如图 6-28 所示。该程序分为两个部分，第一部分为模拟量信号采集程序，第二部分为报警程序。

模拟量信号采集程序，根据控制要求，当温度传感器检测到液体的温度为 75℃时，加热管停止；阀C打开放出混合液体；此问题关键点是用PLC语言表达出实际物理量与PLC内部数字量之间的对应关系，即T=（AIW0－6400）/256，其中T表示温度。之后由比较指令进行比较，如实际温度达到此数值，即75℃，则驱动线圈M9.0作为下一步的转换条件。

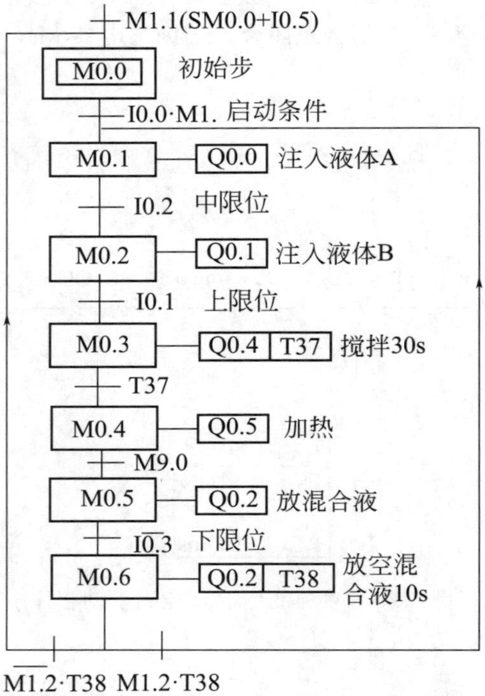

图 6-26 两种液体混合控制系统的顺序功能图

报警程序编写过程和信号采集程序的编写过程类似，这里不再赘述。

特别需要说明的是，写模拟量程序的关键是用PLC语言表达出 $A=\frac{(A_m-A_0)}{(D_m-D_0)}(D-D_0)+A_0$，此外，若使用CPU224XP，如果变送器给出的是电流信号，则需在模拟量通道上连接500Ω的电阻，将电流型信号转换成电压型信号，因为CPU224XP模拟量输入只支持电压信号，具体为何500Ω，详见下面的模拟量知识扩展。

（5）模拟量编程知识扩展

① 某压力变送器量程为0～10MPa，输出信号为4～20mA，EM231的模拟量输入模块量程为0～20mA，转换后数字量为0～32000，设转换后的数字量为X，试编程求压力值P。

解：4～20mA对应数字量为6400～32000，即0～10000kPa对应数字量为6400～32000，故压力计算公式为：$P=\frac{(10000-0)}{(32000-6400)}(AIW0-6400)=\frac{100}{256}(AIW0-6400)$，其中$P$表示实际的压力，此时的压力以kPa为单位。编模拟量程序时，将此公式用S7-200系列PLC的指令表达出来即可，这里用到了减法、乘法和除法指令。参考程序如图6-29所示。

② 用电位器模拟压力变送器信号：电位器模拟压力变送器信号的等效电路，如图6-30所示。

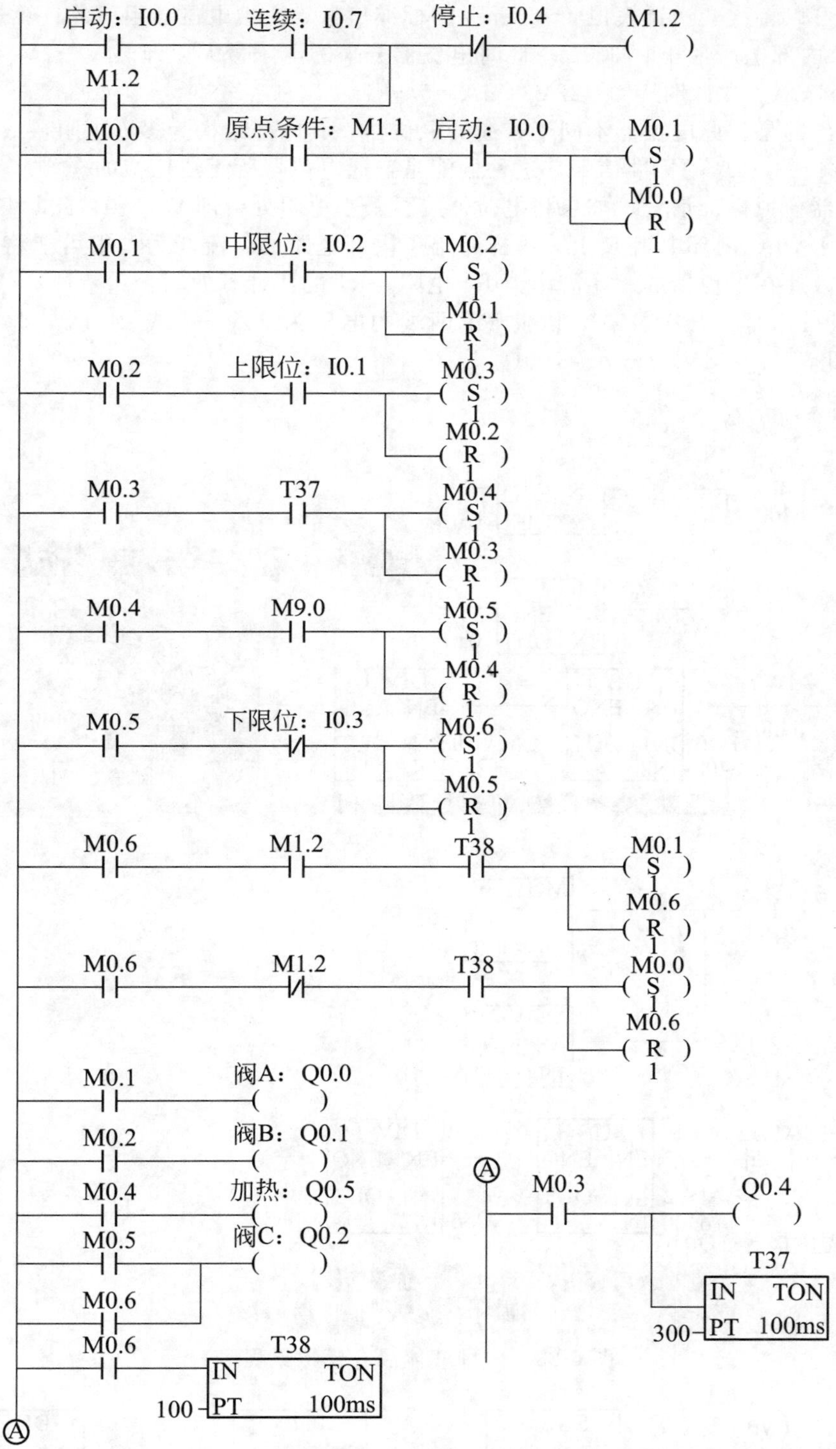

图 6-27　两种液体混合控制系统的自动程序

在模拟量通道中，S7-200PLC 内部电压往往在 DC 2～10V，当 PLC 外部没有任何电阻时，此时电流最大即 20mA，此时的电压为 10V，故此时内部电阻 R=10V/20mA=500Ω。

电位器可以替代变送器模拟 4～20mA 的标准信号，模拟电位器阻值的计算过程如下：

当 PLC 内部电压最小时即 2V，此时电位器分来的电压最大，即 24V－2V＝22V；此时电流最小为 4mA，故此时 W1＝22V/4mA＝5.5kΩ。

需要指出的是，此电位器不同于普通的电位器，其内部结构为多圈电阻，故可以非常精确地模拟出 4～20mA 的标准信号，这种性能是普通电位器所无法比拟的。

用电位器模拟标准信号，如果将电位器旋至最小电阻处，即 W1＝0，此时 DC 24V 电压就完全加在了 PLC 内部电阻 R 上，这样超出了内部电路的载流能力，很可能将此路模拟量通道烧毁，故此在电位器的一端需串上 R1 电阻，R1 的值计算如下：

此时 PLC 内部电压为 10V，因此 R1 两端的电压为 24V－10V＝14V，此时的电流为 20mA，故此，R1＝14V/20mA＝700Ω。

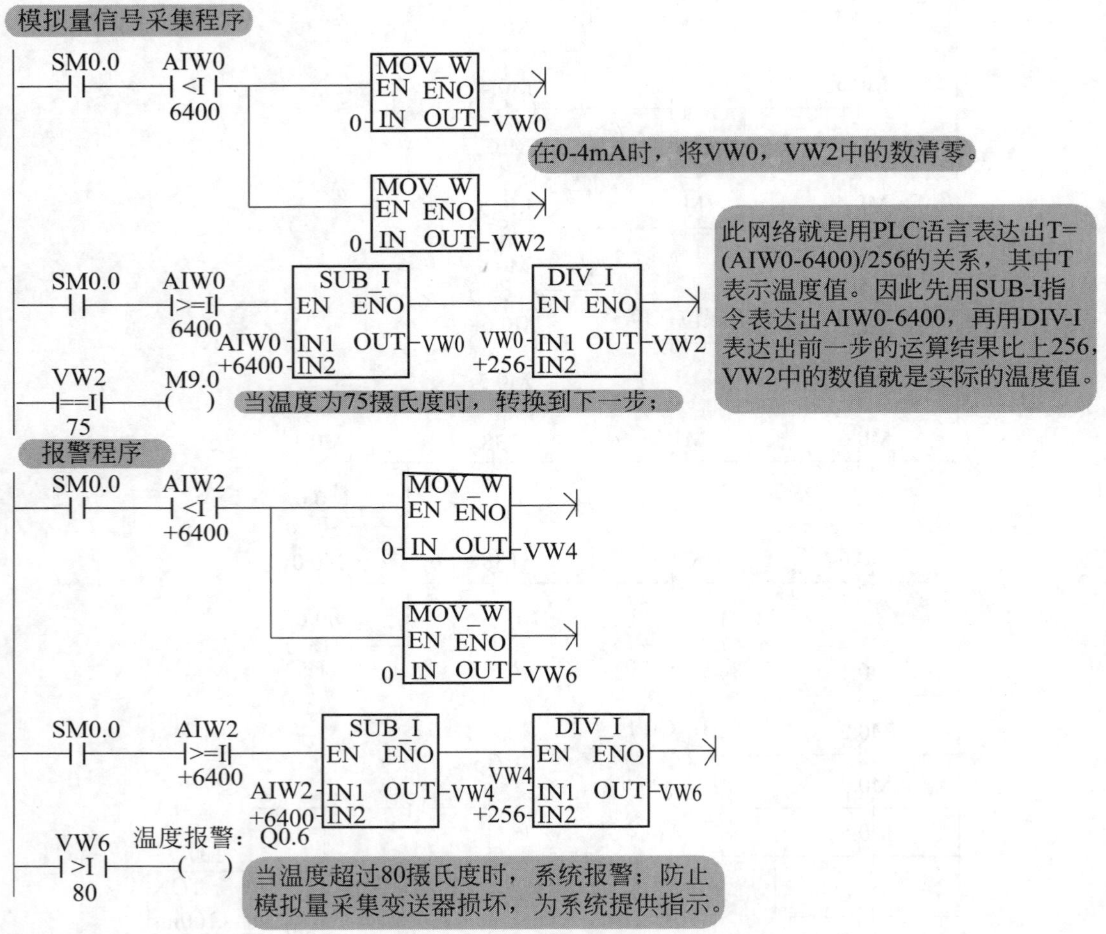

图 6-28　两种液体混合模拟量程序

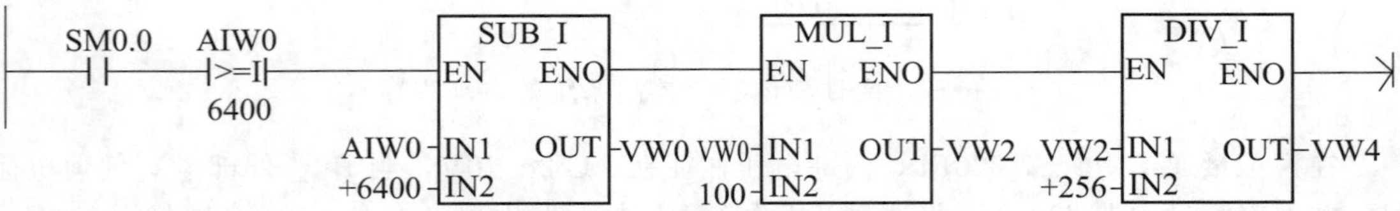

图 6-29　模拟量扩展参考程序

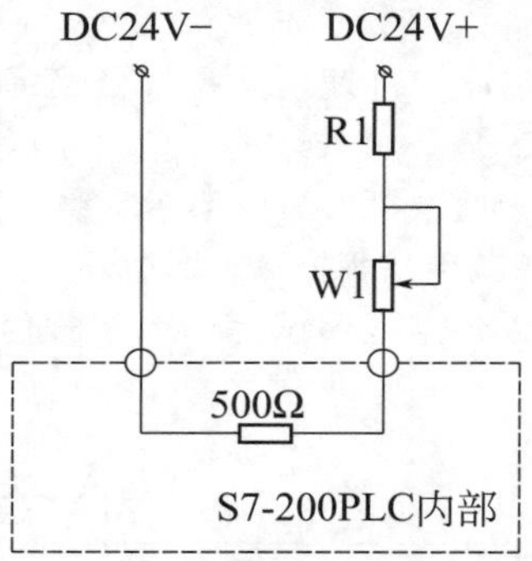

图 6-30　电位器模拟压力变送器信号的等效电路

重点提示

1. 在实际工程中，编写模拟量程序的关键在于找出实际物理量与模拟量模块内部数字量的对应关系，找对应关系的依据是输入或输出特性曲线；写模拟量程序实际上就是用 PLC 的语言表达出这种对应关系。

2. 两个实用公式：

模拟量转化为数字量　$D=\dfrac{(D_m-D_0)}{(A_m-A_0)}(A-A_0)+D_0$

A_m为模拟量信号最大值
A_0为模拟量信号最小值
D_m为数字量最大值
D_0为数字量最小值
以上 4 个量都需代入实际值

数字量转化为模拟量　$A=\dfrac{(A_m-A_0)}{(D_m-D_0)}(D-D_0)+A_0$

A 为模拟量信号时时值
D 为数字量信号时时值
这两个属于未知量

6.4.5　两种液体混合自动控制调试

① 编程软件：编程软件采用 STEP7-Micro/WIN V4.0。

② 系统调试：将各个输入/输出端子和实际控制系统的按钮、所需控制设备正确连接，完成硬件的安装并检查无误后，可以将事先编写的梯形图程序传送到 PLC 中进行调试。

6.4.6　编制控制系统使用说明

根据调试的最终结果整理出完整的技术文件，单位存档，部分资料提供给用户，以利于系统的维修和改进。

编制的文件有：硬件接线图、PLC 编程元件表和带有文字说明的梯形图和顺序功能图。

提供给用户的图纸为硬件接线图。

重点提示

1. 处理开关量程序时，采用顺序控制编程法是最佳途径；大型程序一定要画顺序功能图或流程图，这样思路非常清晰。

2. 模拟量编程一定找好实际物理量与模块内部数字量的对应关系，用 PLC 语言表达出这一关系，表达这一关系无非用到加减乘除等指令；尽量画出流程图，这样编程有条不紊。

3. 学会应用程序的经典结构，一类程序设置一个子程序，通过主程序调用子程序，思路清晰明了。 程序经典结构如下：

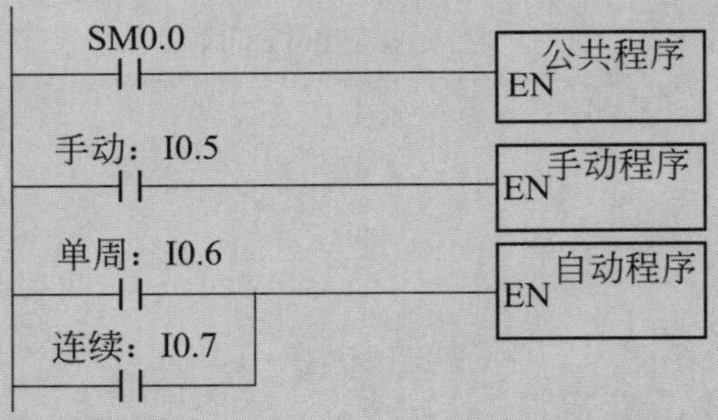

附 录

附录 A CPU221/CPU222/CPU224XP/CPU226 外部接线图

CPU 221DC/DC/DC
(6ES 7 211-0AA23-OXB0)

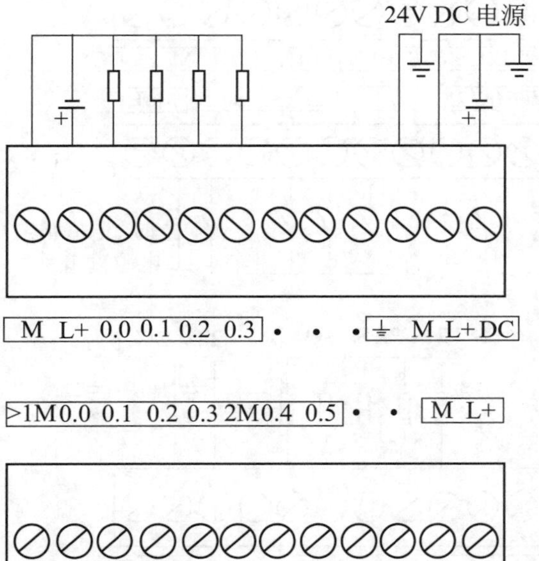

CPU 221AC/DC/继电器
(6ES 7 211-0BA23-OXB0)

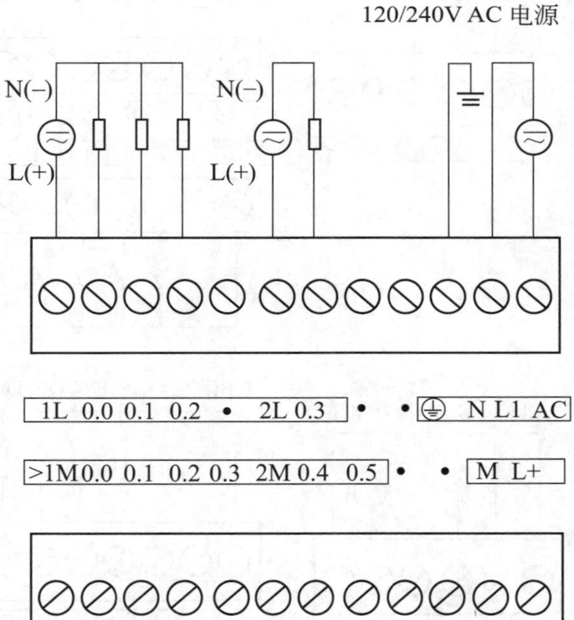

CPU 222DC/DC/DC
(6ES 7 212-1AB23-OXB8)

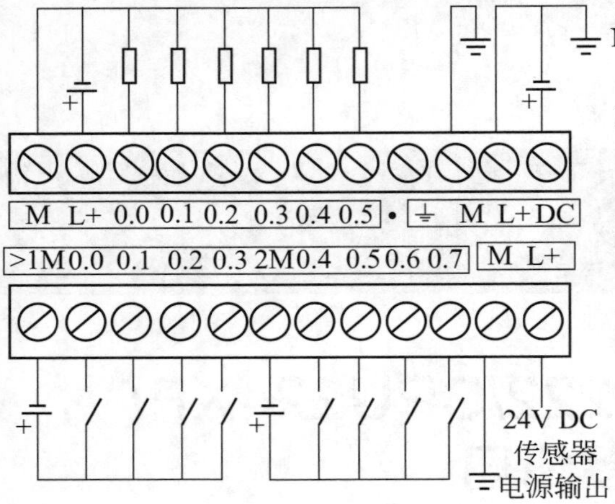

CPU 222AC/DC/继电器
(6ES 7 212-1BB23-OXB8)

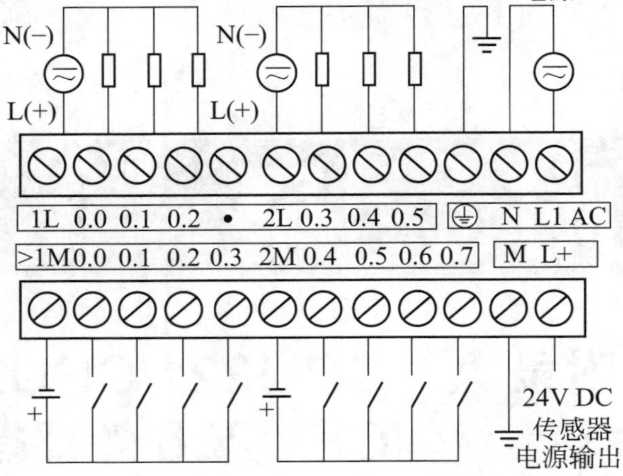

CPU 224XP模拟量I/O

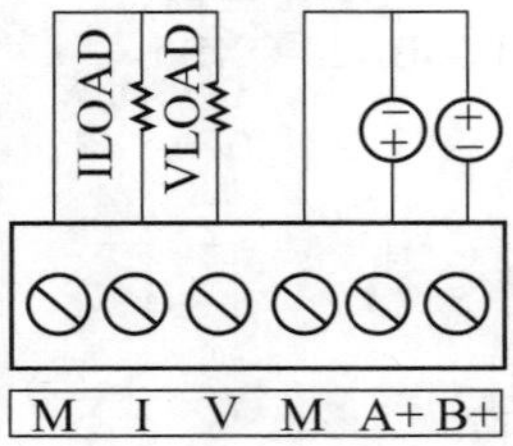

CPU 224XPDC/DC/DC (6ES 7 214-2AD23-OXB8)

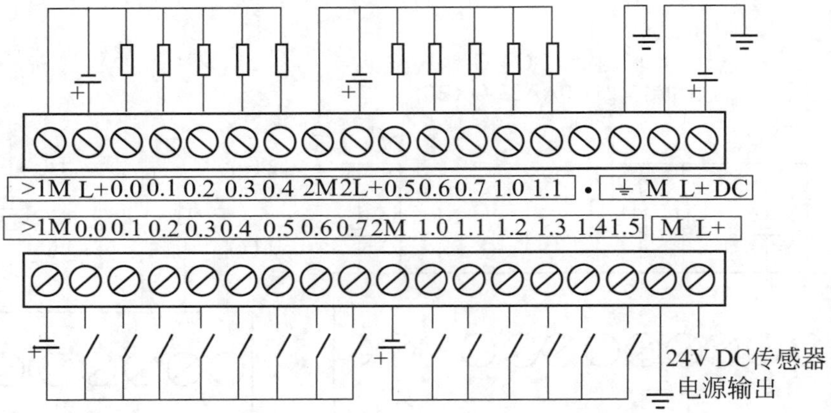

CPU 224XPsi模拟量I/O

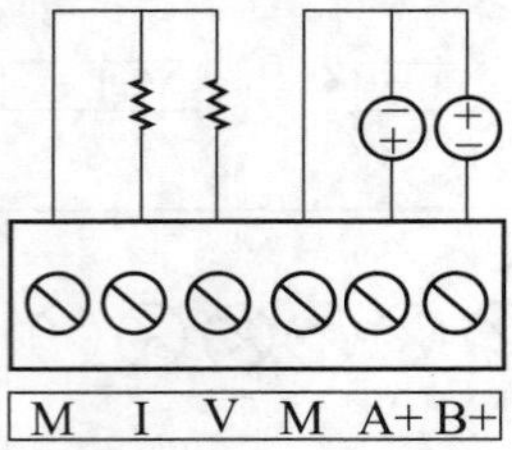

CPU 224XPsiDC/DC/DC (6ES 7 214-2AS23-OXB8)

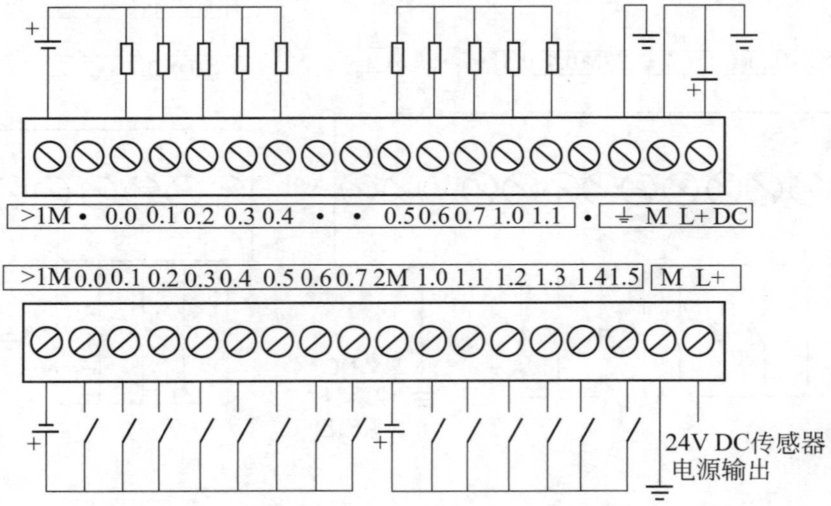

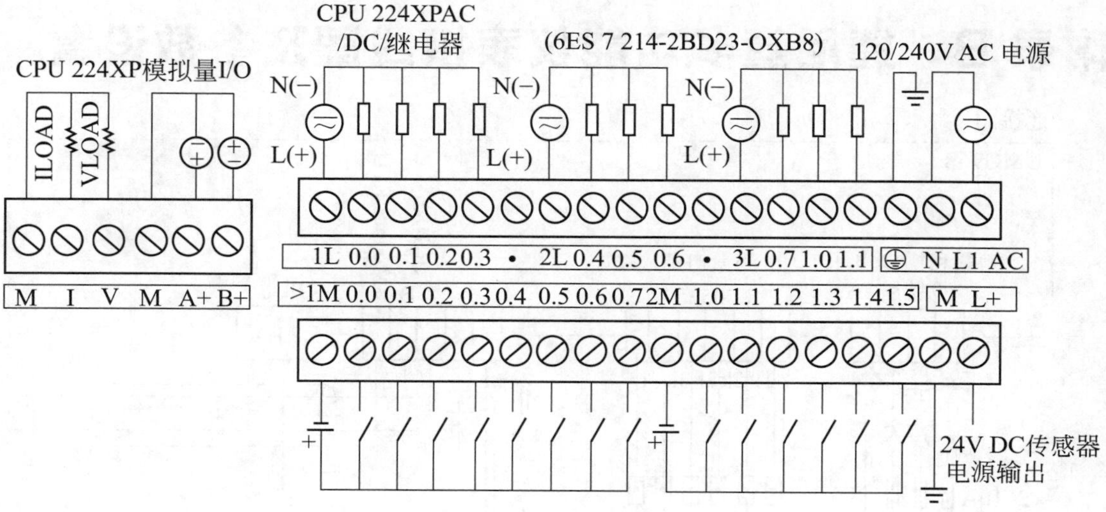
CPU 224XP模拟量I/O
ILOAD
VLOAD
M I V M A+ B+
CPU 224XPAC
/DC/继电器
(6ES 7 214-2BD23-OXB8)
120/240V AC 电源
N(−)
L(+)
1L 0.0 0.1 0.2 0.3 • 2L 0.4 0.5 0.6 • 3L 0.7 1.0 1.1
N L1 AC
>1M 0.0 0.1 0.2 0.3 0.4 0.5 0.6 0.7 2M 1.0 1.1 1.2 1.3 1.4 1.5
M L+
24V DC传感器
电源输出

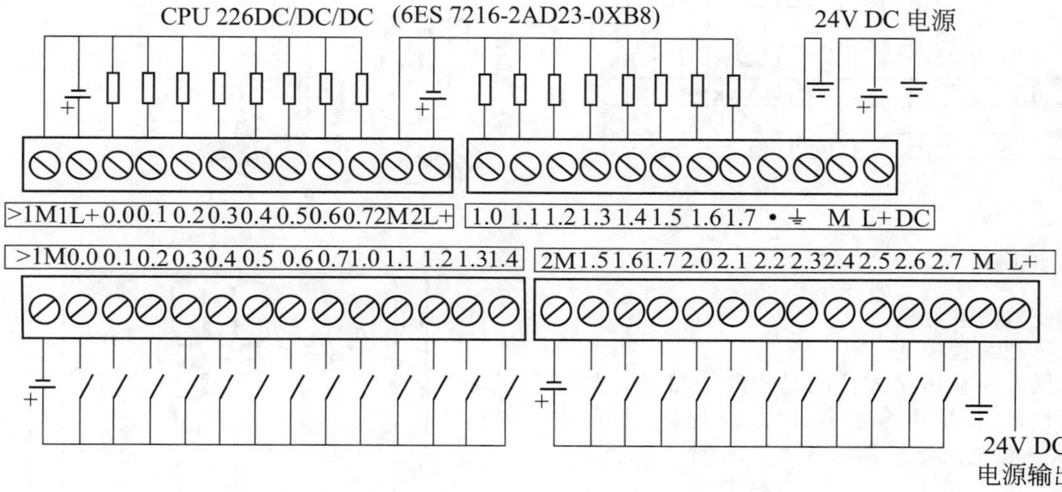
CPU 226DC/DC/DC (6ES 7216-2AD23-0XB8)
24V DC 电源
>1M 1L+ 0.0 0.1 0.2 0.3 0.4 0.5 0.6 0.7 2M 2L+
1.0 1.1 1.2 1.3 1.4 1.5 1.6 1.7 • M L+DC
>1M 0.0 0.1 0.2 0.3 0.4 0.5 0.6 0.7 1.0 1.1 1.2 1.3 1.4
2M 1.5 1.6 1.7 2.0 2.1 2.2 2.3 2.4 2.5 2.6 2.7 M L+
24V DC
电源输出

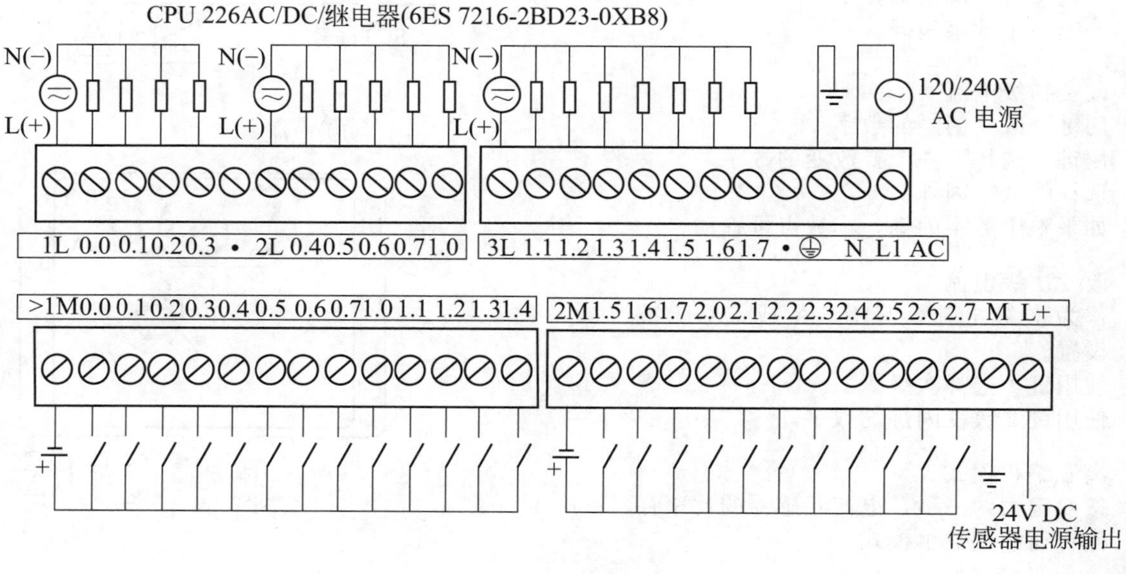
CPU 226AC/DC/继电器(6ES 7216-2BD23-0XB8)
N(−)
L(+)
120/240V
AC 电源
1L 0.0 0.1 0.2 0.3 • 2L 0.4 0.5 0.6 0.7 1.0
3L 1.1 1.2 1.3 1.4 1.5 1.6 1.7 • N L1 AC
>1M 0.0 0.1 0.2 0.3 0.4 0.5 0.6 0.7 1.0 1.1 1.2 1.3 1.4
2M 1.5 1.6 1.7 2.0 2.1 2.2 2.3 2.4 2.5 2.6 2.7 M L+
24V DC
传感器电源输出

附录 B　捷尼查多功能仪表接线图及参数设置

连接图

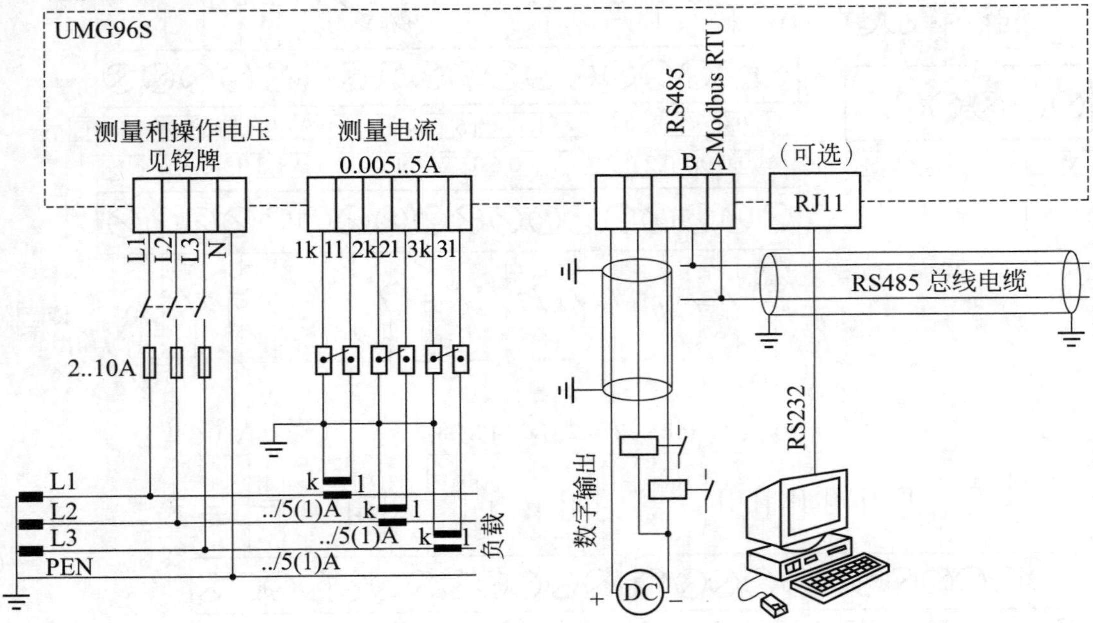

简明手册

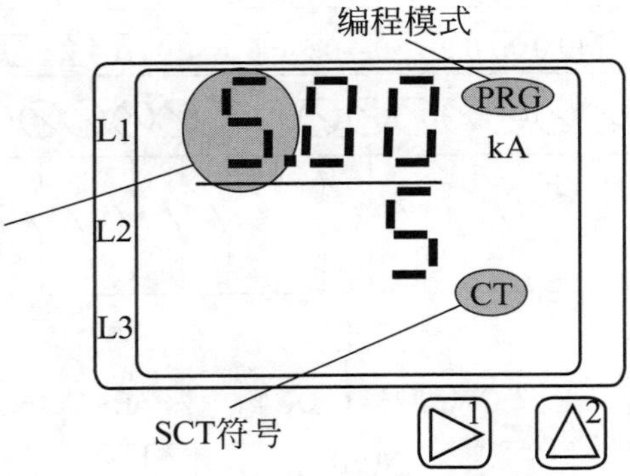

改变电流互感器
切换到编程模式
如果处在显示模式，同时按键 1 和键 2 大约一秒，进入到编程模式。编程模式符号 PRG 和电流互感器符号 CT 出现。

- 通过键 1 确认选择 1
- 第一个数字闪烁。

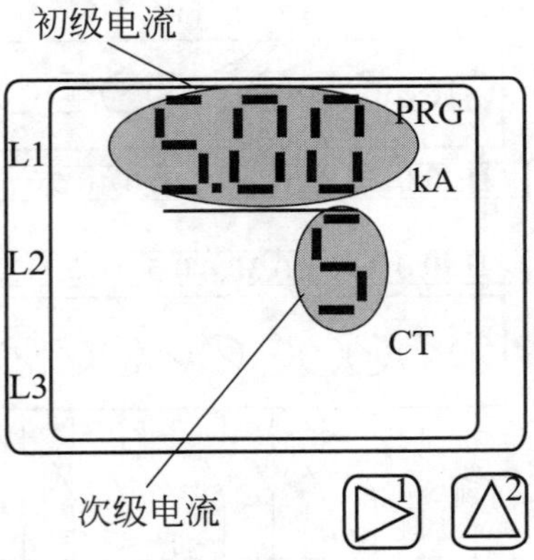

改变初级电流
用键 2 改变闪烁的数字
用键 1 选择下一个要改变的数字
选择的数字闪烁
如果整个数字闪烁，小数点可移动。

改变次级电流
作为次级电流，只有 1A 或 5A 能被设置。
使用键 1 选择次级
使用键 2 改变闪烁的数字

离开编程模式
按双键大约一秒，电流互感器的比率存储将返回到显示模式。

调用测量值

切换到显示模式

如果处在编程模式，同时按键 1 和键 2 大约一秒，进入显示模式。

符号 PRG 不再显示，电压第一组测量值显示出现。

键 2

通过键 2 可在电流，电压，功率等测量值显示之间切换。

键 1

键 1 常用于在测量值，平均值最大值等之的滚屏操作。

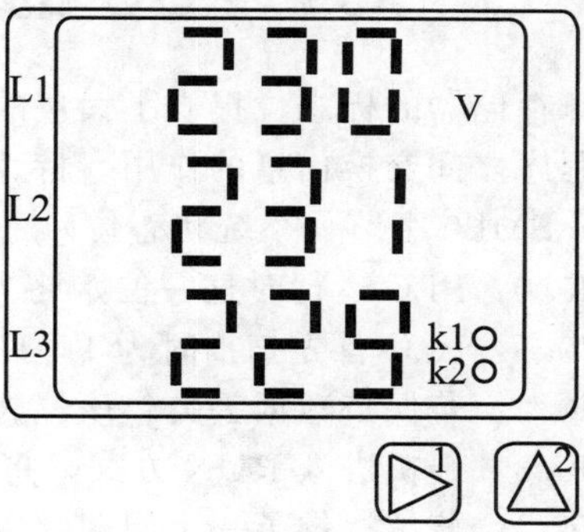

附录 C S7-200PLC 常用指令

指　令	说　明	指　令	说　明
LD N	装载(开始常开触点)	ALD	与装载(电路块串联)
LDN　N	装载(开始常闭触点)	OLD	或装载(电路块并联)
A　N	与(串联常开触点)	LPS	逻辑入栈
AN　N	与(串联常闭触点)	LRD	逻辑读栈
O　N	或(并联常开触点)	LPP	逻辑出栈
ON　N	或(并联常闭触点)	MOVB　IN,OUT	字节传送
NOT	栈定制取反	MOVW　IN,OUT	字传送
EU	上升沿检测	MOVD　IN,OUT	双字传送
ED	下降沿检测	MOVR　IN,OUT	实数传送
=	赋值(线圈)	BIR　IN,OUT	立即读取物理输入字节
S　Bit,N	置位一个区域	BIW　IN,OUT	立即写物理输出字节
R　Bit,N	复位一个区域	BMB　IN,OUT,N	字节块传送
BMW　IN,OUT,N	字块传送	RRB　OUT,N	字节循环右移 N 位
BMD　IN,OUT,N	双字块传送	RRW　OUT,N	字循环右移 N 位
SWAP　IN	交换字节	RRD　OUT,N	双字循环右移 N 位
SHRB　DATA,S_BIT,N	移位寄存器	RLD　OUT,N	双字循环左移 N 位
SLB　OUT,N	字节左移 N 位	RLW　OUT,N	字循环左移 N 位
SLW　OUT,N	字左移 N 位	RLB　OUT,N	字节循环左移 N 位
SLD　OUT,N	双字左移 N 位	SRD　OUT,N	双字右移 N 位
SRB　OUT,N	字节右移 N 位	SRW　OUT,N	字右移 N 位

附录 D　S7-200 的特殊存储器

特殊存储器的标志位提供了大量的 PLC 运行状态和控制功能，特殊存储器起到了 CPU 和用户程序之间交换信息的作用。特殊存储器的标志可能以位、字节、字和双字使用。

（1）SMB0 字节（系统状态位）

SM0.0：PLC 运行时这一位始终为 1，是常 ON 继电器；

SM0.1：PLC 首先扫描时为 1，只接通一个扫面周期；用户之一是进行初始化；

SM0.2：若保持数据丢失，该位为 1，一个扫描周期；

SM0.3：开机进入 RUN 方式，将 ON 一个扫描周期；

SM0.4：该位提供了一个周期为 1min、占空比为 0.5 的时钟；

SM0.5：该位提供了一个周期为 1s、占空比为 0.5 的时钟；

SM0.6：该位为扫描时钟，本次扫描置 1，下次扫描置 0，可作为扫描计数器的输入；

SM0.7：该位指示 CPU 工作方式开关的位置，0 为 TEAM 位置，1 为 RUN 位置。

（2）SMB1 字节（系统状态位）

SM1.0：当执行某命令时，其结果为 0 时，该位置 1；

SM1.1：当执行某命令时，其结果溢出或出现非法数据时，该位置 1；

SM1.2：当执行数学运算时，其结果为负数时，该位置 1；

SM1.3：试图除以 0 时，该位为 1；

SM1.4：当执行 ATT 指令时，超出表范围时，该位置 1；

SM1.5：当执行 LIFO 或 FIFO，从空表中读数时，该位置 1；

SM1.6：当把一个非 BCD 数转换为二进制数时，位置为 1；

SM1.7：当 ASCⅡ不能转换成有效的十六进制时，该位置 1。

（3）SMB2 字节（自由口接收字符）

SMB2：自由口端通信方式下，从 PLC 端口 0 或端口 1 接收到的每一字符。

（4）SMB3 字节（自由口奇偶校验）

SM3.0：端口 0 或端口 1 的奇偶校验出错时，该位置 1；

（5）SMB4 字节（队列溢出）

SM4.0：当通信中断队列溢出时，该位置 1；

SM4.1：当输入中断队列溢出时，该位置 1；

SM4.2：当定时中断队列溢出时，该位为 1；

SM4.3：在运行时刻，发现变成问题时，该位置 1；

SM4.4：当全局中断允许时，该位置 1；

SM4.5：当（口 0）发送空闲时，该位置 1；

SM4.6：当（口 1）发送空闲时，该位置 1；

SM4.7：当发生强行置位时，该位置 1。

（6）SMB5 字节（I/O 状态）

SM5.0：有 I/O 错误时，该位置 1；

SM5.1：当 I/O 总线上接了过多的数字量 I/O 点时，该位置 1；

SM5.2：当 I/O 总线上接了过多的模拟量 I/O 点时，该位置 1；

SM5.7：当 DP 标准总线出现错误时，该位置 1。

（7）SMB6 字节（CPU 识别寄存器）

SM6.7～6.4＝0000 为 CPU212/CPU222；
SM6.7～6.4＝0010 为 CPU214/CPU224；
SM6.7～6.4＝0110 为 CPU221；
SM6.7～6.4＝1000 为 CPU215；
SM6.7～6.4＝1001 为 CPU216。

(8) SMB8～SMB21 字节（I/O 模块识别和错误寄存器）

SMB8：模块 0 识别寄存器；
SMB9：模块 0 错误寄存器；
SMB10：模块 1 识别寄存器；
SMB11：模块 1 错误寄存器；
SMB12：模块 2 识别寄存器；
SMB13：模块 3 错误寄存器；
SMB14：模块 3 识别寄存器；
SMB15：模块 3 错误寄存器；
SMB16：模块 4 识别寄存器；
SMB17：模块 4 错误寄存器；
SMB18：模块 5 识别寄存器；
SMB19：模块 5 错误寄存器；
SMB20：模块 6 识别寄存器；
SMB21：模块 6 错误寄存器。

(9) SMW22～SMW26 字（扫描时间）

SMW22：上次扫描时间；
SMW24：进入 RUN 方式后，所记录的最短扫描时间；
SMW26：进入 RUN 方式后，所记录的最长扫描时间。

(10) SMB28 和 SMB29 字节（模拟电位器）

SMB28：存储器模拟电位器 0 的输入值；
SMB29：存储器模拟电位器 1 的输入值。

(11) SMB30 和 SMB130 字节（自由端口控制寄存器）

SMB30：控制自由端口 0 的通信方式；
SMB130：控制自由端口 1 的通信方式。

(12) SMW31 和 SMW32 字节（EEPROM 写控制）

SMB31：存放 EEPROM 命令字；
SMW32：存放 EEPROM 中数据的地址。

(13) SMB34 字节和 SMB35 字节（定时中断时间间隔寄存器）

SMB34：定义定时中断 0 的时间间隔（5～255ms，以 1ms 为增量）；
SMB35：定义定时中断 1 的时间间隔（5～255ms，以 1ms 为增量）。

(14) SMB36～SMB65 字节（HSC0、HSC1 和 HSC2 寄存器）

用于监视和控制高速计数 HSC0、HSC1 和 HSC2 的操作。

(15) SMB66～SMB85 字节（PTO/PWM 寄存器）

用于监视和控制脉冲输出（PTO）和脉宽调制（PWM）功能。

(16) SMB86～SMB94 字节（端口 0 接收信息控制）

用于控制和读出接收信息指令的状态。

(17) SMB98 和 SMB99（扩展总线错误计数器）

当扩展总线出现校验错误时加 1，系统得电或用户写入 0 时清 0，SMB98 是最高有效字节。

(18) SMB130（自由端口 1 控制寄存器）

(19) SMB131～SMB165（高速计数器寄存器）

用于监视和控制高速计数器 HSC3～HSC5 的操作（读/写）。

(20) SMB166～SMB179（PTO1 包络定义表）

(21) SMB186～SMB194（端口 1 接收信息控制）

(22) SMB200～SMB299（智能模块状态）

SMB200～SMB299 预留给智能扩展模块的状态信息；SMB200～SMB249 预留给系统的第一个扩展模块；SMB250～SMB299 预留给第二高智能模块。

参考文献

[1] 韩相争．图解西门子 S7-200PLC 编程快速入门［M］．北京：化学工业出版社，2013.

[2] 韩相争．三菱 FX 系列 PLC 编程速成全图解［M］．北京：化学工业出版社，2015.

[3] 田淑珍．S7-200PLC 原理及应用［M］．北京：机械工业出版社，2009.

[4] 张永飞，姜秀玲．PLC 及应用［M］．大连：大连理工大学出版社，2009.

[5] 梁森等．自动检测与转换技术［M］．北京：机械工业出版社，2008.

[6] 刘子林．电机与电气控制［M］．北京：电子工业出版社，2008.

[7] 廖常初．PLC 编程及应用［M］．北京：机械工业出版社，2008.

[8] 胡寿松．自动控制原理［M］．北京：科学出版社，2013.

[9] 段有艳．PLC 机电控制技术［M］．北京：中国电力出版社，2009.

[10] 徐国林．PLC 应用技术［M］．北京：机械工业出版社，2007.

[11] 秦绪平．西门子 S7 系列可编程控制器应用技术［M］．北京：化学工业出版社，2011.

[12] 赵光．西门子 S7-200 系列 PLC 应用实例详解［M］．北京：化学工业出版社，2010.

[13] 于桂音，邓洪伟．电气控制与 PLC［M］．北京：中国电力出版社，2010.

[14] 于晓云，许连阁．可编程控制技术应用［M］．北京：化学工业出版社，2011.